名师名校新形态
大学数学精品系列

ADVANCED
MATHEMATICS II

# 高等数学

下册 第2版 微课版

张弢 殷俊锋 ◎ 编著

人民邮电出版社
北京

图书在版编目（CIP）数据

高等数学 : 微课版. 下册 / 张弢, 殷俊锋编著. -- 2版. -- 北京 : 人民邮电出版社, 2022.9
（名师名校新形态大学数学精品系列）
ISBN 978-7-115-59413-6

Ⅰ. ①高… Ⅱ. ①张… ②殷… Ⅲ. ①高等数学－高等学校－教材 Ⅳ. ①O13

中国版本图书馆CIP数据核字(2022)第096423号

## 内 容 提 要

本书是按照教育部大学数学课程教学指导委员会的基本要求，充分吸取当前优秀高等数学教材的精华，并结合同济大学数学系多年来的教学实践经验，针对当前学生的知识结构和习惯特点而编写的. 全书分为上、下两册. 本书为下册，是多元函数微积分部分，共4章，主要内容包括向量与空间解析几何、多元函数微分学、多元函数积分学、无穷级数. 每节前面配有课前导读，核心知识点配备微课，每章后面附有章节测试和拓展阅读.

本书注重知识点的引入方法，使之符合认知规律，更易于读者接受. 同时，本书精炼了主要内容，对部分内容调整了顺序，使结构更加简洁，思路更加清晰. 本书还注重知识的连贯性. 例题的多样性，以及习题的丰富性、层次性，使读者在学习数学知识的同时拓宽视野，欣赏数学之美.

本书可作为高等院校理工科类各专业的教材，也可作为社会从业人员的自学参考用书.

◆ 编　　著　张　弢　殷俊锋
责任编辑　许金霞
责任印制　王　郁　陈　犇
◆ 人民邮电出版社出版发行　　北京市丰台区成寿寺路11号
邮编　100164　　电子邮件　315@ptpress.com.cn
网址　https://www.ptpress.com.cn
三河市君旺印务有限公司印刷
◆ 开本：787×1092　1/16
印张：17.5　　2022年9月第2版
字数：420千字　　2025年2月河北第9次印刷

定价：49.80元

读者服务热线：(010)81055256　印装质量热线：(010)81055316
反盗版热线：(010)81055315

# 目　　录

# 第五章　向量与空间解析几何

## 第一节　向量及其运算

[课前导读]

既有大小又有方向的物理量称为**向量**. 在数学上可用有向线段来表示向量，其长度表示向量的大小，其方向(箭头)表示向量的方向.

(1)**向量的表示**：以 $M_1$ 为起点、$M_2$ 为终点的有向线段表示的向量记为$\overrightarrow{M_1M_2}$，有时也用一个黑体字母(书写时，在字母上面加一箭头)来表示(见图 5-1)，如 $\boldsymbol{a}$ 或$\vec{a}$.

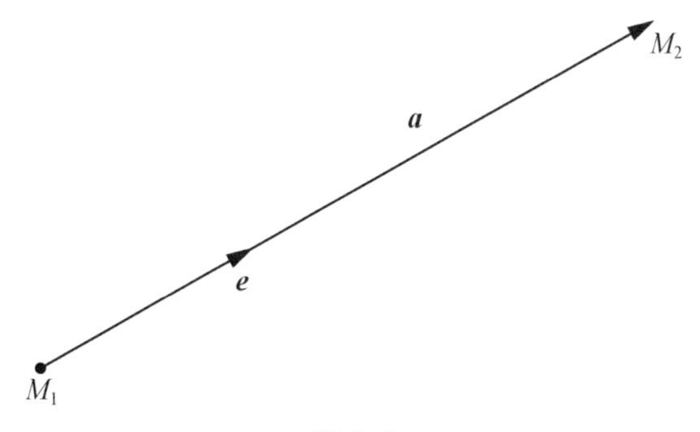


图 5-1

(2)**向量的模**：向量的大小(数学上指有向线段的长度)叫作向量的模，记作$|\boldsymbol{a}|$，$|\overrightarrow{M_1M_2}|$. 模为 1 的向量称为**单位向量**，记作$\boldsymbol{e}$(见图 5-1). 模为 0 的向量称为**零向量**，记作$\mathbf{0}$. 零向量的方向可以看作任意的.

(3)**向径**：以原点 $O$ 为始点，向一点 $M$ 引向量$\overrightarrow{OM}$，这个向量叫作点 $M$ 对于点 $O$ 的向径，记作$\boldsymbol{r}$，即$\boldsymbol{r}=\overrightarrow{OM}$.

(4)**自由向量**：只与大小、方向有关，而与起点处无关的向量称为自由向量.

### 一、空间直角坐标系

过空间一个定点 $O$，作 3 条互相垂直且具有相同的长度单位的数轴(见图 5-2)，这 3 条数轴分别称为 $x$ 轴(横轴)、$y$ 轴(纵轴)、$z$ 轴(竖轴)，统称坐标轴，定点 $O$ 称为原点. 其正向符合右手规则(见图 5-3). 这样的 3 条坐标轴就组成了**空间直角坐标系**.

3 条坐标轴中的两条可确定一个平面，即 $xOy$、$yOz$、$zOx$ 平面，统称坐标面. 它们把空间分成了 8 个卦限，在 $xOy$ 平面上面逆时针依次为Ⅰ、Ⅱ、Ⅲ、Ⅳ卦限，下面依次为Ⅴ、Ⅵ、Ⅶ、Ⅷ卦限，如图 5-4 所示.

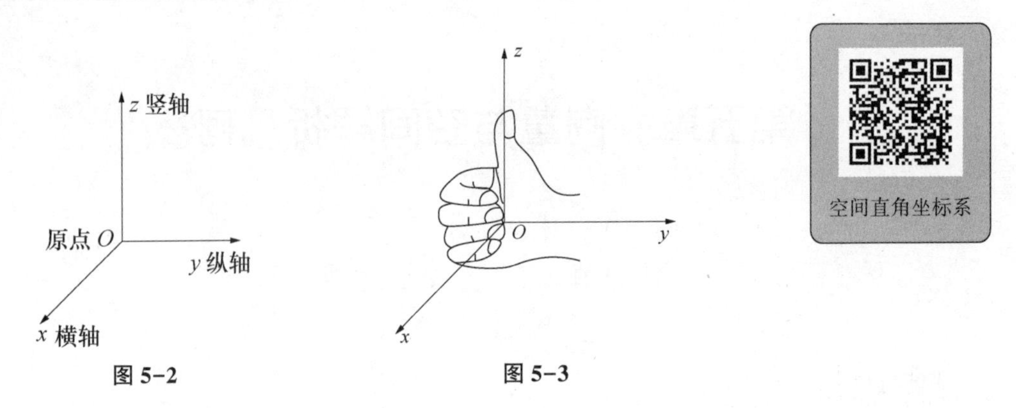


图 5-2　　　　图 5-3

对于空间一点 $M$，过点 $M$ 作 3 个平面分别垂直于 $x$ 轴、$y$ 轴和 $z$ 轴，它们与 $x$ 轴、$y$ 轴和 $z$ 轴的交点依次为 $P$、$Q$ 和 $R$（见图 5-5），这 3 点在 $x$ 轴、$y$ 轴和 $z$ 轴上的坐标分别为 $x$、$y$ 和 $z$，这组有序数 $x$、$y$ 和 $z$ 称为点 $M$ 的坐标，记为 $M(x, y, z)$.

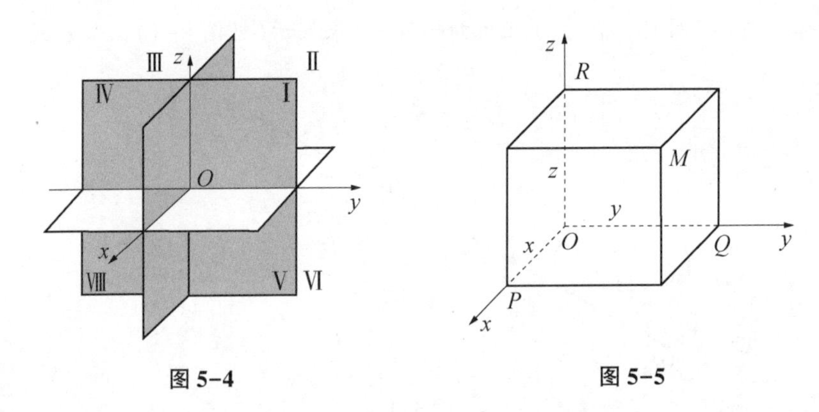


图 5-4　　　　图 5-5

反之，已知一个有序数组 $(x, y, z)$，我们可以在 $x$ 轴、$y$ 轴和 $z$ 轴上分别取坐标为 $x$ 的点 $P$，坐标为 $y$ 的点 $Q$，坐标为 $z$ 的点 $R$，过 3 个点分别作垂直于 $x$ 轴、$y$ 轴和 $z$ 轴的 3 个平面，它们相交于一点 $M$，$M$ 即为以 $x$、$y$ 和 $z$ 为坐标的点. 所以通过直角坐标系，我们建立了空间点 $M$ 与有序数组 $(x, y, z)$ 的一一对应关系.

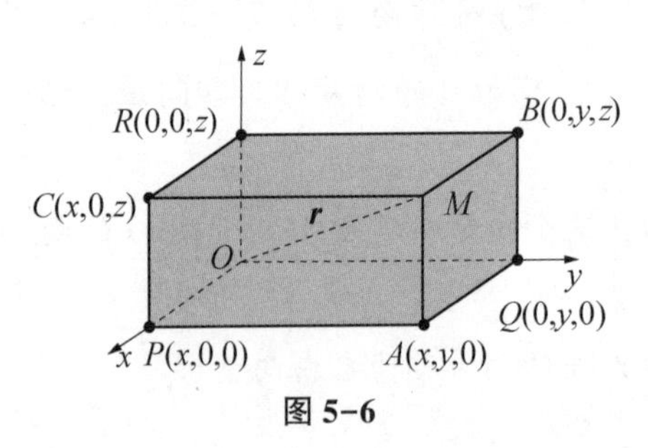


图 5-6

我们先来看几个特殊点的坐标（见图 5-6）.

在 $xOy$ 平面上：$z=0$，点的坐标为 $A(x, y, 0)$；

在 $yOz$ 平面上：$x=0$，点的坐标为 $B(0, y, z)$；

在 $zOx$ 平面上：$y=0$，点的坐标为 $C(x, 0, z)$；

在 $x$ 轴上：$y=z=0$，点的坐标为 $P(x, 0, 0)$；

在 $y$ 轴上：$z=x=0$，点的坐标为 $Q(0, y, 0)$；

在 $z$ 轴上：$x=y=0$，点的坐标为 $R(0, 0, z)$.

设 $M_1(x_1, y_1, z_1)$ 和 $M_2(x_2, y_2, z_2)$ 为空间两个点（见图 5-7），通过点 $M_1$ 和 $M_2$ 各作 3 个分别垂直于 3 条坐标轴的平面，这 6 个平面组成一个以 $\overrightarrow{M_1M_2}$ 为体对角线的长方体，由此可得

$$d^2 = |\overrightarrow{M_1M_2}|^2 = (x_2-x_1)^2+(y_2-y_1)^2+(z_2-z_1)^2,$$

即

$$d=|\overrightarrow{M_1M_2}|=\sqrt{(x_2-x_1)^2+(y_2-y_1)^2+(z_2-z_1)^2}.$$

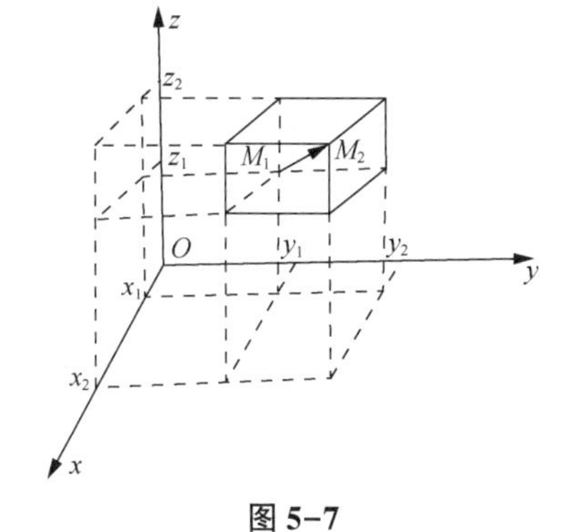


图 5-7

**例 1**　证明以点 $M_1(4,\ 3,\ 1)$，$M_2(7,\ 1,\ 2)$，$M_3(5,\ 2,\ 3)$为顶点的三角形是等腰三角形.

**证**　$|\overrightarrow{M_1M_2}|=\sqrt{(7-4)^2+(1-3)^2+(2-1)^2}=\sqrt{14}$，

$|\overrightarrow{M_2M_3}|=\sqrt{(5-7)^2+(2-1)^2+(3-2)^2}=\sqrt{6}$，

$|\overrightarrow{M_3M_1}|=\sqrt{(4-5)^2+(3-2)^2+(1-3)^2}=\sqrt{6}$，

即$|\overrightarrow{M_2M_3}|=|\overrightarrow{M_3M_1}|$，因此该三角形是等腰三角形.

**例 2**　在 $z$ 轴上求与两点 $A(-4,\ 1,\ 7)$和 $B(3,\ 5,\ -2)$等距离的点.

**解**　设所求点的坐标为 $M(0,\ 0,\ z)$，由$|\overrightarrow{AM}|=|\overrightarrow{BM}|$，即

$$\sqrt{(0+4)^2+(0-1)^2+(z-7)^2}=\sqrt{(0-3)^2+(0-5)^2+(z+2)^2},$$

得 $z=\dfrac{14}{9}$，因此所求点的坐标为 $M\left(0,\ 0,\ \dfrac{14}{9}\right)$.

## 二、向量的运算

### 1. 向量的投影及投影定理

将非零向量 $\boldsymbol{a}$ 和 $\boldsymbol{b}$ 的始点重合，在两向量的所在平面上，若一个向量按逆时针方向转过角度 $\theta$ 后可与另一个向量正向重合(见图 5-8)，则称 $\theta$ 为**向量 $\boldsymbol{a}$ 和 $\boldsymbol{b}$ 的夹角**，记作$(\widehat{\boldsymbol{a},\boldsymbol{b}})$，即

$$\theta=(\widehat{\boldsymbol{a},\boldsymbol{b}})=(\widehat{\boldsymbol{b},\boldsymbol{a}})\ (0\leqslant\theta\leqslant\pi).$$

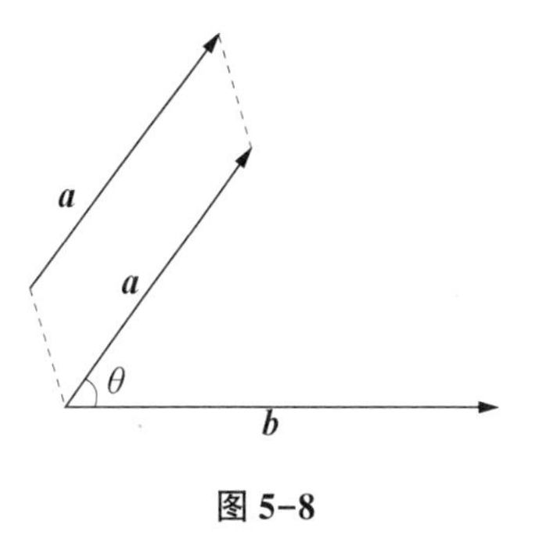


图 5-8

对于向量 $\boldsymbol{a}$ 和 $\boldsymbol{b}$，如果它们的夹角 $\theta=0$ 或 $\theta=\pi$，则称这两个向量平行，记为 $\boldsymbol{a}/\!/\boldsymbol{b}$，并且当它们指向一致时$\theta=0$，指向相反时 $\theta=\pi$. 指向相同的两个平行向量 $\boldsymbol{a}$ 和 $\boldsymbol{b}$ 如果还满足$|\boldsymbol{a}|=|\boldsymbol{b}|$，那么这两个向量**相等**，记为 $\boldsymbol{a}=\boldsymbol{b}$. 与向量 $\boldsymbol{a}$ 的模相同但方向相反的向量，叫作 $\boldsymbol{a}$ 的**负向量**，记作$-\boldsymbol{a}$.

对于一向量与一轴的夹角，可将轴看作向量，按两向量之间的夹角来度量；对于两个轴之间的夹角，则看作两向量的夹角.

通过空间一点 $A$ 作与 $u$ 轴垂直的平面(见图 5-9)，该平面与 $u$ 轴的交点 $A'$称为点 $A$ 在 $u$ 轴上的**投影**.

如果向量$\overrightarrow{AB}$的始点 $A$ 与终点 $B$ 在 $u$ 轴上的投影分别为 $A'$和 $B'$(见图 5-10)，则 $u$ 轴上的有向线段$\overrightarrow{A'B'}$的值 $A'B'$称为向量$\overrightarrow{AB}$在 $u$ 轴上的**投影**，记作 $\mathrm{Prj}_u\ \overrightarrow{AB}=A'B'$，$u$ 轴称为**投影轴**.

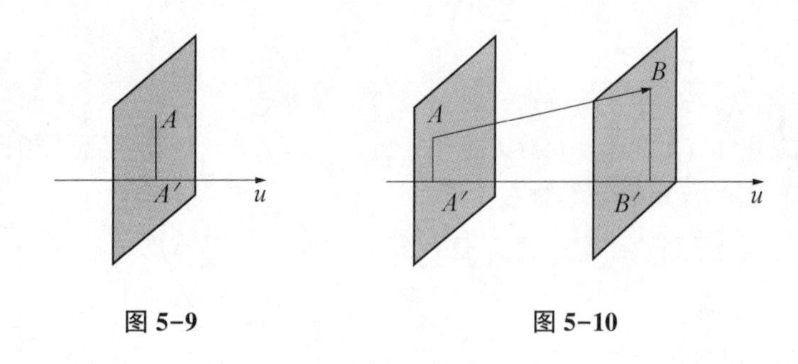


图 5-9　　　　图 5-10

**注**　值 $A'B'$ 是指其绝对值等于 $\overrightarrow{A'B'}$ 的长度，即 $|\overrightarrow{A'B'}|$，符号由 $\overrightarrow{A'B'}$ 的方向决定：当 $\overrightarrow{A'B'}$ 与 $u$ 轴同向时，取正号；当 $\overrightarrow{A'B'}$ 与 $u$ 轴反向时，取负号.

**定理 1**　向量 $\overrightarrow{AB}$ 在 $u$ 轴上的投影等于向量的模乘以 $u$ 轴与向量 $\overrightarrow{AB}$ 的夹角 $\theta$ 的余弦，即

$$\mathrm{Prj}_u\,\overrightarrow{AB}=|\overrightarrow{AB}|\cos\theta.$$

**证**　将向量 $\overrightarrow{AB}$ 的始点置于 $u'$ 轴(见图 5-11)，则由直角三角形关系得

$$\mathrm{Prj}_u\overrightarrow{AB}=\mathrm{Prj}_{u'}\overrightarrow{AB}=|\overrightarrow{AB}|\cos\theta.$$

当一非零向量与其投影轴成锐角时，向量的投影为正；成钝角时，向量的投影为负；成直角时，向量的投影为零(见图 5-12).

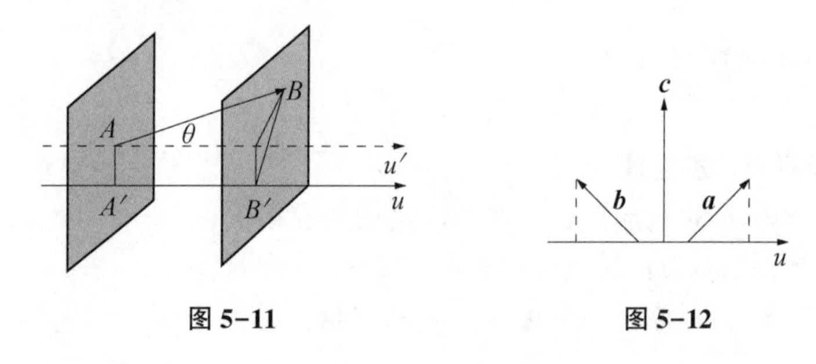


图 5-11　　　　图 5-12

**定理 2**　两个向量的和在轴上的投影等于两个向量在轴上的投影的和.

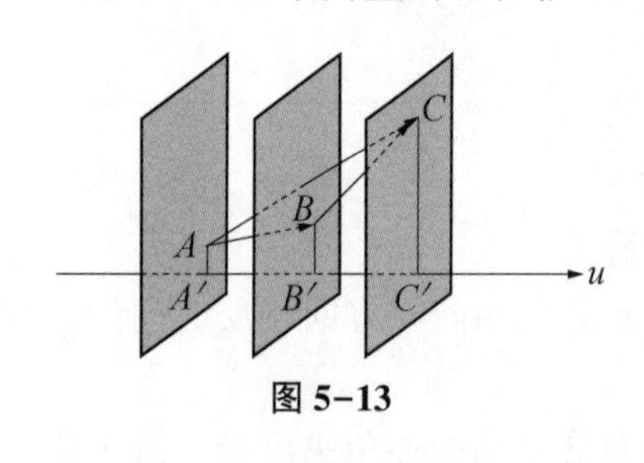


图 5-13

**证**　设点 $A$、$B$ 和 $C$ 在轴上的投影分别是 $A'$、$B'$ 和 $C'$(见图 5-13)，则 $\mathrm{Prj}_u\,\overrightarrow{AB}=A'B'$，$\mathrm{Prj}_u\,\overrightarrow{BC}=B'C'$，$\mathrm{Prj}_u\,\overrightarrow{AC}=A'C'$，由于无论 $A'$、$B'$ 和 $C'$ 在轴上的位置如何，总有 $A'C'=A'B'+B'C'$，故

$$\mathrm{Prj}_u\,\overrightarrow{AC}=\mathrm{Prj}_u\,\overrightarrow{AB}+\mathrm{Prj}_u\,\overrightarrow{BC}.$$

本定理可推广到有限个向量的情形：

$$\mathrm{Prj}_u(\boldsymbol{a}_1+\boldsymbol{a}_2+\cdots+\boldsymbol{a}_n)=\mathrm{Prj}_u\boldsymbol{a}_1+\mathrm{Prj}_u\boldsymbol{a}_2+\cdots+\mathrm{Prj}_u\boldsymbol{a}_n.$$

**定理 3**　$\mathrm{Prj}_u(\lambda\boldsymbol{a})=\lambda\mathrm{Prj}_u\boldsymbol{a}$.

**证**　证明留作习题.

**2. 向量在坐标轴上的分向量与向量的坐标**

以同起点向量 $\boldsymbol{a}$,$\boldsymbol{b}$ 为平行四边形相邻两边，如图 5-14 所示，以 $\boldsymbol{a}$ 向量的起点作为起点的对角线表示的向量为两个向量的和，记为 $\boldsymbol{a}+\boldsymbol{b}$. 以 $\boldsymbol{b}$ 向量的终点为起点、$\boldsymbol{a}$ 向量的终点为终点的对角线向量为两个向量的差，记为 $\boldsymbol{a}-\boldsymbol{b}=\boldsymbol{a}+(-\boldsymbol{b})$，如图 5-15 所示.

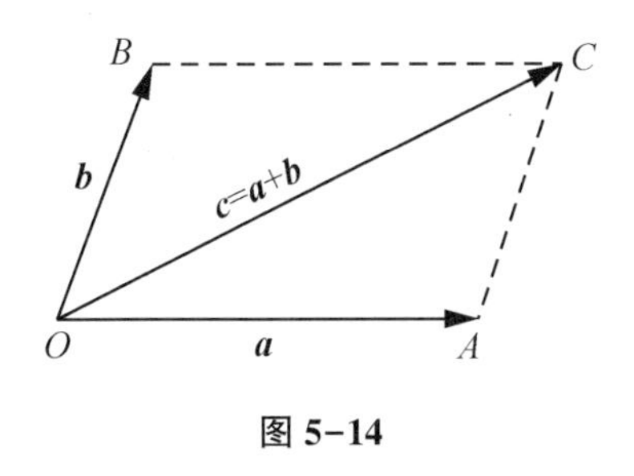


图 5-14

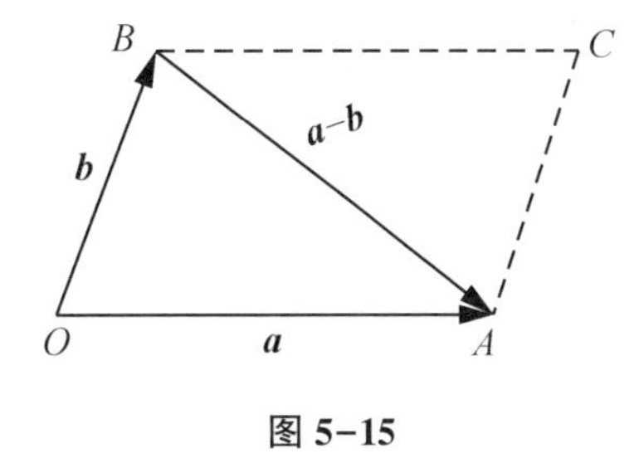


图 5-15

设 $\lambda$ 是一个实数，向量 $\boldsymbol{a}$ 与数 $\lambda$ 的乘积 $\lambda\boldsymbol{a}$ 规定如下：

当 $\lambda>0$ 时，$\lambda\boldsymbol{a}$ 表示一向量，其大小 $|\lambda\boldsymbol{a}|=\lambda|\boldsymbol{a}|$，方向与 $\boldsymbol{a}$ 同向；

当 $\lambda=0$ 时，$\lambda\boldsymbol{a}=\boldsymbol{0}$ 是零向量；

当 $\lambda<0$ 时，$\lambda\boldsymbol{a}$ 表示一向量，其大小 $|\lambda\boldsymbol{a}|=-\lambda|\boldsymbol{a}|$，方向与 $\boldsymbol{a}$ 反向(见图 5-16).

特别地，当 $\lambda=-1$ 时，$(-1)\boldsymbol{a}=-\boldsymbol{a}$.

由数乘的定义很容易得到以下结论(见图 5-17).

(1) 如果两个向量 $\boldsymbol{a},\boldsymbol{b}$ 满足 $\boldsymbol{b}=\lambda\boldsymbol{a}$($\lambda$ 是实数)，则 $\boldsymbol{a}//\boldsymbol{b}$；

反之，若 $\boldsymbol{a}//\boldsymbol{b}$ 且 $\boldsymbol{a}\neq 0$，则存在唯一的实数 $\lambda$，使 $\boldsymbol{b}=\lambda\boldsymbol{a}$.

(2) 记 $\boldsymbol{e}_a$ 为非零向量 $\boldsymbol{a}$ 的同向单位向量，则 $\boldsymbol{e}_a=\dfrac{\boldsymbol{a}}{|\boldsymbol{a}|}$(证明留作习题).

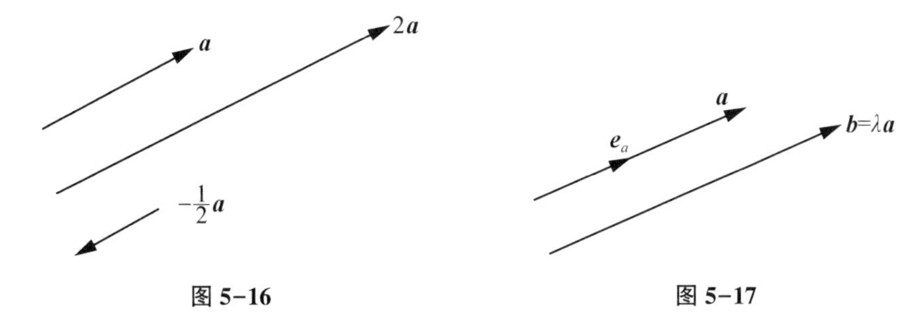


图 5-16　　　　图 5-17

**例 3**　设 $P_1,P_2$ 为 $u$ 轴上坐标分别为 $u_1,u_2$ 的两点，又 $\boldsymbol{e}$ 为与 $u$ 轴正向一致的单位向量(见图 5-18)，则有 $\overrightarrow{P_1P_2}=(u_2-u_1)\boldsymbol{e}$.

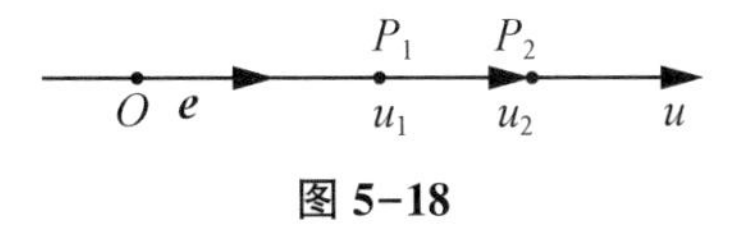


图 5-18

**证**　当 $u_2-u_1>0$ 时，$\overrightarrow{P_1P_2}$ 与 $\boldsymbol{e}$ 同向，故 $\overrightarrow{P_1P_2}=\lambda\boldsymbol{e}(\lambda>0)$. 由于 $\lambda=|\overrightarrow{P_1P_2}|=u_2-u_1$，因此 $\overrightarrow{P_1P_2}=(u_2-u_1)\boldsymbol{e}$.

当 $u_2-u_1=0$ 时，$\overrightarrow{P_1P_2}=\boldsymbol{0}$，$(u_2-u_1)\boldsymbol{e}=\boldsymbol{0}$，因此 $\overrightarrow{P_1P_2}=(u_2-u_1)\boldsymbol{e}$.

当 $u_2-u_1<0$ 时，$\overrightarrow{P_1P_2}$ 与 $\boldsymbol{e}$ 反向，故 $\overrightarrow{P_1P_2}=-\lambda\boldsymbol{e}(\lambda>0)$. 由于 $\lambda=|\overrightarrow{P_1P_2}|=u_1-u_2$，因此 $\overrightarrow{P_1P_2}=-\lambda\boldsymbol{e}=-(u_1-u_2)\boldsymbol{e}=(u_2-u_1)\boldsymbol{e}$.

设空间有一向量 $\boldsymbol{a}=\overrightarrow{M_1M_2}$，其中 $M_1(x_1, y_1, z_1),M_2(x_2, y_2, z_2)$. 由加法定理可知 $\boldsymbol{a}$ 可分解为 3 个分别平行于 $x$ 轴、$y$ 轴和 $z$ 轴的向量 $\boldsymbol{a}_x$、$\boldsymbol{a}_y$ 和 $\boldsymbol{a}_z$，它们称为 $\boldsymbol{a}$ 在 $x$ 轴、$y$ 轴

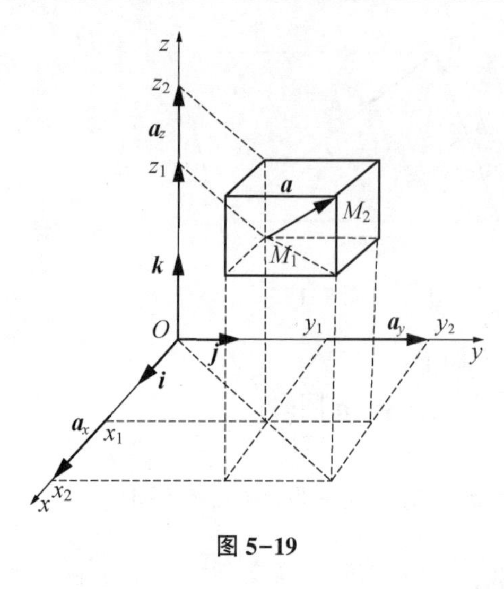


图 5-19

和 $z$ 轴的 3 个**分向量**．显然 $\boldsymbol{a}=\boldsymbol{a}_x+\boldsymbol{a}_y+\boldsymbol{a}_z$（见图 5-19）.

设 $x_2-x_1=a_x$，$y_2-y_1=a_y$，$z_2-z_1=a_z$，则有

$$\mathrm{Prj}_x\boldsymbol{a}=\mathrm{Prj}_x\boldsymbol{a}_x=x_2-x_1=a_x,$$
$$\mathrm{Prj}_y\boldsymbol{a}=\mathrm{Prj}_y\boldsymbol{a}_y=y_2-y_1=a_y,$$
$$\mathrm{Prj}_z\boldsymbol{a}=\mathrm{Prj}_z\boldsymbol{a}_z=z_2-z_1=a_z,$$

若用 $\boldsymbol{i}$、$\boldsymbol{j}$ 和 $\boldsymbol{k}$ 分别表示与 $x$ 轴、$y$ 轴和 $z$ 轴正向一致的 3 个单位向量，称它们为**基本单位向量**，则有 $\boldsymbol{a}_x=(x_2-x_1)\boldsymbol{i}$，$\boldsymbol{a}_y=(y_2-y_1)\boldsymbol{j}$，$\boldsymbol{a}_z=(z_2-z_1)\boldsymbol{k}$，因此

$$\boldsymbol{a}=\boldsymbol{a}_x+\boldsymbol{a}_y+\boldsymbol{a}_z=(x_2-x_1)\boldsymbol{i}+(y_2-y_1)\boldsymbol{j}+(z_2-z_1)\boldsymbol{k}$$
$$=a_x\boldsymbol{i}+a_y\boldsymbol{j}+a_z\boldsymbol{k}.$$

称上式为**向量 $\boldsymbol{a}$ 按基本单位向量的分解式**或 **$\boldsymbol{a}$ 的向量表示式**.

一方面，由向量 $\boldsymbol{a}$ 可以唯一定出它在 3 条坐标轴上的投影 $a_x$、$a_y$ 和 $a_z$；另一方面，由 $a_x$、$a_y$ 和 $a_z$ 可以唯一定出向量 $\boldsymbol{a}$. 这样有序数组 $a_x$、$a_y$、$a_z$ 就与向量 $\boldsymbol{a}$ 一一对应，于是将 $a_x$、$a_y$、$a_z$ 称为向量 $\boldsymbol{a}$ 的**坐标**，记为 $\boldsymbol{a}=(a_x, a_y, a_z)$，也称为向量 $\boldsymbol{a}$ 的**坐标表示式**.

以 $M_1(x_1, y_1, z_1)$为始点、$M_2(x_2, y_2, z_2)$为终点的向量记为

$$\overrightarrow{M_1M_2}=(x_2-x_1, y_2-y_1, z_2-z_1).$$

特别地，对于点 $M(x, y, z)$，向径 $\boldsymbol{r}=\overrightarrow{OM}=(x, y, z)$（见图 5-20）.

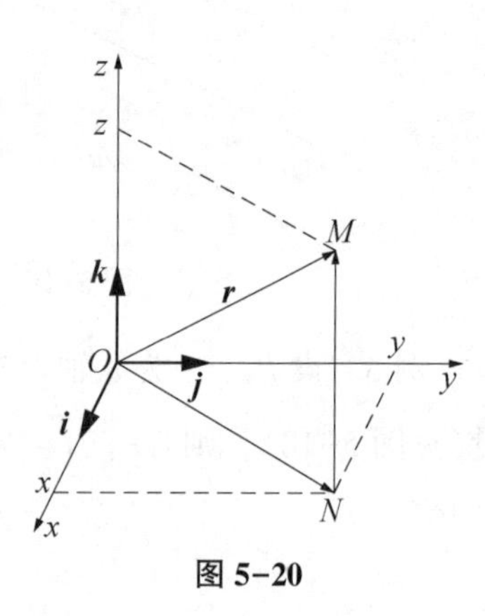


图 5-20

向量的运算可化为对坐标的数量运算.

设向量 $\boldsymbol{a}=(a_x, a_y, a_z)$，$\boldsymbol{b}=(b_x, b_y, b_z)$，则

$$\boldsymbol{a}\pm\boldsymbol{b}=(a_x\boldsymbol{i}+a_y\boldsymbol{j}+a_z\boldsymbol{k})\pm(b_x\boldsymbol{i}+b_y\boldsymbol{j}+b_z\boldsymbol{k})$$
$$=(a_x\pm b_x)\boldsymbol{i}+(a_y\pm b_y)\boldsymbol{j}+(a_z\pm b_z)\boldsymbol{k}$$
$$=(a_x\pm b_x, a_y\pm b_y, a_z\pm b_z);$$

$\lambda\boldsymbol{a}=\lambda(a_x\boldsymbol{i}+a_y\boldsymbol{j}+a_z\boldsymbol{k})=(\lambda a_x)\boldsymbol{i}+(\lambda a_y)\boldsymbol{j}+(\lambda a_z)\boldsymbol{k}=(\lambda a_x, \lambda a_y, \lambda a_z)$.

**例 4**　设 $A(x_1, y_1, z_1)$和 $B(x_2, y_2, z_2)$为空间两点，而在 $AB$ 直线上的点 $M$ 分有向线段$\overrightarrow{AB}$为两个有向线段$\overrightarrow{AM}$与$\overrightarrow{MB}$，使它们的模的比等于某数 $\lambda(\lambda\neq-1)$，即 $\dfrac{|\overrightarrow{AM}|}{|\overrightarrow{MB}|}=|\lambda|$，求分点 $M$ 的坐标 $x$、$y$ 和 $z$.

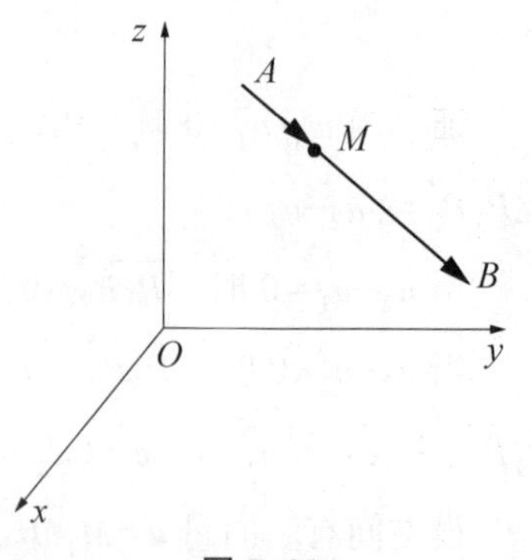


图 5-21

**解**　如图 5-21 所示，因为$\overrightarrow{AM}$和$\overrightarrow{MB}$在一直线上，故$\overrightarrow{AM}=\lambda\overrightarrow{MB}$.

而$\overrightarrow{AM}=(x-x_1, y-y_1, z-z_1)$，$\overrightarrow{MB}=(x_2-x, y_2-y, z_2-z)$，因此

$$(x-x_1,\ y-y_1,\ z-z_1)=\lambda(x_2-x,\ y_2-y,\ z_2-z),$$

即 $x-x_1=\lambda(x_2-x)$，$y-y_1=\lambda(y_2-y)$，$z-z_1=\lambda(z_2-z)$，可得

$$x=\frac{x_1+\lambda x_2}{1+\lambda},\quad y=\frac{y_1+\lambda y_2}{1+\lambda},\quad z=\frac{z_1+\lambda z_2}{1+\lambda}.$$

点 $M$ 叫作有向线段 $\overrightarrow{AB}$ 的定比分点，当 $\lambda=1$ 时，点 $M$ 是有向线段 $\overrightarrow{AB}$ 的中点，其坐标为

$$x=\frac{x_1+x_2}{2},\quad y=\frac{y_1+y_2}{2},\quad z=\frac{z_1+z_2}{2}.$$

**例 5**　设 $\boldsymbol{m}=3\boldsymbol{i}+5\boldsymbol{j}+8\boldsymbol{k}$，$\boldsymbol{n}=2\boldsymbol{i}-4\boldsymbol{j}-7\boldsymbol{k}$，$\boldsymbol{p}=5\boldsymbol{i}+\boldsymbol{j}-4\boldsymbol{k}$，求 $\boldsymbol{a}=4\boldsymbol{m}+3\boldsymbol{n}-\boldsymbol{p}$ 在 $x$ 轴上的坐标及在 $y$ 轴上的分向量.

**解**　$\boldsymbol{a}=4\boldsymbol{m}+3\boldsymbol{n}-\boldsymbol{p}=4(3\boldsymbol{i}+5\boldsymbol{j}+8\boldsymbol{k})+3(2\boldsymbol{i}-4\boldsymbol{j}-7\boldsymbol{k})-(5\boldsymbol{i}+\boldsymbol{j}-4\boldsymbol{k})=13\boldsymbol{i}+7\boldsymbol{j}+15\boldsymbol{k}$，所以 $\boldsymbol{a}$ 在 $x$ 轴上的坐标为 13，在 $y$ 轴上的分向量为 $7\boldsymbol{j}$.

## 三、向量的模、方向角

设 $\boldsymbol{a}$ 为任意一个非零向量，又设 $\alpha,\beta,\gamma$ 为 $\boldsymbol{a}$ 与 3 个坐标轴正向之间的夹角($0\leqslant\alpha,\ \beta,\ \gamma\leqslant\pi$)，如图 5-22 所示，则 $\alpha,\beta,\gamma$ 为向量 $\boldsymbol{a}$ 的**方向角**. 由于向量坐标就是向量在坐标轴上的投影，故有

$$a_x=|\boldsymbol{a}|\cos\alpha,\quad a_y=|\boldsymbol{a}|\cos\beta,\quad a_z=|\boldsymbol{a}|\cos\gamma.$$

其中，$\cos\alpha,\cos\beta,\cos\gamma$ 称为向量 $\boldsymbol{a}$ 的**方向余弦**，通常用来表示向量的方向.

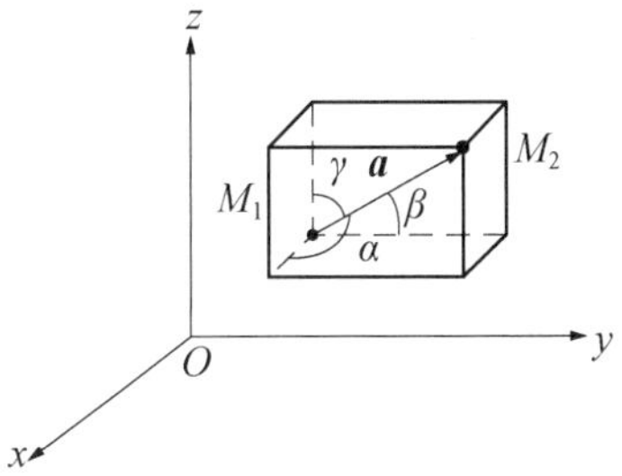

图 5-22

由模的定义，可知向量 $\boldsymbol{a}$ 的模为

$$|\boldsymbol{a}|=\sqrt{(x_2-x_1)^2+(y_2-y_1)^2+(z_2-z_1)^2}=\sqrt{a_x^2+a_y^2+a_z^2}.$$

$$\cos\alpha=\frac{a_x}{\sqrt{a_x^2+a_y^2+a_z^2}},\quad \cos\beta=\frac{a_y}{\sqrt{a_x^2+a_y^2+a_z^2}},\quad \cos\gamma=\frac{a_z}{\sqrt{a_x^2+a_y^2+a_z^2}},$$

由此可得

$$\cos^2\alpha+\cos^2\beta+\cos^2\gamma=1,$$

即任一非零向量的方向余弦的平方和为 1. 进一步有

$$\boldsymbol{e}_a=\frac{\boldsymbol{a}}{|\boldsymbol{a}|}=\frac{1}{|\boldsymbol{a}|}(a_x,\ a_y,\ a_z)=\frac{1}{\sqrt{a_x^2+a_y^2+a_z^2}}(a_x,\ a_y,\ a_z)=(\cos\alpha,\ \cos\beta,\ \cos\gamma).$$

**例 6**　已知点 $M_1(2,\ 2,\ \sqrt{2})$ 和 $M_2(1,\ 3,\ 0)$，分别写出向量 $\overrightarrow{M_1M_2}$ 和 $\overrightarrow{M_2M_1}$ 的坐标表示式与向量表示式，计算它们的模、方向余弦、方向角、同向单位向量.

**解**　向量 $\overrightarrow{M_1M_2}=(1-2,\ 3-2,\ 0-\sqrt{2})=(-1,\ 1,\ -\sqrt{2})=-\boldsymbol{i}+\boldsymbol{j}-\sqrt{2}\boldsymbol{k}$,

$$\overrightarrow{M_2M_1}=-\overrightarrow{M_1M_2}=-(-1,\ 1,\ -\sqrt{2})=(1,\ -1,\ \sqrt{2})=\boldsymbol{i}-\boldsymbol{j}+\sqrt{2}\boldsymbol{k}.$$

模 $|\overrightarrow{M_1M_2}|=|\overrightarrow{M_2M_1}|=\sqrt{(-1)^2+1^2+(-\sqrt{2})^2}=2.$

$\overrightarrow{M_1M_2}$的方向余弦为

$$\cos\alpha_1=-\frac{1}{2},\ \cos\beta_1=\frac{1}{2},\ \cos\gamma_1=-\frac{\sqrt{2}}{2},$$

对应的方向角为

$$\alpha_1=\frac{2}{3}\pi,\ \beta_1=\frac{1}{3}\pi,\ \gamma_1=\frac{3}{4}\pi.$$

同理可得$\overrightarrow{M_2M_1}$的方向余弦为

$$\cos\alpha_2=\frac{1}{2},\ \cos\beta_2=-\frac{1}{2},\ \cos\gamma_2=\frac{\sqrt{2}}{2},$$

对应的方向角为

$$\alpha_2=\frac{1}{3}\pi,\ \beta_2=\frac{2}{3}\pi,\ \gamma_2=\frac{1}{4}\pi.$$

与$\overrightarrow{M_1M_2}$同向的单位向量为$\boldsymbol{e}_{\overrightarrow{M_1M_2}}=\left(-\frac{1}{2},\ \frac{1}{2},\ -\frac{\sqrt{2}}{2}\right)$,

与$\overrightarrow{M_2M_1}$同向的单位向量为$\boldsymbol{e}_{\overrightarrow{M_2M_1}}=\left(\frac{1}{2},\ -\frac{1}{2},\ \frac{\sqrt{2}}{2}\right)$.

**例 7**　求平行于向量 $\boldsymbol{a}=6\boldsymbol{i}+7\boldsymbol{j}-6\boldsymbol{k}$ 的单位向量.

**解**　所求向量有两个，一个与 $\boldsymbol{a}$ 同向，另一个与 $\boldsymbol{a}$ 反向.

由于$|\boldsymbol{a}|=\sqrt{6^2+7^2+(-6)^2}=11$，故

$$\boldsymbol{e}_{\boldsymbol{a}}=\frac{\boldsymbol{a}}{|\boldsymbol{a}|}=\frac{6}{11}\boldsymbol{i}+\frac{7}{11}\boldsymbol{j}-\frac{6}{11}\boldsymbol{k},\ \boldsymbol{e}_{-\boldsymbol{a}}=-\frac{\boldsymbol{a}}{|\boldsymbol{a}|}=-\frac{6}{11}\boldsymbol{i}-\frac{7}{11}\boldsymbol{j}+\frac{6}{11}\boldsymbol{k}.$$

**例 8**　已知向量$\overrightarrow{P_1P_2}$的模为$|\overrightarrow{P_1P_2}|=2$，向量与 $x$ 轴和 $y$ 轴的夹角分别为$\frac{\pi}{3}$和$\frac{\pi}{4}$，如果 $P_1$ 的坐标为$(1,\ 0,\ 3)$，求 $P_2$ 的坐标.

**解**　设向量$\overrightarrow{P_1P_2}$的方向角分别为 $\alpha$，$\beta$，$\gamma$.

因为 $\alpha=\frac{\pi}{3}$，$\beta=\frac{\pi}{4}$，所以 $\cos\alpha=\frac{1}{2}$，$\cos\beta=\frac{\sqrt{2}}{2}$ .

又因为$\cos^2\alpha+\cos^2\beta+\cos^2\gamma=1$，所以 $\cos\gamma=\pm\frac{1}{2}$，可得 $\gamma=\frac{\pi}{3}$或 $\gamma=\frac{2\pi}{3}$ .

设 $P_2$ 的坐标为$(x,\ y,\ z)$.

由 $\cos\alpha=\frac{x-1}{|P_1P_2|}$可知$\frac{x-1}{2}=\frac{1}{2}$，解方程可得 $x=2$.

由 $\cos\beta=\frac{y-0}{|P_1P_2|}$可知$\frac{y-0}{2}=\frac{\sqrt{2}}{2}$，解方程可得 $y=\sqrt{2}$.

由 $\cos\gamma=\frac{z-3}{|P_1P_2|}$可知$\frac{z-3}{2}=\pm\frac{1}{2}$，解方程可得 $z=4$ 或 $z=2$,

故 $P_2$ 的坐标为$(2,\ \sqrt{2},\ 4)$或$(2,\ \sqrt{2},\ 2)$.

## 四、数量积

首先我们来看一个引例.

设一个物体在恒力 $\boldsymbol{F}$ 作用下，沿直线从点 $M_1$ 移动到点 $M_2$(见图 5-23)，以 $\boldsymbol{s}$ 表示位移$\overrightarrow{M_1M_2}$. 由物理学知识可知，力 $\boldsymbol{F}$ 所做的功为 $W=|\boldsymbol{F}||\boldsymbol{s}|\cos\theta$(见图 5-24)，其中 $\theta$ 为 $\boldsymbol{F}$ 与 $\boldsymbol{s}$ 的夹角.

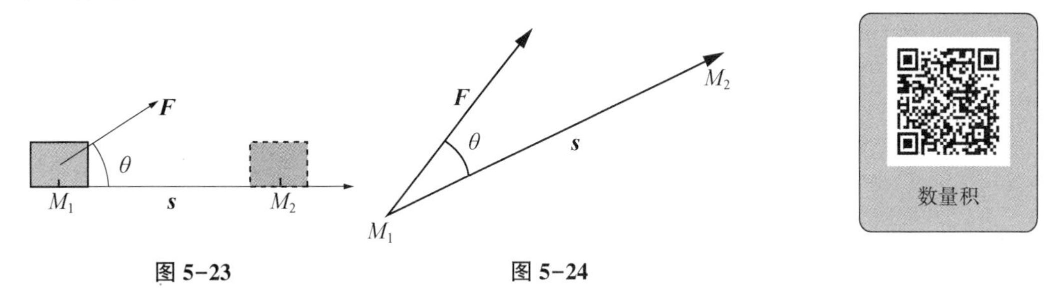


图 5-23　　图 5-24

从这个问题可以看出，我们有时要对两个向量做这样的运算：运算的结果是一个数，它等于这两个向量的模及它们夹角的余弦的乘积. 我们把这个数称为这两个向量的数量积(也称为内积或点积)(见图 5-25).

图 5-25

**定义 1**　给定向量 $\boldsymbol{a}$ 与 $\boldsymbol{b}$，我们将 $|\boldsymbol{a}|$ 与 $|\boldsymbol{b}|$ 及它们的夹角 $\theta$ 的余弦的乘积，称为向量 $\boldsymbol{a}$ 与 $\boldsymbol{b}$ 的**数量积**，记为 $\boldsymbol{a}\cdot\boldsymbol{b}$，即

$$\boldsymbol{a}\cdot\boldsymbol{b}=|\boldsymbol{a}||\boldsymbol{b}|\cos\theta=|\boldsymbol{a}||\boldsymbol{b}|\cos(\widehat{\boldsymbol{a},\boldsymbol{b}})\ (0\leqslant\theta\leqslant\pi).$$

由数量积的定义可知，恒力 $\boldsymbol{F}$ 沿直线从点 $M_1$ 移动到点 $M_2$，所做的功为

$$W=|\boldsymbol{F}||\overrightarrow{M_1M_2}|\cos\theta=\boldsymbol{F}\cdot\overrightarrow{M_1M_2}.$$

由定义 1 可以推出：

(1) $\boldsymbol{a}\cdot\boldsymbol{b}=|\boldsymbol{a}|\mathrm{Prj}_{\boldsymbol{a}}\boldsymbol{b}=|\boldsymbol{b}|\mathrm{Prj}_{\boldsymbol{b}}\boldsymbol{a}$;

(2) $\boldsymbol{a}\cdot\boldsymbol{a}=|\boldsymbol{a}||\boldsymbol{a}|\cos(\widehat{\boldsymbol{a},\boldsymbol{a}})=|\boldsymbol{a}|^2$;

(3) 若 $|\boldsymbol{a}|\neq0$，$|\boldsymbol{b}|\neq0$，则 $\boldsymbol{a}\cdot\boldsymbol{b}=0\Leftrightarrow\boldsymbol{a}\perp\boldsymbol{b}$.

**证**　若 $\boldsymbol{a}\cdot\boldsymbol{b}=0$，即 $|\boldsymbol{a}||\boldsymbol{b}|\cos(\widehat{\boldsymbol{a},\boldsymbol{b}})=0$，则 $\cos(\widehat{\boldsymbol{a},\boldsymbol{b}})=0$，得 $(\widehat{\boldsymbol{a},\boldsymbol{b}})=\dfrac{\pi}{2}$，从而 $\boldsymbol{a}\perp\boldsymbol{b}$;

反之，若 $\boldsymbol{a}\perp\boldsymbol{b}$，即 $(\widehat{\boldsymbol{a},\boldsymbol{b}})=\dfrac{\pi}{2}$，则 $\cos(\widehat{\boldsymbol{a},\boldsymbol{b}})=0$，从而 $|\boldsymbol{a}||\boldsymbol{b}|\cos(\widehat{\boldsymbol{a},\boldsymbol{b}})=0$，因此 $\boldsymbol{a}\cdot\boldsymbol{b}=0$.

数量积符合下列运算规律.

(1) 交换律：$\boldsymbol{a}\cdot\boldsymbol{b}=\boldsymbol{b}\cdot\boldsymbol{a}$.

**证**　$\boldsymbol{a}\cdot\boldsymbol{b}=|\boldsymbol{a}||\boldsymbol{b}|\cos(\widehat{\boldsymbol{a},\boldsymbol{b}})=|\boldsymbol{b}||\boldsymbol{a}|\cos(\widehat{\boldsymbol{b},\boldsymbol{a}})=\boldsymbol{b}\cdot\boldsymbol{a}$.

(2)分配律：$(\boldsymbol{a}+\boldsymbol{b})\cdot\boldsymbol{c}=\boldsymbol{a}\cdot\boldsymbol{c}+\boldsymbol{b}\cdot\boldsymbol{c}$.

**证**　$(\boldsymbol{a}+\boldsymbol{b})\cdot\boldsymbol{c}=|\boldsymbol{c}|\mathrm{Prj}_{\boldsymbol{c}}(\boldsymbol{a}+\boldsymbol{b})=|\boldsymbol{c}|(\mathrm{Prj}_{\boldsymbol{c}}\boldsymbol{a}+\mathrm{Prj}_{\boldsymbol{c}}\boldsymbol{b})$

$$=|\boldsymbol{c}|\mathrm{Prj}_{\boldsymbol{c}}\boldsymbol{a}+|\boldsymbol{c}|\mathrm{Prj}_{\boldsymbol{c}}\boldsymbol{b}=\boldsymbol{a}\cdot\boldsymbol{c}+\boldsymbol{b}\cdot\boldsymbol{c}.$$

(3)$(\lambda\boldsymbol{a})\cdot\boldsymbol{b}=\boldsymbol{a}\cdot(\lambda\boldsymbol{b})=\lambda(\boldsymbol{a}\cdot\boldsymbol{b})$(其中 $\lambda$ 是实数).

**证**　当 $\lambda=0$ 时，三者均为零，显然成立；

当 $\lambda>0$ 时，$(\lambda\boldsymbol{a})\cdot\boldsymbol{b}=|\lambda\boldsymbol{a}||\boldsymbol{b}|\cos(\widehat{\lambda\boldsymbol{a},\boldsymbol{b}})=\lambda|\boldsymbol{a}||\boldsymbol{b}|\cos(\widehat{\boldsymbol{a},\boldsymbol{b}})=\lambda(\boldsymbol{a}\cdot\boldsymbol{b})$

$$=|\boldsymbol{a}||\lambda\boldsymbol{b}|\cos(\widehat{\boldsymbol{a},\lambda\boldsymbol{b}})=\boldsymbol{a}\cdot(\lambda\boldsymbol{b});$$

当 $\lambda<0$ 时，$(\lambda\boldsymbol{a})\cdot\boldsymbol{b}=|\lambda\boldsymbol{a}||\boldsymbol{b}|\cos(\widehat{\lambda\boldsymbol{a},\boldsymbol{b}})=-\lambda|\boldsymbol{a}||\boldsymbol{b}|\cos[\pi-(\widehat{\boldsymbol{a},\boldsymbol{b}})]$

$$=\lambda|\boldsymbol{a}||\boldsymbol{b}|\cos(\widehat{\boldsymbol{a},\boldsymbol{b}})=\lambda(\boldsymbol{a}\cdot\boldsymbol{b})$$

$$=-\lambda|\boldsymbol{a}||\boldsymbol{b}|\cos[\pi-(\widehat{\boldsymbol{a},\boldsymbol{b}})]$$

$$=|\boldsymbol{a}||\lambda\boldsymbol{b}|\cos(\widehat{\boldsymbol{a},\lambda\boldsymbol{b}})=\boldsymbol{a}\cdot(\lambda\boldsymbol{b}).$$

类似地，可证得$(\lambda\boldsymbol{a})\cdot(\mu\boldsymbol{b})=\lambda\mu(\boldsymbol{a}\cdot\boldsymbol{b})$.

下面来看两向量的数量积的坐标表示式.

设 $\boldsymbol{a}=(a_x,\ a_y,\ a_z)=a_x\boldsymbol{i}+a_y\boldsymbol{j}+a_z\boldsymbol{k}$，$\boldsymbol{b}=(b_x,\ b_y,\ b_z)=b_x\boldsymbol{i}+b_y\boldsymbol{j}+b_z\boldsymbol{k}$，则

$$\begin{aligned}\boldsymbol{a}\cdot\boldsymbol{b}&=(a_x\boldsymbol{i}+a_y\boldsymbol{j}+a_z\boldsymbol{k})\cdot(b_x\boldsymbol{i}+b_y\boldsymbol{j}+b_z\boldsymbol{k})\\&=a_xb_x\boldsymbol{i}\cdot\boldsymbol{i}+a_xb_y\boldsymbol{i}\cdot\boldsymbol{j}+a_xb_z\boldsymbol{i}\cdot\boldsymbol{k}+a_yb_x\boldsymbol{j}\cdot\boldsymbol{i}+a_yb_y\boldsymbol{j}\cdot\boldsymbol{j}+a_yb_z\boldsymbol{j}\cdot\boldsymbol{k}+\\&\quad a_zb_x\boldsymbol{k}\cdot\boldsymbol{i}+a_zb_y\boldsymbol{k}\cdot\boldsymbol{j}+a_zb_z\boldsymbol{k}\cdot\boldsymbol{k}.\end{aligned}$$

注意到 $\boldsymbol{i}\cdot\boldsymbol{i}=\boldsymbol{j}\cdot\boldsymbol{j}=\boldsymbol{k}\cdot\boldsymbol{k}=1$，$\boldsymbol{i}\cdot\boldsymbol{j}=\boldsymbol{j}\cdot\boldsymbol{k}=\boldsymbol{k}\cdot\boldsymbol{i}=0$，则有

$$\boldsymbol{a}\cdot\boldsymbol{b}=a_xb_x+a_yb_y+a_zb_z.$$

由上式可得：若 $|\boldsymbol{a}|\neq0$，$|\boldsymbol{b}|\neq0$，则

$$\cos(\widehat{\boldsymbol{a},\boldsymbol{b}})=\frac{\boldsymbol{a}\cdot\boldsymbol{b}}{|\boldsymbol{a}||\boldsymbol{b}|}=\frac{a_xb_x+a_yb_y+a_zb_z}{\sqrt{a_x^2+a_y^2+a_z^2}\sqrt{b_x^2+b_y^2+b_z^2}};$$

$$\boldsymbol{a}\cdot\boldsymbol{b}=0\Leftrightarrow\boldsymbol{a}\perp\boldsymbol{b}\Leftrightarrow a_xb_x+a_yb_y+a_zb_z=0.$$

**例 9**　利用向量证明不等式

$$\sqrt{a_1^2+a_2^2+a_3^2}\sqrt{b_1^2+b_2^2+b_3^2}\geqslant|a_1b_1+a_2b_2+a_3b_3|,$$

其中 $a_1,a_2,a_3,b_1,b_2,b_3$ 为非零常数，并指出等号成立的条件.

**证**　设 $\boldsymbol{a}=(a_1,\ a_2,\ a_3)$，$\boldsymbol{b}=(b_1,\ b_2,\ b_3)$，则

$$\cos(\widehat{\boldsymbol{a},\boldsymbol{b}})=\frac{\boldsymbol{a}\cdot\boldsymbol{b}}{|\boldsymbol{a}||\boldsymbol{b}|}=\frac{a_1b_1+a_2b_2+a_3b_3}{\sqrt{a_1^2+a_2^2+a_3^2}\sqrt{b_1^2+b_2^2+b_3^2}},$$

从而

$$\sqrt{a_1^2+a_2^2+a_3^2}\sqrt{b_1^2+b_2^2+b_3^2}\geqslant|a_1b_1+a_2b_2+a_3b_3|,$$

等号成立当且仅当 $\boldsymbol{a}/\!/\boldsymbol{b}$.

**例 10**　已知 $\boldsymbol{a}=(1,\ 1,\ -4)$，$\boldsymbol{b}=(1,\ -2,\ 2)$，求：(1)$\boldsymbol{a}\cdot\boldsymbol{b}$；(2)$\boldsymbol{a}$ 与 $\boldsymbol{b}$ 的夹角 $\theta$；(3)$\boldsymbol{a}$ 在 $\boldsymbol{b}$ 上的投影.

**解**　(1)由数量积的坐标表达式可知

$$\boldsymbol{a}\cdot\boldsymbol{b}=1\times1+1\times(-2)+(-4)\times2=-9.$$

(2)因为

$$\cos\theta=\frac{a_xb_x+a_yb_y+a_zb_z}{\sqrt{a_x^2+a_y^2+a_z^2}\sqrt{b_x^2+b_y^2+b_z^2}}=\frac{-9}{\sqrt{1^2+1^2+(-4)^2}\sqrt{1^2+(-2)^2+2^2}}=-\frac{\sqrt{2}}{2},$$

所以 $\theta=\frac{3\pi}{4}$.

(3)由 $\boldsymbol{a}\cdot\boldsymbol{b}=|\boldsymbol{b}|\mathrm{Prj}_{\boldsymbol{b}}\boldsymbol{a}$，可得

$$\mathrm{Prj}_{\boldsymbol{b}}\boldsymbol{a}=\frac{\boldsymbol{a}\cdot\boldsymbol{b}}{|\boldsymbol{b}|}=-3.$$

**例 11**　已知 $(\boldsymbol{a}+3\boldsymbol{b})\perp(7\boldsymbol{a}-5\boldsymbol{b})$，$(\boldsymbol{a}-4\boldsymbol{b})\perp(7\boldsymbol{a}-2\boldsymbol{b})$，试求 $(\widehat{\boldsymbol{a},\boldsymbol{b}})$.

**解**　根据题意，有

$$\begin{cases}(\boldsymbol{a}+3\boldsymbol{b})\cdot(7\boldsymbol{a}-5\boldsymbol{b})=0,\\(\boldsymbol{a}-4\boldsymbol{b})\cdot(7\boldsymbol{a}-2\boldsymbol{b})=0,\end{cases}$$

即

$$\begin{cases}7|\boldsymbol{a}|^2+16\boldsymbol{a}\cdot\boldsymbol{b}-15|\boldsymbol{b}|^2=0,\\7|\boldsymbol{a}|^2-30\boldsymbol{a}\cdot\boldsymbol{b}+8|\boldsymbol{b}|^2=0,\end{cases}$$

两式相减得 $\boldsymbol{a}\cdot\boldsymbol{b}=\frac{1}{2}|\boldsymbol{b}|^2$，代入第一个方程得 $|\boldsymbol{a}|=|\boldsymbol{b}|$，

因此

$$\cos(\widehat{\boldsymbol{a},\boldsymbol{b}})=\frac{\boldsymbol{a}\cdot\boldsymbol{b}}{|\boldsymbol{a}||\boldsymbol{b}|}=\frac{\boldsymbol{a}\cdot\boldsymbol{b}}{|\boldsymbol{b}|^2}=\frac{1}{2},$$

即 $(\widehat{\boldsymbol{a},\boldsymbol{b}})=\frac{\pi}{3}$.

**例 12**　液体流过平面 $S$ 上面积为 $A$ 的一个区域，液体在这区域上各点处的流速均为 $\boldsymbol{v}$(常向量)，设 $\boldsymbol{n}$ 为垂直于 $S$ 的单位向量(见图 5-26)，计算单位时间内经过这区域流向 $\boldsymbol{n}$ 所指一方的液体的质量 $P$(液体的密度为 $\rho$).

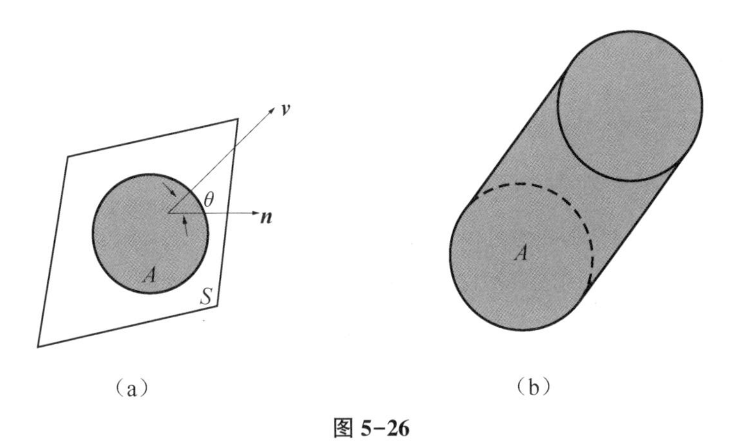


**图 5-26**

**解**　单位时间内流过这区域的液体组成一个底面积为 $A$、斜高为 $|\boldsymbol{v}|$ 的斜柱体，该斜柱体的斜高与底面的垂线的夹角就是 $\boldsymbol{v}$ 与 $\boldsymbol{n}$ 的夹角 $\theta$，所以该斜柱体的高为 $|\boldsymbol{v}|\cos\theta$，体积

为$A|\boldsymbol{v}|\cos\theta=A\boldsymbol{v}\cdot\boldsymbol{n}[=A|\boldsymbol{v}||\boldsymbol{n}|\cos(\widehat{\boldsymbol{v},\boldsymbol{n}})]$. 单位时间内经过这区域流向 $\boldsymbol{n}$ 所指一方的液体的质量 $P=\rho A\boldsymbol{v}\cdot\boldsymbol{n}$.

## 五、向量积

在研究物体转动问题时，不但要考虑物体所受的力，还要分析这些力所产生的力矩. 如图 5-27 所示，杆 $L$ 受力 $\boldsymbol{F}$ 作用，支点为 $O$，由力学知识可知，力 $\boldsymbol{F}$ 对支点 $O$ 的力矩是一个向量 $\boldsymbol{M}$，其大小为

$$|\boldsymbol{M}|=|\overrightarrow{OQ}||\boldsymbol{F}|=|\overrightarrow{OP}||\boldsymbol{F}|\sin\theta,$$

其方向为：$\boldsymbol{M}$ 垂直于$\overrightarrow{OP}$与 $\boldsymbol{F}$ 所在平面，$\boldsymbol{M}$ 的指向是按右手规则从$\overrightarrow{OP}$转向 $\boldsymbol{F}$，转角不超过 $\pi$，此时，大拇指的方向就是 $\boldsymbol{M}$ 的指向(见图 5-28).

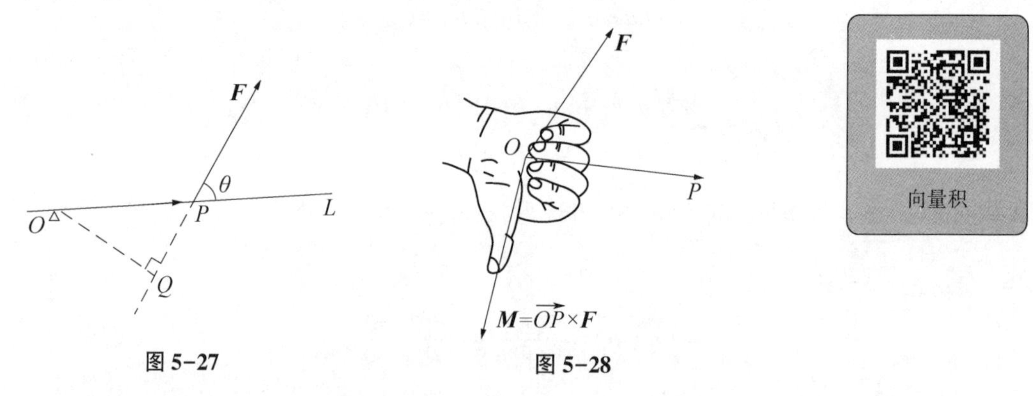


图 5-27　　图 5-28

**定义 2**　若由向量 $\boldsymbol{a}$ 与 $\boldsymbol{b}$ 所确定的一个向量 $\boldsymbol{c}$ 满足条件(见图 5-29)

(1) $\boldsymbol{c}$ 的方向既垂直于 $\boldsymbol{a}$ 又垂直于 $\boldsymbol{b}$，$\boldsymbol{c}$ 的指向按右手规则从 $\boldsymbol{a}$ 转向 $\boldsymbol{b}$ 来确定；

(2) $\boldsymbol{c}$ 的模 $|\boldsymbol{c}|=|\boldsymbol{a}||\boldsymbol{b}|.\sin\theta$(其中 $\theta$ 为 $\boldsymbol{a}$ 与 $\boldsymbol{b}$ 的夹角)，则称向量 $\boldsymbol{c}$ 为向量 $\boldsymbol{a}$ 与 $\boldsymbol{b}$ 的**向量积**(或称**外积、叉积**)，记为

$$\boldsymbol{c}=\boldsymbol{a}\times\boldsymbol{b}.$$

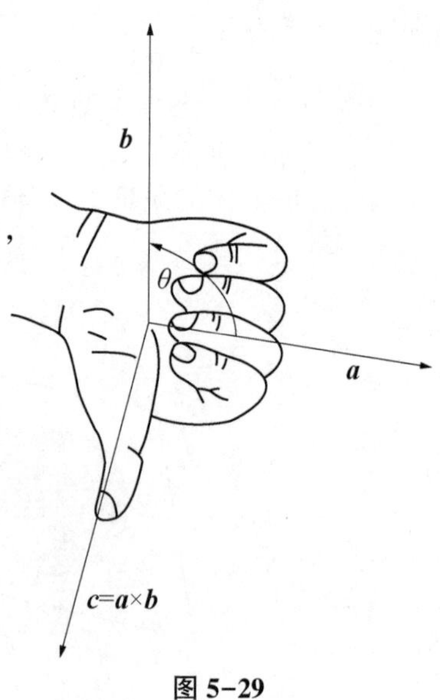


图 5-29

按此定义，上面的力矩 $\boldsymbol{M}$ 等于$\overrightarrow{OP}$与 $\boldsymbol{F}$ 的向量积，即

$$\boldsymbol{M}=\overrightarrow{OP}\times\boldsymbol{F}.$$

根据向量积的定义，即可推得

(1) $\boldsymbol{a}\times\boldsymbol{a}=\boldsymbol{0}$；

(2) 设 $\boldsymbol{a},\boldsymbol{b}$ 为两非零向量，则 $\boldsymbol{a}/\!/\boldsymbol{b}$ 的充分必要条件是 $\boldsymbol{a}\times\boldsymbol{b}=\boldsymbol{0}$.

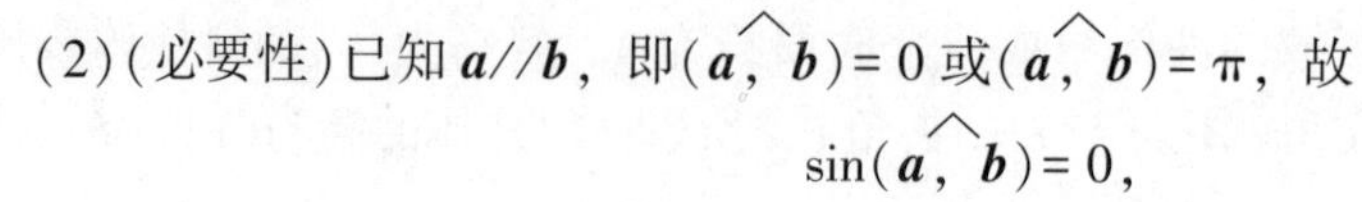

**证**　(1) $|\boldsymbol{a}\times\boldsymbol{a}|=|\boldsymbol{a}||\boldsymbol{a}|\sin(\widehat{\boldsymbol{a},\boldsymbol{a}})=0$.

(2) (必要性)已知 $\boldsymbol{a}/\!/\boldsymbol{b}$，即$(\widehat{\boldsymbol{a},\boldsymbol{b}})=0$或$(\widehat{\boldsymbol{a},\boldsymbol{b}})=\pi$，故

$$\sin(\widehat{\boldsymbol{a},\boldsymbol{b}})=0,$$

$|\boldsymbol{a}\times\boldsymbol{b}|=|\boldsymbol{a}||\boldsymbol{b}|\sin(\widehat{\boldsymbol{a},\boldsymbol{b}})=0$，从而 $\boldsymbol{a}\times\boldsymbol{b}=\boldsymbol{0}$.

(充分性)已知 $\boldsymbol{a}\times\boldsymbol{b}=\boldsymbol{0}$，即

$$|\boldsymbol{a}||\boldsymbol{b}|\sin(\widehat{\boldsymbol{a},\boldsymbol{b}})=0,$$

故 $\sin(\widehat{\boldsymbol{a},\boldsymbol{b}})=0$，得 $(\widehat{\boldsymbol{a},\boldsymbol{b}})=0$ 或 $(\widehat{\boldsymbol{a},\boldsymbol{b}})=\pi$，从而 $\boldsymbol{a}/\!/\boldsymbol{b}$.

由此可知，空间 3 点 $A,B,C$ 共线的充分必要条件是 $\overrightarrow{AB}\times\overrightarrow{AC}=\boldsymbol{0}$.

向量积满足下列运算规律：

(1) $\boldsymbol{a}\times\boldsymbol{b}=-\boldsymbol{b}\times\boldsymbol{a}$；

(2) 分配律 $(\boldsymbol{a}+\boldsymbol{b})\times\boldsymbol{c}=\boldsymbol{a}\times\boldsymbol{c}+\boldsymbol{b}\times\boldsymbol{c}$；

(3) 结合律 $\lambda(\boldsymbol{a}\times\boldsymbol{b})=(\lambda\boldsymbol{a})\times\boldsymbol{b}=\boldsymbol{a}\times(\lambda\boldsymbol{b})$ ($\lambda$ 为实数).

证明请读者自己完成.

下面我们来推导向量积的坐标表示式.

设 $\boldsymbol{a}=(a_x, a_y, a_z)=a_x\boldsymbol{i}+a_y\boldsymbol{j}+a_z\boldsymbol{k}$，$\boldsymbol{b}=(b_x, b_y, b_z)=b_x\boldsymbol{i}+b_y\boldsymbol{j}+b_z\boldsymbol{k}$，则

$$\begin{aligned}\boldsymbol{a}\times\boldsymbol{b}&=(a_x\boldsymbol{i}+a_y\boldsymbol{j}+a_z\boldsymbol{k})\times(b_x\boldsymbol{i}+b_y\boldsymbol{j}+b_z\boldsymbol{k})\\&=a_xb_x\boldsymbol{i}\times\boldsymbol{i}+a_xb_y\boldsymbol{i}\times\boldsymbol{j}+a_xb_z\boldsymbol{i}\times\boldsymbol{k}+a_yb_x\boldsymbol{j}\times\boldsymbol{i}+a_yb_y\boldsymbol{j}\times\boldsymbol{j}+a_yb_z\boldsymbol{j}\times\boldsymbol{k}+\\&\quad a_zb_x\boldsymbol{k}\times\boldsymbol{i}+a_zb_y\boldsymbol{k}\times\boldsymbol{j}+a_zb_z\boldsymbol{k}\times\boldsymbol{k}.\end{aligned}$$

注意到 $\boldsymbol{i}\times\boldsymbol{i}=\boldsymbol{j}\times\boldsymbol{j}=\boldsymbol{k}\times\boldsymbol{k}=\boldsymbol{0}$，$\boldsymbol{i}\times\boldsymbol{j}=\boldsymbol{k}$，$\boldsymbol{j}\times\boldsymbol{k}=\boldsymbol{i}$，$\boldsymbol{k}\times\boldsymbol{i}=\boldsymbol{j}$，并利用二、三阶行列式的计算公式(见本章的拓展阅读)，有

$$\begin{aligned}\boldsymbol{a}\times\boldsymbol{b}&=a_xb_y\boldsymbol{k}-a_xb_z\boldsymbol{j}-a_yb_x\boldsymbol{k}+a_yb_z\boldsymbol{i}+a_zb_x\boldsymbol{j}-a_zb_y\boldsymbol{i}\\&=(a_yb_z-a_zb_y)\boldsymbol{i}-(a_xb_z-a_zb_x)\boldsymbol{j}+(a_xb_y-a_yb_x)\boldsymbol{k}\\&=\begin{vmatrix}a_y&a_z\\b_y&b_z\end{vmatrix}\boldsymbol{i}+(-1)\begin{vmatrix}a_x&a_z\\b_x&b_z\end{vmatrix}\boldsymbol{j}+\begin{vmatrix}a_x&a_y\\b_x&b_y\end{vmatrix}\boldsymbol{k}\\&=\begin{vmatrix}\boldsymbol{i}&\boldsymbol{j}&\boldsymbol{k}\\a_x&a_y&a_z\\b_x&b_y&b_z\end{vmatrix}.\end{aligned}$$

由上式可得：若 $|\boldsymbol{a}|\neq0$，$|\boldsymbol{b}|\neq0$，则

$$\boldsymbol{a}\times\boldsymbol{b}=\boldsymbol{0}\Leftrightarrow\boldsymbol{a}/\!/\boldsymbol{b}\Leftrightarrow a_yb_z-a_zb_y=0,\ a_xb_z-a_zb_x=0,\ a_xb_y-a_yb_x=0,$$

即 $\dfrac{a_x}{b_x}=\dfrac{a_y}{b_y}=\dfrac{a_z}{b_z}$ (亦即 $\boldsymbol{a}=\lambda\boldsymbol{b}$，$\lambda$ 为实数).

**例 13**　求与 $\boldsymbol{a}=3\boldsymbol{i}-2\boldsymbol{j}+4\boldsymbol{k}$，$\boldsymbol{b}=\boldsymbol{i}+\boldsymbol{j}-2\boldsymbol{k}$ 都垂直的单位向量.

**解**　$\boldsymbol{c}=\boldsymbol{a}\times\boldsymbol{b}=\begin{vmatrix}\boldsymbol{i}&\boldsymbol{j}&\boldsymbol{k}\\a_x&a_y&a_z\\b_x&b_y&b_z\end{vmatrix}=\begin{vmatrix}\boldsymbol{i}&\boldsymbol{j}&\boldsymbol{k}\\3&-2&4\\1&1&-2\end{vmatrix}=10\boldsymbol{j}+5\boldsymbol{k}$,

因为 $|\boldsymbol{c}|=\sqrt{10^2+5^2}=5\sqrt{5}$，所以 $\overrightarrow{\boldsymbol{e}_{\pm c}}=\pm\dfrac{\boldsymbol{c}}{|\boldsymbol{c}|}=\pm\left(\dfrac{2}{\sqrt{5}}\boldsymbol{j}+\dfrac{1}{\sqrt{5}}\boldsymbol{k}\right)$.

**例 14**　在顶点为 $A(1, -1, 2)$, $B(5, -6, 2)$, $C(1, 3, -1)$ 的三角形中，求 $AC$ 边上的高 $BD$.

**解**　$\overrightarrow{AC}=(0, 4, -3)$，$\overrightarrow{AB}=(4, -5, 0)$，根据向量积的定义，可知 $\triangle ABC$ 的面积为

$$S=\frac{1}{2}|\overrightarrow{AC}||\overrightarrow{AB}|\sin\angle A=\frac{1}{2}|\overrightarrow{AC}\times\overrightarrow{AB}|=\frac{1}{2}\sqrt{15^2+12^2+16^2}=\frac{25}{2},$$

又

$$S=\frac{1}{2}|\overrightarrow{AC}||BD|,\quad |\overrightarrow{AC}|=\sqrt{4^2+(-3)^2}=5,$$

所以$\frac{25}{2}=\frac{1}{2}\cdot 5\cdot|BD|$，从而$|BD|=5$.

**例 15**　设向量 $\boldsymbol{m}$，$\boldsymbol{n}$，$\boldsymbol{p}$ 两两垂直，符合右手规则，且

$$|\boldsymbol{m}|=4,\quad |\boldsymbol{n}|=2,\quad |\boldsymbol{p}|=3,$$

计算$(\boldsymbol{m}\times\boldsymbol{n})\cdot\boldsymbol{p}$.

**解**　$|\boldsymbol{m}\times\boldsymbol{n}|=|\boldsymbol{m}||\boldsymbol{n}|\sin(\widehat{\boldsymbol{m},\boldsymbol{n}})=4\times2\times1=8$，依题意知 $\boldsymbol{m}\times\boldsymbol{n}$ 与 $\boldsymbol{p}$ 同向，则

$$\theta=(\widehat{(\boldsymbol{m}\times\boldsymbol{n}),\boldsymbol{p}})=0,\ (\boldsymbol{m}\times\boldsymbol{n})\cdot\boldsymbol{p}=|\boldsymbol{m}\times\boldsymbol{n}|\cdot|\boldsymbol{p}|\cos\theta=8\cdot3=24.$$

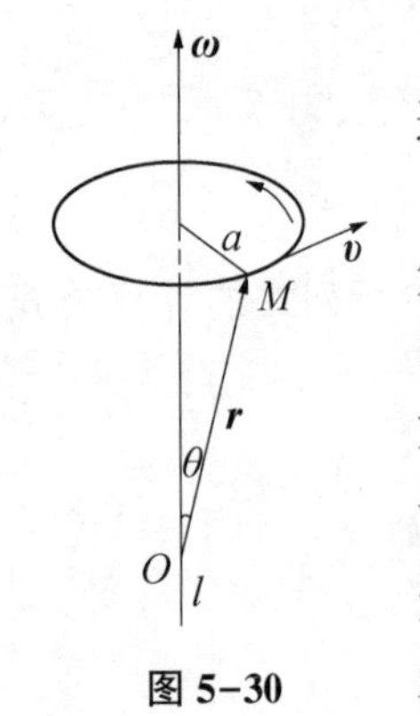

图 5-30

**例 16**　设刚体以等角速度 $\boldsymbol{\omega}$ 绕 $l$ 轴旋转，计算刚体上一点 $M$ 的线速度.

**解**　刚体绕 $l$ 轴旋转时，我们可以用在 $l$ 轴上的一个向量 $\boldsymbol{\omega}$ 表示角速度，它的大小等于角速度的大小，它的方向可由右手规则定出，即右手握住 $l$ 轴，当右手的 4 个手指的转向与刚体的旋转方向一致时，大拇指的指向就是 $\boldsymbol{\omega}$ 的方向，如图 5-30 所示. 设点 $M$ 至旋转轴 $l$ 的距离为 $a$，再在 $l$ 轴上任取一点 $O$，作向量 $\boldsymbol{r}=\overrightarrow{OM}$并以 $\theta$ 表示 $\boldsymbol{\omega}$ 与 $\boldsymbol{r}$ 的夹角，则 $a=|\boldsymbol{r}|\sin\theta$. 设线速度为 $\boldsymbol{v}$，那么由物理学上线速度与角速度的关系可知，$\boldsymbol{v}$ 的大小为

$$|\boldsymbol{v}|=|\boldsymbol{\omega}|a=|\boldsymbol{\omega}||\boldsymbol{r}|\sin\theta;$$

$\boldsymbol{v}$ 的方向垂直于通过 $M$ 点与 $l$ 轴的平面，即 $\boldsymbol{v}$ 垂直于 $\boldsymbol{\omega}$ 与 $\boldsymbol{r}$；

又 $\boldsymbol{v}$ 的指向是使 $\boldsymbol{\omega},\boldsymbol{r},\boldsymbol{v}$ 符合右手规则，所以有

$$\boldsymbol{v}=\boldsymbol{\omega}\times\boldsymbol{r}.$$

## 六、混合积

**定义 3**　设已知 3 向量 $\boldsymbol{a},\boldsymbol{b},\boldsymbol{c}$，先作向量积 $\boldsymbol{a}\times\boldsymbol{b}$，再作数量积$(\boldsymbol{a}\times\boldsymbol{b})\cdot\boldsymbol{c}$，记作$[\boldsymbol{a}\ \boldsymbol{b}\ \boldsymbol{c}]$，称为 3 个向量 $\boldsymbol{a},\boldsymbol{b},\boldsymbol{c}$ 的**混合积**.

下面我们来看混合积的坐标表示式.

设 $\boldsymbol{a}=(a_x,\ a_y,\ a_z)=a_x\boldsymbol{i}+a_y\boldsymbol{j}+a_z\boldsymbol{k}$，$\boldsymbol{b}=(b_x,\ b_y,\ b_z)=b_x\boldsymbol{i}+b_y\boldsymbol{j}+b_z\boldsymbol{k}$，$\boldsymbol{c}=(c_x,\ c_y,\ c_z)=c_x\boldsymbol{i}+c_y\boldsymbol{j}+c_z\boldsymbol{k}$，则

$$\boldsymbol{a}\times\boldsymbol{b}=\begin{vmatrix}\boldsymbol{i}&\boldsymbol{j}&\boldsymbol{k}\\a_x&a_y&a_z\\b_x&b_y&b_z\end{vmatrix}=\begin{vmatrix}a_y&a_z\\b_y&b_z\end{vmatrix}\boldsymbol{i}+(-1)\begin{vmatrix}a_x&a_z\\b_x&b_z\end{vmatrix}\boldsymbol{j}+\begin{vmatrix}a_x&a_y\\b_x&b_y\end{vmatrix}\boldsymbol{k},$$

$$[\boldsymbol{a}\ \ \boldsymbol{b}\ \ \boldsymbol{c}]=(\boldsymbol{a}\times\boldsymbol{b})\cdot\boldsymbol{c}=\begin{vmatrix}a_y & a_z\\ b_y & b_z\end{vmatrix}c_x+(-1)\begin{vmatrix}a_x & a_z\\ b_x & b_z\end{vmatrix}c_y+\begin{vmatrix}a_x & a_y\\ b_x & b_y\end{vmatrix}c_z=\begin{vmatrix}c_x & c_y & c_z\\ a_x & a_y & a_z\\ b_x & b_y & b_z\end{vmatrix}$$

$$=\begin{vmatrix}a_x & a_y & a_z\\ b_x & b_y & b_z\\ c_x & c_y & c_z\end{vmatrix}=\begin{vmatrix}b_x & b_y & b_z\\ c_x & c_y & c_z\\ a_x & a_y & a_z\end{vmatrix}.$$

由上式可得

$$[\boldsymbol{a}\ \boldsymbol{b}\ \boldsymbol{c}]=(\boldsymbol{a}\times\boldsymbol{b})\cdot\boldsymbol{c}=(\boldsymbol{b}\times\boldsymbol{c})\cdot\boldsymbol{a}=(\boldsymbol{c}\times\boldsymbol{a})\cdot\boldsymbol{b}=\boldsymbol{c}\cdot(\boldsymbol{a}\times\boldsymbol{b})=\boldsymbol{a}\cdot(\boldsymbol{b}\times\boldsymbol{c})=\boldsymbol{b}\cdot(\boldsymbol{c}\times\boldsymbol{a}).$$

混合积是一个数，它的绝对值表示以向量 $\boldsymbol{a},\boldsymbol{b},\boldsymbol{c}$ 为棱的平行六面体的体积.

当 $\boldsymbol{a},\boldsymbol{b},\boldsymbol{c}$ 成右手系时，$[\boldsymbol{a}\ \boldsymbol{b}\ \boldsymbol{c}]\geqslant 0$；当 $\boldsymbol{a},\boldsymbol{b},\boldsymbol{c}$ 成左手系时，$[\boldsymbol{a}\ \boldsymbol{b}\ \boldsymbol{c}]\leqslant 0$.

事实上，由于 $|\boldsymbol{a}\times\boldsymbol{b}|=|\boldsymbol{a}||\boldsymbol{b}|\sin(\widehat{\boldsymbol{a},\boldsymbol{b}})$ 表示边长为 $|\boldsymbol{a}|$，$|\boldsymbol{b}|$ 的平行四边形的面积(见图 5-31)，若 $\boldsymbol{a}\times\boldsymbol{b}$ 与 $\boldsymbol{c}$ 在 $\boldsymbol{a},\boldsymbol{b}$ 所在平面的一侧，即 $\boldsymbol{a}\times\boldsymbol{b}$ 与 $\boldsymbol{c}$ 之间的夹角 $\theta$ 为锐角，则 $(\boldsymbol{a}\times\boldsymbol{b})\cdot\boldsymbol{c}=|\boldsymbol{a}\times\boldsymbol{b}||\boldsymbol{c}|\cos\theta>0$；若 $\boldsymbol{a}\times\boldsymbol{b}$ 与 $\boldsymbol{c}$ 在 $\boldsymbol{a},\boldsymbol{b}$ 所在平面的两侧，即 $\boldsymbol{a}\times\boldsymbol{b}$ 与 $\boldsymbol{c}$ 之间的夹角 $\theta$ 为钝角，则 $(\boldsymbol{a}\times\boldsymbol{b})\cdot\boldsymbol{c}=|\boldsymbol{a}\times\boldsymbol{b}\|\boldsymbol{c}|\cos\theta<0$. 而 $|\boldsymbol{c}\|\cos\theta|$ 为平行六面体的高，因此 $V=||\boldsymbol{a}\times\boldsymbol{b}||\boldsymbol{c}|\cos\theta|=|[\boldsymbol{a}\ \boldsymbol{b}\ \boldsymbol{c}]|$(见图 5-32).

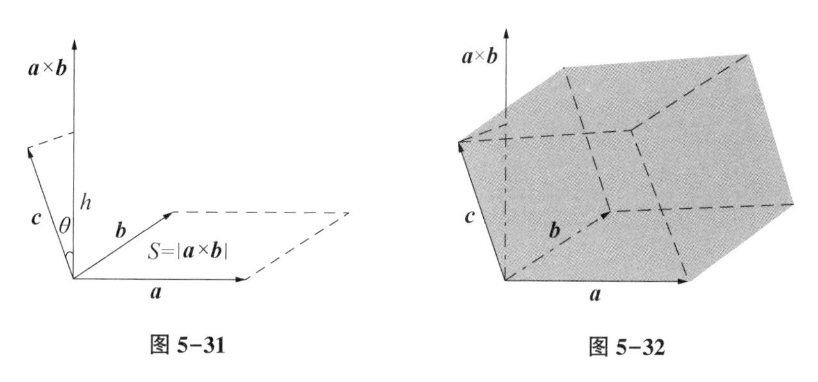


图 5-31　　　　图 5-32

非零向量 $\boldsymbol{a},\boldsymbol{b},\boldsymbol{c}$ 共面的充分必要条件是 $[\boldsymbol{a}\ \boldsymbol{b}\ \boldsymbol{c}]=0$.

由此可知，空间四点 $A,B,C,D$ 共面的充分必要条件是 $[\overrightarrow{AB}\ \overrightarrow{AC}\ \overrightarrow{AD}]=0$.

**例 17**　已知 $(\boldsymbol{a}\times\boldsymbol{b})\cdot\boldsymbol{c}=2$，计算 $[(\boldsymbol{a}+\boldsymbol{b})\times(\boldsymbol{b}+\boldsymbol{c})]\cdot(\boldsymbol{c}+\boldsymbol{a})$.

**解**

$$\begin{aligned}[(\boldsymbol{a}+\boldsymbol{b})\times(\boldsymbol{b}+\boldsymbol{c})]\cdot(\boldsymbol{c}+\boldsymbol{a})&=[\boldsymbol{a}\times\boldsymbol{b}+\boldsymbol{a}\times\boldsymbol{c}+\boldsymbol{b}\times\boldsymbol{b}+\boldsymbol{b}\times\boldsymbol{c}]\cdot(\boldsymbol{c}+\boldsymbol{a})\\&=(\boldsymbol{a}\times\boldsymbol{b})\cdot\boldsymbol{c}+(\boldsymbol{a}\times\boldsymbol{c})\cdot\boldsymbol{c}+(\boldsymbol{b}\times\boldsymbol{b})\cdot\boldsymbol{c}+(\boldsymbol{b}\times\boldsymbol{c})\cdot\boldsymbol{c}+\\&\quad(\boldsymbol{a}\times\boldsymbol{b})\cdot\boldsymbol{a}+(\boldsymbol{a}\times\boldsymbol{c})\cdot\boldsymbol{a}+(\boldsymbol{b}\times\boldsymbol{b})\cdot\boldsymbol{a}+(\boldsymbol{b}\times\boldsymbol{c})\cdot\boldsymbol{a}\\&=(\boldsymbol{a}\times\boldsymbol{b})\cdot\boldsymbol{c}+0+0+0+0+0+0+(\boldsymbol{a}\times\boldsymbol{b})\cdot\boldsymbol{c}\\&=2(\boldsymbol{a}\times\boldsymbol{b})\cdot\boldsymbol{c}=4.\end{aligned}$$

**例 18**　已知空间内不在同一平面上的 4 点

$$A(x_1,\ y_1,\ z_1),\ B(x_2,\ y_2,\ z_2),\ C(x_3,\ y_3,\ z_3),\ D(x_4,\ y_4,\ z_4),$$

求四面体 $ABCD$ 的体积.

**解**　由立体几何知，四面体的体积等于以向量 $\overrightarrow{AB},\overrightarrow{AC},\overrightarrow{AD}$ 为棱的平行六面体的体积的 $\dfrac{1}{6}$，即

$$V=\frac{1}{6}|[\overrightarrow{AB}\ \overrightarrow{AC}\ \overrightarrow{AD}]|,$$

而
$$\begin{cases}\overrightarrow{AB}=(x_2-x_1,\ y_2-y_1,\ z_2-z_1),\\ \overrightarrow{AC}=(x_3-x_1,\ y_3-y_1,\ z_3-z_1),\\ \overrightarrow{AD}=(x_4-x_1,\ y_4-y_1,\ z_4-z_1),\end{cases}$$

所以 $V=\pm\frac{1}{6}\begin{vmatrix}x_2-x_1 & y_2-y_1 & z_2-z_1\\ x_3-x_1 & y_3-y_1 & z_3-z_1\\ x_4-x_1 & y_4-y_1 & z_4-z_1\end{vmatrix}$. 式中正负号的选择必须和行列式的符号一致.

**例 19** 已知 $\boldsymbol{a}=\boldsymbol{i}$，$\boldsymbol{b}=\boldsymbol{j}-2\boldsymbol{k}$，$\boldsymbol{c}=2\boldsymbol{i}-2\boldsymbol{j}+\boldsymbol{k}$，求一单位向量 $\boldsymbol{\gamma}$，使 $\boldsymbol{\gamma}\perp\boldsymbol{c}$，且 $\boldsymbol{\gamma}$ 与 $\boldsymbol{a},\boldsymbol{b}$ 同时共面.

**解** 设所求向量 $\boldsymbol{\gamma}=(x,\ y,\ z)$. 依题意 $|\boldsymbol{\gamma}|=1$，即
$$x^2+y^2+z^2=1. \tag{1}$$
由 $\boldsymbol{\gamma}\perp\boldsymbol{c}$，可得 $\boldsymbol{\gamma}\cdot\boldsymbol{c}=0$，即
$$2x-2y+z=0. \tag{2}$$
由 $\boldsymbol{\gamma}$ 与 $\boldsymbol{a},\boldsymbol{b}$ 共面，可得 $[\boldsymbol{a}\ \boldsymbol{b}\ \boldsymbol{\gamma}]=0$，即
$$\begin{vmatrix}x & y & z\\ 1 & 0 & 0\\ 0 & 1 & -2\end{vmatrix}=2y+z=0. \tag{3}$$
将式(1)、式(2)与式(3)联立，解得
$$x=\frac{2}{3},\ y=\frac{1}{3},\ z=-\frac{2}{3}，\text{或 } x=-\frac{2}{3},\ y=-\frac{1}{3},\ z=\frac{2}{3},$$
所以 $\boldsymbol{\gamma}=\pm\left(\frac{2}{3},\ \frac{1}{3},\ -\frac{2}{3}\right)$.

[随堂测]

1. 已知 $\boldsymbol{a}=(-3,\ 2,\ 1)$，$\boldsymbol{b}=(2,\ 1,\ -2)$，求 $\boldsymbol{a}$ 在 $\boldsymbol{b}$ 上的投影.
2. 求与向量 $\boldsymbol{a}=(3,\ 6,\ 8)$ 和 $x$ 轴都垂直的单位向量.

扫码看答案

[知识拓展]

向量最初应用于物理学，被称为矢量. 向量一词来自于力学和解析几何中的有向线段. 大约公元前 350 年，古希腊学者亚里士多德就知道力可以表示为向量，而最先使用有向线段表示向量的是牛顿. 1806 年，瑞士人阿尔冈以 $AB$ 表示一个有向线段，1827 年，莫比乌斯以 $AB$ 表示起点为 $A$、终点为 $B$ 的向量，而哈密顿、吉布斯等则以小写希腊字母表示向量. 1912 年，兰格文用 $\boldsymbol{a}$ 表示向量. 之后，字母上加箭头表示向量的方法在手写稿中逐渐流行. 而在印刷稿中，多用粗黑小写字母表示向量. 这两种写法一直沿用至今.

# 习题 5-1

1. 填空题.

(1) 已知点 $A(2, -1, 1)$，则点 $A$ 与 $z$ 轴的距离是__________，与 $y$ 轴的距离是__________，与 $x$ 轴的距离是__________.

(2) 向量 $\boldsymbol{a}=(-2, 6, -3)$ 的模为 $|\boldsymbol{a}|=$__________，方向余弦为 $\cos\alpha=$__________，$\cos\beta=$__________，$\cos\gamma=$__________，与 $\boldsymbol{a}$ 同方向的单位向量 $\boldsymbol{e}_a=$__________.

(3) 设 $\alpha,\beta,\gamma$ 是向量 $\boldsymbol{a}$ 的 3 个方向角，则 $\sin^2\alpha+\sin^2\beta+\sin^2\gamma=$__________.

(4) 设向量 $\boldsymbol{a}=(2, -1, 4)$ 与向量 $\boldsymbol{b}=(1, k, 2)$ 平行，则 $k=$__________.

(5) 已知点 $M_1(1, -2, 3)$，$M_2(1, 1, 4)$，$M_3(2, 0, 2)$，则 $\overrightarrow{M_1M_2}\cdot\overrightarrow{M_1M_3}=$______，$\overrightarrow{M_1M_2}\times\overrightarrow{M_1M_3}=$__________.

(6) 以点 $A(2, -1, -2)$，$B(0, 2, 1)$，$C(2, 3, 0)$ 为顶点，作平行四边形 $ABCD$，此平行四边形的面积等于__________.

(7) 向量 $\boldsymbol{a}=(4, -3, 1)$ 在 $\boldsymbol{b}=(2, 1, 2)$ 上的投影 $\mathrm{Prj}_{\boldsymbol{b}}\boldsymbol{a}=$__________，$\boldsymbol{b}$ 在 $\boldsymbol{a}$ 上的投影 $\mathrm{Prj}_{\boldsymbol{a}}\boldsymbol{b}=$__________.

(8) 设 $\boldsymbol{a}=(1, 2, 3)$，$\boldsymbol{b}=(-2, k, 4)$，而 $\boldsymbol{a}\perp\boldsymbol{b}$，则 $k=$__________.

2. 一向量与 $x$ 轴和 $y$ 轴的夹角相等，而与 $z$ 轴的夹角是与 $x$ 轴的夹角的两倍，求向量的方向角.

3. 给定 $M(-2, 0, 1)$，$N(2, 3, 0)$ 两点，在 $Ox$ 轴上有一点 $A$，满足 $|AM|=|AN|$，求点 $A$ 的坐标.

4. 从点 $A(2, -1, 7)$ 沿向量 $\boldsymbol{a}=(8, 9, -12)$ 方向取长为 34 的线段 $AB$，求点 $B$ 的坐标.

5. 设点 $P$ 在 $y$ 轴上，它到点 $P_1(\sqrt{2}, 0, 3)$ 的距离为到点 $P_2(1, 0, -1)$ 的距离的两倍，求点 $P$ 的坐标.

6. 设点 $A$ 位于第Ⅰ卦限，向径 $\overrightarrow{OA}$ 与 $x$ 轴、$y$ 轴的夹角分别为 $\dfrac{\pi}{3}$ 和 $\dfrac{\pi}{4}$，且 $|\overrightarrow{OA}|=6$，求点 $A$ 的坐标.

7. 证明：$\mathrm{Prj}_u(\lambda\boldsymbol{a})=\lambda\mathrm{Prj}_u\boldsymbol{a}$.

8. 记 $\boldsymbol{e}_a$ 为非零向量 $\boldsymbol{a}$ 的同向单位向量，证明：$\boldsymbol{e}_a=\dfrac{\boldsymbol{a}}{|\boldsymbol{a}|}$.

9. 求平行于向量 $\boldsymbol{a}=6\boldsymbol{i}+7\boldsymbol{j}-6\boldsymbol{k}$ 的单位向量.

10. 设向量 $\boldsymbol{a}$ 与各坐标轴成相等的锐角，$|\boldsymbol{a}|=2\sqrt{3}$，求向量 $\boldsymbol{a}$ 的坐标表达式.

11. 已知 $\boldsymbol{a}=(1, 1, -4)$，$\boldsymbol{b}=(1, -2, 2)$，求：(1) $\boldsymbol{a}\cdot\boldsymbol{b}$；(2) $\boldsymbol{a}$ 与 $\boldsymbol{b}$ 的夹角 $\theta$；(3) $\boldsymbol{a}$ 在 $\boldsymbol{b}$ 上的投影.

12. 已知两点 $M_1(2, 2, \sqrt{2})$ 和 $M_2(1, 3, 0)$，计算向量 $\overrightarrow{M_1M_2}$ 的模、方向余弦和方向角.

13. 设$|\boldsymbol{a}|=3$，$|\boldsymbol{b}|=2$，$(\widehat{\boldsymbol{a},\boldsymbol{b}})=\frac{\pi}{3}$，求：(1)$(3\boldsymbol{a}+2\boldsymbol{b})\cdot(2\boldsymbol{a}-5\boldsymbol{b})$；(2)$|\boldsymbol{a}-\boldsymbol{b}|$.

14. 已知点$A(1,-3,4)$，$B(-2,1,-1)$，$C(-3,-1,1)$，求：(1)$\angle BAC$；(2)$\overrightarrow{AB}$在$\overrightarrow{AC}$上的投影.

15. 已知$\boldsymbol{a}=(2,3,1)$，$\boldsymbol{b}=(1,-2,1)$，求$\boldsymbol{a}\times\boldsymbol{b}$及$\boldsymbol{b}\times\boldsymbol{a}$.

16. 已知向量$\boldsymbol{a}=(2,-3,1)$，$\boldsymbol{b}=(1,-1,3)$，$\boldsymbol{c}=(1,-2,0)$，求：(1)$(\boldsymbol{a}+\boldsymbol{b})\times(\boldsymbol{b}+\boldsymbol{c})$；(2)$(\boldsymbol{a}\times\boldsymbol{b})\cdot\boldsymbol{c}$；(3)$(\boldsymbol{a}\times\boldsymbol{b})\times\boldsymbol{c}$；(4)$(\boldsymbol{a}\cdot\boldsymbol{b})\boldsymbol{c}-(\boldsymbol{a}\cdot\boldsymbol{c})\boldsymbol{b}$.

17. 求与$\boldsymbol{a}=3\boldsymbol{i}-2\boldsymbol{j}+4\boldsymbol{k}$，$\boldsymbol{b}=\boldsymbol{i}+\boldsymbol{j}-2\boldsymbol{k}$都垂直的单位向量.

18. 已知空间4点$A(-1,0,3)$，$B(0,2,2)$，$C(2,-2,-1)$，$D(1,-1,1)$，求与$\overrightarrow{AB}$和$\overrightarrow{CD}$都垂直的单位向量.

19. 设向量$\boldsymbol{a}=2\boldsymbol{i}+\boldsymbol{j}$，$\boldsymbol{b}=-\boldsymbol{i}+2\boldsymbol{k}$，求以$\boldsymbol{a}$和$\boldsymbol{b}$为邻边的平行四边形的面积.

20. 求以点$A(1,2,3)$,$B(0,0,1)$,$C(3,1,0)$为顶点的三角形的面积.

21. 设$\boldsymbol{A}=2\boldsymbol{a}+\boldsymbol{b}$，$\boldsymbol{B}=k\boldsymbol{a}+\boldsymbol{b}$，其中$|\boldsymbol{a}|=1$,$|\boldsymbol{b}|=2$，$\boldsymbol{a}\perp\boldsymbol{b}$，问：

(1)$k$为何值时，$\boldsymbol{A}\perp\boldsymbol{B}$?

(2)$k$为何值时，以$\boldsymbol{A}$与$\boldsymbol{B}$为邻边的平行四边形的面积为6?

22. 设$\boldsymbol{a}=2\boldsymbol{m}+3\boldsymbol{n}$，$\boldsymbol{b}=3\boldsymbol{m}-\boldsymbol{n}$，$\boldsymbol{m}$和$\boldsymbol{n}$是互相垂直的单位向量，求：(1)$\boldsymbol{a}\cdot\boldsymbol{b}$；(2)$|\boldsymbol{a}\times\boldsymbol{b}|$.

23. 设$\boldsymbol{a},\boldsymbol{b},\boldsymbol{c}$满足$\boldsymbol{a}+\boldsymbol{b}+\boldsymbol{c}=\boldsymbol{0}$.

(1)证明：$\boldsymbol{a}\cdot\boldsymbol{b}+\boldsymbol{b}\cdot\boldsymbol{c}+\boldsymbol{c}\cdot\boldsymbol{a}=-\frac{1}{2}(|\boldsymbol{a}|^2+|\boldsymbol{b}|^2+|\boldsymbol{c}|^2)$.

(2)若$|\boldsymbol{a}|=3$，$|\boldsymbol{b}|=4$，$|\boldsymbol{c}|=5$，求$|\boldsymbol{a}\times\boldsymbol{b}+\boldsymbol{b}\times\boldsymbol{c}+\boldsymbol{c}\times\boldsymbol{a}|$.

24. 设$\boldsymbol{a}+3\boldsymbol{b}$与$7\boldsymbol{a}-5\boldsymbol{b}$垂直，$\boldsymbol{a}-4\boldsymbol{b}$与$7\boldsymbol{a}-2\boldsymbol{b}$垂直，求$\boldsymbol{a}$与$\boldsymbol{b}$之间的夹角$\theta$.

25. 试用向量方法证明三角形余弦定理.

26. 利用向量积证明三角形正弦定理.

27. 已知向量$\boldsymbol{a}\neq\boldsymbol{0}$，$\boldsymbol{b}\neq\boldsymbol{0}$，证明：

$$|\boldsymbol{a}\times\boldsymbol{b}|^2=|\boldsymbol{a}|^2\cdot|\boldsymbol{b}|^2-(\boldsymbol{a}\cdot\boldsymbol{b})^2.$$

28. 已知$\boldsymbol{a},\boldsymbol{b},\boldsymbol{c}$两两垂直，且$|\boldsymbol{a}|=1$，$|\boldsymbol{b}|=2$，$|\boldsymbol{c}|=3$，求$\boldsymbol{s}=\boldsymbol{a}+\boldsymbol{b}+\boldsymbol{c}$的长度及它和$\boldsymbol{a}$,$\boldsymbol{b}$,$\boldsymbol{c}$的夹角.

29. 已知$\boldsymbol{a}=(7,-4,-4)$，$\boldsymbol{b}=(-2,-1,2)$，向量$\boldsymbol{c}$在向量$\boldsymbol{a}$与$\boldsymbol{b}$的角平分线上，且$|\boldsymbol{c}|=3\sqrt{42}$，求$\boldsymbol{c}$的坐标.

30. 设向量$\boldsymbol{x}$与$\boldsymbol{j}$的夹角为60°，与$\boldsymbol{k}$的夹角为120°，且$|\boldsymbol{x}|=5\sqrt{2}$，求$\boldsymbol{x}$.

## 第二节　平面及其方程

**[课前导读]**

在平面解析几何中，把平面曲线看作动点的轨迹，从而得到轨迹方程——曲线方程的概念. 同样，在空间解析几何中，任何曲面都可看作满足一定几何条件的动点的轨迹，动点的轨迹也能用方程来表示，从而得到曲面方程的概念.

平面是空间中最简单而且最重要的曲面.

本节我们将以向量为工具，在空间直角坐标系中建立其方程，并进一步讨论有关平面的一些基本性质.

## 一、平面的点法式方程

由中学立体几何知，过空间一点且与已知直线垂直的平面是唯一的. 因此，如果已知平面上一点及垂直于该平面的一个非零向量，那么这个平面的位置也完全确定了. 现在，根据这个几何条件来建立平面的方程.

首先我们给出平面的法线向量的定义：如果一个非零向量垂直于一个平面，则该向量就称为该平面的**法线向量**(简称平面的法向量). 显然，一个平面的法向量有无穷多个，它们之间互相平行，且法向量与平面上的任何一个向量都垂直(见图 5-33).

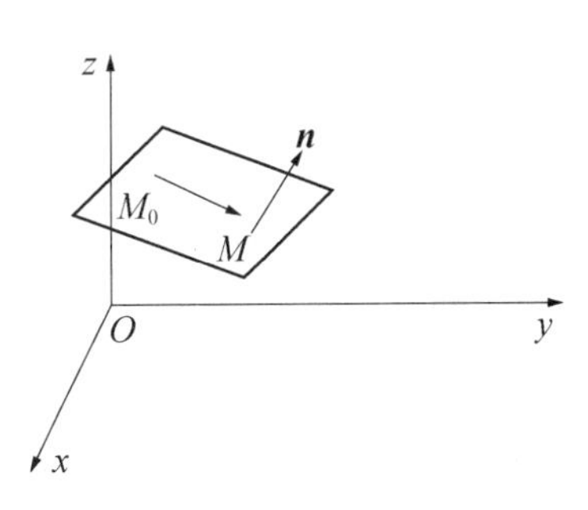


图 5-33

设 $M_0(x_0, y_0, z_0)$是平面 $\Pi$ 上的一个定点，且已知该平面的法向量 $\boldsymbol{n}=(A, B, C)$，则对于平面上的任一点 $M(x, y, z)$，由于向量$\overrightarrow{M_0M}=(x-x_0, y-y_0, z-z_0)$必与平面 $\Pi$ 的法向量 $\boldsymbol{n}$ 垂直，于是有$\overrightarrow{M_0M}\cdot\boldsymbol{n}=0$，即

$$A(x-x_0)+B(y-y_0)+C(z-z_0)=0. \tag{1}$$

式(1)是以 $x,y,z$ 为变量的三元一次方程，从上面的推导过程可以看到，平面 $\Pi$ 上任意一点 $M(x, y, z)$的坐标一定满足方程，而若点 $M(x, y, z)$不在平面上，则$\overrightarrow{M_0M}$与 $\boldsymbol{n}$ 不垂直，即$\overrightarrow{M_0M}\cdot\boldsymbol{n}\neq 0$，点 $M(x, y, z)$不满足方程. 因此，式(1)就是平面 $\Pi$ 的方程. 又因为我们是在给定平面上的一个点 $M_0(x_0, y_0, z_0)$和它的一个法向量 $\boldsymbol{n}=(A, B, C)$的条件下得到式(1)的，所以式(1)又称为平面的**点法式方程**.

**例 1**　求过点(2, 3, 1)且与 $\boldsymbol{n}=(-1, -2, 0)$垂直的平面的方程.

**解**　根据平面的法向量的概念，向量 $\boldsymbol{n}=(-1, -2, 0)$即为所求平面的一个法向量. 由平面的点法式方程可得

$$-1\cdot(x-2)-2\cdot(y-3)+0\cdot(z-1)=0,$$

即

$$(x-2)+2(y-3)=0，或 x+2y-8=0.$$

**例 2**　求过点 $M_1(1, -1, -2)$, $M_2(-1, 2, 0)$, $M_3(1, 3, 3)$的平面的方程.

**解**　由于 3 点 $M_1, M_2, M_3$ 均在平面上，所以$\overrightarrow{M_1M_2}$, $\overrightarrow{M_1M_3}$与平面平行. 由向量积的概念可知，向量$\overrightarrow{M_1M_2}\times\overrightarrow{M_1M_3}$与$\overrightarrow{M_1M_2}$和$\overrightarrow{M_1M_3}$都垂直，即与所求平面垂直，因此它是平面的一个法向量(见图 5-34). 而

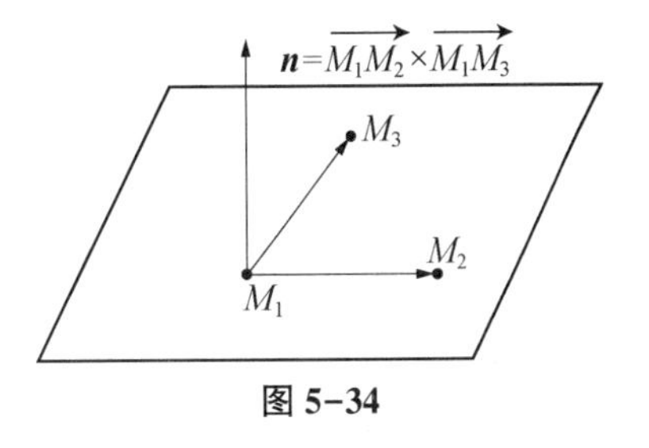


图 5-34

$\overrightarrow{M_1M_2}=((-1)-1,\ 2-(-1),\ 0-(-2))=(-2,\ 3,\ 2)$,

$\overrightarrow{M_1M_3}=(1-1,\ 3-(-1),\ 3-(-2))=(0,\ 4,\ 5)$,

取 $\boldsymbol{n}=\overrightarrow{M_1M_2}\times\overrightarrow{M_1M_3}=\begin{vmatrix}\boldsymbol{i} & \boldsymbol{j} & \boldsymbol{k}\\ -2 & 3 & 2\\ 0 & 4 & 5\end{vmatrix}=(7,\ 10,\ -8)$，则平面方程为

$$7(x-1)+10(y+1)-8(z+2)=0\text{，即 }7x+10y-8z-13=0.$$

## 二、平面的一般方程

由平面的点法式方程(1)知任一平面的方程都是三元一次方程，反之，可以证明任何一个三元一次方程

$$Ax+By+Cz+D=0 \tag{2}$$

一定表示平面(其中 $A$，$B$，$C$ 不同时为零).

平面方程

任取一组$(x_0,\ y_0,\ z_0)$满足

$$Ax_0+By_0+Cz_0+D=0, \tag{3}$$

(2)−(3)得 $A(x-x_0)+B(y-y_0)+C(z-z_0)=0$，即为平面的点法式方程(1).

式(2)与式(1)是同解方程，这表明三元一次方程的图形一定是平面.

方程 $Ax+By+Cz+D=0$ 称为平面的**一般方程**，其中 $n=(A,\ B,\ C)$ 即为该平面的一个法向量.

对于一些特殊的三元一次方程所表示的平面，应该熟悉它们图形的特点.

(1)当 $D=0$ 时，式(2)成为 $Ax+By+Cz=0$，显然，原点 $O(0,\ 0,\ 0)$ 的坐标满足此方程，因此，方程 $Ax+By+Cz=0$ 表示过原点的平面.

(2)当 $A=0$ 时，$By+Cz+D=0$ 所表示的平面的法向量为 $\boldsymbol{n}=(0,\ B,\ C)$，法向量 $\boldsymbol{n}$ 在 $x$ 轴上的投影为零，故与 $x$ 轴垂直，所以该平面与 $x$ 轴平行. 同理，当 $B=0$ 时，平面 $Ax+Cz+D=0$ 平行于 $y$ 轴；当 $C=0$ 时，平面 $Ax+By+D=0$ 平行于 $z$ 轴.

(3)当 $A=B=0$ 时，平面 $Cz+D=0$ 的法向量为 $\boldsymbol{n}=(0,\ 0,\ C)$，法向量 $\boldsymbol{n}$ 在 $x$ 轴和 $y$ 轴上的投影都为零，故与 $x$ 轴和 $y$ 轴都垂直，即与 $xOy$ 面垂直，所以该平面平行于 $xOy$ 面. 同理，当 $B=C=0$ 或 $A=C=0$ 时，式(2)成为 $Ax+D=0$ 或 $By+D=0$，它们分别表示与 $yOz$ 面或与 $zOx$ 面平行的平面.

特别地，方程 $z=0$，$x=0$，$y=0$ 分别表示 3 个坐标面：$xOy$ 面、$yOz$ 面和 $zOx$ 面.

**例 3**　求通过 $x$ 轴和点 $M(2,\ 4,\ 1)$ 的平面方程.

**解法一**　设所求平面的一般方程为 $Ax+By+Cz+D=0$，因为所求平面通过 $x$ 轴，且法向量垂直于 $x$ 轴，所以法向量在 $x$ 轴上的投影为零，即 $A=0$.

由于平面通过原点，所以 $D=0$，从而方程成为

$$By+Cz=0. \tag{4}$$

因为平面过点(2，4，1)，所以有 $4B+C=0$，即 $C=-4B$. 以此代入式(4)，再除以 $B(B\neq0)$，便得到所求方程为

$$y-4z=0.$$

**解法二**　因为所求平面通过 $x$ 轴，所以原点 $O(0,\ 0,\ 0)$ 在平面上. 向量

$$\overrightarrow{OM}=(2-0,\ 4-0,\ 1-0)=(2,\ 4,\ 1)$$

在平面上，又 $x$ 轴的单位向量 $\boldsymbol{i}=(1,\ 0,\ 0)$ 与平面平行，于是向量积 $\overrightarrow{OM}\times\boldsymbol{i}$ 与平面垂直，即它是平面的一个法向量. 而

$$\overrightarrow{OM}\times\boldsymbol{i}=\begin{vmatrix}\boldsymbol{i}&\boldsymbol{j}&\boldsymbol{k}\\2&4&1\\1&0&0\end{vmatrix}=\begin{vmatrix}4&1\\0&0\end{vmatrix}\boldsymbol{i}-\begin{vmatrix}2&1\\1&0\end{vmatrix}\boldsymbol{j}+\begin{vmatrix}2&4\\1&0\end{vmatrix}\boldsymbol{k}=\boldsymbol{j}-4\boldsymbol{k},$$

根据平面的点法式方程，得到所求方程为

$$y-4z=0.$$

## 三、平面的截距式方程

**例 4**　设一平面与 $x$ 轴、$y$ 轴、$z$ 轴分别交于点 $P(a,\ 0,\ 0)$，$Q(0,\ b,\ 0)$，$R(0,\ 0,\ c)$（$abc\neq0$），求这个平面的方程（见图 5-35）.

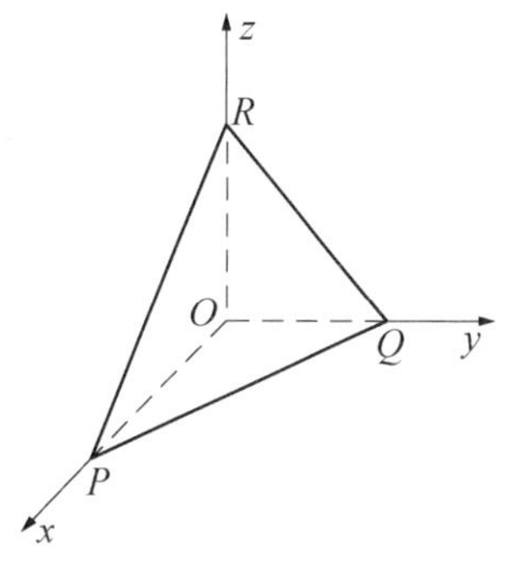

**图 5-35**

**解**　设平面的一般方程为

$$Ax+By+Cz+D=0,\tag{5}$$

分别将 3 点的坐标代入方程，得

$$Aa+D=0,\ Bb+D=0,\ Cc+D=0,$$

即

$$A=-\frac{D}{a},\ B=-\frac{D}{b},\ C=-\frac{D}{c},$$

代入式(5)得

$$-\frac{D}{a}x-\frac{D}{b}y-\frac{D}{c}z+D=0\text{（这里 }D\neq0\text{）},$$

即

$$\frac{x}{a}+\frac{y}{b}+\frac{z}{c}=1.$$

$\frac{x}{a}+\frac{y}{b}+\frac{z}{c}=1$ 称为平面的**截距式方程**，$a,b,c$ 叫作平面的**截距**.

## 四、平面与平面、点与平面的关系

### 1. 两平面的夹角

两平面的法向量所夹的锐角（或直角）称为**两平面的夹角**（见图 5-36）.

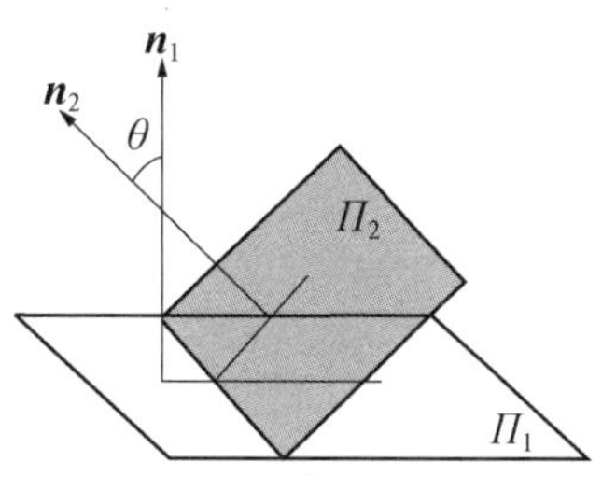

**图 5-36**

设平面 $\Pi_1$ 的方程为

$$A_1x+B_1y+C_1z+D_1=0,$$

平面 $\Pi_2$ 的方程为

$$A_2x+B_2y+C_2z+D_2=0,$$

即

$$\boldsymbol{n}_1=(A_1, B_1, C_1), \boldsymbol{n}_2=(A_2, B_2, C_2),$$

则平面 $\Pi_1$ 与平面 $\Pi_2$ 的夹角 $\theta=(\widehat{\Pi_1, \Pi_2})$ 的余弦为

$$\cos\theta=\frac{|\boldsymbol{n}_1\cdot\boldsymbol{n}_2|}{|\boldsymbol{n}_1||\boldsymbol{n}_2|}=\frac{|A_1A_2+B_1B_2+C_1C_2|}{\sqrt{A_1^2+B_1^2+C_1^2}\sqrt{A_2^2+B_2^2+C_2^2}}.$$

由此可推得两个平面平行和垂直的充要条件.

当 $\Pi_1/\!/\Pi_2$ 时(见图 5-37)，有

$$\boldsymbol{n}_1/\!/\boldsymbol{n}_2\Leftrightarrow\frac{A_1}{A_2}=\frac{B_1}{B_2}=\frac{C_1}{C_2}.$$

若 $\Pi_1$ 与 $\Pi_2$ 重合，则 $\frac{A_1}{A_2}=\frac{B_1}{B_2}=\frac{C_1}{C_2}=\frac{D_1}{D_2}$.

当 $\Pi_1\perp\Pi_2$ 时(见图 5-38)，有

$$\boldsymbol{n}_1\perp\boldsymbol{n}_2\Leftrightarrow A_1A_2+B_1B_2+C_1C_2=0.$$

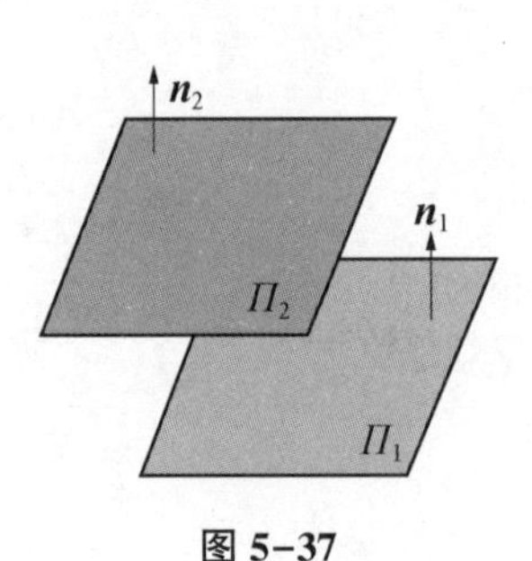


图 5-37

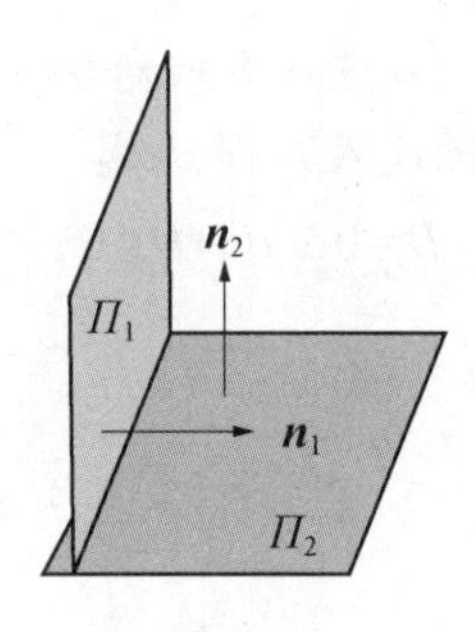


图 5-38

**例 5**　研究以下各组里两平面的位置关系.

(1) $\Pi_1$：$-x+2y-z+1=0$；$\Pi_2$：$y+3z-1=0$.

(2) $\Pi_1$：$2x-y+z-1=0$；$\Pi_2$：$-4x+2y-2z-1=0$.

**解**　(1)因为 $\Pi_1$ 与 $\Pi_2$ 的法向量分别为 $\boldsymbol{n}_1=(-1, 2, -1)$，$\boldsymbol{n}_2=(0, 1, 3)$，且

$$\cos\theta=\frac{|-1\times0+2\times1-1\times3|}{\sqrt{(-1)^2+2^2+(-1)^2}\cdot\sqrt{1^2+3^2}}=\frac{1}{\sqrt{60}},$$

所以两平面相交，夹角为

$$\theta=\arccos\frac{1}{\sqrt{60}}.$$

(2)因为 $\Pi_1$ 与 $\Pi_2$ 的法向量分别为 $\boldsymbol{n}_1=(2, -1, 1)$，$\boldsymbol{n}_2=(-4, 2, -2)$，且 $\frac{2}{-4}=\frac{-1}{2}=\frac{1}{-2}$，即对应坐标成比例，又 $M(1, 1, 0)\in\Pi_1$，$M(1, 1, 0)\notin\Pi_2$，所以两平面平行但不重合.

**例 6**　求平面 $\Pi$，使其满足：

(1) 过 $z$ 轴；

(2)$\Pi$ 与平面 $2x+y-\sqrt{5}z=0$ 的夹角为$\frac{\pi}{3}$.

**解**　因为平面 $\Pi$ 过 $z$ 轴，所以可设其方程为 $Ax+By=0$. 又因为平面 $\Pi$ 与已知平面的夹角为$\frac{\pi}{3}$，所以

$$\cos\frac{\pi}{3}=\frac{|2A+B+(-\sqrt{5})\times 0|}{\sqrt{A^2+B^2+0^2}\sqrt{2^2+1^2+(-\sqrt{5})^2}}=\frac{1}{2},$$

从而 $B=3A$ 或 $B=-\frac{1}{3}A$，进而可得

$$\Pi\text{：}x+3y=0\text{ 或 }\Pi\text{：}3x-y=0.$$

**例 7**　一平面通过两点 $M_1(1,1,1)$ 和 $M_2(0,1,-1)$ 且垂直于平面 $x+y+z=0$，求该平面方程.

**解**　$\overrightarrow{M_1M_2}=(0-1,1-1,-1-1)=(-1,0,-2)$，根据题意，可取 $\boldsymbol{n}=\overrightarrow{M_1M_2}\times\boldsymbol{n}_1$，其中$\boldsymbol{n}_1$为已知平面 $x+y+z=0$ 的法向量，$\boldsymbol{n}_1=(1,1,1)$，故

$$\boldsymbol{n}=\begin{vmatrix}\boldsymbol{i} & \boldsymbol{j} & \boldsymbol{k}\\ -1 & 0 & -2\\ 1 & 1 & 1\end{vmatrix}=(2,-1,-1).$$

因此，所求平面方程为

$$2(x-1)-(y-1)-(z-1)=0\text{，即 }2x-y-z=0.$$

**2. 点到平面的距离**

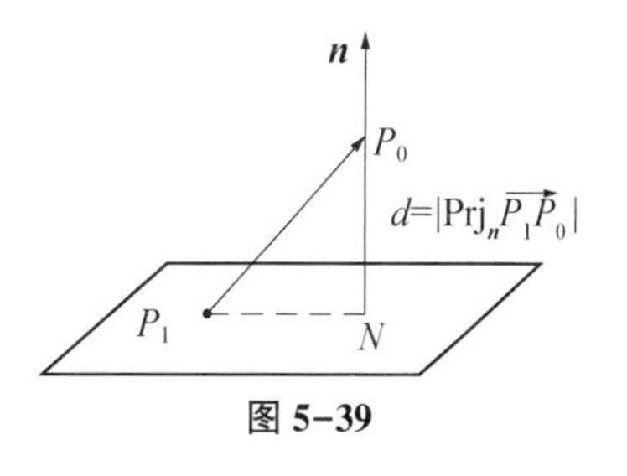

图 5-39

设 $P_0(x_0,y_0,z_0)$ 为平面 $Ax+By+Cz+D=0$ 外的一点，在平面上任取一点 $P_1(x_1,y_1,z_1)$（见图 5-39），则点 $P_0$ 到平面的距离 $d$ 就是$\overrightarrow{P_1P_0}$在 $\boldsymbol{n}[\boldsymbol{n}=(A,B,C)]$上的投影的绝对值，即 $d=|\mathrm{Prj}_{\boldsymbol{n}}\overrightarrow{P_1P_0}|$.

注意到 $Ax_1+By_1+Cz_1+D=0$，故

$$d=|\mathrm{Prj}_{\boldsymbol{n}}\overrightarrow{P_1P_0}|=\frac{|\boldsymbol{n}\cdot\overrightarrow{P_1P_0}|}{|\boldsymbol{n}|}=\frac{|A(x_0-x_1)+B(y_0-y_1)+C(z_0-z_1)|}{\sqrt{A^2+B^2+C^2}}$$

$$=\frac{|Ax_0+By_0+Cz_0-Ax_1-By_1-Cz_1|}{\sqrt{A^2+B^2+C^2}}=\frac{|Ax_0+By_0+Cz_0+D|}{\sqrt{A^2+B^2+C^2}}.$$

比如，我们可以利用上式计算点 $P_0(2,1,1)$ 到平面 $x+y-z+1=0$ 的距离：

$$d=\frac{|2+1-1+1|}{\sqrt{1^2+1^2+(-1)^2}}=\frac{3}{\sqrt{3}}=\sqrt{3}.$$

**例 8**　求两平行平面 $\Pi_1$：$10x+2y-2z-5=0$ 和 $\Pi_2$：$5x+y-z-1=0$ 之间的距离 $d$.

**解**　可在平面 $\Pi_2$ 上任取一点，该点到平面 $\Pi_1$ 的距离即为这两平行平面间的距离. 为此，在平面 $\Pi_2$ 上取点$(0,1,0)$，则

$$d=\frac{|10\times 0+2\times 1+(-2)\times 0-5|}{\sqrt{10^2+2^2+(-2)^2}}=\frac{3}{\sqrt{108}}=\frac{\sqrt{3}}{6}.$$

[随堂测]

一平面过 $x$ 轴，与平面 $y=x$ 的夹角为$\frac{\pi}{3}$，求此平面方程.

扫码看答案

[知识拓展]

平面是空间解析几何中应用最多的曲面. 它不仅是数学的宠儿，甚至在诗歌中也频频出现：

枯藤老树昏鸦，小桥流水人家，古道西风瘦马. 夕阳西下，断肠人在天涯.

在大家耳熟能详的马致远的小令《天净沙·秋思》中，诗人以多种景物并置，组合成一幅秋郊夕照图，抒发了一个飘零天涯的游子在秋天思念故乡、倦于漂泊的凄苦愁楚之情.

而在数学人眼中，诗人为人们描绘了一幅生动的几何意象：孤单直立的老树(垂线)只有弯缠的枯藤(曲线)和不会飞的昏鸦(点)为伴，远处有动静的流水(流体)，跨过流水通向人家(集合)的小桥(连线)是背景，不属于诗人却更显苍凉；通向无穷远的古道(直线)上，西风(流体)和瘦马(动点)伴随诗人行走远方，再加一个没落的夕阳(球)，引出了主题：断肠人在天涯(无穷平面).

## 习题 5-2

1. 填空题.

(1)过原点且与向量 $\boldsymbol{a}=(3,1,-1)$ 垂直的平面的方程为__________.

(2)平面 $x+2y+kz+1=0$ 与向量 $\boldsymbol{a}=(1,2,1)$ 垂直，则 $k=$__________.

(3)过点 $M(2,0,-1)$，并且与向量 $\boldsymbol{a}=(2,1,-1)$，$\boldsymbol{b}=(3,0,4)$ 平行的平面的方程为__________.

2. 指出下列平面位置的特点，并画出各平面.

(1) $2x+z+1=0$. (2) $y-z=0$.

(3) $x+2y-z=0$. (4) $9y-1=0$.

(5) $x=0$. (6) $2x+z=0$.

3. 求满足下列条件的平面方程.

(1)过点 $M(1,1,1)$ 且与平面 $3x-y+2z-1=0$ 平行.

(2)过点 $M(1,2,1)$ 且同时与平面 $x+y-2z+1=0$ 和 $2x-y+z=0$ 垂直.

(3)与 $x$ 轴、$y$ 轴、$z$ 轴的交点分别为 $(2,0,0)$，$(0,-3,0)$，$(0,0,-1)$.

(4)通过 $x$ 轴且经过点 $(1,2,-1)$.

(5)垂直于两平面 $x-y+z-1=0$，$2x+y+z+1=0$ 且通过点 $(1,-1,1)$.

(6) 平行于向量 $\boldsymbol{a}=(2, 1, -1)$ 且在 $x$ 轴、$y$ 轴上的截距分别为 3 和 $-2$.

4. 求经过两点 $(4, 0, -2)$ 和 $(5, 1, 7)$ 且与 $x$ 轴平行的平面的方程.

5. 求过点 $A(1, 1, -1)$ 和原点且与平面 $4x+3y+z=1$ 垂直的平面的方程.

6. 求过 $z$ 轴和点 $M(-3, 1, 2)$ 的平面的方程.

7. 求过 3 点 $A(2, 3, 0)$，$B(-2, -3, 4)$，$C(0, 6, 0)$ 的平面的方程.

8. 一平面过点 $A(1, -4, 5)$ 且在各坐标轴上的截距相等，求它的方程.

9. 设平面过原点及点 $(6, -3, 2)$ 且与平面 $4x-y+2z=8$ 垂直，求此平面方程.

10. 求平行于平面 $6x+y+6z+5=0$ 且与 3 个坐标面所围成的四面体的体积为一个单位的平面的方程.

11. 若平面 $x+ky-2z=0$ 与平面 $2x-3y+z=0$ 的夹角为 $\frac{\pi}{4}$，求 $k$ 的值.

12. 求经过两点 $M_1(3, -2, 9)$ 和 $M_2(-6, 0, -4)$ 且与平面 $2x-y+4z-8=0$ 垂直的平面的方程.

13. 求平面 $5x-14y+2z-8=0$ 和 $xOy$ 面的夹角.

14. 求通过 $z$ 轴且与平面 $2x+y-\sqrt{5}z-7=0$ 的夹角为 $\frac{\pi}{3}$ 的平面的方程.

15. 推导两平行平面 $Ax+By+Cz+D_i=0$，$i=1, 2$ 之间的距离公式；并求将两平行平面 $x-2y+z-2=0$ 与 $x-2y+z-6=0$ 之间距离分成 $1:3$ 的平面方程.

16. 证明：过不在一直线上 3 点 $(x_i, y_i, z_i)$，$i=1, 2, 3$ 的平面方程为

$$\begin{vmatrix} x-x_1 & y-y_1 & z-z_1 \\ x_2-x_1 & y_2-y_1 & z_2-z_1 \\ x_3-x_1 & y_3-y_1 & z_3-z_1 \end{vmatrix}=0,$$

并写出过 $(1, 1, -1)$，$(-2, -2, 2)$，$(1, -1, 2)$ 3 点的平面方程.

# 第三节　直线及其方程

[课前导读]

在空间解析几何中，任何曲线都可以看作满足一定几何条件的动点的轨迹，动点的轨迹用方程组来表示，就得到曲线方程的概念.

空间直线是最简单的空间曲线. 在本节中我们将以向量为工具讨论空间直线.

## 一、空间直线的一般方程

任一空间直线 $L$ 都可以看作两个相交平面的交线（见图 5-40）. 若平面 $\Pi_1$ 的方程为 $A_1x+B_1y+C_1z+D_1=0$，平面 $\Pi_2$ 的方程为 $A_2x+B_2y+C_2z+D_2=0$，则方程组

$$\begin{cases} A_1x+B_1y+C_1z+D_1=0, \\ A_2x+B_2y+C_2z+D_2=0 \end{cases} \tag{1}$$

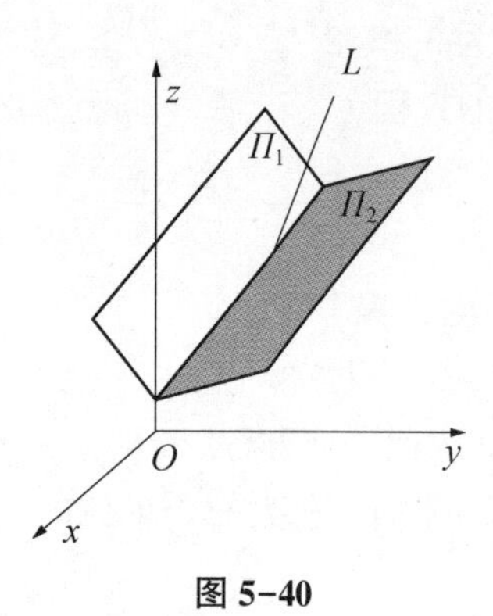

图 5-40

表示空间直线 $L$ 的方程，称为空间直线的**一般方程**.

**例 1**　(1)求过点(-3，2，5)，且分别与平面 $2x-y-5z=1$ 和 $x-4z=3$ 平行的平面 $\Pi_1$ 与 $\Pi_2$ 的方程.

(2)求平面 $\Pi_1$ 与 $\Pi_2$ 的交线方程.

**解**　(1)先求过点(-3，2，5)且与已知平面平行的平面.

平面 $\Pi_1$ 的法向量可取为 $\boldsymbol{n}_1=(2,-1,-5)$，过点(-3，2，5)且以 $\boldsymbol{n}_1$ 为法向量的平面方程为

$$\Pi_1:\ 2(x+3)-(y-2)-5(z-5)=0.$$

平面 $\Pi_2$ 的法向量可取为 $\boldsymbol{n}_2=(1,0,-4)$，过点(-3，2，5)且以 $\boldsymbol{n}_2$ 为法向量的平面方程为

$$\Pi_2:\ (x+3)-4(z-5)=0.$$

故 $\Pi_1$：$2x-y-5z+33=0$，$\Pi_2$：$x-4z+23=0$.

(2)所求直线的一般方程为

$$\begin{cases}2x-y-5z+33=0,\\ x-4z+23=0.\end{cases}$$

## 二、对称式方程及参数方程

由立体几何知，过空间一点作平行于已知直线的直线是唯一的. 因此，如果知道直线上一点及与直线平行的某一向量，那么该直线的位置也就完全确定. 现在根据这个几何条件来建立直线的方程.

如果一个非零向量平行于一条已知直线，这个向量称为该直线的**方向向量**. 直线上的任何一个向量都平行于方向向量. 显然，一条直线的方向向量有无穷多个，它们之间互相平行.

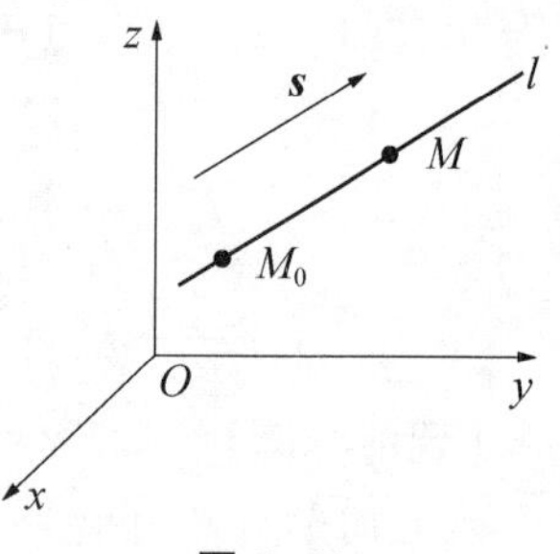

图 5-41

由于过空间一点可作且只能作一条直线平行于已知向量，故给定直线上的一点 $M_0(x_0,y_0,z_0)$ 及一个方向向量 $\boldsymbol{s}=(m,n,p)$，直线的位置就完全确定了(见图 5-41). 如果 $M(x,y,z)$ 为直线 $l$ 上任意一点，则 $\overrightarrow{M_0M}/\!/\boldsymbol{s}$，即有

$$\frac{x-x_0}{m}=\frac{y-y_0}{n}=\frac{z-z_0}{p}. \tag{2}$$

式(2)是含有未知数 $x,y,z$ 的方程组. 从上面推导可知，直线 $l$ 上任意一点 $M(x,y,z)$ 的坐标满足式(2). 反之，如果点 $M(x,y,z)$ 不在直线上，那么向量 $\overrightarrow{M_0M}$ 与 $\boldsymbol{s}$ 就不平行，于是点 $M(x,y,z)$ 的坐标就不会满足式(2). 由此可知此式即为直线 $l$ 的方程，称为直线的**对称式方程**，也称**点向式方程**. 这里 $\boldsymbol{s}=(m,n,p)$ 的 3 个坐标 $m,n,p$ 就称为**方向数**，而 $\boldsymbol{s}$ 的方向余弦就叫作该直线的**方向余弦**.

若设$\frac{x-x_0}{m}=\frac{y-y_0}{n}=\frac{z-z_0}{p}=t$，则有直线的参数方程$\begin{cases}x=x_0+mt,\\y=y_0+nt,\\z=z_0+pt.\end{cases}$

**注**　在式(2)中，若有个别分母为零，应理解为相应的分子也为零. 例如，$m=0$（$n\neq0$，$p\neq0$），即式(2)为

$$\frac{x-x_0}{0}=\frac{y-y_0}{n}=\frac{z-z_0}{p}$$

时，上式应理解为

$$\begin{cases}x-x_0=0,\\ \dfrac{y-y_0}{n}=\dfrac{z-z_0}{p}.\end{cases}$$

**例 2**　用点向式方程或参数方程表示直线$\begin{cases}x+y+z+1=0,\\2x-y+3z+4=0.\end{cases}$

**解**　令$x=1$，代入方程得

$$\begin{cases}y+z=-2,\\-y+3z=-6,\end{cases}$$

解得$y=0$，$z=-2$，即得到该直线上的一点$M_0(1,\ 0,\ -2)$. 由于直线的方向向量$\boldsymbol{s}$与相交平面的法向量$\boldsymbol{n}_1=(1,\ 1,\ 1)$，$\boldsymbol{n}_2=(2,\ -1,\ 3)$都垂直，故可取

$$\boldsymbol{s}=\boldsymbol{n}_1\times\boldsymbol{n}_2=\begin{vmatrix}\boldsymbol{i}&\boldsymbol{j}&\boldsymbol{k}\\1&1&1\\2&-1&3\end{vmatrix}=(4,\ -1,\ -3),$$

直线的点向式方程为

$$\frac{x-1}{4}=\frac{y}{-1}=\frac{z+2}{-3},$$

直线的参数方程为

$$\begin{cases}x=1+4t,\\y=-t,\\z=-2-3t.\end{cases}$$

**例 3**　求过点$A(1,\ 0,\ 1)$和$B(-2,\ 1,\ 1)$的直线方程.

**解**　向量$\overrightarrow{AB}=(-3,\ 1,\ 0)$是所求直线的一个方向向量，因此，所求直线方程为

$$\frac{x-1}{-3}=\frac{y}{1}=\frac{z-1}{0}.$$

## 三、直线与平面的关系

直线与平面关系

### 1. 两直线的夹角

两直线的方向向量之间的夹角（通常取小于或等于 90°的角）称为**两直线的夹角**，即$(\widehat{l_1,\ l_2})=(\widehat{\boldsymbol{s}_1,\ \boldsymbol{s}_2})$或$(\widehat{l_1,\ l_2})=(\widehat{-\boldsymbol{s}_1,\ \boldsymbol{s}_2})=\pi-(\widehat{\boldsymbol{s}_1,\ \boldsymbol{s}_2})$，取二者中小于或等于 90°的角.

设 $l_1$：$\dfrac{x-x_1}{m_1}=\dfrac{y-y_1}{n_1}=\dfrac{z-z_1}{p_1}$，其中$\boldsymbol{s}_1=(m_1, n_1, p_1)$，$M_1(x_1, y_1, z_1)\in l_1$，

$l_2$：$\dfrac{x-x_2}{m_2}=\dfrac{y-y_2}{n_2}=\dfrac{z-z_2}{p_2}$，其中$\boldsymbol{s}_2=(m_2, n_2, p_2)$，$M_2(x_2, y_2, z_2)\in l_2$，

则

$$\cos(\widehat{l_1, l_2})=\frac{|\boldsymbol{s}_1\cdot\boldsymbol{s}_2|}{|\boldsymbol{s}_1||\boldsymbol{s}_2|}=\frac{|m_1m_2+n_1n_2+p_1p_2|}{\sqrt{m_1^2+n_1^2+p_1^2}\sqrt{m_2^2+n_2^2+p_2^2}}.$$

当 $l_1\perp l_2$ 时(见图 5-42)，应有

$$m_1m_2+n_1n_2+p_1p_2=0.$$

当 $l_1/\!/l_2$ 时(见图 5-43)，应有

$$\frac{m_1}{m_2}=\frac{n_1}{n_2}=\frac{p_1}{p_2}.$$

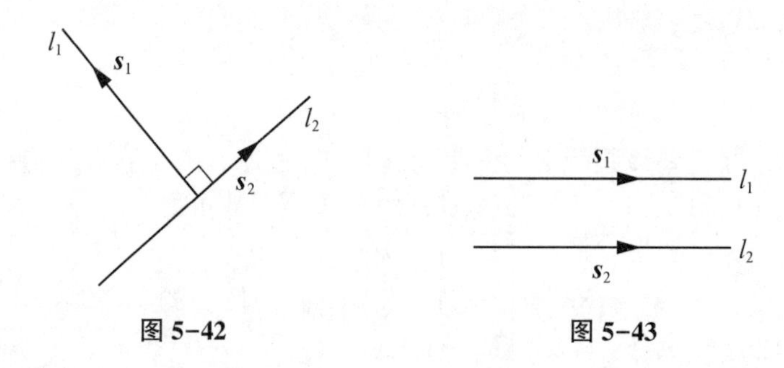


图 5-42　　　　图 5-43

**例 4**　求直线 $l_1$：$\dfrac{x-1}{1}=\dfrac{y}{-4}=\dfrac{z+3}{1}$和直线 $l_2$：$\dfrac{x}{2}=\dfrac{y+2}{-2}=\dfrac{z}{-1}$的夹角.

**解**　已知直线 $l_1$ 的方向向量$\boldsymbol{s}_1=(1, -4, 1)$，直线 $l_2$ 的方向向量$\boldsymbol{s}_2=(2, -2, -1)$，则

$$\cos(\widehat{l_1, l_2})=\frac{|\boldsymbol{s}_1\cdot\boldsymbol{s}_2|}{|\boldsymbol{s}_1||\boldsymbol{s}_2|}=\frac{|1\times2+(-4)\times(-2)+1\times(-1)|}{\sqrt{1^2+(-4)^2+1^2}\sqrt{2^2+(-2)^2+(-1)^2}}=\frac{\sqrt{2}}{2},$$

故$(\widehat{l_1, l_2})=\dfrac{\pi}{4}$.

**例 5**　求过点$(-3, 2, 5)$且与两平面 $x-4z=3$ 和 $2x-y-5z=1$ 的交线平行的直线的方程.

**解**　设所求直线的方向向量为$\boldsymbol{s}=(m, n, p)$，平面 $x-4z=3$ 的法向量为$\boldsymbol{n}_1=(1, 0, -4)$，平面 $2x-y-5z=1$ 的法向量为$\boldsymbol{n}_2=(2, -1, -5)$，根据题意知$\boldsymbol{s}\perp\boldsymbol{n}_1$，$\boldsymbol{s}\perp\boldsymbol{n}_2$，取

$$\boldsymbol{s}=\boldsymbol{n}_1\times\boldsymbol{n}_2=\begin{vmatrix}\boldsymbol{i} & \boldsymbol{j} & \boldsymbol{k}\\ 1 & 0 & -4\\ 2 & -1 & -5\end{vmatrix}=(-4, -3, -1),$$

得所求直线的方程为

$$\frac{x+3}{4}=\frac{y-2}{3}=\frac{z-5}{1}.$$

**例 6**　求过点 $M(2,1,3)$ 且与直线 $\frac{x+1}{3}=\frac{y-1}{2}=\frac{z}{-1}$ 垂直相交的直线的方程.

**解**　先作一过点 $M$ 且与已知直线垂直的平面 $\Pi$，即

$$3(x-2)+2(y-1)-(z-3)=0.$$

再求已知直线与该平面的交点 $N$.

令 $\frac{x+1}{3}=\frac{y-1}{2}=\frac{z}{-1}=t$，则

$$\begin{cases}x=3t-1,\\y=2t+1,\\z=-t,\end{cases}$$

代入平面方程得 $t=\frac{3}{7}$，交点 $N\left(\frac{2}{7},\frac{13}{7},-\frac{3}{7}\right)$. 取所求直线的方向向量为 $\overrightarrow{MN}$，

$$\overrightarrow{MN}=\left(\frac{2}{7}-2,\frac{13}{7}-1,-\frac{3}{7}-3\right)=\left(-\frac{12}{7},\frac{6}{7},-\frac{24}{7}\right)=-\frac{6}{7}(2,-1,4),$$

得所求直线方程为

$$\frac{x-2}{2}=\frac{y-1}{-1}=\frac{z-3}{4}.$$

**2. 直线与平面的夹角**

直线 $l$ 和它在平面 $\Pi$ 上的投影直线 $l_1$ 所构成的角称为该**直线与平面的夹角**（见图 5-44），记为 $\varphi\left(0\leqslant\varphi<\frac{\pi}{2}\right)$.

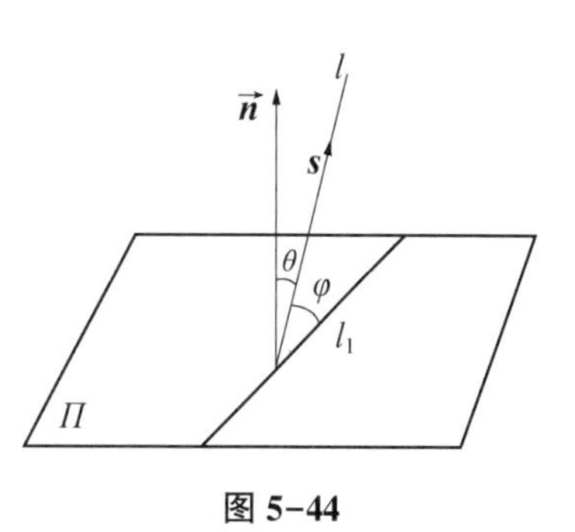


图 5-44

当直线与平面垂直时，规定 $\varphi=\frac{\pi}{2}$.

设直线 $l$：$\frac{x-x_0}{m}=\frac{y-y_0}{n}=\frac{z-z_0}{p}$，$\boldsymbol{s}=(m,n,p)$，平面 $\Pi$：$Ax+By+Cz+D=0$，$\boldsymbol{n}=(A,B,C)$，

则 $\varphi=\left|\frac{\pi}{2}-(\widehat{\boldsymbol{s},\boldsymbol{n}})\right|$，因此

$$\sin\varphi=|\cos(\widehat{\boldsymbol{s},\boldsymbol{n}})|=\frac{|Am+Bn+Cp|}{\sqrt{A^2+B^2+C^2}\sqrt{m^2+n^2+p^2}}.$$

当 $l//\Pi$ 时，$\boldsymbol{s}\perp\boldsymbol{n}$，即有

$$Am+Bn+Cp=0.$$

当 $l\perp\Pi$ 时，$\boldsymbol{s}//\boldsymbol{n}$，即有

$$\frac{A}{m}=\frac{B}{n}=\frac{C}{p}.$$

**例 7**　设直线 $L$：$\frac{x-1}{2}=\frac{y}{-1}=\frac{z+1}{2}$，平面 $\Pi$：$x-y+2z=3$，求直线 $L$ 与平面 $\Pi$ 的夹角 $\varphi$.

**解**　平面 $\Pi$ 的法向量 $\boldsymbol{n}=(1,-1,2)$，直线 $L$ 的方向向量 $\boldsymbol{s}=(2,-1,2)$，则

$$\sin\varphi=\frac{|Am+Bn+Cp|}{\sqrt{A^2+B^2+C^2}\sqrt{m^2+n^2+p^2}}=\frac{|1\times2+(-1)\times(-1)+2\times2|}{\sqrt{6}\times\sqrt{9}}=\frac{7\sqrt{6}}{18}.$$

$\varphi=\arcsin\frac{7\sqrt{6}}{18}$即为所求夹角.

## 四、平面束

通过定直线的平面的全体称为过该直线的**平面束**，有时候用平面束解题非常方便，现在我们来介绍它的方程.

设直线 $l$：$\begin{cases}A_1x+B_1y+C_1z+D_1=0,\\A_2x+B_2y+C_2z+D_2=0,\end{cases}$其中系数 $A_1,B_1,C_1$ 与 $A_2,B_2,C_2$ 不成比例，$\lambda_1$，$\lambda$，$\mu$ 为任意常数，则过该直线的平面束方程为

$$\lambda_1(A_1x+B_1y+C_1z+D_1)+\mu(A_2x+B_2y+C_2z+D_2)=0,\tag{3}$$

或

$$A_1x+B_1y+C_1z+D_1+\lambda(A_2x+B_2y+C_2z+D_2)=0.\tag{4}$$

**注**　若式(3)中 $\lambda_1\neq0$，则可将式(3)写成式(4)；但式(4)中并不包括平面

$$A_2x+B_2y+C_2z+D_2=0.$$

**例 8**　一平面过直线$\begin{cases}x+y-z=0,\\x-y+z-1=0\end{cases}$和点(1，1，-1)，求该平面方程.

**解**　设过已知直线的平面束方程为

$$x+y-z+\lambda(x-y+z-1)=0,$$

又点(1，1，-1)满足方程，即有 $1+1-(-1)+\lambda(1-1-1-1)=0$，得 $\lambda=\frac{3}{2}$，故所求平面方程为

$$x+y-z+\frac{3}{2}(x-y+z-1)=0，即\ 5x-y+z-3=0.$$

**例 9**　过直线 $L$：$\begin{cases}x+2y-z-6=0,\\x-2y+z=0\end{cases}$作平面 $\Pi$，使它垂直于平面 $\Pi_1$：$x+2y+z=0$. 求平面 $\Pi$ 的方程.

**解**　设过直线 $L$ 的平面束的方程为 $(x+2y-z-6)+\lambda(x-2y+z)=0$，即

$$(1+\lambda)x+2(1-\lambda)y+(\lambda-1)z-6=0.$$

现要在上述平面束中找出一个平面 $\Pi$，使它垂直于题设平面 $\Pi_1$，故平面 $\Pi$ 的法向量 $\boldsymbol{n}_\lambda$ 垂直于平面 $\Pi_1$ 的法向量 $\boldsymbol{n}_1=(1,2,1)$. 于是 $\boldsymbol{n}_\lambda\cdot\boldsymbol{n}_1=0$，即

$$(1+\lambda)+4(1-\lambda)+(\lambda-1)=0,$$

解得 $\lambda=2$，故平面 $\Pi$ 的方程为

$$3x-2y+z-6=0.$$

容易验证，平面 $x-2y+z=0$ 不是所求平面.

**例 10**　在一切过直线 $l$：$\begin{cases}x+y+z+4=0,\\x+2y+z=0\end{cases}$的平面中找出平面 $\Pi$，使原点到它的距离最长.

**解**　设通过直线 $l$ 的平面束方程为 $(x+y+z+4)+\lambda(x+2y+z)=0$，即

$$(1+\lambda)x+(1+2\lambda)y+(1+\lambda)z+4=0.$$

要使 $d^2(\lambda)=\frac{16}{(1+\lambda)^2+(1+2\lambda)^2+(1+\lambda)^2}$为最大，

即使$(1+\lambda)^2+(1+2\lambda)^2+(1+\lambda)^2=6\left(\lambda+\frac{2}{3}\right)^2+\frac{1}{3}$为最小，得 $\lambda=-\frac{2}{3}$，

故所求平面 $\Pi$ 的方程为

$$x-y+z+12=0.$$

易知，原点到平面 $x+2y+z=0$ 的距离为 0，故平面 $x+2y+z=0$ 非所求平面.

**例 11**　一平面过直线$\begin{cases}x+5y+z=0,\\x-z+4=0,\end{cases}$且与平面 $x-4y-8z+12=0$ 成$\frac{\pi}{4}$角，求该平面的方程.

**解**　设过已知直线的平面束方程为 $\lambda(x+5y+z)+\mu(x-z+4)=0$，即

$$(\lambda+\mu)x+5\lambda y+(\lambda-\mu)z+4\mu=0.$$

已知

$$\cos\frac{\pi}{4}=\frac{|(\lambda+\mu)\times1+5\lambda\times(-4)+(\lambda-\mu)\times(-8)|}{\sqrt{(\lambda+\mu)^2+(5\lambda)^2+(\lambda-\mu)^2}\sqrt{1^2+(-4)^2+(-8)^2}},$$

即

$\frac{|-27\lambda+9\mu|}{9\sqrt{27\lambda^2+2\mu^2}}=\frac{\sqrt{2}}{2}$或$\frac{(-3\lambda+\mu)^2}{27\lambda^2+2\mu^2}=\frac{1}{2}$或 $9\lambda^2+12\lambda\mu=0$，即 $\lambda(3\lambda+4\mu)=0$，解得$\lambda_1=0$，$\lambda_2=-\frac{4}{3}\mu$. 因此，所求平面的方程为

$$x-z+4=0 \text{ 或 } x+20y+7z-12=0.$$

[随堂测]

一平面经过 $2x-3y-5z=1$ 与 $x+y+z=0$ 的交线，且与直线 $x-1=y-1=z-1$ 平行，求该平面方程.

扫码看答案

[知识拓展]

光的直线传播性质，在我国古代天文历法中得到了广泛的应用. 我们的祖先制造了圭表和日晷，用于测量日影的长短和方位，以确定时间、冬至点、夏至点；在天文仪器上安装窥管，以观察天象，测量恒星的位置.

此外，我国很早就利用光的这一性质，发明了皮影戏. 汉初齐少翁用纸剪的人、物在白幕后表演，并且用光照射，人、物的影像就映在白幕上，幕外的人就可以看到影像表演. 皮影戏到宋代非常盛行，后来传到了西方，引起了轰动 .

墨家还利用光的直线传播这一特性，解释了物和影的关系. 飞翔着的鸟儿，它的影子也仿佛在飞动着. 墨家分析了光、鸟、影的关系，揭开了影子自身并不直接参加运动的秘密. 墨家指出鸟影是由于直线行进的光线照在鸟身上被鸟遮住而形成的.

从我国古代对光的直线传播性质的应用，我们可以感受到中华优秀传统文化源远流长、博大精深，是中华文明的智慧结晶.

## 习题 5-3

1. 求满足下列条件的直线方程.

(1)过点(2，-1，4)且与直线$\frac{x-1}{3}=\frac{y}{-1}=\frac{z+1}{2}$平行；

(2)过点(2，-3，5)且与平面 $9x-4y+2z-1=0$ 垂直；

(3)过点(3，4，-4)和(3，-2，2).

2. 求过点(1，1，1)且同时与平面 $2x-y-3z=0$ 和 $x+2y-5z=1$ 平行的直线的方程.

3. 用点向式方程及参数方程表示直线$\begin{cases}x+2y-z-6=0,\\2x-y+z-1=0.\end{cases}$

4. 求过点(1，0，-2)且与平面 $3x+4y-z+6=0$ 平行，又与直线$\frac{x-3}{1}=\frac{y+2}{4}=\frac{z}{1}$垂直的直线的方程.

5. 确定下列各组中的直线和平面间的位置关系.

(1)$\frac{x-3}{-2}=\frac{y+4}{-7}=\frac{z}{3}$和 $4x-2y-2z=3$.

(2)$\frac{x}{3}=\frac{y}{-2}=\frac{z}{7}$和 $3x-2y+7z=8$.

(3)$\frac{x-2}{3}=\frac{y+2}{1}=\frac{z-3}{-4}$和 $x+y+z=3$.

6. 求直线$\begin{cases}x+y+3z=0,\\x-y-z=0\end{cases}$和平面 $x-y-z+1=0$ 的夹角.

7. 求点(1，2，1)到平面 $x+2y+2z-10=0$ 的距离.

8. 求直线$\begin{cases}2x-4y+z=0,\\3x-y-2z-9=0\end{cases}$在平面 $4x-y+z=1$ 的投影直线方程.

9. 求过点 $M(3，1，-2)$ 及直线$\frac{x-4}{5}=\frac{y+3}{2}=\frac{z}{1}$的平面方程.

10. 求过直线$\frac{x-2}{5}=\frac{y+1}{2}=\frac{z-2}{4}$且与平面 $x+4y-3z+7=0$ 垂直的平面方程.

11. 已知直线过点 $A(2，-3，4)$ 且和 $y$ 轴垂直相交，求该直线方程.

12. 求过点(0，2，4)且与直线$\begin{cases}x+2z=1,\\y-3z=2\end{cases}$平行的直线方程.

13. 求点 $P_0(2，3，1)$ 在直线 $l$：$\frac{x+7}{1}=\frac{y+2}{2}=\frac{z+2}{3}$上的投影.

14. 求点 $P_0(3，-1，-1)$ 在平面 $\Pi$：$x+2y+3z-40=0$ 上的投影.

15. 求过点 $A(1，0，-2)$，且与平面 $\Pi$：$3x-y+2z+3=0$ 平行，并与直线 $l_1$：$\frac{x-1}{4}=\frac{y-3}{-2}=\frac{z}{1}$相交的直线 $l$ 的方程.

16. 分别求过直线 $l$：$\begin{cases}2x-3y+4z-12=0,\\x+4y-2z-10=0\end{cases}$ 且垂直于各坐标面的平面方程，并求直线 $l$ 在平面 $3x+2y+z-10=0$ 上的投影.

17. 过点 $M_1(7,\ 3,\ 5)$ 引方向余弦分别等于 $\frac{1}{3}$，$\frac{2}{3}$，$\frac{2}{3}$ 的直线 $l_1$，设直线 $l$ 过点 $M_0(2,\ -3,\ -1)$，与直线 $l_1$ 相交且和 $x$ 轴成 $\frac{\pi}{3}$ 角，求直线 $l$ 的方程.

18. 求通过点 $(2,\ 1,\ 3)$ 且与直线 $\frac{x+1}{3}=\frac{y-1}{2}=\frac{z}{-1}$ 垂直相交的直线方程.

19. 求证：两直线 $l_1$：$\frac{x-x_1}{m_1}=\frac{y-y_1}{n_1}=\frac{z-z_1}{p_1}$，$l_2$：$\frac{x-x_2}{m_2}=\frac{y-y_2}{n_2}=\frac{z-z_2}{p_2}$ 在同一平面上的条件为

$$\begin{vmatrix}x_2-x_1 & y_2-y_1 & z_2-z_1\\ m_1 & n_1 & p_1\\ m_2 & n_2 & p_2\end{vmatrix}=0.$$

20. 一直线过点 $(1,\ 2,\ 1)$，又与直线 $\frac{x}{2}=y=-z$ 相交，且垂直于直线 $\frac{x-1}{3}=\frac{y}{2}=\frac{z+1}{1}$，求该直线方程.

21. 一直线 $l$ 过点 $A(-3,\ 5,\ -9)$ 且与两直线 $l_1$：$\begin{cases}y=3x+5,\\z=2x-3,\end{cases}$ $l_2$：$\begin{cases}y=4x-7,\\z=5x+10\end{cases}$ 相交，求此直线方程.

*22. 设直线 $l$：$\frac{x-x_0}{m}=\frac{y-y_0}{n}=\frac{z-z_0}{p}$，其中 $\boldsymbol{s}=(m,\ n,\ p)$，$M_0(x_0,\ y_0,\ z_0)$，直线 $l$ 外一点为 $M_1(x_1,\ y_1,\ z_1)$，证明：点 $M_1$ 到直线 $l$ 的距离为 $d=\frac{|\overrightarrow{M_1M_0}\times\boldsymbol{s}|}{|\boldsymbol{s}|}$.

*23. 设直线 $l_1$：$\frac{x-x_1}{m_1}=\frac{y-y_1}{n_1}=\frac{z-z_1}{p_1}$，其中 $\boldsymbol{s}_1=(m_1,\ n_1,\ p_1)$，$M_1(x_1,\ y_1,\ z_1)$，直线 $l_2$：$\frac{x-x_2}{m_2}=\frac{y-y_2}{n_2}=\frac{z-z_2}{p_2}$，其中 $\boldsymbol{s}_2=(m_2,\ n_2,\ p_2)$，$M_2(x_2,\ y_2,\ z_2)$，证明：异面直线 $l_1$ 与 $l_2$ 之间的距离为 $d=\frac{|\overrightarrow{M_1M_2}\cdot(\boldsymbol{s}_1\times\boldsymbol{s}_2)|}{|\boldsymbol{s}_1\times\boldsymbol{s}_2|}$.

*24. 设直线 $l_1$：$\frac{x-9}{4}=\frac{y+2}{-3}=\frac{z}{1}$，直线 $l_2$：$\frac{x}{-2}=\frac{y+7}{9}=\frac{z-7}{2}$，试求：

(1) 直线 $l_1$ 与 $l_2$ 之间的距离；

(2) 直线 $l_1$ 与 $l_2$ 的公垂线方程.

# 第四节　曲面与曲线

[课前导读]

本节介绍曲面与曲线方程概念，主要围绕下面两个基本问题：(1)已知曲面与曲线上点的几何特征，建立方程；(2)已知曲线与曲面上点的坐标所满足的方程，研究曲面与曲线的形状和性质.我们着重介绍一些常见的曲面与曲线及其方程.

## 一、曲面方程的概念

任何曲面都可以看作满足一定几何条件的动点的轨迹，从而得到曲面方程的概念.

**定义1**　如果曲面 $S$ 与三元方程 $F(x,\ y,\ z)=0$ 满足下列关系：

(1)曲面 $S$ 上的任一点的坐标都满足方程；

(2)不在曲面 $S$ 上的点的坐标都不满足方程，

则称 $F(x,\ y,\ z)=0$ 为**曲面 $S$ 的方程**，而曲面 $S$ 称为**方程 $F(x,\ y,\ z)=0$ 的图形**(见图5-45).

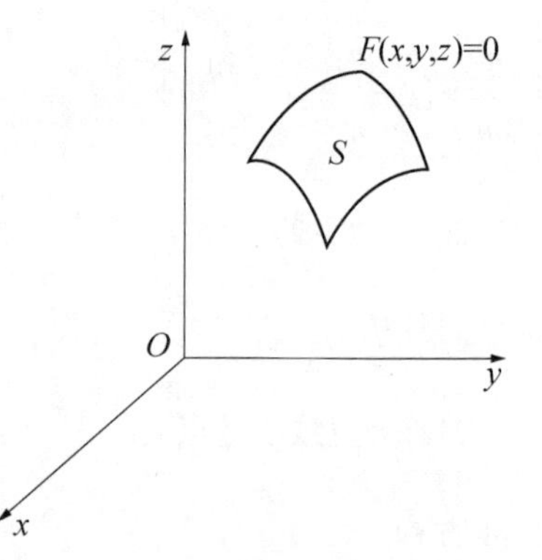


图 5-45

我们要研究的两个基本问题如下：

(1)已知曲面作为点的轨迹时，建立这曲面的方程；

(2)已知一个三元方程，研究该方程所表示的几何图形，即曲面形状，着重介绍一些常见的曲面.

先讨论第一个基本问题：建立几种常见的曲面方程.

若空间一动点到定点的距离为定值，则该动点的轨迹称为**球面**，定点叫作**球心**，定值叫作**半径**.

**例1**　建立球心在点 $M_0(x_0,\ y_0,\ z_0)$、半径为 $R$ 的球面的方程.

**解**　本题实质是求到定点 $M_0(x_0,\ y_0,\ z_0)$ 的距离为定长 $R$ 的点的轨迹方程，即球面的方程.

设 $M(x,\ y,\ z)$ 是球面上任意一点，则有 $|\overrightarrow{M_0M}|=R$，即

$$\sqrt{(x-x_0)^2+(y-y_0)^2+(z-z_0)^2}=R$$

或

$$(x-x_0)^2+(y-y_0)^2+(z-z_0)^2=R^2.$$

**例2**　求与原点 $O$ 及 $M_0(2,\ 3,\ 4)$ 的距离之比为 $1:2$ 的点的全体所组成的曲面方程.

**解**　设 $M(x,\ y,\ z)$ 是曲面上任一点，根据题意有

$$\frac{|MO|}{|MM_0|}=\frac{1}{2}，即\frac{\sqrt{x^2+y^2+z^2}}{\sqrt{(x-2)^2+(y-3)^2+(z-4)^2}}=\frac{1}{2},$$

故所求方程为

$$\left(x+\frac{2}{3}\right)^2+(y+1)^2+\left(z+\frac{4}{3}\right)^2=\frac{116}{9}.$$

**例 3**　求到两定点 $A(1,2,3)$ 和 $B(2,-1,4)$ 等距离的点的几何轨迹.

**解**　设 $M(x,y,z)$ 是所要求的曲面上任意一点，则由题意有

$$(x-1)^2+(y-2)^2+(z-3)^2=(x-2)^2+(y+1)^2+(z-4)^2,$$

化简得

$$2x-6y+2z-7=0.$$

由方程可知，这是一个平面.

以上是从已知曲面（轨迹）建立其方程，再看两个由已知方程研究它所表示的曲面的例子.

**例 4**　方程 $x^2+y^2+z^2-2x+4y=0$ 表示什么样的曲面?

**解**　原方程可写成

$$(x-1)^2+(y+2)^2+z^2=5,$$

可看出它表示球心在点 $M_0(1,-2,0)$、半径 $R=\sqrt{5}$ 的球面.

**例 5**　方程 $z=(x-1)^2+(y-2)^2-1$ 的图形是怎样的?

**解**　根据题意有 $z\geqslant -1$，用平面 $z=c$ 去截图形得圆

$$(x-1)^2+(y-2)^2=1+c\,(c\geqslant -1),$$

当平面 $z=c$ 上下移动时，得到一系列圆，圆心在点 $(1,2,c)$，半径为 $\sqrt{1+c}$，半径随 $c$ 的增大而增大. 图形上不封顶，下封底，如图 5-46 所示.

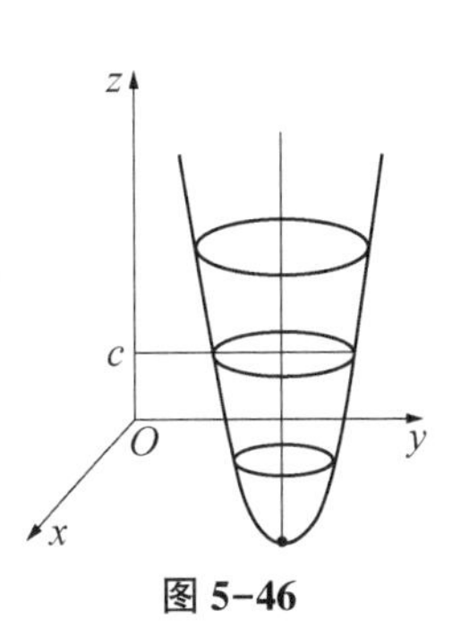

图 5-46

## 二、旋转曲面

**定义 2**　一条平面曲线绕其平面上的一条定直线旋转一周所成的曲面叫作**旋转曲面**，这条定直线叫作旋转曲面的**轴**.

设在 $yOz$ 坐标面上有一已知曲线 $L$: $f(y,z)=0$，将 $L$ 绕 $z$ 轴旋转就得到一个以 $z$ 轴为旋转轴的旋转曲面 $S$.

设 $M_1(0,y_1,z_1)$ 为 $L$ 上任一点，则 $f(y_1,z_1)=0$，当 $L$ 绕 $z$ 轴旋转时，点 $M_1$ 也绕 $z$ 轴旋转到另一点 $M(x,y,z)$，这时 $z=z_1$ 保持不变（见图 5-47）. $M$ 到 $z$ 轴的距离 $d$ 保持不变且等于 $|y_1|$，而 $d=\sqrt{x^2+y^2}=|y_1|$ 或 $y_1=\pm\sqrt{x^2+y^2}$. 由 $f(y_1,z_1)=0$ 得

$$f(\pm\sqrt{x^2+y^2},z)=0, \tag{1}$$

这就是旋转曲面 $S$ 的方程. 容易看到，不在曲面 $S$ 上的点的坐标不会满足式（1），因此式（1）就是以曲线 $L$ 为母线、以 $z$ 轴为旋转轴的曲面 $S$ 的方程.

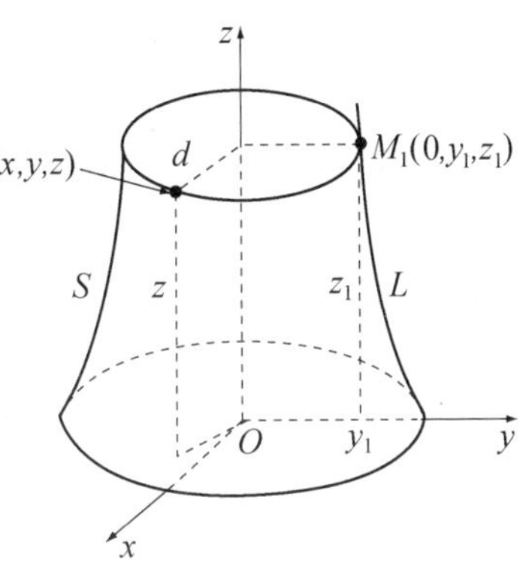

图 5-47

由此可知，在曲线 $L$ 的方程 $f(y,z)=0$ 中，变量 $z$ 保持不变，用 $\pm\sqrt{x^2+y^2}$ 替换 $y$，就得到曲线 $L$ 绕 $z$ 轴

旋转所形成的旋转曲面方程.

同理，曲线 $L$：$f(y, z)=0$ 绕 $y$ 轴旋转所形成的旋转曲面方程为

$$f(y, \pm\sqrt{x^2+z^2})=0.$$

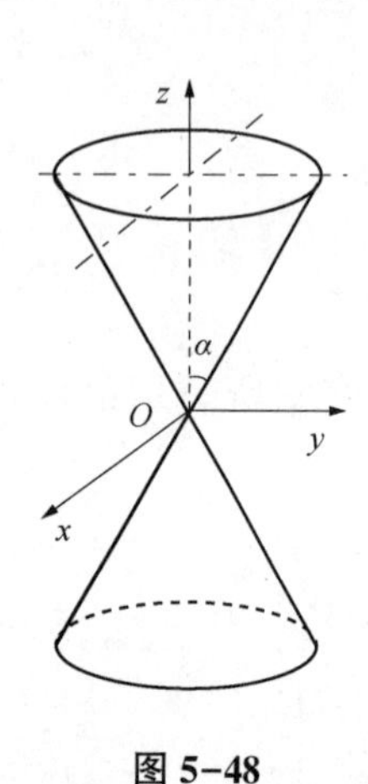


图 5-48

**例 6**　直线 $L$ 绕另一条与 $L$ 相交的定直线旋转一周，所得旋转曲面称为**圆锥面**．两直线的交点称为圆锥面的**顶点**，两直线的夹角 $\alpha\left(0<\alpha<\frac{\pi}{2}\right)$ 称为圆锥面的**半顶角**．试建立顶点在坐标原点、旋转轴为 $z$ 轴、半顶角为 $\alpha$ 的圆锥面(见图 5-48)方程.

**解**　在 $yOz$ 面上，直线方程为 $L$：$z=y\cot\alpha$，因为旋转轴为 $z$ 轴，所以只能将直线方程 $L$ 中的 $y$ 改成 $\pm\sqrt{x^2+y^2}$，锥面方程为

$$z=\pm\sqrt{x^2+y^2}\cot\alpha$$

或

$$z^2=a^2(x^2+y^2)\ (a=\cot\alpha).$$

同样，我们可以得到如下常见的几个旋转曲面方程.

(1) 当 $yOz$ 平面上的抛物线 $y^2=2pz$ 绕 $z$ 轴旋转时，就得到一个以 $z$ 轴为旋转轴的旋转曲面，其方程为 $(\pm\sqrt{x^2+y^2})^2=2pz$，即 $x^2+y^2=2pz$，这是**旋转抛物面**(见图 5-49)方程.

(2) 当 $xOz$ 平面上的椭圆 $\frac{x^2}{a^2}+\frac{z^2}{c^2}=1$ 绕 $z$ 轴旋转时，就得到一个以 $z$ 轴为旋转轴的旋转曲面，其方程为 $\frac{x^2+y^2}{a^2}+\frac{z^2}{c^2}=1$，这是**旋转椭球面**(见图 5-50)方程.

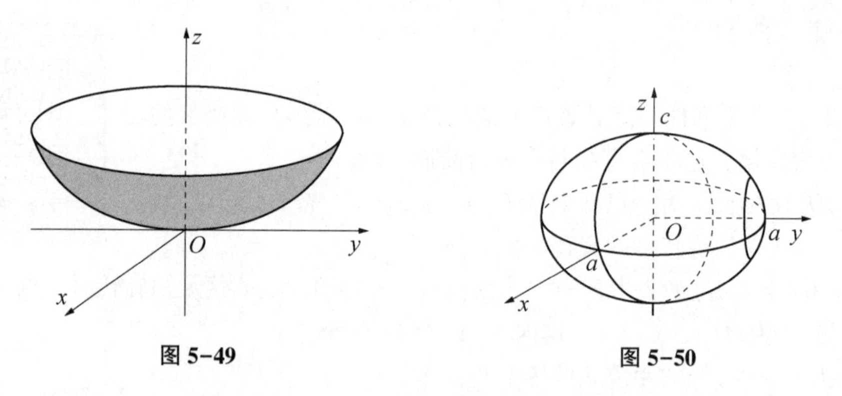


图 5-49　　　　图 5-50

(3) 当 $xOz$ 平面上的双曲线 $\frac{x^2}{a^2}-\frac{z^2}{c^2}=1$ 绕 $x$ 轴旋转时，就得到一个以 $x$ 轴为旋转轴的旋转曲面，其方程为 $\frac{x^2}{a^2}-\frac{y^2+z^2}{c^2}=1$ (见图 5-51)；若绕 $z$ 轴旋转就得到 $\frac{x^2+y^2}{a^2}-\frac{z^2}{c^2}=1$ (见图 5-52)，这是**旋转双曲面**方程，前者是**双叶旋转双曲面**，后者是**单叶旋转双曲面**.

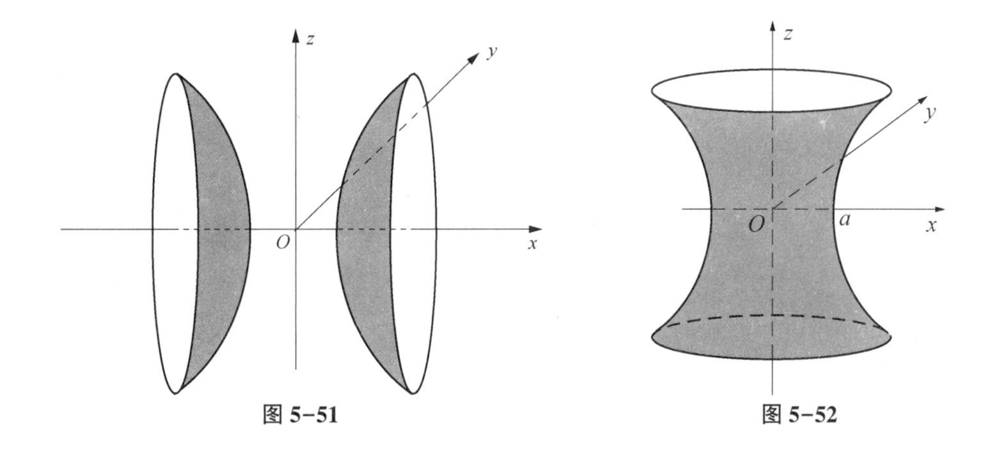


图 5-51　　　　图 5-52

## 三、柱面

平行于定直线并沿定曲线 $C$ 移动的直线 $L$ 形成的轨迹叫作**柱面**(见图 5-53). 其中定曲线 $C$ 称为柱面的**准线**, 动直线 $L$ 称为柱面的**母线**.

例如, 在平面解析几何中, 方程 $x^2+y^2=R^2$ 表示 $xOy$ 面上圆心在原点 $O$、半径为 $R$ 的圆. 在空间直角坐标系中, 这个方程不含竖坐标 $z$, 即无论空间点的竖坐标 $z$ 怎样, 只要它的横坐标 $x$ 和纵坐标 $y$ 能满足这个方程, 那么这些点就在这曲面上. 因此, 这个曲面可以看成由平行于 $z$ 轴的直线 $L$ 沿 $xOy$ 面上的圆 $x^2+y^2=R^2$ 移动而形成. 所以在空间解析几何中, $x^2+y^2=R^2$ 表示圆柱面(见图 5-54), 准线为 $xOy$ 平面上的一个圆, 母线是平行于 $z$ 轴的直线.

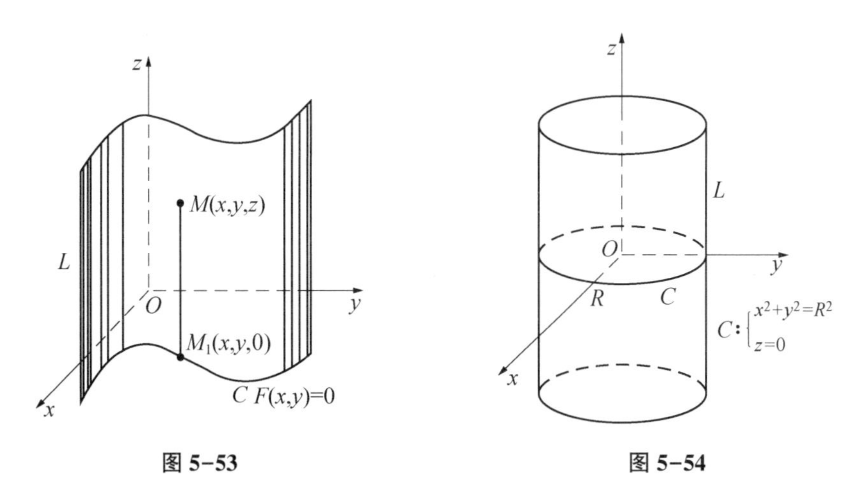


图 5-53　　　　图 5-54

一般地, 设有一柱面, 准线是 $xOy$ 面上的曲线 $C$:

$$\begin{cases}F(x,\ y)=0,\\ z=0,\end{cases}$$

其母线平行于 $z$ 轴. 点 $M(x,\ y,\ z)$ 是柱面上任意一点, 过点 $M$ 作平行于 $z$ 轴的直线, 交曲线 $C$ 于点 $M_1$. 显然点 $M_1$ 和 $M$ 有相同的横坐标和纵坐标(见图 5-53). 由于点 $M_1(x,\ y,\ 0)$ 在曲线上, 故它的坐标满足准线的方程, 即

$$F(x, y)=0. \tag{2}$$

又式(2)与 $z$ 无关，所以 $M(x, y, z)$ 的坐标也满足式(2)．此外，对于不在柱面上的点，它在 $xOy$ 面上的垂足不在曲线 $C$ 上，故其坐标不会满足式(2)．因此，式(2)就是母线平行于 $z$ 轴、准线为曲线 $C$ 的柱面方程.

类似地，母线平行于 $x$ 轴，准线为 $yOz$ 面上的曲线(见图 5-55)

$$\begin{cases} G(y, z)=0, \\ x=0, \end{cases}$$

其柱面方程为

$$G(y, z)=0.$$

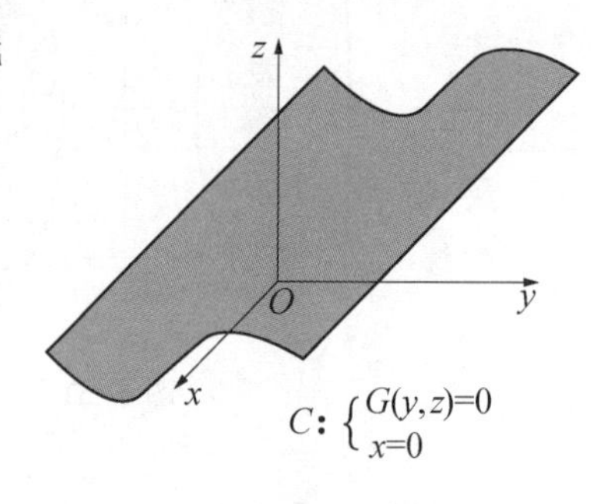


图 5-55

母线平行于 $y$ 轴，准线为 $zOx$ 面上的曲线

$$\begin{cases} H(x, z)=0, \\ y=0, \end{cases}$$

其柱面方程为

$$H(x, z)=0.$$

母线平行于坐标轴的柱面的特点：方程中一般只出现两个坐标元素，方程可以表示为 $F(x, y)=0$ 或 $G(y, z)=0$ 或 $H(x, z)=0$. 它们分别表示母线平行 $z$ 轴、$x$ 轴和 $y$ 轴的柱面，这些方程也称为三元不完全方程.

例如，方程 $\frac{x^2}{a^2}+\frac{y^2}{b^2}=1$ 表示母线平行于 $z$ 轴、准线为 $xOy$ 面上的椭圆的**椭圆柱面**(见图 5-56)；方程 $y^2=2px$ 表示母线平行于 $z$ 轴、准线为 $xOy$ 面上的抛物线的**抛物柱面**(见图 5-57)；方程 $-\frac{x^2}{a^2}+\frac{z^2}{b^2}=1$ 表示母线平行于 $y$ 轴、准线为 $zOx$ 面上的双曲线的**双曲柱面**(见图 5-58).

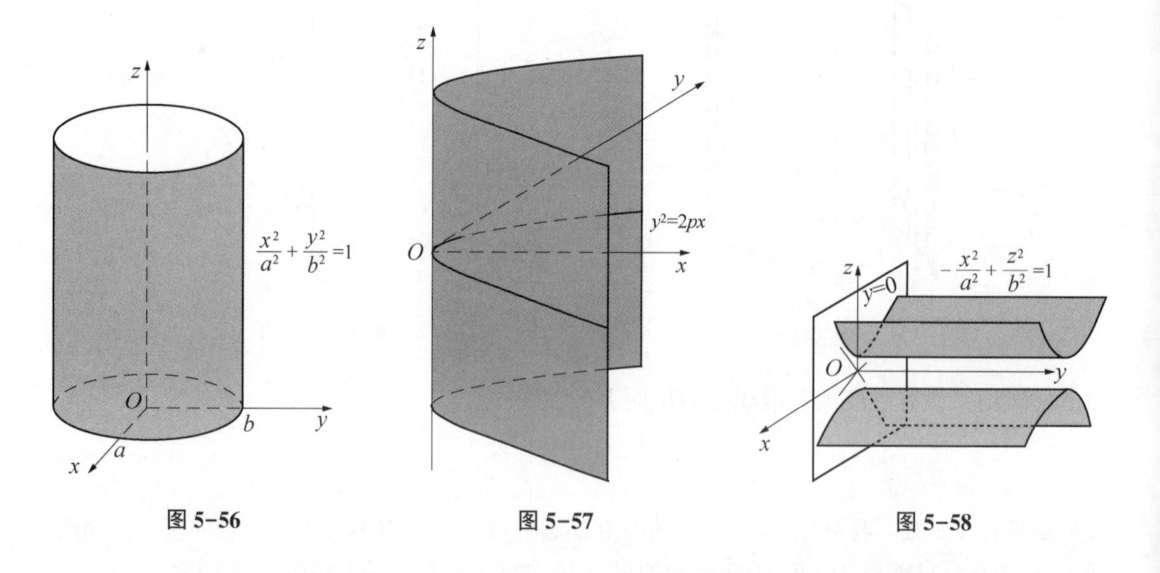


图 5-56　　图 5-57　　图 5-58

## 四、二次曲面

与平面解析几何中出现的二次曲线相类似，三元二次方程所表示的曲面就叫作**二次曲面**；相应地，三元一次方程所表示的曲面就叫作**一次曲面**(即平面).

常见的二次曲面包括椭球面、二次锥面、抛物面、双曲面等，适当地选取空间直角坐标系，就可得到它们的标准方程. 关于一般的三元方程 $F(x, y, z)=0$ 所表示的曲面的形状，已难以用描点法得到，我们可以用截痕法来研究它们的形状.

**1. 椭球面**

由方程

$$\frac{x^2}{a^2}+\frac{y^2}{b^2}+\frac{z^2}{c^2}=1 \tag{3}$$

确定的曲面称为**椭球面**. 当 $a=b=c$ 时即为球面 $x^2+y^2+z^2=a^2$. 当 $a,b,c$ 中有两个相等时，其图形为旋转椭球面. 由此可知，旋转椭球面是椭球面的特殊情形，而球面则是旋转椭球面的特殊情形.

由式(3)容易看到，椭球面关于坐标面、坐标轴、原点都对称，且

$$\frac{x^2}{a^2}\leqslant 1,\ \frac{y^2}{b^2}\leqslant 1,\ \frac{z^2}{c^2}\leqslant 1,$$

即

$$|x|\leqslant a,\ |y|\leqslant b,\ |z|\leqslant c.$$

这说明椭球面完全包含在 3 对平行平面 $x=\pm a$，$y=\pm b$，$z=\pm c$ 所围成的长方体中，$a,b,c$ 称为椭球面的**半轴**，原点称为椭球面的**中心**.

下面我们来讨论椭球面的形状.

首先，考察 3 个坐标面与椭球面的交线. 交线的方程分别为

$$\begin{cases}\dfrac{x^2}{a^2}+\dfrac{y^2}{b^2}=1,\\ z=0;\end{cases}\quad \begin{cases}\dfrac{x^2}{a^2}+\dfrac{z^2}{c^2}=1,\\ y=0;\end{cases}\quad \begin{cases}\dfrac{y^2}{b^2}+\dfrac{z^2}{c^2}=1,\\ x=0.\end{cases}$$

它们分别是 3 个坐标面上的椭圆.

其次，考察平行于坐标面的平面与椭球面的交线. 用平行于 $xOy$ 面的平面 $z=h\ (|h|\leqslant c)$ 去截椭球面(见图 5-59)，交线为

$$\begin{cases}\dfrac{x^2}{a^2}+\dfrac{y^2}{b^2}=1-\dfrac{h^2}{c^2},\\ z=h.\end{cases}$$

它是在平面 $z=h$ 上的一个椭圆. 当 $|h|$ 由 0 逐渐增大到 $c$ 时，椭圆逐渐由大变小，最后缩成一个点. 这些椭圆就形成了椭球面.

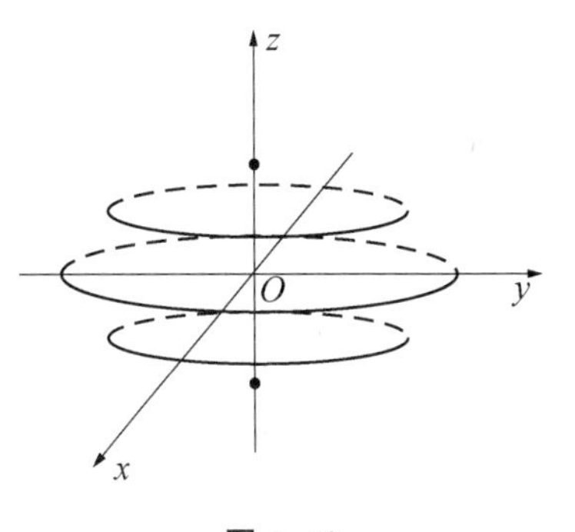


图 5-59

用平行于 $yOz$ 面的平面或平行于 $xOz$ 面的平面分别去截椭球面时，也有以上类似的结果(见图 5-60). 椭球面的形状如图 5-61 所示.

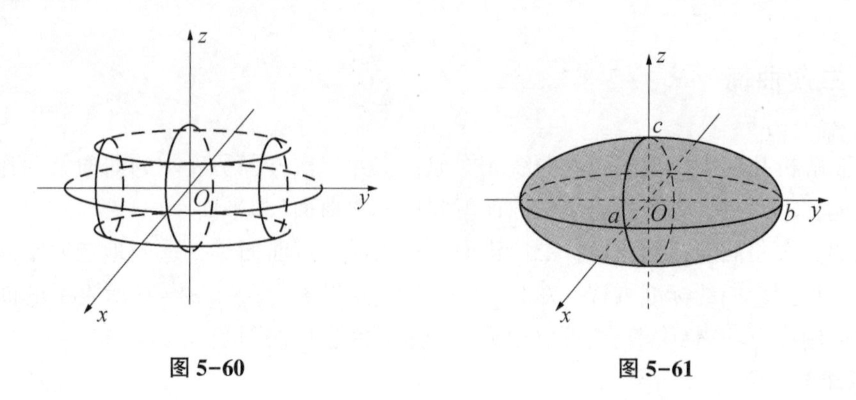


图 5-60　　　　图 5-61

这样获得曲面几何形状的方法就叫作**截痕法**.

**2. 二次锥面(椭圆锥面)**

由方程$\frac{x^2}{a^2}+\frac{y^2}{b^2}=z^2$ 或$\frac{x^2}{a^2}+\frac{z^2}{c^2}=y^2$ 或$\frac{y^2}{b^2}+\frac{z^2}{c^2}=x^2$ 所确定的曲面称为**二次锥面**(椭圆锥面).

考察$\frac{x^2}{a^2}+\frac{y^2}{b^2}=z^2$，以垂直于 $z$ 轴的平面 $z=t$ 截此曲面，当 $t=0$ 时得一点(0，0，0)；当 $t\neq0$ 时，得平面 $z=t$ 上的椭圆$\frac{x^2}{(at)^2}+\frac{y^2}{(bt)^2}=1$(截痕)，当 $t$ 变化时，上式表示一族长短轴比例不变的椭圆，当$|t|$从大到小并变为 0 时，这族椭圆从大到小并缩为一点，从这些截痕，我们可以得知椭圆锥面的形状(见图 5-62).

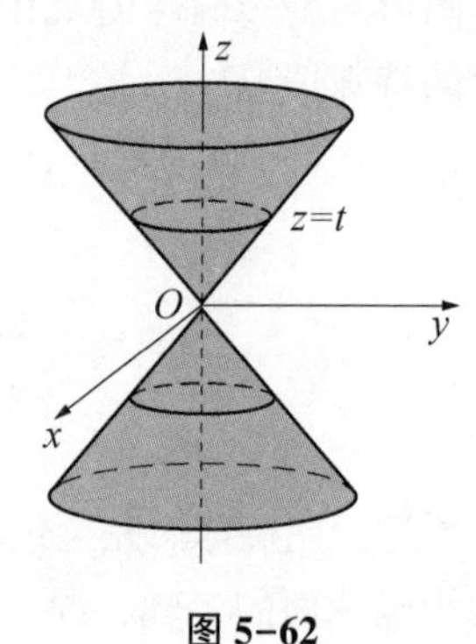


图 5-62

**3. 抛物面**

由方程$\frac{x^2}{2a}+\frac{y^2}{2b}=z(ab>0)$所确定的曲面称为**椭圆抛物面**.

由方程的表达式可知，椭圆抛物面关于 $xOz$ 面、$yOz$ 面及 $z$ 轴都对称. 当 $a>0$，$b>0$ 时，$z\geqslant0$，所以它在 $xOy$ 面的上方. 当 $a<0$，$b<0$ 时，$z\leqslant0$，所以它在 $xOy$ 面的下方. 此外，原点 $O$ 的坐标满足方程，原点叫作椭圆抛物面的**顶点**.

我们用截痕法来讨论当 $a>0$，$b>0$ 时椭圆抛物面的形状.

(1)用平行于 $xOy$ 面的平面 $z=h(h>0)$去截椭圆抛物面，交线为

$$\begin{cases}\frac{x^2}{2ah}+\frac{y^2}{2bh}=1,\\ z=h,\end{cases}$$

它是平面上的一个椭圆，当 $z$ 逐渐由小变大时，椭圆也逐渐由小变大，这些椭圆就形成了椭圆抛物面.

(2)椭圆抛物面与 $yOz$ 面及 $zOx$ 面的交线分别为

$$\begin{cases}y^2=2bz,\\ x=0,\end{cases}\quad\begin{cases}x^2=2az,\\ y=0,\end{cases}$$

它们分别是 $yOz$ 面及 $zOx$ 面上的抛物线.

(3)用平行于坐标面 $zOx(y=0)$的平面 $y=k$ 去截椭圆抛物面，交线为一抛物线：

$$\begin{cases}x^2=2a\left(z-\dfrac{k^2}{2b}\right),\\ y=k.\end{cases}$$

同样，用平行于坐标面 $yOz(x=0)$ 的平面 $x=d$ 去截椭圆抛物面，交线仍为一抛物线.

根据上述截痕，就可得到椭圆抛物面的图形(见图 5-63).

由方程$\dfrac{x^2}{2a}-\dfrac{y^2}{2b}=z(ab>0)$所确定的曲面称为**双曲抛物面**(马鞍面).

我们同样可以用截痕法来讨论双曲抛物面的形状，当 $a>0$，$b>0$ 时图形如图 5-64 所示.

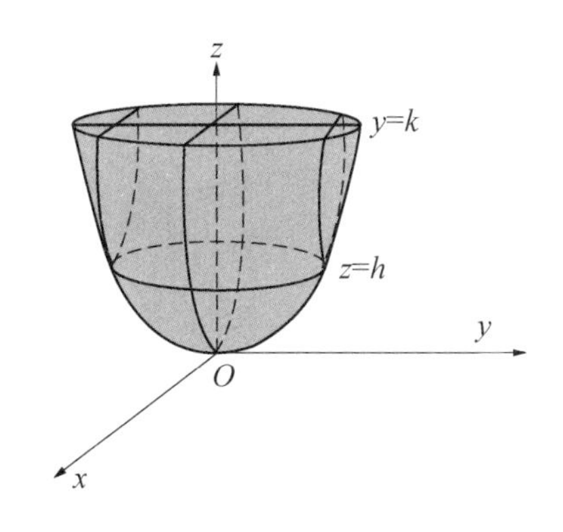


图 5-63

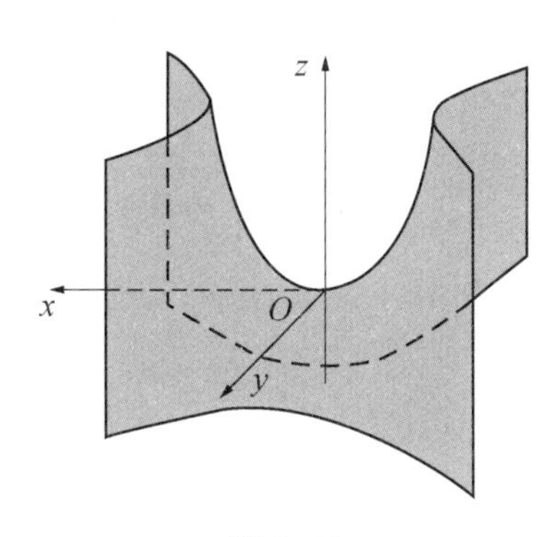


图 5-64

**4. 双曲面**

由方程$\dfrac{x^2}{a^2}+\dfrac{y^2}{b^2}-\dfrac{z^2}{c^2}=1$ 或$\dfrac{x^2}{a^2}-\dfrac{y^2}{b^2}+\dfrac{z^2}{c^2}=1$ 或$-\dfrac{x^2}{a^2}+\dfrac{y^2}{b^2}+\dfrac{z^2}{c^2}=1$ 确定的曲面称为**单叶双曲面**.

由方程$\dfrac{x^2}{a^2}+\dfrac{y^2}{b^2}-\dfrac{z^2}{c^2}=-1$ 或$\dfrac{x^2}{a^2}-\dfrac{y^2}{b^2}+\dfrac{z^2}{c^2}=-1$ 或$-\dfrac{x^2}{a^2}+\dfrac{y^2}{b^2}+\dfrac{z^2}{c^2}=-1$ 所确定的曲面称为**双叶双曲面**.

我们也可以通过截痕法获得它们的图形，请读者自行尝试.

## 五、空间曲线及其方程

### 1. 空间曲线的一般方程

空间曲线可看作两个相交曲面的交线，即若设两个相交曲面的方程分别是 $F(x,\ y,\ z)=0$ 和 $G(x,\ y,\ z)=0$，则

$$\begin{cases}F(x,\ y,\ z)=0,\\ G(x,\ y,\ z)=0\end{cases}$$

就表示其交线 $C$ 的方程(见图 5-65).

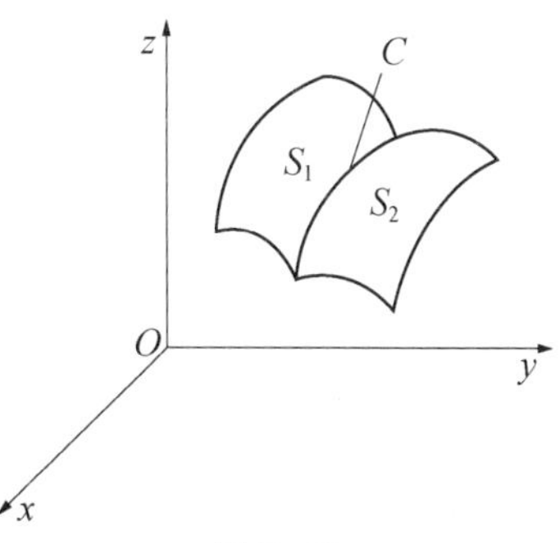


图 5-65

显然，曲线 $C$ 上的点的坐标一定同时满足两个曲面的方程：$F(x,\ y,\ z)=0$，$G(x,\ y,\ z)=0$. 反之，不是曲线 $C$ 上的点的坐标一定不能同时满足两曲面的方程.

$$\begin{cases}F(x, y, z)=0,\\ G(x, y, z)=0\end{cases}$$

就称为曲线 $C$ 的**一般方程**.

**例 7**　已知方程组$\begin{cases}x^2+y^2=1,\\ 2x+3z=6,\end{cases}$说出各方程及方程组所表示的图形的名称.

**解**　$x^2+y^2=1$ 表示母线平行于 $z$ 轴的圆柱面，$2x+3z=6$ 表示母线平行于 $y$ 轴的平面，方程组$\begin{cases}x^2+y^2=1,\\ 2x+3z=6\end{cases}$表示圆柱和平面的交线，为封闭曲线(见图 5-66).

**例 8**　已知方程组$\begin{cases}z=\sqrt{a^2-x^2-y^2},\\ \left(x-\dfrac{a}{2}\right)^2+y^2=\dfrac{a^2}{4},\end{cases}$说出各方程及方程组所表示的图形的名称.

**解**　$z=\sqrt{a^2-x^2-y^2}$ 表示上半球面，$\left(x-\dfrac{a}{2}\right)^2+y^2=\dfrac{a^2}{4}$ 表示圆柱面，上半球面与圆柱面的交线如图 5-67 中曲线 $C$ 所示.

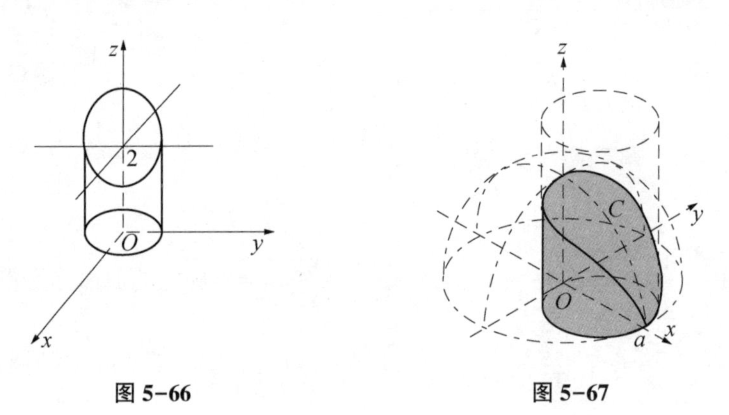


图 5-66　　　　图 5-67

**注**　表示空间一条曲线的方程并不唯一，即如曲线 $C$ 的方程可表示为$\begin{cases}F(x, y, z)=0,\\ G(x, y, z)=0,\end{cases}$也可用和它等价的任何两个方程所联列的方程组来替代它. 如 $Oz$ 轴所在直线可认为是平面 $x=0$ 与 $y=0$ 的交线，即$\begin{cases}x=0,\\ y=0,\end{cases}$也可认为是平面 $x+y=0$ 与 $x-y=0$ 的交线，即$\begin{cases}x+y=0,\\ x-y=0.\end{cases}$

**2. 空间曲线的参数方程**

如果说空间曲线作为两曲面的交线而形成一般方程，那么也可以将其看作空间点移动的轨迹而形成曲线的**参数方程**. 即有

$$\begin{cases}x=\varphi(t),\\ y=\psi(t),\\ z=\omega(t),\end{cases}$$

其中，$\varphi(t)$,$\psi(t)$,$\omega(t)$是连续的.

显然，随着 $t$ 的变化，$\varphi(t)$,$\psi(t)$,$\omega(t)$也在变化，而$(x, y, z)$对应的点 $M$ 的轨迹就形成曲线.

**例 9**　若空间一点 $M$ 在圆柱面 $x^2+y^2=a^2$ 上以角速度 $\omega$ 绕 $z$ 轴旋转，同时又以线速度 $v$ 沿平行于 $z$ 轴的正方向上升(其中 $\omega$ 和 $v$ 是常数)，则点 $M$ 构成的图形叫作**螺旋线**(见图 5-68). 试建立其参数方程.

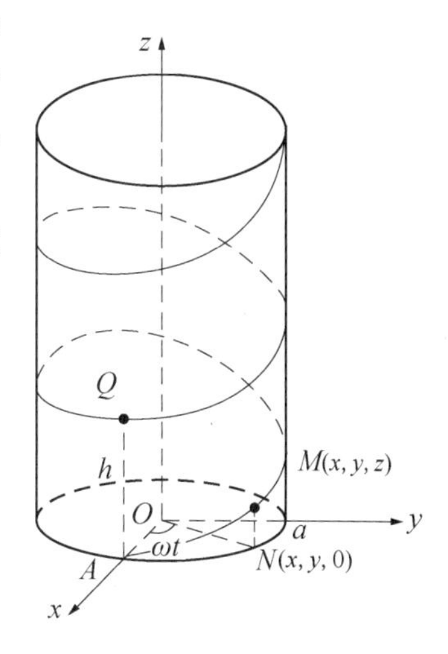


图 5-68

**解**　取时间 $t$ 为参数，动点从点 $A$ 出发，经过 $t$ 时间运动到点 $M(x, y, z)$.

$M$ 在 $xOy$ 面的投影为 $N(x, y, 0)$，由题意可知

$$\begin{cases} x=a\cos\omega t, \\ y=a\sin\omega t, \\ z=vt. \end{cases}$$

螺旋线的参数方程还可以写成

$$\begin{cases} x=a\cos\theta, \\ y=a\sin\theta, \\ z=b\theta. \end{cases}\left(\theta=\omega t,\ b=\frac{v}{\omega}\right)$$

螺旋线具有重要性质，即上升的高度与转过的角度成正比. 从而当 $\theta$ 从 $\theta_0$ 变化到 $\theta_0+\alpha$ 时，$z$ 的值由 $b\theta_0$ 变化到 $b\theta_0+b\alpha$，故当点 $M$ 转过角 $\alpha$ 时，点 $M$ 沿螺旋线上升了高度 $b\alpha$. 特别地，当 $\alpha=2\pi$ 时，点 $M$ 的高度 $h=2\pi b$，称为**螺距**.

## 六、空间曲线在坐标面上的投影

设空间曲线 $C$ 的方程为

$$\begin{cases} F(x, y, z)=0, \\ G(x, y, z)=0, \end{cases} \tag{4}$$

消去 $z$ 可得方程

$$H(x, y)=0. \tag{5}$$

如果点 $M(x, y, z)$ 满足式(4)，则其中的 $x$ 和 $y$ 必定满足式(5)，而式(5)表示一个母线平行于 $z$ 轴的柱面，因此曲线 $C$ 在柱面(5)上.

以曲线 $C$ 为准线，母线平行于 $z$ 轴(即垂直于 $xOy$ 面)的柱面叫作曲线 $C$ 关于 $xOy$ 面的**投影柱面**，而该投影柱面与 $xOy$ 面的交线叫作空间曲线 $C$ 在(坐标面) $xOy$ 面上的**投影曲线**(简称**投影**). 因此，曲线 $C$ 在 $xOy$ 面上的投影曲线为

$$\begin{cases} H(x, y)=0, \\ z=0. \end{cases}$$

同理，在式(4)中消去 $x$ 或 $y$，可得平行于 $x$ 轴或 $y$ 轴的投影柱面 $R(y, z)=0$ 或 $T(x, z)=0$，就得到相应的投影曲线为 $\begin{cases} R(y, z)=0, \\ x=0 \end{cases}$ 或 $\begin{cases} T(x, z)=0, \\ y=0. \end{cases}$

**例 10**　求曲线 $\begin{cases} x^2+y^2+z^2=1, \\ z=\dfrac{1}{2} \end{cases}$ 在各个坐标面上的投影曲线方程.

**解**　(1)消去变量 $z$ 后得 $x^2+y^2=\frac{3}{4}$，在 $xOy$ 面上的投影曲线方程为

$$\begin{cases}x^2+y^2=\frac{3}{4},\\z=0.\end{cases}$$

(2)因为曲线在平面 $z=\frac{1}{2}$上，所以在 $xOz$ 面上的投影曲线为线段：

$$\begin{cases}z=\frac{1}{2},\ |x|\leqslant\frac{\sqrt{3}}{2}.\\y=0,\end{cases}$$

(3)同理，在 $yOz$ 面上的投影曲线也为线段：

$$\begin{cases}z=\frac{1}{2},\ |y|\leqslant\frac{\sqrt{3}}{2}.\\x=0,\end{cases}$$

**例 11**　求抛物面 $y^2+z^2=x$ 与平面 $x+2y-z=0$ 的截线在 3 个坐标面上的投影曲线方程.

**解**　抛物线与平面的截线方程为$\begin{cases}y^2+z^2=x,\\x+2y-z=0.\end{cases}$

(1)消去变量 $z$ 得投影曲线方程为$\begin{cases}x^2+5y^2+4xy-x=0,\\z=0.\end{cases}$

(2)消去变量 $y$ 得投影曲线方程为$\begin{cases}x^2+5z^2-2xz-4x=0,\\y=0.\end{cases}$

(3)消去变量 $x$ 得投影曲线方程为$\begin{cases}y^2+z^2+2y-z=0,\\x=0.\end{cases}$

**例 12**　求上半球面 $z=\sqrt{4-x^2-y^2}$ 和锥面 $z=\sqrt{3(x^2+y^2)}$ 的交线在 $xOy$ 面上的投影曲线.

**解**　上半球面和锥面的交线为

$$C:\begin{cases}z=\sqrt{4-x^2-y^2},\\z=\sqrt{3(x^2+y^2)},\end{cases}$$

消去变量 $z$ 得投影柱面方程 $x^2+y^2=1$，则交线 $C$ 在 $xOy$ 面上的投影曲线方程为

$$\begin{cases}x^2+y^2=1,\\z=0.\end{cases}$$

[随堂测]

求椭圆抛物面 $2y^2+x^2=z$ 与抛物柱面 $2-x^2=z$ 的交线关于 $xOy$ 面的投影柱面方程和在 $xOy$ 面上的投影曲线方程.

扫码看答案

**[知识拓展]**

数学和我们的生活息息相关，二次曲面灵动的美不仅征服了数学人，也让建筑师们灵感突发，还让大众充分看见了数学，享受着数学.

北京银河 SOHO 商业中心：北京银河 SOHO 商业中心位于东二环朝阳门桥西南角. 这座融动的优美建筑群不但营造了流动和有机的内部空间，同时也在与此毗邻的东二环上形成了引人注目的地标性建筑景观. 设计的主题是借鉴中国院落的思想，创造一个内在世界.

哈尔滨大剧院：哈尔滨大剧院是哈尔滨标志性建筑，依水而建，与哈尔滨文化岛的定位和设计相一致，体现北国风光大地景观的设计概念. 外部围护结构为钢结构壳体，采用了异型双曲面的外形设计. 哈尔滨大剧院在 2016 年被评为世界最佳文化类建筑.

## 习题 5-4

1. 填空题.

(1) 球面 $2x^2+2y^2+2z^2-z=0$ 的球心为________________，半径为________________.

(2) 母线平行于 $y$ 轴，准线为 $\begin{cases} x^2+y^2+z^2=9, \\ y=1 \end{cases}$ 的柱面方程为________________.

(3) $yOz$ 面上的曲线 $2y^2+z=1$ 绕 $z$ 轴旋转一周所形成的曲面方程为______________.

(4) 曲线 $\begin{cases} x^2+y^2+z^2=25, \\ x^2+y^2=4 \end{cases}$ 在 $xOy$ 面上的投影柱面方程是__________________.

2. 已知球面的一条直径的两个端点是(2，-3，5)和(4，1，-3)，写出球面方程.

3. 方程 $x^2+y^2+z^2-2x+4y+2z=0$ 表示什么曲面？

4. 指出下列方程表示什么曲面，并画出它们的草图.

(1) $\left(x-\dfrac{a}{2}\right)^2+y^2=\left(\dfrac{a}{2}\right)^2$.　　(2) $y=2x^2$.

(3) $x^2-y^2=1$.　　(4) $\dfrac{x^2}{4}+\dfrac{y^2}{9}=1$.

(5) $x-y=0$.　　(6) $\dfrac{x^2}{4}+\dfrac{y^2}{9}+\dfrac{z^2}{25}=1$.

(7) $\dfrac{z}{3}=\dfrac{x^2}{4}+\dfrac{y^2}{9}$.　　(8) $4x^2+9y^2=-z$.

5. 把 $zOx$ 面上的抛物线 $z=x^2+1$ 绕 $z$ 轴旋转一周，求所形成的旋转曲面方程.

6. 把 $xOy$ 面上的直线 $x+y=1$ 绕 $y$ 轴旋转一周，求所形成的旋转曲面方程.

7. 把 $yOz$ 面上的双曲线 $y^2-z^2=1$ 分别绕 $z$ 轴及 $y$ 轴旋转一周，求所形成的旋转曲面方程.

8. 指出下列方程表示的曲面名称，如果是旋转曲面，说明它们是怎样形成的.

(1) $x^2+2y^2+3z^2=1$.　　(2) $2z=x^2+y^2$.

(3) $z=1-\sqrt{x^2+y^2}$.　　(4) $9x^2+y^2+z^2=36$.

(5) $x^2+y^2+z^2=2z$.　　　　(6) $z=2x^2$.

9. 指出下列方程组表示什么曲线.

(1) $\begin{cases}4x^2+9y^2+z^2=37,\\ z=1.\end{cases}$　　　　(2) $\begin{cases}z=x^2+y^2,\\ y=1.\end{cases}$

10. 化曲线的一般方程 $\begin{cases}x^2+(y-2)^2+(z+1)^2=8,\\ x=2\end{cases}$ 为参数方程.

11. 化曲线的参数方程 $\begin{cases}x=4\cos t,\\ y=3\sin t,\\ z=2\sin t\end{cases}$ 为一般方程.

12. 求曲线 $\begin{cases}2y^2+z^2+4x=4z,\\ y^2+3z^2-8x=12z\end{cases}$ 在 3 个坐标面上的投影.

13. 求曲线 $\begin{cases}x^2+y^2+z^2=3,\\ x^2+y^2=2z\end{cases}$ 在 $xOy$ 面上的投影.

14. 已知空间曲线(两球面的交线) $\begin{cases}x^2+y^2+z^2=1,\\ x^2+(y-1)^2+(z-1)^2=1,\end{cases}$ 求它在 $xOy$ 面上的投影曲线方程.

15. 求曲线 $\begin{cases}(x+2)^2-z^2=4,\\ (x-2)^2+y^2=4\end{cases}$ 在 $yOz$ 面上的投影.

16. 设一个立体，由上半球面 $z=\sqrt{4-x^2-y^2}$ 和上半锥面 $z=\sqrt{3(x^2+y^2)}$ 所围成，求它在 $xOy$ 面上的投影.

17. 证明曲线 $\begin{cases}4x-5y-10z-20=0,\\ \dfrac{x^2}{25}+\dfrac{y^2}{16}-\dfrac{z^2}{4}=1\end{cases}$ 是两条直线.

# 本章小结

| | |
|---|---|
| 向量及其性质 | 会 计算二阶、三阶行列式<br>理解 空间直角坐标系<br>理解 向量的概念及其表示<br>掌握 向量的运算(线性运算、数量积、向量积、混合积)<br>掌握 两个向量垂直、平行的条件<br>掌握 单位向量、方向余弦、向量的坐标表达式，以及用坐标表达式进行向量运算的方法 |
| 平面与直线 | 掌握 平面的方程及其求法<br>掌握 直线的方程及其求法<br>会 利用平面、直线的相互关系解决有关问题 |
| 曲面与曲线 | 理解 曲面方程的概念<br>了解 常用二次曲面的方程及其图形<br>了解 以坐标轴为旋转轴的旋转曲面<br>了解 母线平行于坐标轴的柱面方程<br>了解 空间曲线的参数方程和一般方程<br>了解 曲面的交线在坐标平面上的投影 |

# 拓展阅读

## 行列式发展历史

# 章节测试五

一、填空题.

1. 向量 $\boldsymbol{a}=(2,1,3)$，$\boldsymbol{b}=(1,-1,2)$，$\boldsymbol{c}=(3,1,-1)$，则 $(\boldsymbol{a}\cdot\boldsymbol{b})\boldsymbol{c}=$__________；$\boldsymbol{b}\times\boldsymbol{c}=$__________；

向量 $\boldsymbol{a}=(2,1,3)$ 在向量 $\boldsymbol{b}=(1,-1,2)$ 上的投影 $\mathrm{Prj}_{\boldsymbol{b}}\boldsymbol{a}=$__________；

与向量 $\boldsymbol{a},\boldsymbol{b}$ 都垂直且模长为 3 的向量为__________；

以上述向量 $\boldsymbol{a},\boldsymbol{b}$ 为相邻两边的平行四边形的面积为__________；

以上述向量 $\boldsymbol{a},\boldsymbol{b},\boldsymbol{c}$ 为相邻三边的平行六面体的体积为__________.

2. 直线 $\begin{cases}x+y-z=0,\\2x-z=1\end{cases}$ 的方向向量为__________；

两条空间直线 $\frac{x+1}{2}=y=\frac{z-1}{-1}$ 与 $\begin{cases}x+y-z=0,\\2x-z=1\end{cases}$ 的夹角为__________.

3. $xOy$ 平面上的曲线 $y=\mathrm{e}^x$ 绕 $x$ 轴旋转所得曲面方程为__________；绕 $y$ 轴旋转所得曲面方程为__________.

4. 曲线 $\begin{cases}z=2-x^2-y^2,\\z=(x-1)^2+(y-1)^2\end{cases}$ 在 $yOz$ 面上的投影曲线方程为__________.

二、解答题.

1. 求过点 $(1,-1,1)$ 和 $z$ 轴的平面方程.

2. 求过点 $(6,2,1)$ 且在 $y$ 轴和 $z$ 轴上的截距分别为 $-3$ 和 2 的平面方程.

3. 求过点 $(-1,2,1)$ 且与 $xOy$ 面垂直的直线方程.

4. 求过点 $(2,3,-8)$ 且与直线 $x=t+1$，$y=-t+1$，$z=2t+1$ 平行的直线方程.

5. 直线 $\frac{x}{3}=\frac{y}{m}=\frac{z}{7}$ 与平面 $3x-2y+lz-8=0$ 垂直，求 $m$ 和 $l$ 的值.

6. 求直线 $\frac{x-1}{1}=\frac{y+2}{2}=\frac{z-1}{1}$ 在平面 $x-y+z-2=0$ 上的投影直线方程.

三、设 $|\boldsymbol{a}|=\sqrt{3}$，$|\boldsymbol{b}|=1$，$(\widehat{\boldsymbol{a},\boldsymbol{b}})=\frac{\pi}{6}$，求向量 $\boldsymbol{a}+\boldsymbol{b}$ 与 $\boldsymbol{a}-\boldsymbol{b}$ 的夹角.

四、求直线 $x-2=y-3=\frac{z-4}{2}$ 与平面 $2x+y+z=6$ 的交点与夹角.

五、求过点 $Q(3,-1,3)$ 且含有直线 $\begin{cases}x=2+3t,\\y=-1+t,\\z=1+2t\end{cases}$ 的平面方程.

六、求过点 $(-1,0,4)$ 且平行于平面 $3x-4y+z-10=0$，又与直线 $\frac{x+1}{1}=\frac{y-3}{1}=\frac{z}{2}$ 相交的直线方程.

七、已知两直线 $L_1$：$\frac{x-1}{2}=\frac{y-2}{3}=\frac{z+3}{2}$ 和 $L_2$：$\frac{x-1}{1}=\frac{y+1}{2}=\frac{z}{2}$，求它们的公垂线.

# 第六章　多元函数微分学

## 第一节　多元函数的概念、极限与连续

［课前导读］

上册我们学习了一元函数微积分，所讨论的均是单变量函数，但在现实生活中，这样的情形是少数，而大量的情况往往是多变量的变化，即一个变量需要依赖于多个因素（多个变量），这种情况反映到数学上即为多元函数问题. 由此而来的是多元函数的微分和积分问题. 例如在一元函数中，如果$\lim\limits_{x\to x_0}f(x)=A$，当且仅当$\lim\limits_{x\to x_0^+}f(x)=\lim\limits_{x\to x_0^-}f(x)=A$，即当$x\to x_0$时$f(x)$的极限存在，只需要左极限和右极限同时存在且相等即可. 但对于多元函数来说，极限存在的要求更复杂. 本节将在一元函数的基础上，讨论多元函数的极限与连续，我们将以二元函数为主要讨论对象. 首先我们把直线上的邻域和区间的概念推广到平面区域上，然后再探讨平面区域上二元函数的极限和连续的概念.

### 一、平面上的集合

$\mathbf{R}^2=\mathbf{R}\times\mathbf{R}=\{(x, y)\mid x, y\in\mathbf{R}\}$表示$xOy$坐标平面，设$M_1(x_1, y_1)$与$M_2(x_2, y_2)$为$xOy$平面上的两点，则$d=\sqrt{(x_2-x_1)^2+(y_2-y_1)^2}$表示$M_1(x_1, y_1)$与$M_2(x_2, y_2)$的距离.

坐标平面上具有某种性质的点的集合，称为**平面点集**，记作

$$E=\{(x, y)\mid(x, y)\text{具有某种性质}\}.$$

**1. 邻域的概念**

设$P_0(x_0, y_0)$是$xOy$面上的一点，$\delta$是一个正数，$xOy$面上所有与点$P_0$的距离小于$\delta$的点的集合，称为点$P_0$的**$\delta$邻域**，即

$$U(P_0, \delta)=\{P\mid |P_0P|<\delta\},$$

或

$$U(P_0, \delta)=\{(x, y)\mid\sqrt{(x-x_0)^2+(y-y_0)^2}<\delta\}.$$

这是一个以$P_0$为圆心、以$\delta$为半径的圆的内部（见图 6-1），所以$P_0$又称为邻域的**中心**，$\delta$叫作邻域的**半径**；同样可以定义平面上的**去心邻域**，即

$$\mathring{U}(P_0, \delta)=\{(x, y)\mid 0<\sqrt{(x-x_0)^2+(y-y_0)^2}<\delta\}.$$

在讨论问题时，如果不强调邻域的半径，点$P_0$的邻域可以简记为$U(P_0)$.

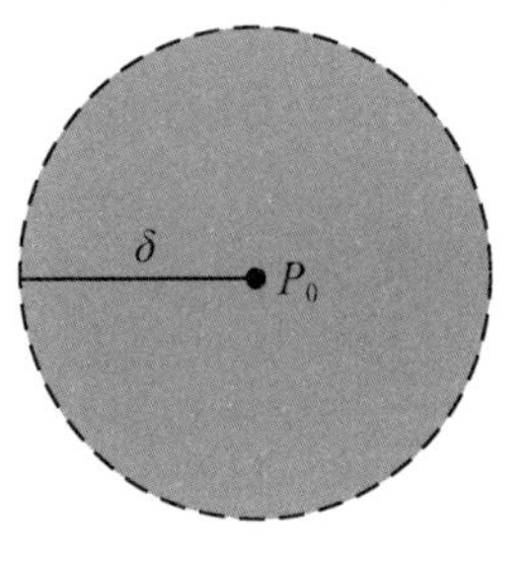


图 6-1

**2. 区域的概念**

设 $D$ 是平面上的点集，如果 $D$ 中的点满足下面两个条件，则称 $D$ 为**开区域**.

(1)对于 $D$ 中的任意一点 $P$，都能找到它的一个邻域(见图 6-2)，使该邻域能够包含在点集 $D$ 中(这样的点 $P$ 称为点集的内点).

(2)对于 $D$ 中的任意两点，都能用包含在 $D$ 中的折线连接起来，即折线上的点都在 $D$ 中(见图 6-3).

开区域简称**区域**.

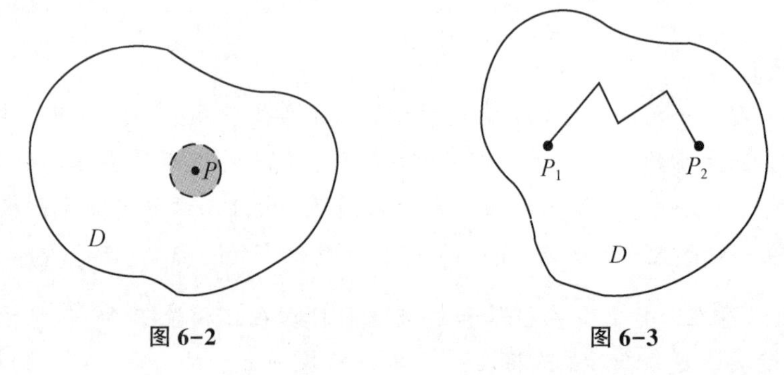


图 6-2　　　　图 6-3

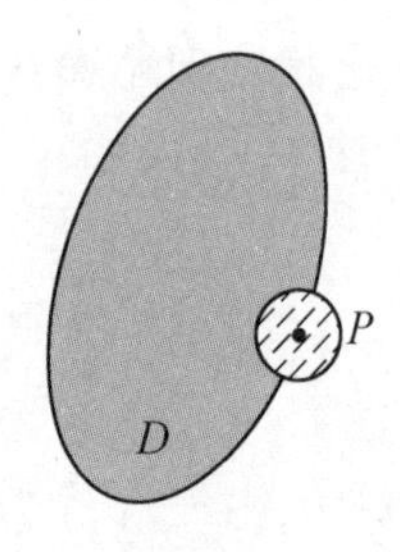


图 6-4

设 $D$ 是平面区域，$P$ 是平面上的任意一点. 若 $P$ 的任何一个邻域中，既含有 $D$ 中的点，也含有不是 $D$ 中的点，那么 $P$ 称为 $D$ 的**边界点**(见图 6-4)，所有边界点的集合称为 $D$ 的**边界**. 开区域和它的边界一起构成的集合，称为**闭区域**.

区域(或闭区域)分为**有界区域**和**无界区域**. 一个区域 $D$ 如果能够包含在一个以原点为中心的圆内，则称为有界区域，否则就是无界区域.

如图 6-5 所示，平面点集 $D=\{(x,\ y)\mid 1\leqslant x^2+y^2\leqslant 4\}$ 是一个有界的闭区域，边界是两个圆所对应的曲线：$\{(x,\ y)\mid x^2+y^2=1\}\cup\{(x,\ y)\mid x^2+y^2=4\}$，边界曲线属于闭区域 $D$.

图 6-6 中的平面点集 $D=\{(x,\ y)\mid x+y>0\}$ 是无界(开)区域. 边界是直线$y=-x$，边界不属于区域 $D$.

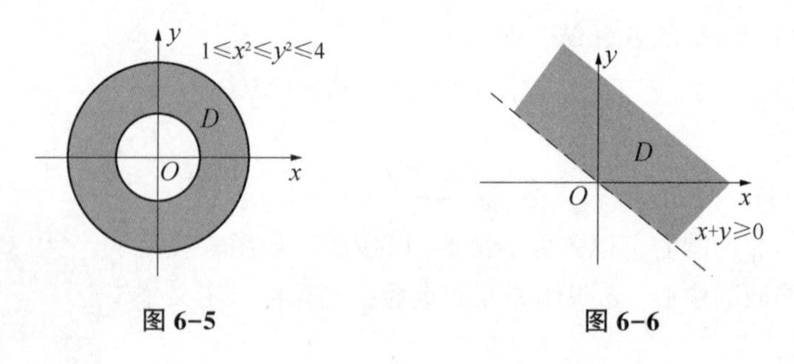


图 6-5　　　　图 6-6

## 二、二元函数的概念

和一元函数一样，二元函数也是从实际问题中抽象出来的一个数学概念. 例如，圆柱

体的体积 $V$ 和它的高 $h$ 及底面半径 $r$ 之间有如下的关系：

$$V=\pi r^2 h,$$

当 $r$ 和 $h$ 在集合 $\{(r, h) \mid r>0, h>0\}$ 内取值时，有唯一的 $V=\pi r^2 h$ 与之对应.

又例如，一定量的理想气体的压强 $P$、体积 $V$ 和温度 $T$ 之间有如下的关系：

$$P=\frac{RT}{V},$$

其中 $R$ 是常数. 当 $T$ 和 $V$ 在集合 $\{(T, V) \mid T>T_0, V>0\}$ 内取值时，有唯一的 $P=\frac{RT}{V}$ 与之对应.

上面两个实际问题的说明：在一定的条件下，当两个变量在允许的范围内取值时，另一个变量通过对应的法则有唯一的值与之对应. 由此我们得到了以下的二元函数的定义.

**定义 1** 设 $D$ 是平面上的一个非空点集，如果对于 $D$ 内的任一点 $(x, y)$，按照某种法则 $f$，都有唯一确定的实数 $z$ 与之对应，则称 $f$ 是 $D$ 上的**二元函数**，它在 $(x, y)$ 处的函数值记为 $f(x, y)$，即 $z=f(x, y)$，其中 $x$ 和 $y$ 称为**自变量**，$z$ 称为**因变量**. 点集 $D$ 称为该函数的**定义域**，数集 $\{z \mid z=f(x, y), (x, y)\in D\}$ 称为该函数的**值域**.

按照定义，在关系式 $V=\pi r^2 h$ 中，$V$ 是 $h$ 和 $r$ 的二元函数，集合 $\{(r, h) \mid r>0, h>0\}$ 称为该二元函数的定义域；在关系式 $P=\frac{RT}{V}$ 中，$P$ 是 $T$ 和 $V$ 的二元函数，集合 $\{(T, V) \mid T>T_0, V>0\}$ 称为该二元函数的定义域.

与一元函数一样，二元函数的定义域也可做以下约定：在一般讨论用算式表达的二元函数时，其定义域就是使这个算式有意义的自变量的变化范围. 如二元函数 $z=f(x, y)$，其定义域就是使 $f(x, y)$ 有确定值 $z$ 的自变量 $x$ 和 $y$ 的变化范围所确定的点集.

比如，函数 $z=\ln(x+y)$ 的定义域是满足不等式 $x+y>0$ 的点的全体，它是一个点集：$D=\{(x, y) \mid x+y>0\}$.

函数 $z=\arcsin(x^2+y^2)$ 的定义域为 $D=\{(x, y) \mid x^2+y^2\leqslant 1\}$.

**例 1** 求二元函数 $f(x, y)=\sqrt{3-x^2-y^2}$ 的定义域.

**解** 根据二次根式的定义，$x$ 和 $y$ 必须满足不等式 $3-x^2-y^2\geqslant 0$，即

$$x^2+y^2\leqslant 3.$$

所求的函数 $f(x, y)=\sqrt{3-x^2-y^2}$ 的定义域为平面点集：

$$D=\{(x, y) \mid x^2+y^2\leqslant 3\}.$$

这是平面上圆心在原点、半径为 $\sqrt{3}$ 的圆域.

**例 2** 求函数 $z=\ln(x^2+y^2-2x)+\ln(4-x^2-y^2)$ 的定义域.

**解** 由对数的定义域可知，$x$ 和 $y$ 必须同时满足 $\begin{cases} x^2+y^2-2x>0, \\ 4-x^2-y^2>0, \end{cases}$ 解这个方程组，即得 $2x<x^2+y^2<4$，从而函数的定义域为

$$D=\{(x, y) \mid 2x<x^2+y^2<4\}.$$

**例 3** 已知函数 $f(x+y, x-y)=\frac{x^2-y^2}{x^2+y^2}$，求 $f(x, y)$ 的表达式，并求 $f(2, 1)$ 的值.

**解**　设 $u=x+y$，$v=x-y$，则

$$x=\frac{u+v}{2},\ y=\frac{u-v}{2},$$

故得

$$f(u,\ v)=\frac{\left(\frac{u+v}{2}\right)^2-\left(\frac{u-v}{2}\right)^2}{\left(\frac{u+v}{2}\right)^2+\left(\frac{u-v}{2}\right)^2}=\frac{2uv}{u^2+v^2},$$

即有

$$f(x,\ y)=\frac{2xy}{x^2+y^2},$$

从而

$$f(2,\ 1)=\frac{4}{5}.$$

设函数 $z=f(x,\ y)$ 的定义域为 $D$，对于任意取定的点 $P(x,\ y)\in D$，对应的函数值为 $z=f(x,\ y)$，这样，以 $x$ 为横坐标、$y$ 为纵坐标、$z$ 为竖坐标在空间就确定一点 $M(x,\ y,\ z)$，当 $x$ 取遍 $D$ 上一切点时，得到一个空间点集 $\{(x,\ y,\ z)\mid z=f(x,\ y),\ (x,\ y)\in D\}$，这个点集称为**二元函数的图形**.

二元函数的图形是一张曲面，例如 $z=3x^2+4y^2$ 就是一个椭圆抛物面，$z=x^2+y^2$ 的图形为旋转抛物面，$z=\sqrt{a-x^2-y^2}$ 的图形为上半球面等.

类似地，可定义三元及三元以上函数. 当 $n\geqslant 2$ 时，$n$ 元函数统称为**多元函数**.

## 三、二元函数的极限

我们先回顾一下一元函数极限的定义.

设函数 $f(x)$ 在点 $a$ 的某一个去心邻域内(即点 $a$ 除外)有定义，若 $\forall\varepsilon>0$，$\exists\delta>0$，当 $0<|x-a|<\delta$ 时，恒有 $|f(x)-A|<\varepsilon$，则 $\lim\limits_{x\to a}f(x)=A$.

这里 $a$ 是数轴上的定点，$x$ 是数轴上的动点，$|x-a|$ 表示点 $x$ 与 $a$ 的距离，而 $0<|x-a|<\delta$ 表示 $\{x\mid x\in(a-\delta,\ a)\cup(a,\ a+\delta)\}$.

类似地，可建立二元函数的极限.

**定义 2**　设函数 $z=f(x,\ y)$ 的定义域为 $D$，$P_0(x_0,\ y_0)$ 是 $xOy$ 平面内的定点(见图 6-7). 若存在常数 $A$，$\forall\varepsilon>0$，$\exists\delta>0$，当点 $P(x,\ y)\in D\cap\mathring{U}(P_0,\ \delta)$ 时，恒有

$$|f(P)-A|=|f(x,\ y)-A|<\varepsilon,$$

则称常数 $A$ 为二元函数 $f(x,\ y)$ 当 $(x,\ y)\to(x_0,\ y_0)$ 时的**极限**，记作

$$\lim_{(x,y)\to(x_0,y_0)}f(x,\ y)=A$$

或

$$f(x,\ y)\to A,\ (x,\ y)\to(x_0,\ y_0),$$

也可记作

$$\lim_{P\to P_0}f(P)=A \text{ 或 } f(P)\to A(P\to P_0).$$

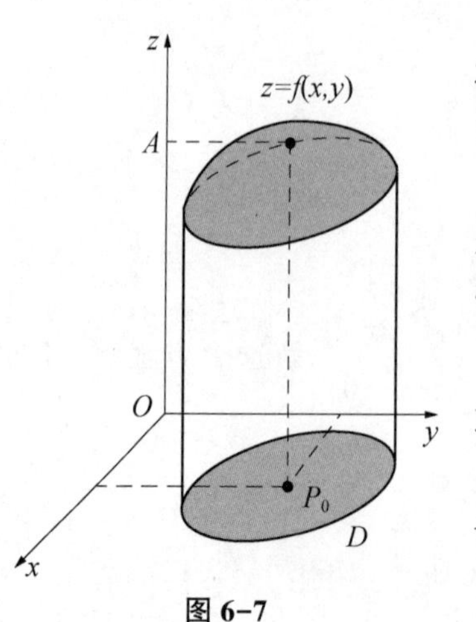

图 6-7

**例 4**　证明 $\lim\limits_{(x,y)\to(0,0)}\dfrac{x^2y}{x^2+y^2}=0.$

**证**　$\forall\varepsilon>0$，要使

$$\left|\frac{x^2y}{x^2+y^2}-0\right|=\left|\frac{x^2y}{x^2+y^2}\right|\leqslant\left|\frac{(x^2+y^2)\sqrt{x^2+y^2}}{x^2+y^2}\right|=\sqrt{x^2+y^2}<\varepsilon,$$

取 $\delta=\varepsilon$，当 $0<\sqrt{(x-0)^2+(y-0)^2}<\delta$ 时，恒有 $\left|\dfrac{x^2y}{x^2+y^2}-0\right|<\varepsilon$，故 $\lim\limits_{(x,y)\to(0,0)}\dfrac{x^2y}{x^2+y^2}=0.$

**注**　只有当 $P(x,\ y)$ 以任何的方式趋于点 $P_0(x_0,\ y_0)$ 时，对应的函数值 $z=f(x,\ y)$ 趋近于确定的常数 $A$，才能说 $f(x,\ y)$ 有极限，或者说极限的存在与自变量趋近的路径无关. 反之，如果点 $P(x,\ y)$ 沿着两条不同的路径趋于 $P_0(x_0,\ y_0)$ 时，函数值趋于不同的常数，那么函数的极限肯定不存在.

**例 5**　证明 $\lim\limits_{(x,y)\to(0,0)}\dfrac{xy}{x^2+y^2}$不存在.

二重极限存在与不存在举例

**证**　取 $y=kx$（$k$ 为常数），则

$$\lim_{(x,y)\to(0,0)}\frac{xy}{x^2+y^2}=\lim_{\substack{(x,y)\to(0,0)\\ y=kx}}\frac{x\cdot kx}{x^2+(kx)^2}=\frac{k}{1+k^2}.$$

易见函数极限的值随 $k$ 的变化而变化. 当 $k=0$ 时，极限值为 0；当 $k=1$ 时极限值为 $\dfrac{1}{2}$，故极限不存在.

二元函数的极限与一元函数的极限具有类似的性质和运算法则，在此不再详述. 为了区别于一元函数的极限，我们称二元函数的极限为**二重极限**.

**例 6**　求极限 $\lim\limits_{(x,y)\to(0,0)}(x^2+y^2)\sin\dfrac{1}{x^2+y^2}$.

**解**　令 $u=x^2+y^2$，当 $x\to0$，$y\to0$ 时，$u\to0$，则二元函数的二重极限就转化为一元函数的极限问题.

$$\lim_{(x,y)\to(0,0)}(x^2+y^2)\sin\frac{1}{x^2+y^2}=\lim_{u\to0}u\sin\frac{1}{u}=0.$$

这里利用了一元函数极限中，无穷小和有界量的乘积是无穷小的性质.

**例 7**　求极限 $\lim\limits_{(x,y)\to(0,0)}\dfrac{1-\cos(x^2+y^2)}{(x^2+y^2)^2}$.

**解**　$$\lim_{(x,y)\to(0,0)}\frac{1-\cos(x^2+y^2)}{(x^2+y^2)^2}=\lim_{(x,y)\to(0,0)}\frac{\frac{1}{2}(x^2+y^2)^2}{(x^2+y^2)^2}=\frac{1}{2}.$$

这里利用了一元函数极限中，等价无穷小替换的性质.

## 四、二元函数的连续性

**定义 3**　设二元函数 $z=f(x,\ y)$ 在点 $(x_0,\ y_0)$ 的某一邻域内有定义，$(x,\ y)$ 是邻域内任意一点，如果

$$\lim_{(x,y)\to(x_0,y_0)} f(x, y)=f(x_0, y_0),$$

则称 $z=f(x, y)$ 在点 $(x_0, y_0)$ 处**连续**. 若不然，就称函数 $z=f(x, y)$ 在点 $(x_0, y_0)$ 处不连续，此时 $(x_0, y_0)$ 称为函数 $z=f(x, y)$ 的**间断点**.

设函数 $f(x, y)$ 在 $D$ 上有定义，且在 $D$ 上每一点 $f(x, y)$ 都连续，那么就称函数 $f(x, y)$ 在 $D$ 上连续，或者称 $f(x, y)$ 是 $D$ 上的**连续函数**.

一元函数中关于极限的运算法则，对于多元函数仍然适用. 根据一元函数极限的运算法则，对于多元函数，有以下结论.

(1)多元连续函数的和、差、积仍为连续函数.

(2)多元连续函数的商在分母不为零时仍为连续函数.

(3)多元连续函数的复合函数仍为连续函数.

由常数及具有不同自变量的一元基本初等函数经过有限次的四则运算和复合步骤而得到的可用一个式子表示的函数称为**多元初等函数**.

一切多元初等函数在其定义区域内是连续的. 所谓定义区域是指包含在定义域内的区域或闭区域.

一般地，求 $\lim\limits_{P\to P_0} f(P)$ 时，如果 $f(P)$ 是初等函数，且 $P_0$ 是 $f(P)$ 的定义域的内点，则 $f(P)$ 在 $P_0$ 处连续，于是

$$\lim_{P\to P_0} f(P)=f(P_0).$$

**例 8**　求 $\lim\limits_{(x,y)\to(0,1)} \dfrac{e^x+y}{x+y}$.

**解**　因为初等函数 $f(x, y)=\dfrac{e^x+y}{x+y}$ 在 $(0, 1)$ 处连续，所以

$$\lim_{(x,y)\to(0,1)} \frac{e^x+y}{x+y}=\frac{e^0+1}{0+1}=2.$$

**例 9**　求 $\lim\limits_{(x,y)\to(0,1)} \left[\ln(y-x)+\dfrac{y}{\sqrt{1-x^2}}\right]$.

**解**　$\lim\limits_{(x,y)\to(0,1)} \left[\ln(y-x)+\dfrac{y}{\sqrt{1-x^2}}\right]=\left[\ln(1-0)+\dfrac{1}{\sqrt{1-0^2}}\right]=1.$

**例 10**　求 $\lim\limits_{(x,y)\to(0,0)} \dfrac{3-\sqrt{x^2+y^2+9}}{x^2+y^2}$.

**解**　当 $x\to0$，$y\to0$ 时，$x^2+y^2\to0$，故

$$\lim_{(x,y)\to(0,0)} \sqrt{x^2+y^2+9}=\sqrt{\lim_{(x,y)\to(0,0)} (x^2+y^2+9)}$$

$$=\sqrt{\lim_{(x,y)\to(0,0)} (x^2+y^2)+\lim_{(x,y)\to(0,0)} 9}=\sqrt{0+9}=3.$$

所以

$$\lim_{(x,y)\to(0,0)} \frac{3-\sqrt{x^2+y^2+9}}{x^2+y^2}=\lim_{(x,y)\to(0,0)} \frac{(3-\sqrt{x^2+y^2+9})(3+\sqrt{x^2+y^2+9})}{(x^2+y^2)(3+\sqrt{x^2+y^2+9})}$$

$$=\lim_{(x,y)\to(0,0)} \frac{-1}{3+\sqrt{x^2+y^2+9}}=-\frac{1}{6}.$$

另外，对于函数

$$f(x,\ y)=\begin{cases}\dfrac{xy}{x^2+y^2}, & (x,\ y)\neq(0,\ 0),\\ 0, & (x,\ y)=(0,\ 0),\end{cases}$$

由例 5 可知，当 $x\to0$，$y\to0$ 时，$f(x,\ y)$ 的极限不存在，故 $(0,\ 0)$ 是 $f(x,\ y)$ 的间断点.

又如 $f(x,\ y)=\dfrac{1}{x+y}$ 是初等函数，它在直线 $y=-x$ 上是没有定义的，所以函数 $f(x,\ y)$ 的间断点是平面上的点集 $\{(x,\ y)\mid x+y=0\}$.

与一元连续函数的性质相类似，在有界闭区域上连续的多元函数具有如下性质.

**性质 1（有界性与最大值最小值定理）**　若函数 $f(P)$ 在有界闭区域 $D$ 上连续，则 $f(P)$ 在 $D$ 上必有界，且能取得最大值和最小值.

**性质 2（介值定理）**　若函数 $f(P)$ 在有界闭区域 $D$ 上连续，则 $f(P)$ 必在 $D$ 上取得介于最大值和最小值之间的任何值.

**[随堂测]**

求极限 $\lim\limits_{\substack{x\to0\\y\to0}}\dfrac{\sin(x^2y)}{x^2+y^2}$.

扫码看答案

**[知识拓展]**

由于高维空间几何性质的复杂性，多元函数的极限求解较之一元函数复杂得多，是初学者的一个难点. 多元函数的极限包括重极限与累次极限. 累次极限相当于多次求解一元函数的极限，因而可以利用一元函数求解极限的方法加以求解；而重极限就是本节给出的极限定义. 重极限在多元函数微积分学中有重要作用，在学习过程中一定要注意一元函数极限和多元函数极限的联系与区别.

## 习题 6-1

1. 填空题.

(1) 设二元函数 $z=|xy|+\dfrac{y}{x}$，则 $z\left(-1,\ \dfrac{2}{3}\right)=$____________.

(2) 设二元函数 $f(x,\ y)=xy+\dfrac{x}{y}$，则 $f\left(\dfrac{1}{2},\ \dfrac{1}{3}\right)=$____________；$f(x+y,\ 1)=$____________.

(3) 设二元函数 $f(x,\ y)=x^2+y^2$，则 $f(\sqrt{xy},\ x+y)=$____________.

(4) 设 $f(x+y,\ x-y)=x^2-y^2$，则 $f(x,\ y)=$____________.

(5)设$f(x, y)=\dfrac{xy}{x^2+y^2}$，则$f\left(\dfrac{y}{x}, 1\right)=$__________.

(6)二元函数$z=\sqrt{4-x^2-y^2}+\dfrac{1}{\sqrt{x^2+y^2-1}}$的定义域是__________.

2. 求下列函数的定义域.

(1)$z=\ln(xy)$.

(2)$z=\arcsin(x+y)$.

(3)$z=\arcsin(1-y)+\ln(x-y)$.

(4)$z=\dfrac{\sqrt{y^2-x}}{x}$.

(5)$z=\dfrac{1}{\sqrt{x-y}}+\dfrac{1}{y}$.

(6)$z=\dfrac{\sqrt{4x-y^2}}{\ln(1-x^2-y^2)}$.

(7)$z=\dfrac{\arcsin y}{\sqrt{x}}$.

(8)$z=\ln(x+y-1)+\dfrac{1}{\sqrt{1-x^2-y^2}}$.

3. 求下列函数的极限.

(1)$\lim\limits_{(x,y)\to(0,0)}\dfrac{x^2+y^2}{\sqrt{1+x^2+y^2}-1}$.

(2)$\lim\limits_{(x,y)\to(1,1)}\dfrac{2x-y^2}{x^2+y^2}$.

(3)$\lim\limits_{(x,y)\to(0,0)}\dfrac{e^{xy}\sqrt{1+x+y}}{1+\cos^2(x^2+y^2)}$.

(4)$\lim\limits_{(x,y)\to(1,0)}\dfrac{\ln(x+e^y)}{x^2+y^2}$.

(5)$\lim\limits_{(x,y)\to(0,0)}y^2\ln(x^2+y^2)$.

(6)$\lim\limits_{(x,y)\to(0,0)}\dfrac{\sin(x^3+y^3)}{x^2+y^2}$.

4. 证明下列极限不存在.

(1)$\lim\limits_{(x,y)\to(0,0)}\dfrac{\sin(x-y)}{x+y}$.

(2)$\lim\limits_{(x,y)\to(0,0)}\dfrac{x^2}{x^2+y^2-x}$.

5. 讨论下列函数在点(0, 0)处的连续性.

(1)$f(x, y)=\begin{cases}\dfrac{x^3-y^3}{x^2+y^2}, & x^2+y^2\neq 0,\\ 0, & x^2+y^2=0.\end{cases}$

(2)$f(x, y)=\begin{cases}\dfrac{xy^2}{x^2+y^4}, & x^2+y^4\neq 0,\\ 0, & x^2+y^4=0.\end{cases}$

6. 判定下列函数在何处间断.

(1)$z=\dfrac{e^{x^2+y^2}}{x^2+y^2-1}$.

(2)$z=\dfrac{y^2+2x}{y^2-2x}$.

(3)$z=\dfrac{x+y}{y-2x^2}$.

(4)$z=\sin\dfrac{1}{x+y}$.

## 第二节　多元函数的偏导数与全微分

[课前导读]

在一元函数$y=f(x)$中，如果自变量$x$产生变化(由$x_0$变为$x_0+\Delta x$)，那么函数也会相

应地产生一个增量 $\Delta y=f(x_0+\Delta x)-f(x_0)$. 而函数关于自变量的变化率，即 $\lim\limits_{\Delta x\to 0}\frac{\Delta y}{\Delta x}$ 称为函数 $y$ 对自变量 $x$ 在 $x_0$ 处的导数. 在二元函数 $f(x, y)$ 中，当一个自变量在变化(如自变量 $x$ 由 $x_0$ 变为 $x_0+\Delta x$)，而另一个自变量不变化(自变量 $y$ 保持定值 $y_0$)时，函数关于这个自变量的变化率叫作这个二元函数对这个自变量在 $(x_0, y_0)$ 处的偏导数.

对一元函数来说，若 $\Delta y=A\Delta x+o(\Delta x)$，$A$ 为常数，则称 $f(x)$ 在 $x$ 处可微，其中 $A\Delta x$ 称为微分，记作 $\mathrm{d}y=A\Delta x$. $f(x)$ 在 $x$ 处可微的充要条件是 $f(x)$ 在 $x$ 处可导，且

$$\mathrm{d}y=f'(x)\Delta x=f'(x)\mathrm{d}x.$$

那么对二元函数来说，如何推广微分定义？对应的微分和导数是否能延续这样的关系？这都是这一节我们要解决的问题.

## 一、偏导数

一元函数从变化率的研究引入了以下导数的概念：

$$f'(x_0)=\left.\frac{\mathrm{d}y}{\mathrm{d}x}\right|_{x=x_0}=\lim_{\Delta x\to 0}\frac{\Delta y}{\Delta x}=\lim_{\Delta x\to 0}\frac{f(x_0+\Delta x)-f(x_0)}{\Delta x}.$$

它的几何意义是曲线 $y=f(x)$ 在点 $(x_0, f(x_0))$ 处切线的斜率为 $k=\tan\alpha=f'(x_0)$.

多元函数的自变量不止一个，因变量与自变量的关系要比一元函数复杂得多，因此我们首先考虑多元函数中关于其中一个变量的变化率. 以二元函数 $z=f(x, y)$ 为例，若只有自变量 $x$ 变化，而自变量 $y$ 不变(暂作常量)，这时就可看作为 $x$ 的一元函数了. 比如，理想气体状态方程 $P=k\frac{T}{V}$，其中 $T$ 和 $V$ 是两个变量，$k$ 是常量(比例系数). 有时需考虑在等温条件下($T$ 不变)压缩气体压强 $P$ 关于体积 $V$ 的变化率，或在等容条件下($V$ 不变)压缩气体压强 $P$ 关于温度 $T$ 的变化率，这些都是偏导数问题.

### 1. 偏导数的定义及其计算

**定义 1**　设函数 $z=f(x, y)$ 在点 $(x_0, y_0)$ 的某一邻域内有定义，当 $y$ 固定在 $y_0$，而 $x$ 在 $x_0$ 处有增量 $\Delta x$ 时，相应的函数有增量

$$f(x_0+\Delta x, y_0)-f(x_0, y_0).$$

如果 $\lim\limits_{\Delta x\to 0}\frac{f(x_0+\Delta x, y_0)-f(x_0, y_0)}{\Delta x}$ 存在，则称此极限为函数 $z=f(x, y)$ 在点 $(x_0, y_0)$ 处**对 $x$ 的偏导数**，记为

$$\left.\frac{\partial z}{\partial x}\right|_{\substack{x=x_0\\y=y_0}},\ \left.\frac{\partial f}{\partial x}\right|_{\substack{x=x_0\\y=y_0}},\ z_x\Big|_{\substack{x=x_0\\y=y_0}}\text{或}f_x(x_0, y_0).$$

例如，

$$f_x(x_0, y_0)=\lim_{\Delta x\to 0}\frac{f(x_0+\Delta x, y_0)-f(x_0, y_0)}{\Delta x}.$$

类似地，函数 $z=f(x, y)$ 在点 $(x_0, y_0)$ 处**对 $y$ 的偏导数**为

$$\lim_{\Delta y\to 0}\frac{f(x_0, y_0+\Delta y)-f(x_0, y_0)}{\Delta y},$$

记为

$$\left.\frac{\partial z}{\partial y}\right|_{\substack{x=x_0\\y=y_0}},\ \left.\frac{\partial f}{\partial y}\right|_{\substack{x=x_0\\y=y_0}},\ z_y\left|_{\substack{x=x_0\\y=y_0}}\right.\text{或} f_y(x_0,\ y_0).$$

二元函数偏导数的定义可以类推到三元及三元以上的函数.

如果函数 $z=f(x,\ y)$ 在区域 $D$ 内每一点处对 $x$ 的偏导数都存在，那么这个偏导数是 $x$ 和 $y$ 的二元函数，称为函数 $z=f(x,\ y)$ 对**自变量 $x$ 的偏导函数**，简称为**偏导数**，记作

$$\frac{\partial z}{\partial x},\ \frac{\partial f}{\partial x},\ z_x\ \text{或} f_x(x,\ y).$$

同样，函数 $z=f(x,\ y)$ 对**自变量 $y$ 的偏导数**记作

$$\frac{\partial z}{\partial y},\ \frac{\partial f}{\partial y},\ z_y\ \text{或} f_y(x,\ y).$$

上述定义表明，在求多元函数对某个自变量的偏导数时，只需把其余自变量看作常量，然后直接利用一元函数的求导公式及复合函数求导法则来计算.

**例 1**　设函数 $z=x^3+2x^2y^3+ye^x$，求$\dfrac{\partial z}{\partial x}$及$\dfrac{\partial z}{\partial y}$.

**解**　把 $y$ 看作常量，函数 $z$ 对自变量 $x$ 求导得到

$$\frac{\partial z}{\partial x}=3x^2+4xy^3+ye^x;$$

把 $x$ 看作常量，函数 $z$ 对自变量 $y$ 求导得到

$$\frac{\partial z}{\partial y}=6x^2y^2+e^x.$$

**例 2**　求 $z=f(x,\ y)=x^2+3xy+y^2$ 在点 $(1,\ 2)$ 处的偏导数.

**解**　把 $y$ 看作常量，函数 $z$ 对自变量 $x$ 求导得到

$$f_x(x,\ y)=2x+3y,$$

把 $x$ 看作常量，函数 $z$ 对自变量 $y$ 求导得到

$$f_y(x,\ y)=3x+2y,$$

把 $x=1$，$y=2$ 代入所求偏导数，得到该点的偏导数为

$$f_x(1,\ 2)=2\times1+3\times2=8,$$
$$f_y(1,\ 2)=3\times1+2\times2=7.$$

**例 3**　求函数 $z=x^y$ 的两个偏导数$\dfrac{\partial z}{\partial x}$及$\dfrac{\partial z}{\partial y}$.

**解**　把 $y$ 看成常量，则 $x^y$ 是 $x$ 的幂函数，由一元幂函数的求导公式，得

$$\frac{\partial z}{\partial x}=yx^{y-1};$$

把 $x$ 看成常量，则 $x^y$ 是 $y$ 的指数函数，由一元指数函数的求导公式，得

$$\frac{\partial z}{\partial y}=x^y\ln x.$$

**例 4**　设 $f(x,\ y)=(x-1)g(y)+(y-1)h(x)$，求 $f_x(1,\ 1)$.

**解**　由偏导数的定义可知，

$$f_x(1,\ 1)=\lim_{x\to 1}\frac{f(x,\ 1)-f(1,\ 1)}{x-1}=\lim_{x\to 1}\frac{(x-1)g(1)}{x-1}=g(1).$$

**注**　本题也可用以下方法处理.

先写出$f(x,\ 1)=(x-1)g(1)+(1-1)h(x)=(x-1)g(1)$；

再利用一元函数求导公式，函数对 $x$ 求导，得$f_x(x,\ 1)=g(1)$；

最后代入 $x=1$ 得$f_x(1,\ 1)=g(1)$.

**例 5**　求三元函数 $u=\sin(x+y^2-\mathrm{e}^z)$的偏导数.

**解**　把 $y$ 和 $z$ 看作常量，函数 $u$ 对自变量 $x$ 求导得

$$\frac{\partial u}{\partial x}=\cos(x+y^2-\mathrm{e}^z);$$

把 $x$ 和 $z$ 看作常量，函数 $u$ 对自变量 $y$ 求导得

$$\frac{\partial u}{\partial y}=2y\cos(x+y^2-\mathrm{e}^z);$$

把 $x$ 和 $y$ 看作常量，函数 $u$ 对自变量 $z$ 求导得

$$\frac{\partial u}{\partial z}=-\mathrm{e}^z\cos(x+y^2-\mathrm{e}^z).$$

**例 6**　已知一定量的理想气体的状态方程为 $PV=RT$($R$ 为常数)，证明：

$$\frac{\partial P}{\partial V}\cdot\frac{\partial V}{\partial T}\cdot\frac{\partial T}{\partial P}=-1.$$

**证**　$P=\dfrac{RT}{V}$，把 $T$ 看作常量，函数 $P$ 对自变量 $V$ 求导，得

$$\frac{\partial P}{\partial V}=-\frac{RT}{V^2}.$$

同理，$V=\dfrac{RT}{P}$，把 $P$ 看作常量，函数 $V$ 对自变量 $T$ 求导，得

$$\frac{\partial V}{\partial T}=\frac{R}{P}.$$

$T=\dfrac{PV}{R}$，把 $V$ 看作常量，函数 $T$ 对自变量 $P$ 求导，得

$$\frac{\partial T}{\partial P}=\frac{V}{R}.$$

所以

$$\frac{\partial P}{\partial V}\cdot\frac{\partial V}{\partial T}\cdot\frac{\partial T}{\partial P}=-\frac{RT}{V^2}\cdot\frac{R}{P}\cdot\frac{V}{R}=-\frac{RT}{PV}=-1.$$

关于多元函数的偏导数，补充以下几点说明.

(1)对一元函数而言，导数$\dfrac{\mathrm{d}y}{\mathrm{d}x}$可看作函数的微分 $\mathrm{d}y$ 与自变量的微分 $\mathrm{d}x$ 的商. 但偏导数的记号$\dfrac{\partial u}{\partial x}$是一个整体，是不可分割的.

(2)与一元函数类似，对于分段函数在分段点的偏导数要利用偏导数的定义来求.

(3)在一元函数微分学中，我们知道，如果函数在某点存在导数，则它在该点必定连续. 但对多元函数而言，即使函数在某点的各个偏导数都存在，也不能保证函数在该点连续.

例如，二元函数

$$f(x, y)=\begin{cases}\dfrac{xy}{x^2+y^2}, & (x, y)\neq(0, 0), \\ 0, & (x, y)=(0, 0),\end{cases}$$

在点(0, 0)的偏导数为

$$f_x(0, 0)=\lim_{\Delta x\to 0}\frac{f(0+\Delta x, 0)-f(0, 0)}{\Delta x}=\lim_{\Delta x\to 0}\frac{0}{\Delta x}=0,$$

$$f_y(0, 0)=\lim_{\Delta y\to 0}\frac{f(0, 0+\Delta y)-f(0, 0)}{\Delta y}=\lim_{\Delta y\to 0}\frac{0}{\Delta y}=0.$$

但从上节例题已经知道这个函数在点(0, 0)处不连续.

**2. 偏导数的几何意义**

设曲面的方程为 $z=f(x, y)$，$M_0(x_0, y_0, f(x_0, y_0))$是该曲面上一点，过点 $M_0$ 作平面 $y=y_0$，截此曲面得一条曲线，其方程为

$$\begin{cases}z=f(x, y_0), \\ y=y_0,\end{cases}$$

则偏导数 $f_x(x_0, y_0)$表示上述曲线在点 $M_0$ 处的切线 $M_0T_x$ 对 $x$ 轴正向的斜率(见图 6-8). 同理，偏导数 $f_y(x_0, y_0)$就是曲面被平面 $x=x_0$ 所截得的曲线在点 $M_0$ 处的切线 $M_0T_y$ 对 $y$ 轴正向的斜率(见图 6-9).

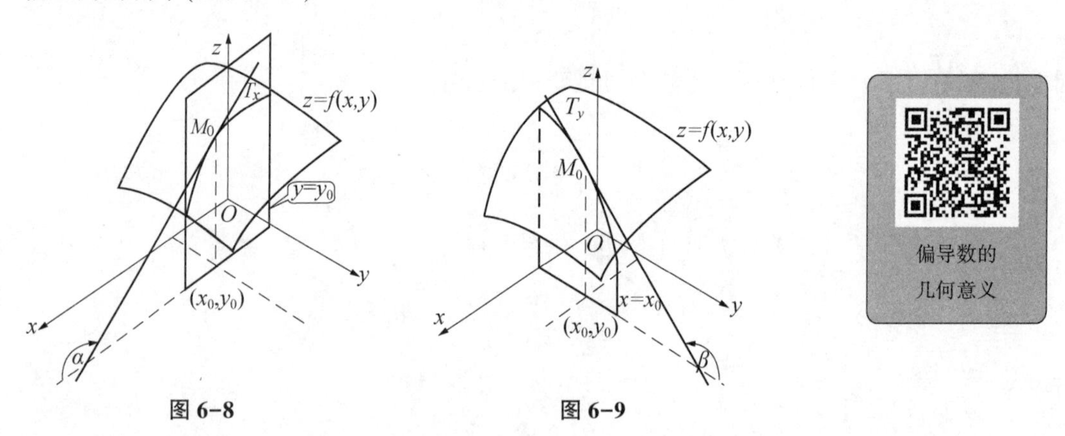


图 6-8　　图 6-9

**3. 高阶偏导数**

设函数 $z=f(x, y)$在区域 $D$ 内具有偏导数

$$\frac{\partial z}{\partial x}=f_x(x, y), \quad \frac{\partial z}{\partial y}=f_y(x, y),$$

则在 $D$ 内 $f_x(x, y)$和 $f_y(x, y)$都是 $x$ 和 $y$ 的函数. 如果这两个函数关于自变量 $x$ 和 $y$ 的偏导数存在，则称它们是函数 $z=f(x, y)$的**二阶偏导数**. 按照对变量求导次序的不同，共有下列 4 个二阶偏导数：

$$\frac{\partial}{\partial x}\left(\frac{\partial z}{\partial x}\right)=\frac{\partial^2 z}{\partial x^2}=f_{xx}(x,\ y),\quad \frac{\partial}{\partial y}\left(\frac{\partial z}{\partial x}\right)=\frac{\partial^2 z}{\partial x\partial y}=f_{xy}(x,\ y),$$

$$\frac{\partial}{\partial x}\left(\frac{\partial z}{\partial y}\right)=\frac{\partial^2 z}{\partial y\partial x}=f_{yx}(x,\ y),\quad \frac{\partial}{\partial y}\left(\frac{\partial z}{\partial y}\right)=\frac{\partial^2 z}{\partial y^2}=f_{yy}(x,\ y),$$

其中第二、第三两个偏导数称为**混合偏导数**.

类似地，可以定义三阶、四阶直至 $n(n\geqslant 5)$ 阶偏导数. 我们把二阶及二阶以上的偏导数统称为**高阶偏导数**.

**例 7**　设 $z=4x^3+3x^2y-3xy^2-x+y$，求

$$\frac{\partial^2 z}{\partial x^2},\ \frac{\partial^2 z}{\partial y\partial x},\ \frac{\partial^2 z}{\partial x\partial y},\ \frac{\partial^2 z}{\partial y^2},\ \frac{\partial^3 z}{\partial x^3}.$$

**解**　$\dfrac{\partial z}{\partial x}=12x^2+6xy-3y^2-1$,

$\dfrac{\partial z}{\partial y}=3x^2-6xy+1$;

$\dfrac{\partial^2 z}{\partial x^2}=24x+6y$，$\dfrac{\partial^3 z}{\partial x^3}=24$,

$\dfrac{\partial^2 z}{\partial y^2}=-6x$,

$\dfrac{\partial^2 z}{\partial x\partial y}=6x-6y$，$\dfrac{\partial^2 z}{\partial y\partial x}=6x-6y$.

**例 8**　求 $z=x\ln(x+y)$ 的 4 个二阶偏导数.

**解**　$\dfrac{\partial z}{\partial x}=\ln(x+y)+\dfrac{x}{x+y}$，$\dfrac{\partial z}{\partial y}=\dfrac{x}{x+y}$;

$\dfrac{\partial^2 z}{\partial x^2}=\dfrac{1}{x+y}+\dfrac{x+y-x}{(x+y)^2}=\dfrac{x+2y}{(x+y)^2}$，$\dfrac{\partial^2 z}{\partial y^2}=\dfrac{-x}{(x+y)^2}$,

$\dfrac{\partial^2 z}{\partial x\partial y}=\dfrac{1}{x+y}+\dfrac{-x}{(x+y)^2}=\dfrac{y}{(x+y)^2}$,

$\dfrac{\partial^2 z}{\partial y\partial x}=\dfrac{(x+y)-x}{(x+y)^2}=\dfrac{y}{(x+y)^2}$.

**例 9**　求函数 $z=x^y$ 的 4 个二阶偏导数.

**解**　$\dfrac{\partial z}{\partial x}=yx^{y-1}$，$\dfrac{\partial z}{\partial y}=x^y\ln x$;

$\dfrac{\partial^2 z}{\partial x^2}=\dfrac{\partial}{\partial x}\left(\dfrac{\partial z}{\partial x}\right)=y(y-1)x^{y-2}$，$\dfrac{\partial^2 z}{\partial y^2}=\dfrac{\partial}{\partial y}\left(\dfrac{\partial z}{\partial y}\right)=x^y\ln^2 x$,

$\dfrac{\partial^2 z}{\partial x\partial y}=\dfrac{\partial}{\partial y}\left(\dfrac{\partial z}{\partial x}\right)=x^{y-1}+yx^{y-1}\ln x=x^{y-1}(1+y\ln x)$,

$\dfrac{\partial^2 z}{\partial y\partial x}=\dfrac{\partial}{\partial x}\left(\dfrac{\partial z}{\partial y}\right)=yx^{y-1}\ln x+x^y\cdot\dfrac{1}{x}=x^{y-1}(1+y\ln x)$.

**例 10**　验证函数 $u(x,\ y)=\ln\sqrt{x^2+y^2}$ 满足方程

$$\frac{\partial^2 u}{\partial x^2}+\frac{\partial^2 u}{\partial y^2}=0.$$

**证**　因为 $\ln\sqrt{x^2+y^2}=\frac{1}{2}\ln(x^2+y^2)$，

所以

$$\frac{\partial u}{\partial x}=\frac{x}{x^2+y^2},\quad \frac{\partial u}{\partial y}=\frac{y}{x^2+y^2},$$

$$\frac{\partial^2 u}{\partial x^2}=\frac{(x^2+y^2)-x\cdot 2x}{(x^2+y^2)^2}=\frac{y^2-x^2}{(x^2+y^2)^2},$$

$$\frac{\partial^2 u}{\partial y^2}=\frac{(x^2+y^2)-y\cdot 2y}{(x^2+y^2)^2}=\frac{x^2-y^2}{(x^2+y^2)^2}.$$

从而

$$\frac{\partial^2 u}{\partial x^2}+\frac{\partial^2 u}{\partial y^2}=\frac{y^2-x^2}{(x^2+y^2)^2}+\frac{x^2-y^2}{(x^2+y^2)^2}=0.$$

**注**　方程 $\frac{\partial^2 u}{\partial x^2}+\frac{\partial^2 u}{\partial y^2}=0$ 称为**拉普拉斯方程**，它代表了数学物理方程中一类很重要的方程，若引入记号(算子) $\Delta=\frac{\partial^2}{\partial x^2}+\frac{\partial^2}{\partial y^2}$，则拉普拉斯方程可写成 $\Delta u=0$.

上述算子也称为**拉普拉斯算子**.

我们在例 7、例 8、例 9 中都看到 $\frac{\partial^2 z}{\partial x\partial y}=\frac{\partial^2 z}{\partial y\partial x}$，这不是偶然的. 事实上，有如下的定理.

**定理 1**　如果函数 $z=f(x,\ y)$ 的两个二阶混合偏导数 $\frac{\partial^2 z}{\partial y\partial x}$ 及 $\frac{\partial^2 z}{\partial x\partial y}$ 在区域 $D$ 内连续，则在该区域内有 $\frac{\partial^2 z}{\partial y\partial x}=\frac{\partial^2 z}{\partial x\partial y}$.

证明从略.

这就是说，连续的二阶混合偏导数与求导次序无关.

## 二、全微分

在实际问题中，经常遇到需考虑用 $\Delta x$ 和 $\Delta y$ 的线性函数来代替全增量 $\Delta z$ 的问题，即多元函数的线性逼近.

对于二元函数 $z=f(x,\ y)$，它对某个自变量的偏导数表示当其中一个自变量固定时，因变量对另一个自变量的变化率. 相应地，我们可以定义二元函数的偏增量和偏微分.

$\Delta_x z=f(x+\Delta x,\ y)-f(x,\ y)$ 和 $\Delta_y z=f(x,\ y+\Delta y)-f(x,\ y)$ 分别称为二元函数对变量 $x$ 与 $y$ 的**偏增量**. 固定自变量 $y$，若 $\Delta_x z=f(x+\Delta x,\ y)-f(x,\ y)=A\Delta x+o(\Delta x)$，当 $f_x(x,\ y)$ 存在时，则有 $A=f_x(x,\ y)$，$f_x(x,\ y)\Delta x$ 称为二元函数 $z=f(x,\ y)$ **关于 $x$ 的偏微分**. 同理，可以定义**关于 $y$ 的偏微分** $f_y(x,\ y)\Delta y$.

根据一元函数微分学中增量与微分的关系，当 $\Delta x$ 和 $\Delta y$ 足够小时，可得

$$f(x+\Delta x,\ y)-f(x,\ y)\approx f_x(x,\ y)\Delta x,$$

$$f(x,\ y+\Delta y)-f(x,\ y)\approx f_y(x,\ y)\Delta y.$$

在实际问题中，有时需要研究多元函数中各个自变量都取得增量时因变量所获得的增量，即所谓全增量的问题. 下面我们看一个具体的问题.

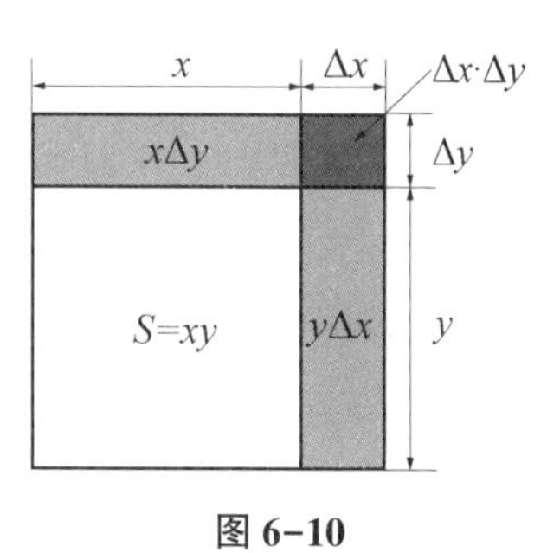

图 6-10

设矩形的长和宽分别为 $x$ 和 $y$，则此矩形的面积 $S=xy$. 若边长 $x$ 有增量 $\Delta x$，边长 $y$ 有增量 $\Delta y$（见图 6-10），则面积 $S$ 相应的增量为

$$\Delta S=(x+\Delta x)(y+\Delta y)-xy=y\Delta x+x\Delta y+\Delta x\cdot\Delta y.$$

可见，$\Delta S$ 包含两部分：第一部分是 $y\Delta x+x\Delta y$，它是关于 $\Delta x$ 和 $\Delta y$ 的一次式；第二部分是 $\Delta x\cdot\Delta y$，它是关于$\rho=\sqrt{(\Delta x)^2+(\Delta y)^2}$的高阶无穷小，即

$$0\leqslant\frac{|\Delta x\cdot\Delta y|}{\rho}=\frac{|\Delta x\cdot\Delta y|}{\sqrt{(\Delta x)^2+(\Delta y)^2}}\leqslant\frac{1}{2}\sqrt{(\Delta x)^2+(\Delta y)^2}\to 0.$$

于是 $\Delta S=y\Delta x+x\Delta y+o(\rho)$.

一般地，如果函数 $z=f(x,\ y)$ 在点 $P(x,\ y)$ 的某邻域内有定义，并设 $P'(x+\Delta x,\ y+\Delta y)$ 为这邻域内的任意一点，则称

$$f(x+\Delta x,\ y+\Delta y)-f(x,\ y)$$

为函数在点 $P$ 对应于自变量增量 $\Delta x$ 和 $\Delta y$ 的**全增量**，记为 $\Delta z$，即

$$\Delta z=f(x+\Delta x,\ y+\Delta y)-f(x,\ y).$$

一般来说，计算全增量比较复杂. 与一元函数的情形类似，我们也希望利用关于自变量增量 $\Delta x$ 和 $\Delta y$ 的线性函数来近似地代替函数的全增量 $\Delta z$，由此引入关于二元函数全微分的定义.

全微分的几何意义

**1. 全微分的定义**

**定义 2**　如果函数 $z=f(x,\ y)$ 在点 $(x,\ y)$ 的全增量

$$\Delta z=f(x+\Delta x,\ y+\Delta y)-f(x,\ y)$$

可以表示为

$$\Delta z=A\Delta x+B\Delta y+o(\rho),$$

其中 $A$ 和 $B$ 不依赖于 $\Delta x$ 与 $\Delta y$，而仅与 $x$ 和 $y$ 有关，$\rho=\sqrt{(\Delta x)^2+(\Delta y)^2}$，则称函数 $z=f(x,\ y)$ 在点 $(x,\ y)$ **可微分**，$A\Delta x+B\Delta y$ 称为函数 $z=f(x,\ y)$ 在点 $(x,\ y)$ 的**全微分**，记为 $\mathrm{d}z$，即

$$\mathrm{d}z=A\Delta x+B\Delta y.$$

若函数在区域 $D$ 内各点处可微分，则称这函数在 $D$ 内可微分.

由全微分的定义可知，矩形面积 $S=xy$ 在 $(x,\ y)$ 处的全微分 $\mathrm{d}S=y\Delta x+x\Delta y$.

**2. 函数可微的条件**

在学习一元函数的微分时，我们得到这样的结论：如果函数在某一点可微，则在该点处必连续，且在该点处可导.

二元函数也有类似的性质，如下面定理所述.

**定理 2（必要条件）**　如果函数 $z=f(x,\ y)$ 在点 $(x,\ y)$ 处可微分，则

(1)函数 $z=f(x, y)$ 在点 $(x, y)$ 连续；

(2)函数 $z=f(x, y)$ 的两个偏导数 $\frac{\partial z}{\partial x}$ 和 $\frac{\partial z}{\partial y}$ 都存在，且 $z=f(x, y)$ 在点 $(x, y)$ 处的全微分为

$$dz=\frac{\partial z}{\partial x}\Delta x+\frac{\partial z}{\partial y}\Delta y.$$

**证**　(1)设函数 $z=f(x, y)$ 在点 $(x, y)$ 处可微分，则有

$$\Delta z=A\Delta x+B\Delta y+o(\rho),$$

于是

$$\lim_{(\Delta x,\Delta y)\to(0,0)}\Delta z=0,$$

即

$$\lim_{(\Delta x,\Delta y)\to(0,0)}f(x+\Delta x, y+\Delta y)=f(x, y),$$

因此函数 $z=f(x, y)$ 在点 $(x, y)$ 处连续.

(2)设函数 $z=f(x, y)$ 在点 $(x, y)$ 处可微分，则有

$$f(x+\Delta x, y+\Delta y)-f(x, y)=A\Delta x+B\Delta y+o(\rho).$$

在上式中令 $\Delta y=0$，得

$$f(x+\Delta x, y)-f(x, y)=A\Delta x+o(|\Delta x|).$$

两边同除以 $\Delta x$，再令 $\Delta x\to 0$，得

$$\lim_{\Delta x\to 0}\frac{f(x+\Delta x, y)-f(x, y)}{\Delta x}=A+\lim_{\Delta x\to 0}\frac{o(|\Delta x|)}{\Delta x}=A.$$

所以 $\frac{\partial z}{\partial x}$ 存在，且 $\frac{\partial z}{\partial x}=A$.

同理可证 $\frac{\partial z}{\partial y}$ 存在，且 $\frac{\partial z}{\partial y}=B$.

因此 $dz=\frac{\partial z}{\partial x}\Delta x+\frac{\partial z}{\partial y}\Delta y$.

但是，两个偏导数 $\frac{\partial z}{\partial x}$ 和 $\frac{\partial z}{\partial y}$ 存在，并不能保证函数 $z=f(x, y)$ 在 $(x, y)$ 处可微分. 例如，在前面我们已经求得，函数

$$f(x, y)=\begin{cases}\frac{xy}{x^2+y^2}, & (x, y)\neq(0, 0),\\ 0, & (x, y)=(0, 0)\end{cases}$$

在 $(0, 0)$ 处的两个偏导数 $f_x(0, 0)$ 和 $f_y(0, 0)$ 存在，而它在点 $(0, 0)$ 处不连续，所以在点 $(0, 0)$ 处不可微.

我们知道，一元函数在某点可导是在该点可微的充分必要条件. 但对于多元函数则不然. 二元函数的各偏导数存在只是全微分存在的必要条件而不是充分条件.

由此可见，对多元函数而言，偏导数存在并不一定可微分. 因为函数的偏导数仅描述了函数在一点处沿坐标轴的变化率，而全微分描述了函数在该点处沿各个方向的变化情况. 但如果对偏导数再加些条件，就可以保证函数的可微性.

**定理 3(充分条件)**　如果函数 $z=f(x, y)$ 的偏导数 $\frac{\partial z}{\partial x}$ 和 $\frac{\partial z}{\partial y}$ 在点 $(x, y)$ 存在且连续，则函数在该点处可微分.

证明从略.

**3. 全微分的计算**

习惯上，常将自变量的增量 $\Delta x$ 和 $\Delta y$ 分别记为 $\mathrm{d}x$ 和 $\mathrm{d}y$，并分别称为自变量 $x$ 和 $y$ 的微分. 这样，函数 $z=f(x, y)$ 的全微分就表示为

$$\mathrm{d}z=\frac{\partial z}{\partial x}\mathrm{d}x+\frac{\partial z}{\partial y}\mathrm{d}y.$$

上述关于二元函数全微分的必要条件和充分条件，可以完全类似地推广到三元及三元以上的多元函数中去. 例如，三元函数 $u=f(x, y, z)$ 的全微分可表示为

$$\mathrm{d}u=\frac{\partial u}{\partial x}\mathrm{d}x+\frac{\partial u}{\partial y}\mathrm{d}y+\frac{\partial u}{\partial z}\mathrm{d}z.$$

**例 11**　求函数 $z=4xy^3+5x^2y^6$ 的全微分.

**解**　因为 $\frac{\partial z}{\partial x}=4y^3+10xy^6$，$\frac{\partial z}{\partial y}=12xy^2+30x^2y^5$，且连续，所以

$$\mathrm{d}z=(4y^3+10xy^6)\mathrm{d}x+(12xy^2+30x^2y^5)\mathrm{d}y.$$

**例 12**　计算函数 $z=x^y$ 在点 $(2, 1)$ 处的全微分.

**解**　因为 $f_x(x, y)=yx^{y-1}$，$f_y(x, y)=x^y\ln x$，所以

$$f_x(2, 1)=1,\ f_y(2, 1)=2\ln 2,$$

从而所求全微分为

$$\mathrm{d}z=\mathrm{d}x+2\ln 2\mathrm{d}y.$$

**例 13**　求函数 $u=x+\sin\frac{y}{2}+\mathrm{e}^{yz}$ 的全微分.

**解**　由于

$$\frac{\partial u}{\partial x}=1,$$

$$\frac{\partial u}{\partial y}=\frac{1}{2}\cos\frac{y}{2}+z\mathrm{e}^{yz},$$

$$\frac{\partial u}{\partial z}=y\mathrm{e}^{yz},$$

3 个偏导数均连续，故所求全微分为

$$\mathrm{d}u=\mathrm{d}x+\left(\frac{1}{2}\cos\frac{y}{2}+z\mathrm{e}^{yz}\right)\mathrm{d}y+y\mathrm{e}^{yz}\mathrm{d}z.$$

**例 14**　求函数 $u=x^{y^z}(x>0, y>0)$ 的偏导数和全微分.

**解**　$\frac{\partial u}{\partial x}=y^z\cdot x^{y^z-1}=\frac{y^z}{x}\cdot x^{y^z}$,

$$\frac{\partial u}{\partial y}=x^{y^z}\cdot z\cdot y^{z-1}\cdot\ln x=\frac{z\cdot y^z\ln x}{y}\cdot x^{y^z},$$

$$\frac{\partial u}{\partial z}=x^{y^z}\cdot\ln x\cdot y^z\cdot\ln y=x^{y^z}\cdot y^z\cdot\ln x\cdot\ln y,$$

3个偏导数在各自定义域内均连续，故

$$du=\frac{\partial u}{\partial x}dx+\frac{\partial u}{\partial y}dy+\frac{\partial u}{\partial z}dz=x^{y^z}\left(\frac{y^z}{x}dx+z\cdot\frac{y^z\ln x}{y}dy+y^z\cdot\ln x\cdot\ln y dz\right).$$

***4. 全微分在近似计算中的应用**

设二元函数 $z=f(x,y)$ 在点 $P(x,y)$ 的两个偏导数 $f_x(x,y)$ 和 $f_y(x,y)$ 连续，且 $|\Delta x|$ 和 $|\Delta y|$ 都较小，则根据全微分定义，有

$$\Delta z\approx dz,$$

即

$$\Delta z\approx f_x(x,y)\Delta x+f_y(x,y)\Delta y.$$

由 $\Delta z=f(x+\Delta x,y+\Delta y)-f(x,y)$，即可得到二元函数的全微分近似计算公式：

$$f(x+\Delta x,y+\Delta y)\approx f(x,y)+f_x(x,y)\Delta x+f_y(x,y)\Delta y.$$

**例 15**　计算 $(1.04)^{2.02}$ 的近似值.

**解**　设函数 $f(x,y)=x^y$，$x=1$，$y=2$，$\Delta x=0.04$，$\Delta y=0.02$.

$$f(1,2)=1,\ f_x(x,y)=yx^{y-1},\ f_y(x,y)=x^y\ln x,\ f_x(1,2)=2,\ f_y(1,2)=0,$$

由二元函数全微分近似计算公式得

$$(1.04)^{2.02}\approx 1+2\times 0.04+0\times 0.02=1.08.$$

**例 16**　当 $x$ 和 $y$ 的绝对值很小时，推出函数 $(1+x)^m(1+y)^n$ 的近似公式.

**解**　取 $f(x,y)=x^my^n$，$(x_0,y_0)=(1,1)$，则由近似公式

$$f(x_0+\Delta x,y_0+\Delta y)\approx f(x_0,y_0)+f_x(x_0,y_0)\Delta x+f_y(x_0,y_0)\Delta y$$

得

$$(1+\Delta x)^m(1+\Delta y)^n\approx 1+m\Delta x+n\Delta y.$$

因此，当 $x$ 和 $y$ 的绝对值很小时，有

$$(1+x)^m(1+y)^n\approx 1+mx+ny.$$

**例 17**　测得矩形盒的边长为 75cm、60cm、40cm，且可能的最大测量误差为 0.2cm. 试用全微分估计利用这些测量值计算盒子体积时可能带来的最大误差.

**解**　以 $x,y,z$ 为边长的矩形盒的体积为 $V=xyz$，所以

$$dV=\frac{\partial V}{\partial x}dx+\frac{\partial V}{\partial y}dy+\frac{\partial V}{\partial z}dz=yzdx+xzdy+xydz.$$

由于已知 $|\Delta x|\leqslant 0.2$，$|\Delta y|\leqslant 0.2$，$|\Delta z|\leqslant 0.2$，为了求体积的最大误差，取 $dx=dy=dz=0.2$，再结合 $x=75$，$y=60$，$z=40$，得

$$\Delta V\approx dV=60\times 40\times 0.2+75\times 40\times 0.2+75\times 60\times 0.2=1980,$$

即每边仅 0.2cm 的误差可以导致体积的计算误差最大达到 $1980\text{cm}^3$.

[随堂测]

设 $f(x,y)=\begin{cases}\dfrac{x^3}{x^2+y^2}, & x^2+y^2\neq 0,\\ 0, & x^2+y^2=0.\end{cases}$

(1) 求 $f_x(x,y)$ 和 $f_y(x,y)$.

(2) 证明：函数 $f(x,y)$ 在点 $(0,0)$ 处连续.

扫码看答案

**[知识拓展]**

在一元函数微分学中，函数在一点可微是可导的充分必要条件，可导是在该点连续的充分非必要条件；而在多元函数中，函数在一点可微(全微分存在)是可导(偏导数存在)的充分非必要条件，而可导是在该点连续的无关条件. 在学习过程中一定要注意知识点之间的关系，善于类比，找出差异，才能更好地运用理论知识去解决实际问题.

## 习题 6-2

1. 选择题.

(1)以下二元函数的性质中，(　　)是其他的充分条件.

A. 连续　　B. 偏导数存在　　C. 可微　　D. 偏导数连续

(2)若函数 $z=f(x, y)$ 在点 $P_0(x_0, y_0)$ 处两个偏导数 $\frac{\partial z}{\partial x}$ 和 $\frac{\partial z}{\partial y}$ 存在，则在 $P_0$ 处(　　).

A. 连续　　B. 可微　　C. 不一定连续　　D. 一定不连续

(3)设 $z=x^y$，则 $\left.\frac{\partial z}{\partial y}\right|_{(e,1)}=$(　　).

A. 1　　B. e　　C. 0　　D. $\frac{1}{e}$

(4)设 $z=\ln\frac{x}{y}$，则 $\frac{\partial z}{\partial x}=$(　　).

A. $\frac{y}{x}$　　B. $\frac{1}{x}$　　C. $\frac{1}{x}-\frac{1}{y}$　　D. $\frac{1}{y}$

(5)设 $z=e^{xy}$，则 $dz=$(　　).

A. $e^{xy}dx$　　B. $(xdy+ydx)e^{xy}$　　C. $xdy+ydx$　　D. $(x+y)e^{xy}$

2. 填空题.

(1)设 $z=\arctan(xy)$，则 $\frac{\partial z}{\partial x}=$________.

(2)设 $f(x, y)=\ln\left(x+\frac{y}{2x}\right)$，则 $f_y(1, 0)=$________.

(3)函数 $z=\frac{x^2y^2}{x+y}$ 在点(1, 1)的偏导数 $\left.\frac{\partial z}{\partial y}\right|_{\substack{x=1\\y=1}}$ 为________.

(4)设 $f(x, y)=x+y-\sqrt{x^2+y^2}$，则 $f_x(3, 4)=$________.

(5)设 $z=f^2(xy)$，其中 $f$ 可微，则 $\frac{\partial z}{\partial x}=$________.

(6)设 $u=e^{x+xy}$，则全微分 $du=$________.

(7)设 $z=\ln\sqrt{1+x^2+y^2}$，则 $dz|_{(1,1)}=$________.

(8)设 $u=\left(\frac{x}{y}\right)^z$，则 $du|_{(1,1,1)}=$________.

3. 计算下列函数的偏导数$\frac{\partial z}{\partial x}$和$\frac{\partial z}{\partial y}$.

(1)$z=\cos(xy^2)$.　　(2)$z=\ln(x^2+y)$.

(3)$z=e^{x+y}+yx^2$.　　(4)$z=\arctan\frac{y}{x}$.

(5)$z=\frac{e^{xy}}{e^x+e^y}$.　　(6)$z=\ln\tan\frac{x}{y}$.

4. 求下列函数在指定点的偏导数.

(1)$z=(2y+1)^x$，求$\left.\frac{\partial z}{\partial x}\right|_{\substack{x=0\\y=0}}$；

(2)$f(x, y)=\frac{x}{\sqrt{x^2+y^2}}$，求$f_y(3, 4)$；

(3)$f(x, y)=x+(y-1)\arcsin\sqrt{\frac{x}{y}}$，求$f_x(x, 1)$；

(4)$f(x, y)=x^2+\ln(y^2+1)\arctan x^{y+1}$，求$f_x(x, 0)$.

5. 设$z=e^{-\left(\frac{1}{x}+\frac{1}{y}\right)}$，求证$x^2\frac{\partial z}{\partial x}+y^2\frac{\partial z}{\partial y}=2z$.

6. 求曲线$\begin{cases}z=\frac{x^2+y^2}{4},\\ y=4\end{cases}$在点(2, 4, 5)处的切线关于$x$轴的斜率.

7. 求下列三元函数的偏导数$\frac{\partial u}{\partial x},\frac{\partial u}{\partial y},\frac{\partial u}{\partial z}$.

(1)$u=x^{yz}$.　　(2)$u=x^{\sin\frac{y}{z}}$.

8. 求下列函数$z=f(x, y)$的二阶偏导数$\frac{\partial^2 z}{\partial x^2},\frac{\partial^2 z}{\partial y^2},\frac{\partial^2 z}{\partial x\partial y}$.

(1)$z=2x^2+3xy-y^2$.　　(2)$z=e^{ax}\cos by$.

(3)$z=\cos^2(2x+3y)$.　　(4)$z=\ln(x+y^2)$.

(5)$z=\arcsin(xy)$.　　(6)$z=x\sin(x+y)+y\cos(x+y)$.

9. 求函数$z=\ln(1+x^2+y^2)$当$x=1$，$y=2$时的全微分.

10. 求函数$z=\frac{y}{x}$当$x=2$，$y=1$，$\Delta x=0.1$，$\Delta y=-0.2$时的全增量和全微分.

11. 求下列函数的全微分.

(1)$z=\frac{y}{x}$.　　(2)$z=\ln(x^2+y^2)$.

(3)$u=e^{z+\frac{x}{y}}$.　　(4)$u=x^2yz+\cos 2y$.

12. 设$z=\ln\left(1+\frac{x}{y}\right)$，求$dz|_{(1,1)}$.

13. 设$z=x\ln(xy)$，求$\frac{\partial^3 z}{\partial x^2\partial y}$，$\frac{\partial^3 z}{\partial x\partial y^2}$.

14. 证明函数 $u=\frac{1}{r}$ 满足拉普拉斯方程：

$$\frac{\partial^2 u}{\partial x^2}+\frac{\partial^2 u}{\partial y^2}+\frac{\partial^2 u}{\partial z^2}=0,$$

其中 $r=\sqrt{x^2+y^2+z^2}$.

*15. 求 $\sqrt{1.02^3+1.97^3}$ 的近似值.

*16. 当 $x$ 和 $y$ 的绝对值很小时，推出函数 $\arctan\frac{xy}{1+xy}$ 的近似公式.

*17. 已知边长为 $x=6\text{m}$ 与 $y=8\text{m}$ 的矩形，如果 $x$ 增加 5cm 而 $y$ 减少 10cm，则这个矩形的对角线的近似变化怎样?

*18. 设函数 $f(x,y)=\begin{cases}(x^2+y^2)\sin\dfrac{1}{x^2+y^2}, & x^2+y^2\neq 0,\\ 0, & x^2+y^2=0,\end{cases}$ 讨论该函数在 $(0,0)$ 点的连续性、可导性与可微性.

*19. 设 $f(x,y)=\begin{cases}xy\dfrac{x^2-y^2}{x^2+y^2}, & (x,y)\neq(0,0),\\ 0, & (x,y)=(0,0),\end{cases}$ 试求 $f_{xy}(0,0)$ 及 $f_{yx}(0,0)$.

## 第三节　复合求导、隐函数求导及方向导数

**[课前导读]**

设 $u=\varphi(x)$ 在点 $x$ 可导，而 $y=f(u)$ 在对应点 $u$ 处可导，则复合函数 $y=f[\varphi(x)]$ 在点 $x$ 处可导，且有 $\frac{\mathrm{d}y}{\mathrm{d}x}=\frac{\mathrm{d}y}{\mathrm{d}u}\cdot\frac{\mathrm{d}u}{\mathrm{d}x}$. 这就是一元函数的复合求导的“链式法则”，函数之间的关系可以用这样的链式图来表示：$y\to u\to x$.

这一法则可以推广到多元复合函数的情形. 由于多元函数的构成比较复杂，所以一元函数的链式图就转化为多元函数的结构图，也称“树图”.

例如，$u=f(x,y,z)$ 用结构图来表示就是

$$u\begin{cases}\xrightarrow{(f)} x\\ \xrightarrow{(f)} y\\ \xrightarrow{(f)} z\end{cases}$$

而 $z=f(x,y)$ 与 $y=\varphi(x)$ 复合而成的函数 $z=f(x,\varphi(x))$ 的结构图为

$$z\begin{cases}\xrightarrow{(f)} x\\ \xrightarrow{(f)} y\xrightarrow{(\varphi)} x\end{cases}$$

## 一、多元函数复合求导

### 1. 复合函数的中间变量为一元函数的情形

**定理 1**　设 $u=u(t)$，$v=v(t)$ 均在 $t$ 处可导，函数 $z=f(u,v)$ 在对应点 $(u,v)$ 处有连续的偏导数，则它们构成的复合函数 $z=f[u(t),v(t)]$ 在 $t$ 处可导，且有导数公式

$$\frac{\mathrm{d}z}{\mathrm{d}t}=\frac{\partial z}{\partial u}\frac{\mathrm{d}u}{\mathrm{d}t}+\frac{\partial z}{\partial v}\frac{\mathrm{d}v}{\mathrm{d}t}. \tag{1}$$

式(1)中的导数 $\frac{\mathrm{d}z}{\mathrm{d}t}$ 称为**全导数**.

对于此定理我们不予证明，只用结构图来做一下说明.

公式(1)的右边是偏导数与导数乘积的和式，它与函数自身的结构有密切的关系. $z$ 是 $u$ 和 $v$ 的二元函数，而 $u$ 和 $v$ 都是 $t$ 的一元函数，我们用函数的结构图来表示，就是

$$z\begin{cases}\nearrow u\longrightarrow t\\ \searrow v\longrightarrow t\end{cases}$$

从结构图中可以看出，$z$ 通过中间变量 $u$ 和 $v$ 到达 $t$ 有两条“路径”，而公式(1)右侧恰好有两式相加，而每条“路径”上都是两项的乘积，是对应的函数的偏导数和导数的乘积.

这种方法可以推广到三元函数的情形，例如，设 $u=u(t)$，$v=v(t)$，$w=w(t)$ 均在 $t$ 处可导，$z=f(u,v,w)$ 在对应点处具有连续的偏导数，求复合函数 $z=f[u(t),v(t),w(t)]$ 的全导数.

函数的结构图是

$$z\begin{cases}\nearrow u\longrightarrow t\\ \longrightarrow v\longrightarrow t\\ \searrow w\longrightarrow t\end{cases}$$

从函数的结构图可以看出，由 $z$ 经中间变量 $u,v,w$ 到达 $t$ 有 3 条“路径”，公式中应该是 3 项之和，所以全导数为

$$\frac{\mathrm{d}z}{\mathrm{d}t}=\frac{\partial z}{\partial u}\frac{\mathrm{d}u}{\mathrm{d}t}+\frac{\partial z}{\partial v}\frac{\mathrm{d}v}{\mathrm{d}t}+\frac{\partial z}{\partial w}\frac{\mathrm{d}w}{\mathrm{d}t}.$$

**例 1**　设 $z=uv$，而 $u=\mathrm{e}^t$，$v=\cos t$，求导数 $\frac{\mathrm{d}z}{\mathrm{d}t}$.

**解**　由公式(1)知

$$\frac{\mathrm{d}z}{\mathrm{d}t}=\frac{\partial z}{\partial u}\cdot\frac{\mathrm{d}u}{\mathrm{d}t}+\frac{\partial z}{\partial v}\cdot\frac{\mathrm{d}v}{\mathrm{d}t}=v\mathrm{e}^t-u\sin t=\mathrm{e}^t(\cos t-\sin t).$$

**注**　我们也可以把 $u=\mathrm{e}^t$，$v=\cos t$ 表达式代入 $z=uv$ 中，即 $z=\mathrm{e}^t\cos t$，然后直接求一元函数的导数 $\frac{\mathrm{d}z}{\mathrm{d}t}$.

**例 2**　设 $z=\ln(u+v)+\mathrm{e}^t$，而 $u=2t$，$v=t^2$，求导数 $\frac{\mathrm{d}z}{\mathrm{d}t}$.

**解** 函数的结构图为

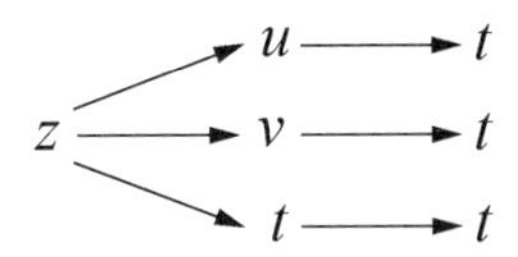


因此

$$\begin{aligned}\frac{\mathrm{d}z}{\mathrm{d}t}&=\frac{\partial z}{\partial u}\cdot\frac{\mathrm{d}u}{\mathrm{d}t}+\frac{\partial z}{\partial v}\cdot\frac{\mathrm{d}v}{\mathrm{d}t}+\frac{\partial z}{\partial t}\cdot\frac{\mathrm{d}t}{\mathrm{d}t}\\&=\frac{1}{u+v}\cdot 2+\frac{1}{u+v}\cdot 2t+\mathrm{e}^t\\&=\frac{1}{2t+t^2}\cdot 2+\frac{1}{2t+t^2}\cdot 2t+\mathrm{e}^t\\&=\frac{2+2t}{2t+t^2}+\mathrm{e}^t.\end{aligned}$$

**注** 解中$\frac{\mathrm{d}z}{\mathrm{d}t}$和$\frac{\partial z}{\partial t}$的含义是不一样的.

$\frac{\mathrm{d}z}{\mathrm{d}t}$表示复合以后的一元函数$z=f[u(t),\ v(t),\ w(t)]$对$t$的全导数，而$\frac{\partial z}{\partial t}$表示复合前的三元函数$z=\ln(u+v)+\mathrm{e}^t$对第三个自变量$t$的偏导数.

**2. 复合函数的中间变量为多元函数的情形**

**定理 2** 设$u=u(x,\ y)$，$v=v(x,\ y)$在点$(x,\ y)$处都具有偏导数$\frac{\partial u}{\partial x}$，$\frac{\partial u}{\partial y}$及$\frac{\partial v}{\partial x}$，$\frac{\partial v}{\partial y}$，函数$z=f(u,\ v)$在对应点$(u,\ v)$具有连续的偏导数$\frac{\partial z}{\partial u}$和$\frac{\partial z}{\partial v}$，则复合函数$z=f[u(x,\ y),\ v(x,\ y)]$在$(x,\ y)$处的两个偏导数存在，并有求导公式：

$$\frac{\partial z}{\partial x}=\frac{\partial z}{\partial u}\frac{\partial u}{\partial x}+\frac{\partial z}{\partial v}\frac{\partial v}{\partial x},\tag{2}$$

$$\frac{\partial z}{\partial y}=\frac{\partial z}{\partial u}\frac{\partial u}{\partial y}+\frac{\partial z}{\partial v}\frac{\partial v}{\partial y}.\tag{3}$$

定理证明从略.

定理 2 中的复合函数的结构图是

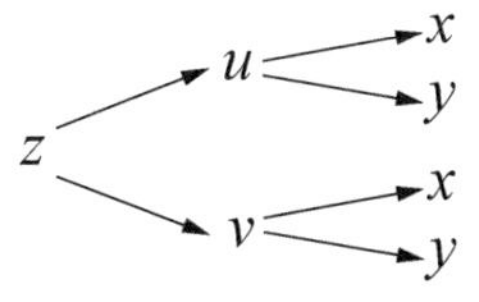


我们可以借助函数结构图，利用前面分析的方法与结论，直接写出式(2)和式(3)的求导公式.

**例 3** 设$z=\mathrm{e}^u\sin v$，而$u=xy$，$v=x+y$，求$\frac{\partial z}{\partial x}$和$\frac{\partial z}{\partial y}$.

**解** 由式(2)和式(3)可得

$$\frac{\partial z}{\partial x}=\frac{\partial z}{\partial u}\cdot\frac{\partial u}{\partial x}+\frac{\partial z}{\partial v}\cdot\frac{\partial v}{\partial x}=\mathrm{e}^{u}\sin v\cdot y+\mathrm{e}^{u}\cos v\cdot 1$$

$$=\mathrm{e}^{u}(y\sin v+\cos v)=\mathrm{e}^{xy}[y\sin(x+y)+\cos(x+y)],$$

$$\frac{\partial z}{\partial y}=\frac{\partial z}{\partial u}\cdot\frac{\partial u}{\partial y}+\frac{\partial z}{\partial v}\cdot\frac{\partial v}{\partial y}=\mathrm{e}^{u}\sin v\cdot x+\mathrm{e}^{u}\cos v\cdot 1$$

$$=\mathrm{e}^{u}(x\sin v+\cos v)=\mathrm{e}^{xy}[x\sin(x+y)+\cos(x+y)].$$

**例 4**　求 $z=(3x^2+y^2)^{4x+2y}$ 的两个偏导数 $\frac{\partial z}{\partial x}$ 和 $\frac{\partial z}{\partial y}$.

**解**　设 $u=3x^2+y^2$，$v=4x+2y$，则 $z=u^v$.

于是　$\frac{\partial z}{\partial u}=v\cdot u^{v-1}$，$\frac{\partial z}{\partial v}=u^v\cdot\ln u$，

$\frac{\partial u}{\partial x}=6x$，$\frac{\partial u}{\partial y}=2y$，$\frac{\partial v}{\partial x}=4$，$\frac{\partial v}{\partial y}=2$.

从而

$$\frac{\partial z}{\partial x}=\frac{\partial z}{\partial u}\frac{\partial u}{\partial x}+\frac{\partial z}{\partial v}\frac{\partial v}{\partial x}=v\cdot u^{v-1}\cdot 6x+u^v\cdot\ln u\cdot 4$$

$$=6x(4x+2y)(3x^2+y^2)^{4x+2y-1}+4(3x^2+y^2)^{4x+2y}\ln(3x^2+y^2),$$

$$\frac{\partial z}{\partial y}=\frac{\partial z}{\partial u}\frac{\partial u}{\partial y}+\frac{\partial z}{\partial v}\frac{\partial v}{\partial y}=v\cdot u^{v-1}\cdot 2y+u^v\cdot\ln u\cdot 2$$

$$=2y(4x+2y)(3x^2+y^2)^{4x+2y-1}+2(3x^2+y^2)^{4x+2y}\ln(3x^2+y^2).$$

这种类型的题目也可以用全微分的方法来解决，感兴趣的读者可以试一下.

**3. 复合函数的中间变量既有一元函数也有多元函数的情形**

这种情形可以视为定理 2 的特例，我们仅以一种情况为例，其他的类似可得.

**定理 3**　如果函数 $u=u(x, y)$ 在点 $(x, y)$ 具有对 $x$ 和 $y$ 的偏导数，函数 $v=v(y)$ 在点 $y$ 可导，函数 $z=f(u, v)$ 在对应点 $(u, v)$ 具有连续偏导数，则复合函数 $z=f[u(x, y), v(y)]$ 在对应点 $(x, y)$ 的两个偏导数存在，且有

$$\frac{\partial z}{\partial x}=\frac{\partial z}{\partial u}\frac{\partial u}{\partial x},\tag{4}$$

$$\frac{\partial z}{\partial y}=\frac{\partial z}{\partial u}\frac{\partial u}{\partial y}+\frac{\partial z}{\partial v}\frac{\mathrm{d}v}{\mathrm{d}y}.\tag{5}$$

定理证明从略.

该复合函数的结构图为

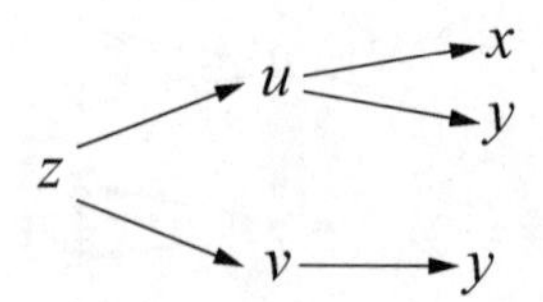


**例 5**　设函数 $z=\mathrm{e}^{u^2+v^2}$，而 $u=x^2\sin y$，$v=\cos y$，求 $\frac{\partial z}{\partial x}$，$\frac{\partial z}{\partial y}$.

**解**　由式(4)和式(5)可知，

$$\frac{\partial z}{\partial x}=\mathrm{e}^{u^2+v^2}\cdot 2u\cdot 2x\sin y=4x^3\sin^2 y\mathrm{e}^{x^4\sin^2 y+\cos^2 y},$$

$$\frac{\partial z}{\partial y}=\mathrm{e}^{u^2+v^2}\cdot 2u\cdot x^2\cos y+\mathrm{e}^{u^2+v^2}\cdot 2v\cdot(-\sin y)=\mathrm{e}^{x^4\sin^2 y+\cos^2 y}(x^4-1)\sin 2y.$$

**例 6**　设 $z=f(x, y, u)=(x-y)^u$，$u=xy$，求$\frac{\partial z}{\partial x}$，$\frac{\partial z}{\partial y}$.

**解**　函数的结构图为

其中 $x$ 和 $y$ 既是复合函数的中间变量，又是自变量.

$$\begin{aligned}\frac{\partial z}{\partial x}&=\frac{\partial f}{\partial x}\frac{\mathrm{d}x}{\mathrm{d}x}+\frac{\partial f}{\partial u}\frac{\partial u}{\partial x}\\&=u(x-y)^{u-1}\cdot 1+(x-y)^u\ln(x-y)\cdot y\\&=xy(x-y)^{xy-1}+y(x-y)^{xy}\ln(x-y),\\\frac{\partial z}{\partial y}&=\frac{\partial f}{\partial y}\frac{\mathrm{d}y}{\mathrm{d}y}+\frac{\partial f}{\partial u}\frac{\partial u}{\partial y}\\&=u(x-y)^{u-1}\cdot(-1)\cdot 1+(x-y)^u\ln(x-y)\cdot x\\&=-xy(x-y)^{xy-1}+x(x-y)^{xy}\ln(x-y).\end{aligned}$$

**注**　等号两边都有$\frac{\partial z}{\partial x}$，但这两个符号的含义是不一样的，左边的是二元函数 $z=(x-y)^{xy}$对 $x$ 的偏导数，右边的是三元函数 $z=f(x, y, u)=(x-y)^u$ 对 $x$ 的偏导数. 为了表示区别，等号右边的$\frac{\partial z}{\partial x}$常写作$\frac{\partial f}{\partial x}$. 同理，等号两边的$\frac{\partial z}{\partial y}$的含义也是不一样的，等号右边的$\frac{\partial z}{\partial y}$常写作$\frac{\partial f}{\partial y}$.

**例 7**　设 $z=f(\sin x, x^2-y^2)$，$f$ 具有一阶连续的偏导数，求$\frac{\partial z}{\partial x}$，$\frac{\partial z}{\partial y}$.

**解**　设 $u=\sin x$，$v=x^2-y^2$，则函数 $z=f(\sin x, x^2-y^2)$ 由函数 $z=f(u, v)$，$u=\sin x$，$v=x^2-y^2$ 复合而成. 由函数的结构图

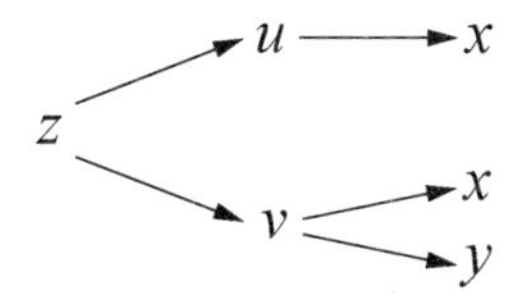


可得

$$\frac{\partial z}{\partial x}=\frac{\partial f}{\partial u}\frac{\mathrm{d}u}{\mathrm{d}x}+\frac{\partial f}{\partial v}\frac{\partial v}{\partial x}=\cos x\cdot f_u+2xf_v,$$

$$\frac{\partial z}{\partial y}=\frac{\partial f}{\partial v}\frac{\partial v}{\partial y}=-2yf_v.$$

**注**　有时，为表达简便起见，引入以下记号：

$$f_1'(u, v)=f_u(u, v),\ f_2'(u, v)=f_v(u, v).$$

这里下标 1 表示对第一个变量求偏导数，下标 2 表示对第二个变量求偏导数. 利用这样的记号，例 7 的结果可以表示为

$$\frac{\partial z}{\partial x}=\cos x\cdot f_1'+2xf_2',\ \frac{\partial z}{\partial y}=-2yf_2'.$$

同理，也可以引入 $f_{11}'',f_{12}'',f_{22}''$ 等记号.

**例 8**　(1) 设 $u=f(x+z,\ xyz)$，其中 $f$ 具有二阶偏导数，求 $\frac{\partial u}{\partial x}$，$\frac{\partial^2 u}{\partial x\partial z}$；

(2) 设 $u=f(xy,\ xyz)$，其中 $f$ 具有二阶连续偏导数，求 $\frac{\partial^2 u}{\partial x\partial y}$.

**解**　(1) $\frac{\partial u}{\partial x}=f_1'+f_2'yz$，

$$\frac{\partial^2 u}{\partial x\partial z}=\frac{\partial}{\partial z}(f_1')+\frac{\partial}{\partial z}(f_2'yz)=f_{11}''+f_{12}''xy+(f_{21}''+f_{22}''xy)yz+f_2'y.$$

**注**　本题条件中并没有二阶偏导数连续，因此 $f_{12}''$ 与 $f_{21}''$ 未必相等，不要将其合并.

(2) $\frac{\partial u}{\partial x}=yf_1'+yzf_2'$，

$$\frac{\partial^2 u}{\partial x\partial y}=y(xf_{11}''+xzf_{12}'')+f_1'+yz(xf_{21}''+xzf_{22}'')+zf_2'=f_1'+zf_2'+xyf_{11}''+2xyzf_{12}''+xyz^2f_{22}''.$$

**注**　本题条件中有二阶偏导数连续，因此 $f_{12}''=f_{21}''$，需要将其合并.

**例 9**　设函数 $u=f(x,\ y)$ 具有二阶连续偏导数，将下列表达式转换为极坐标的形式.

(1) $\left(\frac{\partial u}{\partial x}\right)^2+\left(\frac{\partial u}{\partial y}\right)^2$.　　　　(2) $\frac{\partial^2 u}{\partial x^2}+\frac{\partial^2 u}{\partial y^2}$.

**解**　(1) 直角坐标系与极坐标系的关系为 $\begin{cases}x=r\cos\theta,\\ y=r\sin\theta\end{cases}$ 或 $\begin{cases}r=\sqrt{x^2+y^2},\\ \theta=\arctan\frac{y}{x},\end{cases}$

$$u=f(x,\ y)=f(r\cos\theta,\ r\sin\theta)=F(r,\ \theta),$$

$$\frac{\partial r}{\partial x}=\frac{x}{\sqrt{x^2+y^2}}=\frac{x}{r}=\cos\theta,\ \frac{\partial\theta}{\partial x}=\frac{1}{1+\left(\frac{y}{x}\right)^2}\cdot\left(-\frac{y}{x^2}\right)=-\frac{y}{x^2+y^2}=-\frac{y}{r^2}=-\frac{\sin\theta}{r};$$

$$\frac{\partial r}{\partial y}=\frac{y}{\sqrt{x^2+y^2}}=\frac{y}{r}=\sin\theta,\ \frac{\partial\theta}{\partial y}=\frac{1}{1+\left(\frac{y}{x}\right)^2}\cdot\frac{1}{x}=\frac{x}{x^2+y^2}=\frac{\cos\theta}{r}.$$

$$\frac{\partial u}{\partial x}=\frac{\partial u}{\partial r}\cdot\frac{\partial r}{\partial x}+\frac{\partial u}{\partial\theta}\cdot\frac{\partial\theta}{\partial x}=\frac{\partial u}{\partial r}\cdot\frac{x}{r}-\frac{\partial u}{\partial\theta}\cdot\frac{y}{r^2}=\frac{\partial u}{\partial r}\cos\theta-\frac{\partial u}{\partial\theta}\cdot\frac{\sin\theta}{r},$$

$$\frac{\partial u}{\partial y}=\frac{\partial u}{\partial r}\cdot\frac{\partial r}{\partial y}+\frac{\partial u}{\partial\theta}\cdot\frac{\partial\theta}{\partial y}=\frac{\partial u}{\partial r}\cdot\frac{y}{r}+\frac{\partial u}{\partial\theta}\cdot\frac{x}{r^2}=\frac{\partial u}{\partial r}\sin\theta+\frac{\partial u}{\partial\theta}\cdot\frac{\cos\theta}{r},$$

因此，
$$\left(\frac{\partial u}{\partial x}\right)^2+\left(\frac{\partial u}{\partial y}\right)^2=\left(\frac{\partial u}{\partial r}\cos\theta-\frac{\partial u}{\partial\theta}\cdot\frac{\sin\theta}{r}\right)^2+\left(\frac{\partial u}{\partial r}\sin\theta+\frac{\partial u}{\partial\theta}\cdot\frac{\cos\theta}{r}\right)^2$$
$$=\left(\frac{\partial u}{\partial r}\right)^2+\frac{1}{r^2}\left(\frac{\partial u}{\partial\theta}\right)^2.$$

(2) $\dfrac{\partial^2 u}{\partial x^2}=\dfrac{\partial}{\partial r}\left(\dfrac{\partial u}{\partial x}\right)\cdot\dfrac{\partial r}{\partial x}+\dfrac{\partial}{\partial \theta}\left(\dfrac{\partial u}{\partial x}\right)\cdot\dfrac{\partial \theta}{\partial x}$

$$=\frac{\partial}{\partial r}\left(\frac{\partial u}{\partial r}\cos\theta-\frac{\partial u}{\partial \theta}\cdot\frac{\sin\theta}{r}\right)\cos\theta-\frac{\partial}{\partial \theta}\left(\frac{\partial u}{\partial r}\cos\theta-\frac{\partial u}{\partial \theta}\cdot\frac{\sin\theta}{r}\right)\frac{\sin\theta}{r}$$

$$=\left(\frac{\partial^2 u}{\partial r^2}\cos\theta-\frac{\partial^2 u}{\partial \theta\partial r}\cdot\frac{\sin\theta}{r}+\frac{\partial u}{\partial \theta}\cdot\frac{\sin\theta}{r^2}\right)\cos\theta$$

$$-\left(\frac{\partial^2 u}{\partial r\partial \theta}\cos\theta-\frac{\partial u}{\partial r}\sin\theta-\frac{\partial^2 u}{\partial \theta^2}\cdot\frac{\sin\theta}{r}-\frac{\partial u}{\partial \theta}\frac{\cos\theta}{r}\right)\frac{\sin\theta}{r}$$

$$=\frac{\partial^2 u}{\partial r^2}\cos^2\theta-2\,\frac{\partial^2 u}{\partial \theta\partial r}\cdot\frac{\sin\theta\cos\theta}{r}+2\,\frac{\partial u}{\partial \theta}\cdot\frac{\sin\theta\cos\theta}{r^2}+\frac{\partial u}{\partial r}\frac{\sin^2\theta}{r}+\frac{\partial^2 u}{\partial \theta^2}\cdot\frac{\sin^2\theta}{r^2},$$

同理得

$$\frac{\partial^2 u}{\partial y^2}=\frac{\partial^2 u}{\partial r^2}\sin^2\theta+2\,\frac{\partial^2 u}{\partial \theta\partial r}\cdot\frac{\sin\theta\cos\theta}{r}-2\,\frac{\partial u}{\partial \theta}\cdot\frac{\sin\theta\cos\theta}{r^2}+\frac{\partial u}{\partial r}\frac{\cos^2\theta}{r}+\frac{\partial^2 u}{\partial \theta^2}\cdot\frac{\cos^2\theta}{r^2},$$

因此，$\dfrac{\partial^2 u}{\partial x^2}+\dfrac{\partial^2 u}{\partial y^2}=\dfrac{\partial^2 u}{\partial r^2}+\dfrac{1}{r}\dfrac{\partial u}{\partial r}+\dfrac{1}{r^2}\dfrac{\partial^2 u}{\partial \theta^2}=\dfrac{1}{r^2}\left[r\dfrac{\partial}{\partial r}\left(r\dfrac{\partial u}{\partial r}\right)+\dfrac{\partial^2 u}{\partial \theta^2}\right].$

**注**　也可将 $r$ 和 $\theta$ 看作自变量，将 $x$ 和 $y$ 看作中间变量.

$$\frac{\partial u}{\partial r}=\frac{\partial u}{\partial x}\cdot\frac{\partial x}{\partial r}+\frac{\partial u}{\partial y}\cdot\frac{\partial y}{\partial r}=\frac{\partial u}{\partial x}\cos\theta+\frac{\partial u}{\partial y}\sin\theta,$$

$$\frac{\partial u}{\partial \theta}=\frac{\partial u}{\partial x}\cdot\frac{\partial x}{\partial \theta}+\frac{\partial u}{\partial y}\cdot\frac{\partial y}{\partial \theta}=\frac{\partial u}{\partial x}\cdot(-r\sin\theta)+\frac{\partial u}{\partial y}r\cos\theta,$$

以上两式联立，解出

$$\frac{\partial u}{\partial x}=\frac{\partial u}{\partial r}\cos\theta-\frac{\partial u}{\partial \theta}\cdot\frac{\sin\theta}{r},\quad \frac{\partial u}{\partial y}=\frac{\partial u}{\partial r}\sin\theta+\frac{\partial u}{\partial \theta}\cdot\frac{\cos\theta}{r}.$$

**4. 全微分形式的不变性**

设函数 $z=f(u,v)$ 可微，则有

$$\mathrm{d}z=\frac{\partial z}{\partial u}\mathrm{d}u+\frac{\partial z}{\partial v}\mathrm{d}v.$$

如果 $u=u(x,y)$，$v=v(x,y)$ 可微，则 $z=f[u(x,y),v(x,y)]=\tilde{f}(x,y)$ 也可微，从而

$$\mathrm{d}z=\frac{\partial z}{\partial x}\mathrm{d}x+\frac{\partial z}{\partial y}\mathrm{d}y.$$

由 $\begin{cases}\dfrac{\partial z}{\partial x}=\dfrac{\partial z}{\partial u}\cdot\dfrac{\partial u}{\partial x}+\dfrac{\partial z}{\partial v}\cdot\dfrac{\partial v}{\partial x},\\[2ex]\dfrac{\partial z}{\partial y}=\dfrac{\partial z}{\partial u}\cdot\dfrac{\partial u}{\partial y}+\dfrac{\partial z}{\partial v}\cdot\dfrac{\partial v}{\partial y}\end{cases}$ 知

$$\mathrm{d}z=\left(\frac{\partial z}{\partial u}\cdot\frac{\partial u}{\partial x}+\frac{\partial z}{\partial v}\cdot\frac{\partial v}{\partial x}\right)\mathrm{d}x+\left(\frac{\partial z}{\partial u}\cdot\frac{\partial u}{\partial y}+\frac{\partial z}{\partial v}\cdot\frac{\partial v}{\partial y}\right)\mathrm{d}y$$

$$=\frac{\partial z}{\partial u}\left(\frac{\partial u}{\partial x}\mathrm{d}x+\frac{\partial u}{\partial y}\mathrm{d}y\right)+\frac{\partial z}{\partial v}\left(\frac{\partial v}{\partial x}\mathrm{d}x+\frac{\partial v}{\partial y}\mathrm{d}y\right)$$

$$=\frac{\partial z}{\partial u}\mathrm{d}u+\frac{\partial z}{\partial v}\mathrm{d}v.$$

可以看出，无论 $z$ 是自变量 $u$ 和 $v$ 的函数，还是中间变量 $u$ 和 $v$ 的函数，它的全微分形式是一样的，这个性质就叫作**全微分形式的不变性**.

**例 10**　设 $z=(x-y)^{x^2+y^2}$，求 $\frac{\partial z}{\partial x}$，$\frac{\partial z}{\partial y}$.

**解**　$z=(x-y)^{x^2+y^2}=u^v$，

$$\mathrm{d}z=\mathrm{d}u^v=\frac{\partial}{\partial u}(u^v)\mathrm{d}u+\frac{\partial}{\partial v}(u^v)\mathrm{d}v=vu^{v-1}\mathrm{d}u+u^v\ln u\mathrm{d}v,$$

$$\mathrm{d}u=\mathrm{d}(x-y)=\mathrm{d}x-\mathrm{d}y,\ \mathrm{d}v=\mathrm{d}(x^2+y^2)=2x\mathrm{d}x+2y\mathrm{d}y,$$

代入并归并含 $\mathrm{d}x$ 及 $\mathrm{d}y$ 的项，得

$$\mathrm{d}z=(x-y)^{x^2+y^2}\left\{\left[2x\ln(x-y)+\frac{x^2+y^2}{x-y}\right]\mathrm{d}x+\left[2y\ln(x-y)-\frac{x^2+y^2}{x-y}\right]\mathrm{d}y\right\},$$

故 $\frac{\partial z}{\partial x}=(x-y)^{x^2+y^2}\left[2x\ln(x-y)+\frac{x^2+y^2}{x-y}\right]$,

$\frac{\partial z}{\partial y}=(x-y)^{x^2+y^2}\left[2y\ln(x-y)-\frac{x^2+y^2}{x-y}\right]$.

## 二、隐函数的求导公式

在一元微分学中，我们曾引入隐函数的概念，并介绍了不经过显化而直接由方程

$$F(x,\ y)=0$$

来求它所确定的隐函数 $y=f(x)$ 的导数的方法.

那时，实际上假定方程 $F(x,\ y)=0$ 能确定 $y$ 是 $x$ 的函数 $y=f(x)$，函数 $y=f(x)$ 具有导数 $y'$. 但是事实上并不是任何一个方程 $F(x,\ y)=0$ 都能确定 $y$ 是 $x$ 的函数，且使 $y=f(x)$ 可导. 那么，在什么条件下，从方程 $F(x,\ y)=0$ 中可以确定 $y$ 是 $x$ 的函数？这个函数是否可导？如何来求该导数？现在我们来回答这些问题.

### 1. 一个方程的情形

**定理 4（隐函数存在定理 1）**　设函数 $F(x,\ y)$ 在点 $P(x_0,\ y_0)$ 的某一邻域内具有连续的偏导数，且

$$F_y(x_0,\ y_0)\neq 0,\ F(x_0,\ y_0)=0,$$

则方程 $F(x,\ y)=0$ 在点 $P(x_0,\ y_0)$ 的某一邻域内恒能唯一确定一个连续且具有连续导数的函数 $y=f(x)$，它满足 $y_0=f(x_0)$，并有

$$\frac{\mathrm{d}y}{\mathrm{d}x}=-\frac{F_x}{F_y}.$$

本定理不做严格证明，仅就结论做以下推导.

方程 $F(x,\ y)=0$ 在点 $P_0(x_0,\ y_0)$ 的某邻域内恒能唯一确定一个连续函数 $y=f(x)$，则将 $y=f(x)$“代入”$F(x,\ y)=0$，使其成为恒等式：$F[x,\ f(x)]\equiv 0$.

等式左边的函数 $F[x,\ f(x)]$ 是一个复合函数，它的函数结构图为

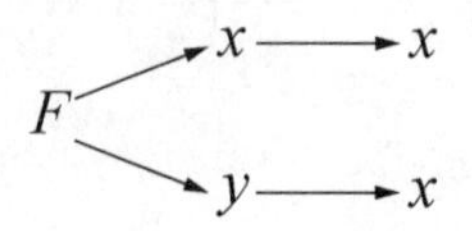

求此方程的全导数，得 $F_x+F_y\dfrac{\mathrm{d}y}{\mathrm{d}x}=0$.

由于 $F_y(x,y)$连续，且 $F_y(x_0,y_0)\neq0$，因此存在 $P_0(x_0,y_0)$的一个邻域，在这个邻域内，$F_y(x,y)\neq0$，于是得$\dfrac{\mathrm{d}y}{\mathrm{d}x}=-\dfrac{F_x}{F_y}$.

**注**　如果 $F(x,y)$的二阶偏导数也连续，则可把上面等式两端看作 $x$ 的复合函数而再次求导，得

$$\frac{\mathrm{d}^2y}{\mathrm{d}x^2}=\frac{\mathrm{d}}{\mathrm{d}x}\left(-\frac{F_x}{F_y}\right)=\frac{\partial}{\partial x}\left(-\frac{F_x}{F_y}\right)+\frac{\partial}{\partial y}\left(-\frac{F_x}{F_y}\right)\cdot\frac{\mathrm{d}y}{\mathrm{d}x}=-\frac{F_{xx}F_y-F_xF_{yx}}{F_y^2}-\frac{F_{xy}F_y-F_xF_{yy}}{F_y^2}\cdot\left(-\frac{F_x}{F_y}\right)$$
$$=-\frac{F_{xx}F_y^2-2F_xF_yF_{xy}+F_{yy}F_x^2}{F_y^3}.$$

**例 11**　验证方程 $x^2+y^2-1=0$ 在点$(0,1)$的某邻域内能唯一确定一个有连续导数，且当 $x=0$ 时 $y=1$ 的隐函数 $y=f(x)$，并求这函数的一阶和二阶导数在 $x=0$ 的值.

**证**　设 $F(x,y)=x^2+y^2-1$，则

$$F_x=2x,\ F_y=2y,\ F_x(0,1)=0,\ F_y(0,1)=2\neq0.$$

依定理 4 知方程 $x^2+y^2-1=0$ 在点$(0,1)$的某邻域内能唯一确定一个有连续导数，且当$x=0$时 $y=1$ 的隐函数 $y=f(x)$.

下面计算该函数的一阶和二阶导数在 $x=0$ 的值.

$$\frac{\mathrm{d}y}{\mathrm{d}x}=-\frac{F_x}{F_y}=-\frac{x}{y},\quad \left.\frac{\mathrm{d}y}{\mathrm{d}x}\right|_{x=0}=0,$$

$$\frac{\mathrm{d}^2y}{\mathrm{d}x^2}=-\frac{y-xy'}{y^2}=-\frac{y-x\left(-\dfrac{x}{y}\right)}{y^2}=-\frac{1}{y^3},\quad \left.\frac{\mathrm{d}^2y}{\mathrm{d}x^2}\right|_{x=0}=-1.$$

**例 12**　求由方程 $xy-\mathrm{e}^x+\mathrm{e}^y=0$ 所确定的隐函数 $y=f(x)$的导数$\dfrac{\mathrm{d}y}{\mathrm{d}x}$，$\left.\dfrac{\mathrm{d}y}{\mathrm{d}x}\right|_{x=0}$.

**解**　设 $F(x,y)=xy-\mathrm{e}^x+\mathrm{e}^y$，则

$F_x=y-\mathrm{e}^x$，$F_y=x+\mathrm{e}^y$，

$\dfrac{\mathrm{d}y}{\mathrm{d}x}=-\dfrac{F_x}{F_y}=\dfrac{\mathrm{e}^x-y}{x+\mathrm{e}^y}$.

由原方程知 $x=0$ 时，$y=0$，所以

$$\left.\frac{\mathrm{d}y}{\mathrm{d}x}\right|_{x=0}=\left.\frac{\mathrm{e}^x-y}{x+\mathrm{e}^y}\right|_{\substack{x=0\\y=0}}=1.$$

**例 13**　求由方程 $x-y-\mathrm{e}^y=0$ 确定的隐函数 $y=f(x)$的导数$\dfrac{\mathrm{d}y}{\mathrm{d}x}$，$\dfrac{\mathrm{d}^2y}{\mathrm{d}x^2}$.

**解**　设 $F(x,y)=x-y-\mathrm{e}^y$，则 $F_x=1$，$F_y=-1-\mathrm{e}^y\neq0$，因此

$$\frac{\mathrm{d}y}{\mathrm{d}x}=-\frac{F_x}{F_y}=-\frac{1}{-1-\mathrm{e}^y}=\frac{1}{1+\mathrm{e}^y},$$

$$\frac{d^2y}{dx^2}=\frac{d}{dx}\left(\frac{1}{1+e^y}\right)=-\frac{e^y y'}{(1+e^y)^2}=-\frac{e^y}{(1+e^y)^3}.$$

**注**　本题也可用复合函数求导的方法解.

方程 $x-y-e^y=0$ 两端对 $x$ 求导，得

$$1-\frac{dy}{dx}-e^y\frac{dy}{dx}=0, \qquad (*)$$

整理得

$$\frac{dy}{dx}=\frac{1}{1+e^y},$$

式(*)两端对 $x$ 求导，得

$$-\frac{d^2y}{dx^2}-e^y\left(\frac{dy}{dx}\right)^2-e^y\frac{d^2y}{dx^2}=0,$$

整理得

$$\frac{d^2y}{dx^2}=-\frac{e^y}{1+e^y}\left(\frac{dy}{dx}\right)^2=-\frac{e^y}{(1+e^y)^3}.$$

隐函数存在定理可以推广到三元及三元以上的方程的情形.

**定理 5(隐函数存在定理 2)**　设函数 $F(x, y, z)$ 在点 $P(x_0, y_0, z_0)$ 的某一邻域内有连续的偏导数，且

$$F(x_0, y_0, z_0)=0,\ F_z(x_0, y_0, z_0)\neq 0,$$

则方程 $F(x, y, z)=0$ 在点 $P(x_0, y_0, z_0)$ 的某一邻域内恒能唯一确定一个连续且具有连续偏导数的函数 $z=f(x, y)$，它满足条件 $z_0=f(x_0, y_0)$，并有

$$\frac{\partial z}{\partial x}=-\frac{F_x}{F_z},\ \frac{\partial z}{\partial y}=-\frac{F_y}{F_z}.$$

我们同样只给出定理最后结论的推导过程.

将 $z=f(x, y)$ 代入方程 $F(x, y, z)=0$，得恒等式

$$F[x, y, f(x, y)]\equiv 0,$$

恒等式左端是 $x$，$y$ 的复合函数. 恒等式两边分别对 $x$，$y$ 求偏导数，由链式法则得

$$F_x+F_z\frac{\partial z}{\partial x}=0,\ F_y+F_z\frac{\partial z}{\partial y}=0.$$

于是有

$$\frac{\partial z}{\partial x}=-\frac{F_x}{F_z},\ \frac{\partial z}{\partial y}=-\frac{F_y}{F_z}.$$

这就是隐函数 $z=f(x, y)$ 的偏导数公式.

**例 14**　求由方程 $\frac{x}{z}=\ln\frac{z}{y}$ 所确定的隐函数 $z=f(x, y)$ 的偏导数 $\frac{\partial z}{\partial x}$，$\frac{\partial z}{\partial y}$，$\frac{\partial^2 z}{\partial x\partial y}$.

**解**　设 $F(x, y, z)=\frac{x}{z}-\ln\frac{z}{y}$，则 $F(x, y, z)=0$，且

$$F_x=\frac{1}{z},\ F_y=-\frac{y}{z}\left(-\frac{z}{y^2}\right)=\frac{1}{y},\ F_z=-\frac{x}{z^2}-\frac{y}{z}\cdot\frac{1}{y}=-\frac{x+z}{z^2}.$$

利用隐函数求导公式，当 $F_z\neq 0$ 时，得

$$\frac{\partial z}{\partial x}=-\frac{F_x}{F_z}=\frac{z}{x+z},\ \frac{\partial z}{\partial y}=-\frac{F_y}{F_z}=\frac{z^2}{y(x+z)}.$$

$$\frac{\partial^2 z}{\partial x\partial y}=\frac{\partial}{\partial y}\left(\frac{\partial z}{\partial x}\right)=\frac{\partial}{\partial y}\left(\frac{z}{x+z}\right)=\frac{z_y(x+z)-z\cdot z_y}{(x+z)^2}=\frac{x\cdot z_y}{(x+z)^2}=\frac{xz^2}{y(x+z)^3},$$

其中 $z=f(x, y)$ 由方程 $\frac{x}{z}=\ln\frac{z}{y}$ 确定.

**注**　本例也可以用其他方法求得两个一阶偏导数.

例如：在 $\frac{x}{z}=\ln\frac{z}{y}$ 两端对 $x$ 求导，得

$$\frac{z-xz_x}{z^2}=\frac{z_x}{z},$$

整理得 $\frac{\partial z}{\partial x}=\frac{z}{x+z}$；在 $\frac{x}{z}=\ln\frac{z}{y}$ 两端对 $y$ 求导，得 $\frac{-xz_y}{z^2}=\frac{z_y}{z}-\frac{1}{y}$，整理得 $\frac{\partial z}{\partial y}=\frac{z^2}{y(x+z)}$ .

又如：在 $\frac{x}{z}=\ln\frac{z}{y}$ 两端微分，得 $\frac{z\mathrm{d}x-x\mathrm{d}z}{z^2}=\frac{\mathrm{d}z}{z}-\frac{\mathrm{d}y}{y}$,

整理得 $\mathrm{d}z=\frac{z}{x+z}\mathrm{d}x+\frac{z^2}{y(x+z)}\mathrm{d}y$，故 $\frac{\partial z}{\partial x}=\frac{z}{x+z}$，$\frac{\partial z}{\partial y}=\frac{z^2}{y(x+z)}[y(x+z)\neq 0]$.

**2. 方程组情形**

**定理 6（隐函数存在定理 3）**　设函数 $F(x, y, u, v)$ 和 $G(x, y, u, v)$ 在点 $P_0(x_0, y_0, u_0, v_0)$ 的某个邻域内具有对各个变量的一阶连续偏导数，又 $F(x_0, y_0, u_0, v_0)=0$，$G(x_0, y_0, u_0, v_0)=0$，且在点 $P_0(x_0, y_0, u_0, v_0)$ 处偏导数所组成的函数行列式［也称雅可比（Jacobi）行列式］$J=\frac{\partial(F, G)}{\partial(u, v)}=\begin{vmatrix}\frac{\partial F}{\partial u} & \frac{\partial F}{\partial v}\\ \frac{\partial G}{\partial u} & \frac{\partial G}{\partial v}\end{vmatrix}\neq 0$，则方程组 $\begin{cases}F(x, y, u, v)=0,\\ G(x, y, u, v)=0\end{cases}$ 在点 $P_0(x_0, y_0, u_0, v_0)$ 的某个邻域内恒能唯一确定一组连续且具有连续偏导数的函数 $u=u(x, y)$ 和 $v=v(x, y)$，它们满足条件 $u_0=u(x_0, y_0)$，$v_0=v(x_0, y_0)$，并且

$$\frac{\partial u}{\partial x}=-\frac{1}{J}\frac{\partial(F, G)}{\partial(x, v)}=-\frac{\begin{vmatrix}F_x & F_v\\ G_x & G_v\end{vmatrix}}{\begin{vmatrix}F_u & F_v\\ G_u & G_v\end{vmatrix}},$$

$$\frac{\partial v}{\partial x}=-\frac{1}{J}\frac{\partial(F, G)}{\partial(u, x)}=-\frac{\begin{vmatrix}F_u & F_x\\ G_u & G_x\end{vmatrix}}{\begin{vmatrix}F_u & F_v\\ G_u & G_v\end{vmatrix}};$$

$$\frac{\partial u}{\partial y}=-\frac{1}{J}\frac{\partial(F, G)}{\partial(y, v)}=-\frac{\begin{vmatrix}F_y & F_v\\ G_y & G_v\end{vmatrix}}{\begin{vmatrix}F_u & F_v\\ G_u & G_v\end{vmatrix}},$$

$$\frac{\partial v}{\partial y}=-\frac{1}{J}\frac{\partial(F, G)}{\partial(u, y)}=-\frac{\begin{vmatrix}F_u & F_y\\ G_u & G_y\end{vmatrix}}{\begin{vmatrix}F_u & F_v\\ G_u & G_v\end{vmatrix}}.$$

上述公式比较复杂，我们可以通过推导，注意它的形成过程，这样对记忆有帮助. 比如可通过微分

$$\begin{cases}F_x\mathrm{d}x+F_y\mathrm{d}y+F_u\mathrm{d}u+F_v\mathrm{d}v=0,\\ G_x\mathrm{d}x+G_y\mathrm{d}y+G_u\mathrm{d}u+G_v\mathrm{d}v=0,\end{cases}$$

然后解出$\frac{\partial u}{\partial x},\frac{\partial u}{\partial y},\frac{\partial v}{\partial x},\frac{\partial v}{\partial y}$.

也可将函数 $u=u(x, y)$, $v=v(x, y)$“代入”$\begin{cases}F(x, y, u, v)=0,\\ G(x, y, u, v)=0,\end{cases}$得

$$\begin{cases}F[x, y, u(x, y), v(x, y)]\equiv 0,\\ G[x, y, u(x, y), v(x, y)]\equiv 0,\end{cases}$$

方程组对 $x$ 求偏导，得

$$\begin{cases}F_x+F_u\dfrac{\partial u}{\partial x}+F_v\dfrac{\partial v}{\partial x}=0,\\ G_x+G_u\dfrac{\partial u}{\partial x}+G_v\dfrac{\partial v}{\partial x}=0,\end{cases}$$

然后解出$\frac{\partial u}{\partial x}$和$\frac{\partial v}{\partial x}$.

同理，对 $y$ 求偏导，得

$$\begin{cases}F_y+F_u\dfrac{\partial u}{\partial y}+F_v\dfrac{\partial v}{\partial y}=0,\\ G_y+G_u\dfrac{\partial u}{\partial y}+G_v\dfrac{\partial v}{\partial y}=0,\end{cases}$$

然后解出$\frac{\partial u}{\partial y}$和$\frac{\partial v}{\partial y}$.

**例 15**　设 $u=u(x, y)$, $v=v(x, y)$ 由方程组$\begin{cases}u+v=x+y,\\ xu+yv=1\end{cases}$确定，求$\frac{\partial u}{\partial x}$, $\frac{\partial u}{\partial y}$, $\frac{\partial v}{\partial x}$, $\frac{\partial v}{\partial y}$.

这道题目可以用公式做，也可以用推导法解得，我们采取推导法.

**解法一**　在方程组$\begin{cases}u+v=x+y,\\ xu+yv=1\end{cases}$两端微分，得

$$\begin{cases}\mathrm{d}u+\mathrm{d}v=\mathrm{d}x+\mathrm{d}y,\\ x\mathrm{d}u+u\mathrm{d}x+y\mathrm{d}v+v\mathrm{d}y=0,\end{cases}$$

当 $x-y\neq 0$ 时，

$$\mathrm{d}u=-\frac{(u+y)\mathrm{d}x+(v+y)\mathrm{d}y}{x-y},\ \mathrm{d}v=\frac{(u+x)\mathrm{d}x+(v+x)\mathrm{d}y}{x-y},$$

即$\frac{\partial u}{\partial x}=-\frac{u+y}{x-y}$，$\frac{\partial u}{\partial y}=-\frac{v+y}{x-y}$，$\frac{\partial v}{\partial x}=\frac{u+x}{x-y}$，$\frac{\partial v}{\partial y}=\frac{v+x}{x-y}$.

**解法二**　在方程组$\begin{cases}u+v=x+y,\\ xu+yv=1\end{cases}$两端对$x$求导，得

$$\begin{cases}\frac{\partial u}{\partial x}+\frac{\partial v}{\partial x}=1,\\ u+x\frac{\partial u}{\partial x}+y\frac{\partial v}{\partial x}=0,\end{cases}$$

整理得

$$\frac{\partial u}{\partial x}=-\frac{u+y}{x-y},\ \frac{\partial v}{\partial x}=\frac{u+x}{x-y}(x-y\neq 0).$$

同理得$\frac{\partial u}{\partial y}=-\frac{v+y}{x-y}$，$\frac{\partial v}{\partial y}=\frac{v+x}{x-y}(x-y\neq 0)$.

**例 16**　设函数$y=y(x)$，$z=z(x)$由方程组$\begin{cases}x+y+z+z^2=1,\\ x+y^2+z+z^3=2\end{cases}$确定，试求$\frac{\mathrm{d}y}{\mathrm{d}x}$和$\frac{\mathrm{d}z}{\mathrm{d}x}$.

**解**　将方程组两端微分，得

$$\begin{cases}\mathrm{d}x+\mathrm{d}y+\mathrm{d}z+2z\mathrm{d}z=0,\\ \mathrm{d}x+2y\mathrm{d}y+\mathrm{d}z+3z^2\mathrm{d}z=0,\end{cases}$$

消去$\mathrm{d}z$，当$2y+4yz-1-3z^2\neq 0$时，得

$$\mathrm{d}y=\frac{3z^2-2z}{2y+4yz-1-3z^2}\mathrm{d}x，即\frac{\mathrm{d}y}{\mathrm{d}x}=\frac{3z^2-2z}{2y+4yz-1-3z^2}.$$

同理，消去$\mathrm{d}y$，得

$$\mathrm{d}z=\frac{1-2y}{2y+4yz-1-3z^2}\mathrm{d}x，即\frac{\mathrm{d}z}{\mathrm{d}x}=\frac{1-2y}{2y+4yz-1-3z^2}.$$

**例 17**　设函数$x=x(u,v)$，$y=y(u,v)$在点$(u,v)$的某个邻域内连续且具有一阶连续偏导数，$J=\frac{\partial(x,y)}{\partial(u,v)}=\begin{vmatrix}\frac{\partial x}{\partial u} & \frac{\partial x}{\partial v}\\ \frac{\partial y}{\partial u} & \frac{\partial y}{\partial v}\end{vmatrix}\neq 0$，试求$\frac{\partial u}{\partial x},\frac{\partial u}{\partial y},\frac{\partial v}{\partial x},\frac{\partial v}{\partial y}$.

**解**　设$\begin{cases}F(x,y,u,v)=x-x(u,v)=0,\\ G(x,y,u,v)=y-y(u,v)=0,\end{cases}$$F$和$G$在点$(x,y,u,v)$的某个邻域内连续且具有一阶连续偏导数，且

$$J=\frac{\partial(F,G)}{\partial(u,v)}=\begin{vmatrix}-\frac{\partial x}{\partial u} & -\frac{\partial x}{\partial v}\\ -\frac{\partial y}{\partial u} & -\frac{\partial y}{\partial v}\end{vmatrix}=\begin{vmatrix}\frac{\partial x}{\partial u} & \frac{\partial x}{\partial v}\\ \frac{\partial y}{\partial u} & \frac{\partial y}{\partial v}\end{vmatrix}=\frac{\partial(x,y)}{\partial(u,v)}\neq 0,$$

故在点$(x,y)$的某个邻域内存在连续且具有一阶连续偏导数的反函数$u=u(x,y)$，$v=v(x,y)$.

由$\begin{cases}\mathrm{d}x=x_u\mathrm{d}u+x_v\mathrm{d}v,\\ \mathrm{d}y=y_u\mathrm{d}u+y_v\mathrm{d}v,\end{cases}$得

$$du=\frac{y_v dx-x_v dy}{J},\quad dv=\frac{-y_u dx+x_u dy}{J},$$

因此

$$\frac{\partial u}{\partial x}=\frac{y_v}{J},\quad \frac{\partial u}{\partial y}=-\frac{x_v}{J},\quad \frac{\partial v}{\partial x}=-\frac{y_u}{J},\quad \frac{\partial v}{\partial y}=\frac{x_u}{J}.$$

## 三、方向导数与梯度

偏导数反映的是函数沿坐标轴方向的变化率，但在实际问题中，只考虑沿坐标轴方向的变化率是不够的. 例如，热空气要向冷的地方流动，气象学需要考虑大气温度、气压沿某个方向的变化率. 因此，我们需要研究函数沿任意指定方向的变化率问题. 方向导数就反映了函数在一点处沿一条特定的射线方向的变化率.

**1. 方向导数**

设函数 $z=f(x,y)$ 在点 $M_0(x_0,y_0)$ 的某个邻域 $U(M_0)$ 内有定义，$l$ 是以 $M_0(x_0,y_0)$ 为始点的一条射线，它与 $x$ 轴正向的夹角为 $\alpha$，$M(x,y)$ 为 $l$ 上任一点. 设 $|MM_0|=\rho$，则有 $x=x_0+\rho\cos\alpha$，$y=y_0+\rho\sin\alpha$（见图 6-11）. 若

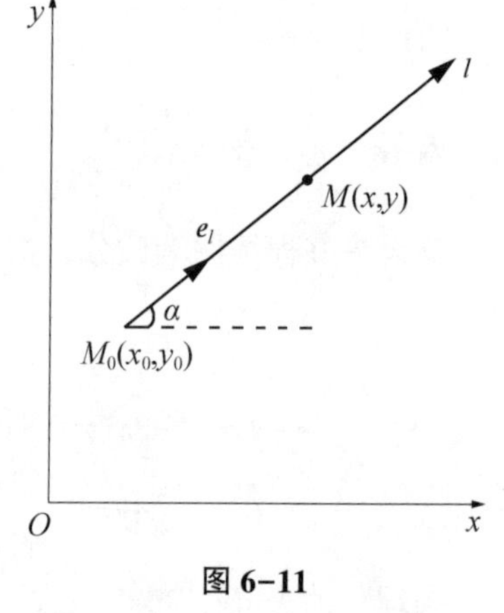

图 6-11

$$\lim_{\rho\to 0^+}\frac{\Delta z}{\rho}=\lim_{\rho\to 0^+}\frac{f(x_0+\rho\cos\alpha,\ y_0+\rho\sin\alpha)-f(x_0,\ y_0)}{\rho}$$

存在，则称此极限为函数 $z=f(x,y)$ 在点 $M_0(x_0,y_0)$ 沿方向 $l$ 的**方向导数**，记作 $\left.\frac{\partial z}{\partial l}\right|_{M_0}$，

即
$$\left.\frac{\partial z}{\partial l}\right|_{M_0}=\lim_{\rho\to 0^+}\frac{f(x_0+\rho\cos\alpha,\ y_0+\rho\sin\alpha)-f(x_0,\ y_0)}{\rho}.$$

从方向导数的定义可知，方向导数 $\left.\frac{\partial z}{\partial l}\right|_{M_0}$ 就是函数 $f(x,y)$ 在点 $M_0(x_0,y_0)$ 处沿方向 $l$ 的变化率. 偏导数存在只能推出沿 $x$ 轴、$y$ 轴平行方向的方向导数存在，不能推得其他方向的方向导数存在. 例如，若函数 $f(x,y)$ 在点 $M_0(x_0,y_0)$ 的偏导数存在，$\boldsymbol{e}_l=\boldsymbol{i}=(1,0)$，则

$$\left.\frac{\partial z}{\partial l}\right|_{M_0}=\lim_{\rho\to 0^+}\frac{f(x_0+\rho,\ y_0)-f(x_0,\ y_0)}{\rho}=f_x(x_0,\ y_0);$$

又 $\boldsymbol{e}_l=\boldsymbol{j}=(0,1)$，从而

$$\left.\frac{\partial z}{\partial l}\right|_{M_0}=\lim_{\rho\to 0^+}\frac{f(x_0,\ y_0+\rho)-f(x_0,\ y_0)}{\rho}=f_y(x_0,\ y_0).$$

方向导数的几何意义

由方向导数存在不能得到偏导数存在，方向导数是单侧极限（$\rho\geqslant 0$），而 $\frac{\partial f}{\partial x}$ 的定义中要求 $x$ 无论是从 $x_0$ 的左侧还是右侧趋于 $x_0$ 时极限存在且相等. 例如，$z=f(x,y)=\sqrt{x^2+y^2}$ 在点 $(0,0)$ 处沿方向 $\boldsymbol{e}_l=\boldsymbol{i}=(1,0)$ 的方向导数为

$$\left.\frac{\partial z}{\partial l}\right|_{(0,0)}=\lim_{\rho\to0^+}\frac{f(\rho,\ 0)-f(0,\ 0)}{\rho}=\lim_{\rho\to0^+}\frac{\sqrt{\rho^2+0^2}}{\rho}=1,$$

而$\left.\frac{\partial z}{\partial x}\right|_{(0,0)}$不存在.

$\frac{\partial z}{\partial y}$的情况类似.

方向导数的存在与计算见以下定理.

**定理 7**　若$z=f(x,\ y)$在点$M_0(x_0,\ y_0)$处可微分，则$z=f(x,\ y)$在该点处沿任一方向$l$的方向导数均存在，且$\frac{\partial z}{\partial l}=\frac{\partial z}{\partial x}\cos\alpha+\frac{\partial z}{\partial y}\sin\alpha$，其中$\alpha$为方向$l$与$x$轴正向的夹角，$\cos\alpha$和$\sin\alpha$即为方向$l$的方向余弦，即$\boldsymbol{e}_l=(\cos\alpha,\ \sin\alpha)$.

**证**　由$z=f(x,\ y)$在点$M_0(x_0,\ y_0)$处可微知，$\Delta z$可表示成

$$\Delta z=f(x_0+\Delta x,\ y_0+\Delta y)-f(x_0,\ y_0)=\left.\frac{\partial f}{\partial x}\right|_{(x_0,y_0)}\cdot\Delta x+\left.\frac{\partial f}{\partial y}\right|_{(x_0,y_0)}\cdot\Delta y+o(\rho),$$

其中$\rho=\sqrt{(\Delta x)^2+(\Delta y)^2}$. 上式两端除以$\rho$，得

$$\begin{aligned}\frac{\Delta z}{\rho}&=\frac{f(x_0+\Delta x,\ y_0+\Delta y)-f(x_0,\ y_0)}{\rho}=\left.\frac{\partial f}{\partial x}\right|_{(x_0,y_0)}\cdot\frac{\Delta x}{\rho}+\left.\frac{\partial f}{\partial y}\right|_{(x_0,y_0)}\cdot\frac{\Delta y}{\rho}+\frac{o(\rho)}{\rho}\\&=\left.\frac{\partial f}{\partial x}\right|_{(x_0,y_0)}\cos\alpha+\left.\frac{\partial f}{\partial y}\right|_{(x_0,y_0)}\sin\alpha+\frac{o(\rho)}{\rho},\end{aligned}$$

令$\rho\to0$，取极限，则得$\frac{\partial z}{\partial l}=\frac{\partial z}{\partial x}\cos\alpha+\frac{\partial z}{\partial y}\sin\alpha$.

**注**　根据定理 7 的条件可知，函数可微分则其方向导数存在，但方向导数存在，函数未必一定可微分.

**例 18**　求函数$z=x^2-xy+y^2$在点$M_0(1,\ 1)$处沿与$Ox$轴正向成$\frac{\pi}{4}$的方向$l$的方向导数.

**解**　$\frac{\partial z}{\partial x}=2x-y$，$\frac{\partial z}{\partial y}=2y-x$，这两个偏导数在$\mathbf{R}^2$上连续，从而函数$z$可微分. 因此，

$$\begin{aligned}\left.\frac{\partial z}{\partial l}\right|_{(1,1)}&=\left.\frac{\partial z}{\partial x}\right|_{(1,1)}\cdot\cos\frac{\pi}{4}+\left.\frac{\partial z}{\partial y}\right|_{(1,1)}\cdot\sin\frac{\pi}{4}\\&=1\times\frac{\sqrt{2}}{2}+1\times\frac{\sqrt{2}}{2}=\sqrt{2}.\end{aligned}$$

**例 19**　求函数$z=xy+\sin(x+2y)$在点$O(0,\ 0)$处沿方向$l=(1,\ 2)$的方向导数.

**解**　$\frac{\partial z}{\partial x}=y+\cos(x+2y)$，$\frac{\partial z}{\partial y}=x+2\cos(x+2y)$，这两个偏导数在$\mathbf{R}^2$上连续，从而函数$z$可微分. 与$l$同方向的单位向量为$\boldsymbol{e}_l=\left(\frac{1}{\sqrt{5}},\ \frac{2}{\sqrt{5}}\right)$，因此，

$$\left.\frac{\partial z}{\partial l}\right|_{(0,0)}=\left.\frac{\partial z}{\partial x}\right|_{(0,0)}\times\frac{1}{\sqrt{5}}+\left.\frac{\partial z}{\partial y}\right|_{(0,0)}\times\frac{2}{\sqrt{5}}=1\times\frac{1}{\sqrt{5}}+2\times\frac{2}{\sqrt{5}}=\sqrt{5}.$$

对于三元函数$u=f(x,\ y,\ z)$，其在空间一点$M_0(x_0,\ y_0,\ z_0)$沿方向$\boldsymbol{e}_l=(\cos\alpha,\ \cos\beta,\ \cos\gamma)$的方向导数为

$$\left.\frac{\partial u}{\partial l}\right|_{M_0}=\lim_{\rho\to0^+}\frac{f(x_0+\rho\cos\alpha,\ y_0+\rho\cos\beta,\ z_0+\rho\cos\gamma)-f(x_0,\ y_0,\ z_0)}{\rho}.$$

同样可以证明：若 $u=f(x,\ y,\ z)$ 在点 $M_0(x_0,\ y_0,\ z_0)$ 处可微，则 $u=f(x,\ y,\ z)$ 在该点处沿任一方向 $l$ 的方向导数均存在，且

$$\frac{\partial u}{\partial l}=\frac{\partial u}{\partial x}\cos\alpha+\frac{\partial u}{\partial y}\cos\beta+\frac{\partial u}{\partial z}\cos\gamma,$$

其中 $\cos\alpha$，$\cos\beta$，$\cos\gamma$ 是方向 $l$ 的方向余弦.

**例 20**　求函数 $u=xy+yz+zx$ 在点(1，1，2)处沿方向 $l$ 的方向导数，其中 $l$ 的方向角分别为 60°，45°，60°.

**解**　$\frac{\partial u}{\partial x}=y+z$，$\frac{\partial u}{\partial y}=x+z$，$\frac{\partial u}{\partial z}=y+x$，这 3 个偏导数在 $\mathbf{R}^3$ 上连续，从而函数可微分. 与方向$l$ 同方向的单位向量为 $\boldsymbol{e}_l=(\cos60°,\ \cos45°,\ \cos60°)=\left(\frac{1}{2},\ \frac{\sqrt{2}}{2},\ \frac{1}{2}\right)$，因此，

$$\begin{aligned}\left.\frac{\partial u}{\partial l}\right|_{(1,1,2)}&=\left.\frac{\partial u}{\partial x}\right|_{(1,1,2)}\times\frac{1}{2}+\left.\frac{\partial u}{\partial y}\right|_{(1,1,2)}\times\frac{\sqrt{2}}{2}+\left.\frac{\partial u}{\partial z}\right|_{(1,1,2)}\times\frac{1}{2}\\&=\frac{1}{2}(5+3\sqrt{2}).\end{aligned}$$

**例 21**　求函数 $u=x\sin yz$ 在点(1，3，0)处沿方向 $l=(1,\ 2,\ -1)$ 的方向导数.

**解**　$\frac{\partial u}{\partial x}=\sin yz$，$\frac{\partial u}{\partial y}=xz\cos yz$，$\frac{\partial u}{\partial z}=xy\cos yz$，这 3 个偏导数在 $\mathbf{R}^3$ 上连续，从而函数可微分. 与 $l$ 同方向的单位向量为$\boldsymbol{e}_l=\left(\frac{1}{\sqrt{6}},\ \frac{2}{\sqrt{6}},\ -\frac{1}{\sqrt{6}}\right)$，$\left.\left(\frac{\partial u}{\partial x},\ \frac{\partial u}{\partial y},\ \frac{\partial u}{\partial z}\right)\right|_{(1,3,0)}=(0,\ 0,\ 3)$，因此，

$$\left.\frac{\partial u}{\partial l}\right|_{(1,3,0)}=0\times\frac{1}{\sqrt{6}}+0\times\frac{2}{\sqrt{6}}+3\times\frac{-1}{\sqrt{6}}=-\frac{\sqrt{6}}{2}.$$

**2. 梯度**

方向导数反映了函数沿某射线方向的变化率. 一般说来，一个二元函数在给定点处沿不同方向的方向导数是不一样的. 在许多实际问题中需要讨论：函数沿哪个方向的方向导数最大？为此，我们引进下面的梯度概念.

**定义**　设 $z=f(x,\ y)$ 在平面区域 $D$ 内具有一阶连续偏导数，则对于每一点 $(x,\ y)\in D$，$\left(\frac{\partial z}{\partial x},\ \frac{\partial z}{\partial y}\right)$称为 $z=f(x,\ y)$ 在点 $(x,\ y)$ 处的**梯度**，记作 $\mathbf{grad}z$，即 $\mathbf{grad}z=\left(\frac{\partial z}{\partial x},\ \frac{\partial z}{\partial y}\right)$.

若记$\nabla=\left(\frac{\partial}{\partial x},\ \frac{\partial}{\partial y}\right)$，则 $\mathbf{grad}z=\nabla z$.

由方向导数的公式，若 $z=f(x,\ y)$ 具有一阶连续偏导数，则

$$\frac{\partial z}{\partial l}=\frac{\partial z}{\partial x}\cos\alpha+\frac{\partial z}{\partial y}\sin\alpha=\left(\frac{\partial z}{\partial x},\ \frac{\partial z}{\partial y}\right)\cdot(\cos\alpha,\ \sin\alpha)=\mathbf{grad}z\cdot\boldsymbol{e}_l=|\mathbf{grad}z|\cos\theta,$$

其中$\boldsymbol{e}_l=(\cos\alpha,\ \sin\alpha)$，$\theta=(\widehat{\mathbf{grad}z,\ \boldsymbol{e}_l})$，且$\left.\frac{\partial z}{\partial l}\right|_{\max}=|\mathbf{grad}z|$.

由此可知，函数在一点的梯度是这样一个向量：它的方向是函数在这点的方向导数取得最大值的方向，且最大值等于梯度的模.

**例 22**　求 $\mathbf{grad}\,\dfrac{1}{x^2+y^2}$.

**解**　这里 $f(x, y)=\dfrac{1}{x^2+y^2}$.

因为

$$\frac{\partial f}{\partial x}=-\frac{2x}{(x^2+y^2)^2},\quad \frac{\partial f}{\partial y}=-\frac{2y}{(x^2+y^2)^2},$$

所以

$$\mathbf{grad}\,\frac{1}{x^2+y^2}=-\frac{2x}{(x^2+y^2)^2}\boldsymbol{i}-\frac{2y}{(x^2+y^2)^2}\boldsymbol{j}.$$

**例 23**　设 $z=f(x, y)=x\mathrm{e}^y$.

(1) 求出 $f$ 在点 $P(2, 0)$ 处沿从 $P$ 到 $Q\left(\dfrac{1}{2}, 2\right)$ 方向的变化率.

(2) $f$ 在点 $P(2, 0)$ 处沿什么方向具有最大的增长率？最大增长率为多少？

**解**　(1) 设 $\boldsymbol{e}_l$ 是与 $\overrightarrow{PQ}$ 同方向的单位向量，则 $\boldsymbol{e}_l=\left(-\dfrac{3}{5}, \dfrac{4}{5}\right)$. 又

$$\nabla f(x, y)=(\mathrm{e}^y, x\mathrm{e}^y),$$

所以

$$\left.\frac{\partial f}{\partial l}\right|_{(2,0)}=\nabla f(2, 0)\cdot\boldsymbol{e}_l=(1, 2)\cdot\left(-\frac{3}{5}, \frac{4}{5}\right)=1.$$

(2) $f$ 在点 $P(2, 0)$ 处沿 $\nabla f(2, 0)=(1, 2)$ 方向具有最大的增长率，最大增长率为 $|\nabla f(2, 0)|=\sqrt{5}$.

梯度的概念可以自然地推广到 $n$ 元函数，以三元函数为例，设 $u=f(x, y, z)$ 具有一阶连续偏导数，则梯度为

$$\mathbf{grad}\,u=\left(\frac{\partial u}{\partial x}, \frac{\partial u}{\partial y}, \frac{\partial u}{\partial z}\right).$$

$$\begin{aligned}\frac{\partial u}{\partial l}&=\frac{\partial u}{\partial x}\cos\alpha+\frac{\partial u}{\partial y}\cos\beta+\frac{\partial u}{\partial z}\cos\gamma\\&=\left(\frac{\partial u}{\partial x}, \frac{\partial u}{\partial y}, \frac{\partial u}{\partial z}\right)\cdot(\cos\alpha, \cos\beta, \cos\gamma)\\&=\mathbf{grad}\,u\cdot\boldsymbol{e}_l=|\mathbf{grad}\,u|\cos\theta,\end{aligned}$$

其中 $\boldsymbol{e}_l=(\cos\alpha, \cos\beta, \cos\gamma)$，$\theta=(\widehat{\mathbf{grad}\,u, \boldsymbol{e}_l})$.

**例 24**　求函数 $f(x, y, z)=(x-1)^2+2(y+1)^2+3(z-2)^2-6$ 在点 $(2, 0, 1)$ 处沿向量 $(1, -2, -2)$ 方向的方向导数.

**解**　$\mathbf{grad}\,f=\left(\dfrac{\partial f}{\partial x}, \dfrac{\partial f}{\partial y}, \dfrac{\partial f}{\partial z}\right)=(2(x-1), 4(y+1), 6(z-2))$,

$\mathbf{grad}\,f(2, 0, 1)=(2, 4, -6)$,

$\boldsymbol{e}_l=\left(\dfrac{1}{3}, -\dfrac{2}{3}, -\dfrac{2}{3}\right)$,

因此，$\left.\dfrac{\partial f}{\partial l}\right|_{(2,0,1)}=\mathbf{grad}\,f(2, 0, 1)\cdot\boldsymbol{e}_l=(2, 4, -6)\cdot\left(\dfrac{1}{3}, -\dfrac{2}{3}, -\dfrac{2}{3}\right)=2.$

### *3. 数量场与向量场简介

所谓场，就是一种分布. 气压、气温、电位、电场强度、流体密度、速度等由空间位置及时间所确定的物理量，它们在空间或在部分空间上的分布就称为**场**.

若形成场的物理量是数量，则称为**数量场**，即如果对于空间区域 $G$ 内的任一点 $M$，都有一个确定的数量函数 $f(M)$，则称在空间区域 $G$ 内确定了一个数量场. 一个数量场可用一个数量函数 $f(M)$ 来确定，比如，大气温度的分布、流体密度的分布都形成数量场.

若形成场的物理量是向量，则称为**向量场**，即如果对于空间区域 $G$ 内的任一点 $M$，都有一个确定的向量值函数 $\boldsymbol{f}(M)$，则称在空间区域 $G$ 内确定了一个向量场. 一个向量场可用一个向量值函数 $\boldsymbol{f}(M)$ 来确定，比如，流体流动速度的分布、电场强度的分布都形成向量场.

若向量场 $\boldsymbol{f}(M)$ 是某个数量函数 $f(M)$ 的梯度场 $\mathbf{grad} f(M)$，则称 $f(M)$ 是向量场 $\boldsymbol{f}(M)$ 的一个势函数，并称向量场 $\boldsymbol{f}(M)$ 是一个势场.

**注**　任何一个向量场并不一定都是势场，因为它不一定是某个数量函数的梯度场.

**例 25**　试求数量场 $\dfrac{m}{r}$ 所产生的梯度场，其中常数 $m>0$，$r=\sqrt{x^2+y^2+z^2}$ 为原点 $O$ 到点 $M(x, y, z)$ 的距离.

**解**　$\dfrac{\partial}{\partial x}\left(\dfrac{m}{r}\right)=-\dfrac{m}{r^2}\dfrac{\partial r}{\partial x}=-\dfrac{mx}{r^3}$，同理，$\dfrac{\partial}{\partial y}\left(\dfrac{m}{r}\right)=-\dfrac{my}{r^3}$，$\dfrac{\partial}{\partial z}\left(\dfrac{m}{r}\right)=-\dfrac{mz}{r^3}$，故

$$\mathbf{grad}\,\frac{m}{r}=\left(-\frac{mx}{r^3},\ -\frac{my}{r^3},\ -\frac{mz}{r^3}\right)=-\frac{m}{r^2}\left(\frac{x}{r},\ \frac{y}{r},\ \frac{z}{r}\right).$$

若用 $\boldsymbol{e}_r$ 表示与 $\overrightarrow{OM}$ 同方向的单位向量，即 $\boldsymbol{e}_r=\left(\dfrac{x}{r},\ \dfrac{y}{r},\ \dfrac{z}{r}\right)$，则

$$\mathbf{grad}\,\frac{m}{r}=-\frac{m}{r^2}\boldsymbol{e}_r.$$

上式右端在力学上可解释为：位于原点 $O$ 而质量为 $m$ 的质点对位于点 $M$ 而质量为 1 的质点的引力. 这引力的大小与两质点的质量的乘积成正比，而与它们之间的距离的平方成反比. 这引力的方向由点 $M$ 指向原点. 因此，数量场 $\dfrac{m}{r}$ 的势场即梯度场 $\mathbf{grad}\,\dfrac{m}{r}$，称为**引力场**，而函数 $\dfrac{m}{r}$ 称为**引力势**.

［随堂测］

1. 设 $u=xy^2z^3$，而 $z=z(x, y)$ 由 $x^2+y^2+z^2-3xyz=0$ 确定，求 $\left.\dfrac{\partial u}{\partial x}\right|_{(1,1,1)}$.

2. 设 $z=f(x^2-y^2,\ xy)$，其中 $z=f(u, v)$ 具有二阶连续偏导数，

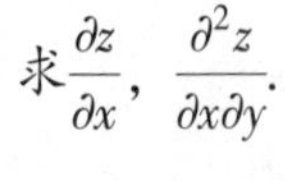

求 $\dfrac{\partial z}{\partial x}$，$\dfrac{\partial^2 z}{\partial x\partial y}$.

3. $\left.\mathbf{grad}\left(xy+\dfrac{z}{y}\right)\right|_{(2,1,1)}$ ________.

**[知识拓展]**

在数学学习的过程中，找对正确的记忆方法会缩短记忆过程，善于利用直观图形会让抽象公式具体化. 在复合函数求导的过程中，充分利用“树图”会让我们快速理顺函数关系，为正确求导打下坚实的基础；在隐函数求导过程中，公式法和求导法各有千秋；而在理解方向导数和偏导数之间的关系时，概念的几何意义的辅助功能功不可没.

# 习题 6-3

1. 下列函数确定了 $z$ 是 $t$ 的函数，求 $\frac{\mathrm{d}z}{\mathrm{d}t}$.

(1) $z=\mathrm{e}^{uv}$，$u=\sin t$，$v=\cos t$.

(2) $z=\arcsin(x-y^2)$，$x=3t$，$y=4t^2$.

(3) $z=\ln(x+y)+\arctan t$，$x=2t$，$y=2t^3$.

(4) $z=\tan(3t+2x^2-y^2)$，$x=\frac{1}{t}$，$y=\sqrt{t}$.

2. 设 $z=u^2\ln v$，$u=\frac{y}{x}$，$v=2x-3y$，求 $\frac{\partial z}{\partial x}$ 和 $\frac{\partial z}{\partial y}$.

3. 设 $z=\mathrm{e}^u\sin v$，而 $u=xy$，$v=x+y$，求 $\frac{\partial z}{\partial x}$ 和 $\frac{\partial z}{\partial y}$.

4. 设 $z=x^2y-xy^2$，$x=r\cos\theta$，$y=r\sin\theta$，求 $\frac{\partial z}{\partial r}$ 和 $\frac{\partial z}{\partial \theta}$.

5. 设 $u=\sin x+F(\sin y-\sin x)$，其中 $F$ 是可微函数，证明：

$$\frac{\partial u}{\partial x}\cos y+\frac{\partial u}{\partial y}\cos x=\cos x\cdot\cos y.$$

6. 设 $f$ 具有一阶连续偏导数，求下列函数的一阶偏导数.

(1) $z=f(3x+2y,\ 4x-3y)$.

(2) $z=f(x^2-y^2,\ \mathrm{e}^{xy})$.

(3) $z=f(y\ln x,\ 2x+3y)$.

(4) $z=f\left(\frac{y}{x},\ \frac{x}{y}\right)$.

(5) $z=f(x,\ x+y,\ x-y)$.

(6) $u=f(x,\ xy,\ xyz)$.

7. 设 $w=f(x+xy+xyz)$，其中 $f(u)$ 具有连续的导数，求 $\frac{\partial w}{\partial x},\frac{\partial w}{\partial y},\frac{\partial w}{\partial z}$.

8. 设 $z=f(\mathrm{e}^{xy},\ x^2-y^2)$，其中 $f(\xi,\ \eta)$ 有连续的二阶偏导数，求 $\frac{\partial z}{\partial y}$ 和 $\frac{\partial^2 z}{\partial y^2}$.

9. 设 $w=f(x+y+z,\ xyz)$，其中 $f(\xi,\ \eta)$ 有二阶连续偏导数，求 $\frac{\partial w}{\partial x}$ 和 $\frac{\partial^2 w}{\partial x\partial z}$.

10. 设 $z=f(x^2+y^2)$，其中 $f(n)$ 有二阶连续导数，求 $\frac{\partial^2 z}{\partial x^2},\frac{\partial^2 z}{\partial y^2},\frac{\partial^2 z}{\partial x\partial y}$.

11. 设 $z=f(u, x, y)$，而 $u=xe^y$，其中函数 $f$ 有二阶连续偏导数，求 $\frac{\partial^2 z}{\partial x^2},\frac{\partial^2 z}{\partial y^2},\frac{\partial^2 z}{\partial x\partial y}$.

12. 设 $z=e^u\sin v$，而 $u=xy$，$v=x+y$，利用全微分形式的不变性求 $z_x$ 和 $z_y$.

13. 利用全微分形式的不变性求函数 $u=\frac{x}{x^2+y^2+z^2}$ 的偏导数.

14. 下列方程确定了 $y$ 是 $x$ 的函数，求 $\frac{\mathrm{d}y}{\mathrm{d}x}$.

(1) $\sin y+e^x-xy^2=0$.

(2) $\ln\sqrt{x^2+y^2}=\arctan\frac{y}{x}$.

(3) $y=1+xe^y$.

(4) $x^y=y^x$.

15. 下列方程确定了 $z$ 是 $x$ 和 $y$ 的函数，求 $\frac{\partial z}{\partial x}$ 和 $\frac{\partial z}{\partial y}$.

(1) $e^x-xyz=0$.

(2) $z^3-3xyz=0$.

(3) $2xz+\ln(xyz)=0$.

(4) $\sin(x-2y+3z)=x+2y-3z$.

(5) $x^2+y^2+2x-2yz=e^z$.

(6) $z^3-3xyz=a^3$（$a$ 是常数）.

16. 设 $x^2+y^2+z^2-4z=0$，求 $\frac{\partial^2 z}{\partial x^2}$.

17. 设 $z=z(x, y)$ 由方程 $x^2+y^2+z^2=yf(z)$ 所确定（其中 $yf'\neq 2z$），试求 $\frac{\partial z}{\partial x}$ 和 $\frac{\partial z}{\partial y}$.

18. 设 $x^2+y^2+z^2=3xyz$（∗），$f(x, y, z)=xy^2z^3$.

(1) 设 $z=z(x, y)$ 是由方程（∗）所确定的隐函数，求 $f_x(1, 1, 1)$.

(2) 设 $y=y(x, z)$ 是由方程（∗）所确定的隐函数，求 $f_x(1, 1, 1)$.

19. 设方程 $x+y+z=e^z$ 确定了隐函数 $z=z(x, y)$，求 $\frac{\partial^2 z}{\partial x^2},\frac{\partial^2 z}{\partial x\partial y},\frac{\partial^2 z}{\partial y^2}$.

20. 设 $z=xy+u$，$u=\varphi(x, y)$，求 $\frac{\partial z}{\partial x},\frac{\partial^2 z}{\partial x^2},\frac{\partial^2 z}{\partial x\partial y}$.

21. 求下列方程组确定的函数的导数或偏导数.

(1) $\begin{cases}z=x^2+y^2,\\ x^2+2y^2+3z^2=20,\end{cases}$ 求 $\frac{\mathrm{d}y}{\mathrm{d}x}$ 和 $\frac{\mathrm{d}z}{\mathrm{d}x}$.

(2) $\begin{cases}x^2+y^2=\frac{1}{2}z^2,\\ x+y+z=2,\end{cases}$ 求 $\frac{\mathrm{d}x}{\mathrm{d}z}$ 和 $\frac{\mathrm{d}y}{\mathrm{d}z}$.

（3）$\begin{cases} u^3+xv-y=0, \\ v^3+yu-x=0, \end{cases}$求$\dfrac{\partial u}{\partial x}$和$\dfrac{\partial v}{\partial x}$.

（4）$\begin{cases} x+y=u+v, \\ x\sin v=y\sin u, \end{cases}$求$\dfrac{\partial u}{\partial y}$和$\dfrac{\partial v}{\partial y}$.

22. 设函数 $u=x^2+yz$，而 $z=z(x, y)$ 是由方程 $z=f(x, y+z)$ 确定的可微函数，其中 $f(\xi, \eta)$ 具有连续的偏导数且 $f_2'\neq 1$，求偏导数$\dfrac{\partial u}{\partial x}$和$\dfrac{\partial u}{\partial y}$.

23. 设 $y=f(x, t)$，其中 $t=t(x, y)$ 由方程 $F(x, y, t)=0$ 确定，求 $y$ 对 $x$ 的导数，其中函数 $f$ 和 $F$ 均可微.

24. 设 $u=f(x, y, z)$，$y=\varphi(x, t)$，$t=\psi(x, z)$，其中 $f,\varphi,\psi$ 均可微，求$\dfrac{\partial u}{\partial x}$.

25. 设函数 $z=f(x^2-y^2, x^y)$，其中 $f(\xi, \eta)$ 具有二阶连续偏导数，求$\dfrac{\partial^2 z}{\partial x\partial y}$.

26. 设函数 $u=f\left(xy, \dfrac{x}{y}\right)$，其中 $f(\xi, \eta)$ 具有二阶连续偏导数，求$\dfrac{\partial^2 u}{\partial x\partial y}$.

27. 设函数 $f(u)$ 可微，$\varphi'(u)$ 连续且 $\varphi'(u)\neq 1$，$P(t)$ 连续，又 $z=f(u)$ 且 $u=\varphi(u)+\int_y^x P(t)\,\mathrm{d}t$，求 $P(x)\dfrac{\partial z}{\partial y}+P(y)\dfrac{\partial z}{\partial x}$.

28. 设 $z=z(x, y)$ 为可微函数，且当 $y=x^2$ 时有 $z(x, y)=1$ 及$\dfrac{\partial z}{\partial x}=x(x\neq 0)$，求当$y=x^2$时的$\dfrac{\partial z}{\partial y}$.

29. 设 $u=f(z)$，$z=y+x\varphi(z)$，其中 $f$ 和 $\varphi$ 可导且 $1-x\varphi'(z)\neq 0$，求$\dfrac{\partial u}{\partial x}$和$\dfrac{\partial u}{\partial y}$.

30. 设函数 $u(x, y)$ 满足方程 $F\left(\dfrac{\partial u}{\partial x}, \dfrac{\partial u}{\partial y}\right)=0$，其中 $u(x, y)$ 具有二阶连续偏导数，$F$ 具有不同时为零的偏导数 $F_1'$ 和 $F_2'$，求$\dfrac{\partial^2 u}{\partial x^2}\cdot\dfrac{\partial^2 u}{\partial y^2}-\left(\dfrac{\partial^2 u}{\partial x\partial y}\right)^2$.

31. 求函数 $z=x^2+y^2$ 在点$(1, 2)$处沿从该点到点$(2, 2+\sqrt{3})$的方向的方向导数.

32. 求函数 $z=\cos(x+y)$ 在点$\left(0, \dfrac{\pi}{2}\right)$处沿向量$(3, -4)$的方向的方向导数.

33. 求函数 $z=\ln(x^2+y^2)$ 在点$(1, 1)$处沿方向余弦 $\cos\alpha=\dfrac{1}{2}$，$\cos\beta=\dfrac{\sqrt{3}}{2}$的方向的方向导数.

34. 求函数 $u=xy^2+z^3-xyz$ 在点$(1, 1, 2)$处沿方向角 $\alpha=\dfrac{\pi}{3}$，$\beta=\dfrac{\pi}{4}$，$\gamma=\dfrac{\pi}{3}$的方向的方向导数.

35. 求函数 $u=\left(\dfrac{x}{y}\right)^z$ 在点$(1, 1, 1)$处沿向量$(2, 1, -1)$的方向的方向导数.

36. 设 $f(x, y, z)=x^2+y^2+z^2$，求 $\mathbf{grad}f(1, -1, 2)$.

37. 求函数 $u=x^2+2y^2+3z^2+3x-2y$ 在点(1，1，2)处的梯度. 在哪些点处梯度为 0？

38. 函数 $u=xy^2+z^3-xyz$ 在点 $P_0(1, 1, 1)$处沿哪个方向的方向导数最大？最大值是多少？

39. 设 $f(r)$ 为可微函数，$r=|\boldsymbol{r}|$，$\boldsymbol{r}=x\boldsymbol{i}+y\boldsymbol{j}+z\boldsymbol{k}$. 求 $\mathbf{grad}f(r)$.

40. 设向量 $\boldsymbol{u}=3\boldsymbol{i}-4\boldsymbol{j}$，$\boldsymbol{v}=4\boldsymbol{i}+3\boldsymbol{j}$，函数 $f(x, y)$ 在点 $P$ 处可微且 $\left.\dfrac{\partial f}{\partial u}\right|_P=-6$，$\left.\dfrac{\partial f}{\partial v}\right|_P=17$，求 $\mathrm{d}f|_P$.

41. 一块金属板在 $xOy$ 平面上占据的区域是 $D=\{(x, y)\mid 0\leqslant x\leqslant 1, 0\leqslant y\leqslant 1\}$，已知板上各点的温度是 $T=xy(1-x)(1-y)$，在点 $\left(\dfrac{1}{4}, \dfrac{1}{3}\right)$处有一只昆虫，为了尽可能快地逃到冷的地方，它应当按什么方向运动？

42. 求函数 $u=\dfrac{x^2}{a^2}+\dfrac{y^2}{b^2}+\dfrac{z^2}{c^2}$(其中常数 $a>0$，$b>0$，$c>0$)在已知点 $M(x, y, z)$处沿此点的向径 $\boldsymbol{r}$ 的方向导数. 当 $a,b,c$ 为何关系时，可使方向导数等于梯度的模.

# 第四节　多元函数微分学的应用

[**课前导读**]

在一元函数微分学中，我们介绍了平面曲线的切线和法线.

若一元函数 $y=f(x)(x\in D)$ 在 $D$ 上可导，且其在某一点 $x_0\in D$ 的切线斜率 $k=f'(x_0)\neq 0$，则对应点的切线方程为 $y-y_0=f'(x_0)(x-x_0)$；法线方程为 $(x-x_0)+f'(x_0)(y-y_0)=0$.

若一元函数用参数方程 $\begin{cases}x=\varphi(t),\\ y=\psi(t),\end{cases} t\in[\alpha, \beta]$ 来表示，其中 $\varphi(t)$，$\psi(t)$ 在 $[\alpha, \beta]$ 上可导，且导数 $\varphi'(t)\neq 0$，则在点 $t_0\in(\alpha, \beta)$ 处的切线斜率为 $\dfrac{\psi'(t_0)}{\varphi'(t_0)}$，对应点的切线方程为 $\dfrac{y-y_0}{\psi'(t_0)}=\dfrac{x-x_0}{\varphi'(t_0)}$；法线方程为 $\varphi'(t_0)(x-x_0)+\psi'(t_0)(y-y_0)=0$.

## 一、空间曲线的切线与法平面

类似于平面曲线切线的概念，一条空间曲线 $\Gamma$ 在点 $M_0(x_0, y_0, z_0)\in\Gamma$ 处的切线是这样定义的：在曲线 $\Gamma$ 上任取一点 $M(x_0+\Delta x, y_0+\Delta y, z_0+\Delta z)$，作割线 $M_0M$，则当点 $M$ 沿曲线 $\Gamma$ 趋近于 $M_0$ 时，割线的极限位置 $M_0T$ 称为空间曲线 $\Gamma$ 在点 $M_0(x_0, y_0, z_0)$处的**切线**，点 $M_0$ 为**切点**(见图 6-12).

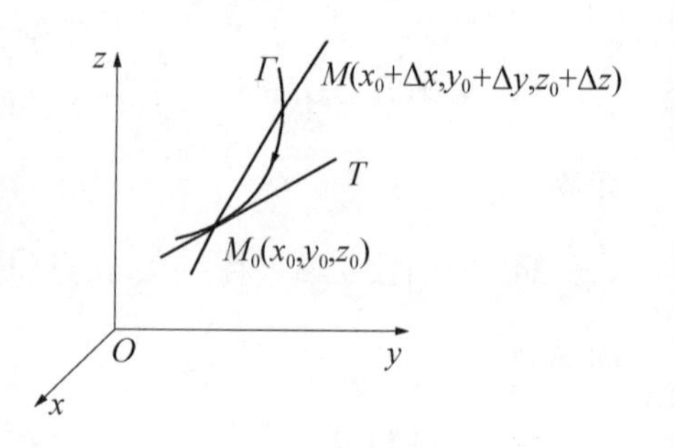


图 6-12

过点 $M_0(x_0, y_0, z_0)$并与空间曲线 $\Gamma$ 在点 $M_0$ 处的切线 $M_0T$ 垂直的平面称为空间曲线 $\Gamma$ 在点 $M_0$ 处的**法平面**.

**1. 空间曲线 $\Gamma$: $\begin{cases}x=\varphi(t),\\ y=\psi(t),\\ z=\omega(t)\end{cases}$ 的切线和法平面**

设空间曲线 $\Gamma$ 的参数方程为 $\begin{cases}x=\varphi(t),\\ y=\psi(t),t\in[\alpha,\ \beta],\\ z=\omega(t),\end{cases}$ 其中 $\varphi(t),\psi(t),\omega(t)$ 在 $[\alpha,\ \beta]$ 上可导，且不同时为零.

现在求曲线 $\Gamma$ 上一点 $M_0(x_0,\ y_0,\ z_0)$ 处的切线方程和法平面方程.

设与点 $M_0$ 对应的参数为 $t_0$，与点 $M(x_0+\Delta x,\ y_0+\Delta y,\ z_0+\Delta z)$ 对应的参数为 $t_0+\Delta t$，显然，当 $M\to M_0$ 时，有 $\Delta t\to 0$.

由于向量 $\overrightarrow{M_0M}(\Delta x,\ \Delta y,\ \Delta z)$ 是割线 $M_0M$ 的一个方向向量，点 $M_0(x_0,\ y_0,\ z_0)$ 在割线上，于是割线的方程为

$$\frac{x-x_0}{\Delta x}=\frac{y-y_0}{\Delta y}=\frac{z-z_0}{\Delta z}.$$

上式各个分母同除以 $\Delta t$，得

$$\frac{x-x_0}{\dfrac{\Delta x}{\Delta t}}=\frac{y-y_0}{\dfrac{\Delta y}{\Delta t}}=\frac{z-z_0}{\dfrac{\Delta z}{\Delta t}},$$

令 $M\to M_0$，相应地 $\Delta t\to 0$，对上式分母求极限，便得到空间曲线在点 $M_0$ 处的切线方程，即

$$\frac{x-x_0}{\varphi'(t_0)}=\frac{y-y_0}{\psi'(t_0)}=\frac{z-z_0}{\omega'(t_0)}.$$

向量 $\boldsymbol{\tau}\big|_{t=t_0}=(\varphi'(t_0),\ \psi'(t_0),\ \omega'(t_0))$ 是切线的方向向量，又叫作**切向量**.

由于曲线 $\Gamma$ 在点 $M_0$ 处的切线与法平面垂直，可知此法平面的法向量正是切线的方向向量(切向量)，因此法平面的点法式方程为

$$\varphi'(t_0)\cdot(x-x_0)+\psi'(t_0)\cdot(y-y_0)+\omega'(t_0)\cdot(z-z_0)=0.$$

**注**　求空间曲线的切线与法平面方程的关键在于求出其切向量.

**例 1**　求曲线 $\begin{cases}x=a\cos t,\\ y=a\sin t,\\ z=bt\end{cases}$ $(a,\ b\in\mathbf{R},\ a\neq 0,\ b\neq 0)$ 在点 $M_0(a,\ 0,\ 0)$ 的切线和法平面方程.

**解**　点 $M_0(a,\ 0,\ 0)$ 对应的参数为 $t=0$，由于

$$\left.\frac{\mathrm{d}x}{\mathrm{d}t}\right|_{t=0}=-a\sin t\big|_{t=0}=0,$$

$$\left.\frac{\mathrm{d}y}{\mathrm{d}t}\right|_{t=0}=a\cos t\big|_{t=0}=a,$$

$$\left.\frac{\mathrm{d}z}{\mathrm{d}t}\right|_{t=0}=b,$$

所以曲线在点 $M_0(a, 0, 0)$ 处的切线方程为

$$\frac{x-a}{0}=\frac{y}{a}=\frac{z}{b},$$

即

$$\begin{cases}x-a=0,\\ \dfrac{y}{a}=\dfrac{z}{b}\end{cases};$$

法平面方程为

$$ay+bz=0.$$

**例 2**　求曲线 $\begin{cases}x=a\sin^2 t,\\ y=b\sin t\cos t,\\ z=c\cos^2 t\end{cases}$ 在 $t=\dfrac{\pi}{4}$ 对应点的切线及法平面方程.

**解**　$\boldsymbol{\tau}=(a\sin 2t, b\cos 2t, -c\sin 2t)$，$\boldsymbol{\tau}\big|_{t=\frac{\pi}{4}}=(a, 0, -c)$，

$t=\dfrac{\pi}{4}$ 时曲线上对应点坐标为 $\left(\dfrac{a}{2}, \dfrac{b}{2}, \dfrac{c}{2}\right)$，因此所求切线方程为

$$\frac{x-\frac{a}{2}}{a}=\frac{y-\frac{b}{2}}{0}=\frac{z-\frac{c}{2}}{-c}，即\begin{cases}y=\dfrac{b}{2},\\ \dfrac{x-\frac{a}{2}}{a}=\dfrac{z-\frac{c}{2}}{-c}\end{cases};$$

法平面方程为 $a\left(x-\dfrac{a}{2}\right)+0\left(y-\dfrac{b}{2}\right)-c\left(z-\dfrac{c}{2}\right)=0$，即

$$ax-cz-\frac{a^2-c^2}{2}=0.$$

**例 3**　在曲线 $\begin{cases}x=t,\\ y=t^2,\\ z=t^3\end{cases}$ 上求出一点，使此点的切线平行于平面 $x+2y+z-4=0$.

**解**　曲线的切向量为 $\boldsymbol{\tau}=\left(\dfrac{dx}{dt}, \dfrac{dy}{dt}, \dfrac{dz}{dt}\right)=(1, 2t, 3t^2)$，已知平面的法向量为 $\boldsymbol{n}=(1, 2, 1)$，由 $\boldsymbol{\tau}\perp\boldsymbol{n}$，即 $\boldsymbol{\tau}\cdot\boldsymbol{n}=1+4t+3t^2=0$，得 $t_1=-\dfrac{1}{3}$，$t_2=-1$，因此所求点为 $\left(-\dfrac{1}{3}, \dfrac{1}{9}, -\dfrac{1}{27}\right)$ 和 $(-1, 1, -1)$.

### 2. 空间曲线 $\Gamma$: $\begin{cases}y=\psi(x),\\ z=\omega(x)\end{cases}$ 的切线和法平面

若空间曲线 $\Gamma$ 以两个柱面的交线的形式给出，比如 $\Gamma$：$\begin{cases}y=\psi(x),\\ z=\omega(x),\end{cases}$ 则可取 $x$ 为参数，有 $\begin{cases}x=x,\\ y=\psi(x),\\ z=\omega(x),\end{cases}$ 其任一点处的切向量为 $\boldsymbol{\tau}=(1, \psi'(x), \omega'(x))$.

因此，空间曲线 $\Gamma$ 在点 $M_0(x_0, y_0, z_0)$ 处的切线方程为

$$\frac{x-x_0}{1}=\frac{y-y_0}{\psi'(x_0)}=\frac{z-z_0}{\omega'(x_0)},$$

法平面方程为

$$(x-x_0)+\psi'(x_0)\cdot(y-y_0)+\omega'(x_0)\cdot(z-z_0)=0.$$

**例 4**　求曲线 $\Gamma$: $\begin{cases}y=2x^3,\\z=x+3\end{cases}$ 在点 $M(1, 2, 4)$ 处的切线及法平面方程.

**解**　$\boldsymbol{\tau}=(1, 6x^2, 1)$，$\boldsymbol{\tau}|_{x=1}=(1, 6, 1)$，
因此所求切线方程为

$$\frac{x-1}{1}=\frac{y-2}{6}=\frac{z-4}{1};$$

法平面方程为

$$(x-1)+6(y-2)+(z-4)=0,$$

即

$$x+6y+z-17=0.$$

**3. 空间曲线 $\Gamma$: $\begin{cases}F(x, y, z)=0,\\G(x, y, z)=0\end{cases}$ 的切线和法平面**

若空间曲线 $\Gamma$ 以一般方程形式(两个曲面的交线)$\begin{cases}F(x, y, z)=0,\\G(x, y, z)=0\end{cases}$ 给出，这里与隐函数存在定理的条件一样，仍要求 $F$ 和 $G$ 在点 $M_0(x_0, y_0, z_0)$ 处具有连续偏导数，$\begin{cases}F(x_0, y_0, z_0)=0,\\G(x_0, y_0, z_0)=0,\end{cases}$ 且 $\left.\dfrac{\partial(F, G)}{\partial(y, z)}\right|_{M_0}\neq 0$，因此由隐函数存在定理知，$\begin{cases}F(x, y, z)=0,\\G(x, y, z)=0\end{cases}$ 必在点 $M_0$ 的某个邻域内能唯一地确定具有连续导数的函数 $y=\psi(x)$ 和 $z=\omega(x)$.

这样空间曲线 $\Gamma$ 的表达式可认为是

$$\begin{cases}x=x,\\y=\psi(x),\\z=\omega(x),\end{cases}$$

切向量为 $\boldsymbol{\tau}=(1, \psi'(x), \omega'(x))=\left(1, \dfrac{\mathrm{d}y}{\mathrm{d}x}, \dfrac{\mathrm{d}z}{\mathrm{d}x}\right)$. 而 $\dfrac{\mathrm{d}y}{\mathrm{d}x}$ 和 $\dfrac{\mathrm{d}z}{\mathrm{d}x}$ 可用下列方法获得.

由 $\begin{cases}F(x, y, z)=0,\\G(x, y, z)=0,\end{cases}$ 等式两边同时对 $x$ 求导，得

$$\begin{cases}F_x+F_y\dfrac{\mathrm{d}y}{\mathrm{d}x}+F_z\dfrac{\mathrm{d}z}{\mathrm{d}x}=0,\\[2ex]G_x+G_y\dfrac{\mathrm{d}y}{\mathrm{d}x}+G_z\dfrac{\mathrm{d}z}{\mathrm{d}x}=0,\end{cases}$$

解方程组求得 $\dfrac{\mathrm{d}y}{\mathrm{d}x}$ 和 $\dfrac{\mathrm{d}z}{\mathrm{d}x}$ 的表达式：

$$\frac{\mathrm{d}y}{\mathrm{d}x}=\psi'(x)=\frac{\begin{vmatrix}F_z & F_x\\ G_z & G_x\end{vmatrix}}{\begin{vmatrix}F_y & F_z\\ G_y & G_z\end{vmatrix}};\qquad \frac{\mathrm{d}z}{\mathrm{d}x}=\omega'(x)=\frac{\begin{vmatrix}F_x & F_y\\ G_x & G_y\end{vmatrix}}{\begin{vmatrix}F_y & F_z\\ G_y & G_z\end{vmatrix}}.$$

从而$\boldsymbol{\tau}'|_{x=x_0}=(1,\ \psi'(x_0),\ \omega'(x_0))$是曲线$\Gamma$在点$M_0(x_0,\ y_0,\ z_0)$处的一个切向量，这里

$$\psi'(x_0)=\frac{\begin{vmatrix}F_z & F_x\\ G_z & G_x\end{vmatrix}_{M_0}}{\begin{vmatrix}F_y & F_z\\ G_y & G_z\end{vmatrix}_{M_0}};\qquad \omega'(x_0)=\frac{\begin{vmatrix}F_x & F_y\\ G_x & G_y\end{vmatrix}_{M_0}}{\begin{vmatrix}F_y & F_z\\ G_y & G_z\end{vmatrix}_{M_0}}.$$

分子分母带下标$M_0$的行列式表示行列式在点$M_0(x_0,\ y_0,\ z_0)$的值.

把上面的切向量乘以$\begin{vmatrix}F_y & F_z\\ G_y & G_z\end{vmatrix}_{M_0}$，得到的向量

$$\boldsymbol{\tau}|_{M_0}=\left(\begin{vmatrix}F_y & F_z\\ G_y & G_z\end{vmatrix}_{M_0},\ \begin{vmatrix}F_z & F_x\\ G_z & G_x\end{vmatrix}_{M_0},\ \begin{vmatrix}F_x & F_y\\ G_x & G_y\end{vmatrix}_{M_0}\right)$$

也是曲线$\Gamma$在点$M_0(x_0,\ y_0,\ z_0)$处的一个切向量.

继而得到对应曲线$\Gamma$在点$M_0(x_0,\ y_0,\ z_0)$处的切线方程为

$$\frac{x-x_0}{\begin{vmatrix}F_y & F_z\\ G_y & G_z\end{vmatrix}_{M_0}}=\frac{y-y_0}{\begin{vmatrix}F_z & F_x\\ G_z & G_x\end{vmatrix}_{M_0}}=\frac{z-z_0}{\begin{vmatrix}F_x & F_y\\ G_x & G_y\end{vmatrix}_{M_0}};$$

法平面方程为

$$\begin{vmatrix}F_y & F_z\\ G_y & G_z\end{vmatrix}_{M_0}(x-x_0)+\begin{vmatrix}F_z & F_x\\ G_z & G_x\end{vmatrix}_{M_0}(y-y_0)+\begin{vmatrix}F_x & F_y\\ G_x & G_y\end{vmatrix}_{M_0}(z-z_0)=0.$$

**注 1**　由行列式的定义可知，借助于三阶行列式，我们可以把上述的切向量表示为

$$\boldsymbol{\tau}|_{M_0}=\begin{vmatrix}\boldsymbol{i} & \boldsymbol{j} & \boldsymbol{k}\\ F_x & F_y & F_z\\ G_x & G_y & G_z\end{vmatrix},$$

这样比较方便记忆.

**注 2**　若$\left.\frac{\partial(F,\ G)}{\partial(y,\ z)}\right|_{M_0}=0$，而$\left.\frac{\partial(F,\ G)}{\partial(x,\ y)}\right|_{M_0}$或$\left.\frac{\partial(F,\ G)}{\partial(z,\ x)}\right|_{M_0}$中至少有一个不为零时，我们同样可得到结果.

比如，$\left.\frac{\partial(F,\ G)}{\partial(x,\ y)}\right|_{M_0}\neq 0$(其他条件不变)，则可唯一确定$x=x(z)$，$y=y(z)$.

**例 5**　求曲线$\begin{cases}x^2+y^2+z^2=6,\\ x+y+z=0\end{cases}$在点(1，-2，1)处的切线及法平面方程.

**解法一**　设$F(x,\ y,\ z)=x^2+y^2+z^2-6$，$G(x,\ y,\ z)=x+y+z$，则

$$\left.\frac{\partial(F,G)}{\partial(y,z)}\right|_{M_0}=\left.\begin{vmatrix}F_y & F_z\\ G_y & G_z\end{vmatrix}\right|_{M_0}=\left.\begin{vmatrix}2y & 2z\\ 1 & 1\end{vmatrix}\right|_{(1,-2,1)}=-4-2=-6,$$

$$\left.\frac{\partial(F,G)}{\partial(z,x)}\right|_{M_0}=\left.\begin{vmatrix}F_z & F_x\\ G_z & G_x\end{vmatrix}\right|_{M_0}=\left.\begin{vmatrix}2z & 2x\\ 1 & 1\end{vmatrix}\right|_{(1,-2,1)}=2-2=0,$$

$$\left.\frac{\partial(F,G)}{\partial(x,y)}\right|_{M_0}=\left.\begin{vmatrix}F_x & F_y\\ G_x & G_y\end{vmatrix}\right|_{M_0}=\left.\begin{vmatrix}2x & 2y\\ 1 & 1\end{vmatrix}\right|_{(1,-2,1)}=2-(-4)=6,$$

故切向量 $\boldsymbol{\tau}|_{(1,-2,1)}=(1,0,-1)$.

所求切线方程为

$$\frac{x-1}{1}=\frac{y+2}{0}=\frac{z-1}{-1},$$

即

$$\begin{cases}x+z-2=0,\\ y+2=0;\end{cases}$$

法平面方程为

$$1\cdot(x-1)+0\cdot(y+2)-1\cdot(z-1)=0,$$

即

$$x-z=0.$$

**解法二** $\left.\dfrac{\partial(F,G)}{\partial(y,z)}\right|_{M_0}=\left.\begin{vmatrix}F_y & F_z\\ G_y & G_z\end{vmatrix}\right|_{M_0}=\left.\begin{vmatrix}2y & 2z\\ 1 & 1\end{vmatrix}\right|_{(1,-2,1)}=-4-2=-6\neq0,$

因此可唯一确定 $y=y(x)$, $z=z(x)$. 方程组两端对 $x$ 求导，得

$$\begin{cases}2x+2y\dfrac{\mathrm{d}y}{\mathrm{d}x}+2z\dfrac{\mathrm{d}z}{\mathrm{d}x}=0,\\ 1+\dfrac{\mathrm{d}y}{\mathrm{d}x}+\dfrac{\mathrm{d}z}{\mathrm{d}x}=0,\end{cases}$$

将点$(1,-2,1)$代入得

$$\begin{cases}1-2\dfrac{\mathrm{d}y}{\mathrm{d}x}+\dfrac{\mathrm{d}z}{\mathrm{d}x}=0,\\ 1+\dfrac{\mathrm{d}y}{\mathrm{d}x}+\dfrac{\mathrm{d}z}{\mathrm{d}x}=0,\end{cases}$$

解得$\dfrac{\mathrm{d}y}{\mathrm{d}x}=0$, $\dfrac{\mathrm{d}z}{\mathrm{d}x}=-1$, 因此所求切线方程为

$$\frac{x-1}{1}=\frac{y+2}{0}=\frac{z-1}{-1},$$

法平面方程为

$$x-z=0.$$

**例 6** 求曲线$\begin{cases}x^2+2y^2+z^2=7,\\ 2x+5y-3z=-4\end{cases}$在点$(2,-1,1)$处的切线及法平面方程.

**解法一** 设 $F(x,y,z)=x^2+2y^2+z^2-7$, $G(x,y,z)=2x+5y-3z+4$,

则在点(2，-1，1)处有

$$F_x=4,\ F_y=-4,\ F_z=2;\ G_x=2,\ G_y=5,\ G_z=-3.$$

故切向量 $\boldsymbol{\tau}\big|_{(2,-1,1)}=\begin{vmatrix}\boldsymbol{i} & \boldsymbol{j} & \boldsymbol{k}\\ 4 & -4 & 2\\ 2 & 5 & -3\end{vmatrix}=2\boldsymbol{i}+16\boldsymbol{j}+28\boldsymbol{k}$. 因此，所求切线方程为

$$\frac{x-2}{1}=\frac{y+1}{8}=\frac{z-1}{14};$$

法平面方程为

$$(x-2)+8(y+1)+14(z-1)=0,$$

即
$$x+8y+14z-8=0.$$

**解法二**　我们也可以依照推导出切向量的表达式的方法来求解，为此视方程组中 $y=y(x)$，$z=z(x)$，方程组两端对 $x$ 求导，得

$$\begin{cases}2y\dfrac{\mathrm{d}y}{\mathrm{d}x}+z\dfrac{\mathrm{d}z}{\mathrm{d}x}=-x,\\ 5\dfrac{\mathrm{d}y}{\mathrm{d}x}-3\dfrac{\mathrm{d}z}{\mathrm{d}x}=-2,\end{cases}$$

解得
$$\frac{\mathrm{d}y}{\mathrm{d}x}=\frac{\begin{vmatrix}-x & z\\ -2 & -3\end{vmatrix}}{\begin{vmatrix}2y & z\\ 5 & -3\end{vmatrix}}=\frac{3x+2z}{-6y-5z},\quad \frac{\mathrm{d}z}{\mathrm{d}x}=\frac{\begin{vmatrix}2y & -x\\ 5 & -2\end{vmatrix}}{\begin{vmatrix}2y & z\\ 5 & -3\end{vmatrix}}=\frac{-4y+5x}{-6y-5z}.$$

故有 $\dfrac{\mathrm{d}y}{\mathrm{d}x}\bigg|_{(2,-1,1)}=8$，$\dfrac{\mathrm{d}z}{\mathrm{d}x}\bigg|_{(2,-1,1)}=14$，从而得到切向量 $\boldsymbol{\tau}\big|_{(2,-1,1)}=(1,\ 8,\ 14)$. 因此，所求切线方程为

$$\frac{x-2}{1}=\frac{y+1}{8}=\frac{z-1}{14},$$

法平面方程为

$$(x-2)+8(y+1)+14(z-1)=0,$$

即
$$x+8y+14z-8=0.$$

**4. 一元向量值函数及其导数**

由空间解析几何可知，空间曲线 $\Gamma$ 的参数方程为

$$\begin{cases}x=\varphi(t),\\ y=\psi(t),t\in[\alpha,\ \beta],\\ z=\omega(t),\end{cases}\tag{1}$$

若记 $\boldsymbol{r}=(x,\ y,\ z)$，$\boldsymbol{f}(t)=(\varphi(t),\ \psi(t),\ \omega(t))$，则曲线 $\Gamma$ 的方程可写成向量的形式：

$$\boldsymbol{r}=\boldsymbol{f}(t),\ t\in[\alpha,\ \beta].\tag{2}$$

称之为一元向量值函数. 一般地，有如下定义.

**定义 1**　设数集 $D\subset\mathbf{R}$. 我们称关系 $\boldsymbol{f}$：$D\to\mathbf{R}^3$ 为**一元向量值函数**，记为 $\boldsymbol{r}=\boldsymbol{f}(t)$，$t\in D$. 其中数集 $D$ 称为函数的**定义域**，$t$ 称为**自变量**，$\boldsymbol{r}$ 称为**因变量**.

在 $\mathbf{R}^3$ 中，若向量值函数 $\boldsymbol{f}(t)$，$t\in D$ 的 3 个分量函数依次为 $f_1(t)$，$f_2(t)$，$f_3(t)$，$t\in$

$D$，则向量值函数 $\boldsymbol{f}$ 可表示为

$$\boldsymbol{f}(t)=f_1(t)\boldsymbol{i}+f_2(t)\boldsymbol{j}+f_3(t)\boldsymbol{k}=(f_1(t),\ f_2(t),\ f_3(t)),\ t\in D.$$

设向量 $\boldsymbol{r}$ 的起点取在坐标系的原点，终点在 $M$ 处，即 $\boldsymbol{r}=\overrightarrow{OM}$，终点 $M$ 的轨迹(记为曲线 $\Gamma$)称为向量值函数 $\boldsymbol{r}=\boldsymbol{f}(t)$，$t\in D$ 的图形. 而 $\boldsymbol{r}=\boldsymbol{f}(t)$，$t\in D$ 就称为曲线 $\Gamma$ 的向量方程.

根据$\mathbf{R}^3$ 中向量的模的概念与向量的线性运算，可以定义一元向量值函数 $\boldsymbol{r}=\boldsymbol{f}(t)$ 的连续性和可导性.

设向量值函数 $\boldsymbol{f}(t)$ 在点 $t_0$ 的某一邻域内有定义，如果 $\lim\limits_{t\to t_0}\boldsymbol{f}(t)=\boldsymbol{f}(t_0)$，则称向量值函数 $\boldsymbol{f}(t)$ 在 $t_0$ **连续**.

向量值函数 $\boldsymbol{f}(t)$ 在 $t_0$ 连续$\Leftrightarrow f_1(t), f_2(t), f_3(t)$ 在 $t_0$ 连续.

设向量值函数 $\boldsymbol{f}(t)$，$t\in D$，若 $D_1\subset D$，$\boldsymbol{f}(t)$ 在 $D_1$ 上每一点处都连续，则称 $\boldsymbol{f}(t)$ 在 $D_1$ 上连续，或称 $\boldsymbol{f}(t)$ 为 $D_1$ 上的连续函数.

设向量值函数 $\boldsymbol{f}(t)$ 在点 $t_0$ 的某一邻域内有定义，如果

$$\lim_{\Delta t\to 0}\frac{\Delta \boldsymbol{r}}{\Delta t}=\lim_{\Delta t\to 0}\frac{\boldsymbol{f}(t_0+\Delta t)-\boldsymbol{f}(t_0)}{\Delta t}$$

存在，则称此极限向量为向量值函数 $\boldsymbol{r}=\boldsymbol{f}(t)$ 在 $t_0$ 处的导数或导向量，记作 $\boldsymbol{f}'(t_0)$ 或 $\left.\dfrac{\mathrm{d}\boldsymbol{r}}{\mathrm{d}t}\right|_{t=t_0}$.

设向量值函数 $\boldsymbol{r}=\boldsymbol{f}(t)$，$t\in D$，若 $D_1\subset D$，$\boldsymbol{f}(t)$ 在 $D_1$ 上每一点处都存在导向量 $\boldsymbol{f}'(t)$，则称 $\boldsymbol{f}(t)$ 在 $D_1$ 上可导.

向量值函数 $\boldsymbol{f}(t)$ 在 $t_0$ 可导$\Leftrightarrow f_1(t), f_2(t), f_3(t)$ 在 $t_0$ 可导.

当 $\boldsymbol{f}(t)$ 在 $t$ 处可导时，有

$$\frac{\mathrm{d}}{\mathrm{d}t}\boldsymbol{f}(t)=\frac{\mathrm{d}}{\mathrm{d}t}(f_1(t),\ f_2(t),\ f_3(t))=(f_1'(t),\ f_2'(t),\ f_3'(t)).$$

## 二、空间曲面的切平面与法线

设空间曲面 $\Sigma$ 的方程为 $F(x,\ y,\ z)=0$，其中 $F$ 具有连续偏导数 $F_x, F_y, F_z$ 且不同时为零. 建立曲面 $\Sigma$ 在点 $M_0(x_0,\ y_0,\ z_0)$ 的切平面与法线方程.

在曲面 $\Sigma$ 上点 $M_0$ 处可以引无数多条曲线，我们任意取其中过点 $M_0$ 的一条曲线 $\Gamma$：

$$\begin{cases}x=\varphi(t),\\ y=\psi(t), t\in[\alpha,\ \beta],\\ z=\omega(t),\end{cases}$$

$t=t_0$ 对应的点为 $M_0(x_0,\ y_0,\ z_0)$，$\varphi(t), \psi(t), \omega(t)$ 在$[\alpha,\ \beta]$上可导，且不同时为零.
曲线 $\Gamma$ 在点 $M_0$ 处的切向量为 $\boldsymbol{\tau}=(\varphi'(t_0),\ \psi'(t_0),\ \omega'(t_0))$.
因为曲线 $\Gamma$ 在曲面 $\Sigma$ 上，所以

$$F(\varphi(t),\ \psi(t),\ \omega(t))\equiv 0.$$

由于 $F$ 具有连续偏导数且 $\varphi'(t_0), \psi'(t_0), \omega'(t_0)$ 存在，因此对上述恒等式在 $t=t_0$ 时有全导数 $\left.\dfrac{\mathrm{d}F}{\mathrm{d}t}\right|_{t=t_0}=0$，即 $F_x(x_0,\ y_0,\ z_0)\varphi'(t_0)+F_y(x_0,\ y_0,\ z_0)\psi'(t_0)+F_z(x_0,\ y_0,\ z_0)\ \omega'(t_0)=0$,

也可写成

$$(F_x(M_0),\ F_y(M_0),\ F_z(M_0))\cdot(\varphi'(t_0),\ \psi'(t_0),\ \omega'(t_0))=0.$$

记 $\boldsymbol{n}\big|_{M_0}=(F_x(M_0),\ F_y(M_0),\ F_z(M_0))$，则有 $\boldsymbol{n}\cdot\boldsymbol{\tau}\big|_{t=t_0}=0$，表明 $\boldsymbol{n}$(固定向量)与切线向量 $\boldsymbol{\tau}$ 垂直. 由于曲线 $\Gamma$ 是 $\Sigma$ 上过点 $M_0$ 的任意一条曲线，它们在点 $M_0$ 的切线都与同一向量 $\boldsymbol{n}$ 垂直，所以在曲面上通过点 $M_0$ 的一切曲线的切线都在同一平面上，这个平面称为曲面 $\Sigma$ 上点 $M_0$ 处的**切平面**，它的法向量就是 $\boldsymbol{n}$(见图 6-13).

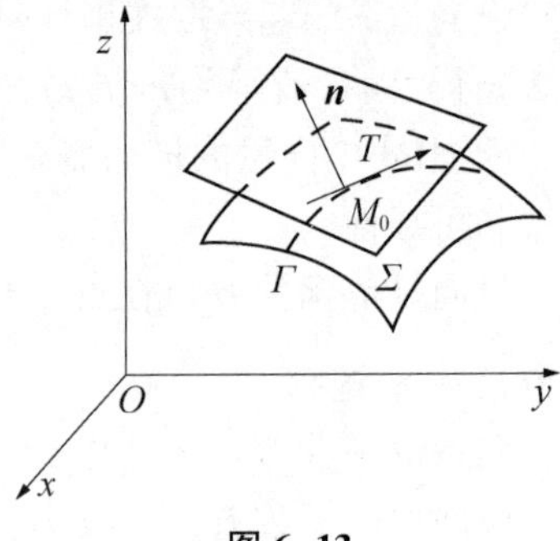

图 6-13

根据平面点法式方程，可知该切平面方程为

$$F_x(x_0,\ y_0,\ z_0)\cdot(x-x_0)+F_y(x_0,\ y_0,\ z_0)\cdot(y-y_0)+F_z(x_0,\ y_0,\ z_0)\cdot(z-z_0)=0,$$

而过点 $M_0(x_0,\ y_0,\ z_0)$ 垂直于此点切平面的直线就称为曲面 $\Sigma$ 上点 $M_0$ 处的法线，它的对称式(点向式)方程为

$$\frac{x-x_0}{F_x(x_0,\ y_0,\ z_0)}=\frac{y-y_0}{F_y(x_0,\ y_0,\ z_0)}=\frac{z-z_0}{F_z(x_0,\ y_0,\ z_0)}.$$

如果空间曲面 $\Sigma$ 的方程为 $z=f(x,\ y)$，其中 $f$ 具有连续偏导数，则取

$$F(x,\ y,\ z)=z-f(x,\ y)\text{ 或 }F(x,\ y,\ z)=f(x,\ y)-z,$$

得曲面在点 $M_0(x_0,\ y_0,\ z_0)$ 处的法线向量 $\boldsymbol{n}=(-f_x,\ -f_y,\ 1)$ 或 $\boldsymbol{n}=(f_x,\ f_y,\ -1)$，

于是点 $M_0(x_0,\ y_0,\ z_0)$ 处的切平面方程为

$$f_x(x_0,\ y_0)\cdot(x-x_0)+f_y(x_0,\ y_0)\cdot(y-y_0)-(z-z_0)=0,$$

法线方程为

$$\frac{x-x_0}{f_x(x_0,\ y_0)}=\frac{y-y_0}{f_y(x_0,\ y_0)}=\frac{z-z_0}{-1}.$$

**例 7**　求曲面 $3x^2+y^2-z^2=27$ 在点 $M_0(3,\ 1,\ 1)$ 处的切平面及法线方程.

**解**　设 $F(x,\ y,\ z)=3x^2+y^2-z^2-27$，则

$$F_x(3,\ 1,\ 1)=6x\big|_{(3,1,1)}=18,\ F_y(3,\ 1,\ 1)=2y\big|_{(3,1,1)}=2,$$

$$F_z(3,\ 1,\ 1)=-2z\big|_{(3,1,1)}=-2,$$

所以曲面 $3x^2+y^2-z^2=27$ 在点 $M_0(3,\ 1,\ 1)$ 处的切平面为

$$18(x-3)+2(y-1)-2(z-1)=0,$$

即

$$9x+y-z-27=0;$$

法线方程为

$$\frac{x-3}{18}=\frac{y-1}{2}=\frac{z-1}{-2},$$

即

$$\frac{x-3}{9}=\frac{y-1}{1}=\frac{z-1}{-1}.$$

**例 8**　求圆锥面 $z=\sqrt{x^2+y^2}$ 在点 $M_0(1,\ 0,\ 1)$ 处的切平面及法线方程.

**解**　设 $F(x,\ y,\ z)=\sqrt{x^2+y^2}-z$，则

$$F_x(1,0,1)=\left.\frac{x}{\sqrt{x^2+y^2}}\right|_{(1,0,1)}=1,$$

$$F_y(1,0,1)=\left.\frac{y}{\sqrt{x^2+y^2}}\right|_{(1,0,1)}=0,$$

$$F_z(1,0,1)=-1,$$

所以圆锥面在点 $M_0(1,0,1)$ 处的切平面为

$$1\cdot(x-1)+0\cdot(y-0)-1\cdot(z-1)=0,$$

即

$$x-z=0;$$

法线方程为

$$\frac{x-1}{1}=\frac{y}{0}=\frac{z-1}{-1},$$

即

$$\begin{cases}\dfrac{x-1}{1}=\dfrac{z-1}{-1},\\ y=0.\end{cases}$$

**例 9**　试求曲面 $x^2+y^2+z^2-xy-3=0$ 上垂直于直线 $\begin{cases}x+y+1=0,\\ z-3=0\end{cases}$ 的切平面方程.

**解**　设曲面上点 $(x,y,z)$ 处的切平面垂直于已知直线，该点处的切平面的法向量为 $\boldsymbol{n}=(2x-y,2y-x,2z)$，已知直线的方向向量为 $\boldsymbol{s}=\begin{vmatrix}\boldsymbol{i}&\boldsymbol{j}&\boldsymbol{k}\\0&0&1\\1&1&0\end{vmatrix}=(-1,1,0)$，由题意知 $\boldsymbol{n}//\boldsymbol{s}$，即 $\dfrac{2x-y}{-1}=\dfrac{2y-x}{1}=\dfrac{2z}{0}$，又 $(x,y,z)$ 满足曲面方程，故可解得 $x=\pm1$，$y=\pm1$，$z=0$，即切点为 $(-1,1,0)$ 及 $(1,-1,0)$，所求切平面方程为

$$-(x+1)+(y-1)=0\text{ 及 }-(x-1)+(y+1)=0,$$

即 $x-y+2=0$ 及 $x-y-2=0$.

**例 10**　试证曲面 $\Sigma$：$\sqrt{x}+\sqrt{y}+\sqrt{z}=\sqrt{a}\,(a>0)$ 上任一点处的切平面在各坐标轴上的截距之和为 $a$.

**证**　任取 $M_0(x_0,y_0,z_0)\in\Sigma$，则在该点处的切平面的法向量为

$$\boldsymbol{n}\big|_{M_0}=\left(\frac{1}{2\sqrt{x_0}},\frac{1}{2\sqrt{y_0}},\frac{1}{2\sqrt{z_0}}\right),$$

$M_0$ 点处的切平面方程为

$$\frac{1}{2\sqrt{x_0}}(x-x_0)+\frac{1}{2\sqrt{y_0}}(y-y_0)+\frac{1}{2\sqrt{z_0}}(z-z_0)=0,$$

从而

$$\frac{x}{\sqrt{x_0}}+\frac{y}{\sqrt{y_0}}+\frac{z}{\sqrt{z_0}}=\sqrt{x_0}+\sqrt{y_0}+\sqrt{z_0}=\sqrt{a},$$

即

$$\frac{x}{\sqrt{ax_0}}+\frac{y}{\sqrt{ay_0}}+\frac{z}{\sqrt{az_0}}=1,$$

截距之和为

$$\sqrt{ax_0}+\sqrt{ay_0}+\sqrt{az_0}=\sqrt{a}\cdot\sqrt{a}=a.$$

**例 11**　在椭球面$\frac{x^2}{a^2}+\frac{y^2}{b^2}+\frac{z^2}{c^2}=1$上求一个截取各正半坐标轴为相等线段的切平面方程.

**解**　椭球面$\frac{x^2}{a^2}+\frac{y^2}{b^2}+\frac{z^2}{c^2}=1$在点$M_0(x_0, y_0, z_0)$处的切平面方程为

$$\frac{x_0x}{a^2}+\frac{y_0y}{b^2}+\frac{z_0z}{c^2}=1,$$

由$\frac{a^2}{x_0}=\frac{b^2}{y_0}=\frac{c^2}{z_0}$及$\frac{x_0^2}{a^2}+\frac{y_0^2}{b^2}+\frac{z_0^2}{c^2}=1$得

$$x_0=\frac{a^2}{\sqrt{a^2+b^2+c^2}},\ y_0=\frac{b^2}{\sqrt{a^2+b^2+c^2}},\ z_0=\frac{c^2}{\sqrt{a^2+b^2+c^2}},$$

因此切平面方程为

$$x+y+z=\sqrt{a^2+b^2+c^2}.$$

## 三、多元函数的极值

在实际问题中，我们经常会遇到求多元函数的最大值、最小值的问题. 与一元函数的情形类似，多元函数的最大值、最小值与极大值、极小值有密切的联系. 下面我们以二元函数为例来讨论多元函数的极值问题.

**1. 二元函数极值的概念**

**定义 2**　设函数$z=f(x, y)$在点$(x_0, y_0)$的某一邻域内有定义，对于该邻域内异于$(x_0, y_0)$的任意一点$(x, y)$，如果

$$f(x, y)<f(x_0, y_0),$$

则称函数在$(x_0, y_0)$有极大值$f(x_0, y_0)$；如果

$$f(x, y)>f(x_0, y_0),$$

则称函数在$(x_0, y_0)$有极小值$f(x_0, y_0)$；极大值、极小值统称为**极值**，使函数取得极值的点称为**极值点**.

**例 12**　函数$z=2x^2+3y^2$在点$(0, 0)$处有极小值. 从几何上看，$z=2x^2+3y^2$表示一开口向上的椭圆抛物面，点$(0, 0, 0)$是它的顶点(见图 6-14).

**例 13**　函数$z=-\sqrt{x^2+y^2}$在点$(0, 0)$处有极大值. 从几何上看，$z=-\sqrt{x^2+y^2}$表示一开口向下的半圆锥面，点$(0, 0, 0)$是它的顶点(见图 6-15).

**例 14**　函数$z=x$在点$(0, 0)$处无极值. 从几何上看，它表示一过原点的平面(见图 6-16).

二元函数的极值问题，一般可以用偏导数来解决. 下面给出二元函数有极值的必要条件.

**定理 1(必要条件)**　设函数$z=f(x, y)$在点$(x_0, y_0)$具有偏导数，且在点$(x_0, y_0)$处有极值，则它在该点的偏导数必然为零，即

$$f_x(x_0, y_0)=0,\quad f_y(x_0, y_0)=0.$$

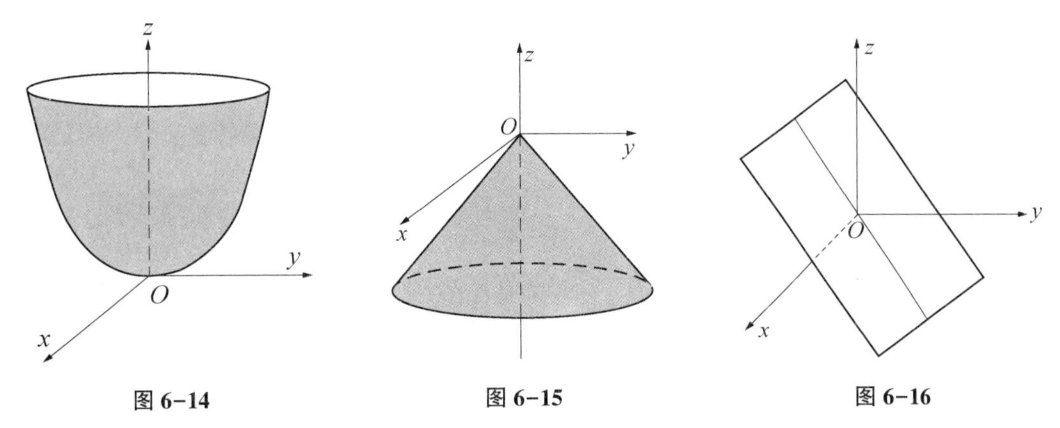


图 6-14　　图 6-15　　图 6-16

**证**　不妨设函数 $z=f(x, y)$ 在点 $P_0(x_0, y_0)$ 取得极大值. 由极值定义，对于点 $P_0$ 的某个邻域内异于 $P_0$ 的任意一点 $P(x, y)$，都有

$$f(x, y)<f(x_0, y_0).$$

特别地，取 $y=y_0$，而 $x\neq x_0$，也有 $f(x, y_0)<f(x_0, y_0)$.

这表明一元函数 $f(x, y_0)$ 在 $x=x_0$ 处取得极大值，由一元函数取得极值的必要条件可知

$$f_x(x_0, y_0)=0.$$

类似地，我们可以得到

$$f_y(x_0, y_0)=0.$$

与一元函数的情形类似，对于多元函数，凡是能使一阶偏导数同时为零的点称为函数的**驻点**.

从定理 1 可知，具有偏导数的函数的极值点必为函数的驻点. 但函数的驻点不一定是极值点，例如函数 $z=xy$，在点(0, 0)处的两个偏导数为

$$f_x(0, 0)=y\Big|_{\substack{x=0\\y=0}}=0,\ f_y(0, 0)=x\Big|_{\substack{x=0\\y=0}}=0,$$

所以点(0, 0)是函数 $z=xy$ 的驻点，而按定义直接可以判断出点(0, 0)不是极值点.

怎样判定驻点是否为极值点呢？下面的定理给出了答案.

**定理 2(充分条件)**　设函数 $z=f(x, y)$ 在点 $(x_0, y_0)$ 的某邻域内有直到二阶的连续偏导数，又 $f_x(x_0, y_0)=0$，$f_y(x_0, y_0)=0$. 令

$$f_{xx}(x_0, y_0)=A,\quad f_{xy}(x_0, y_0)=B,\quad f_{yy}(x_0, y_0)=C.$$

(1) 当 $AC-B^2>0$ 时，函数 $f(x, y)$ 在 $(x_0, y_0)$ 处有极值，且当 $A>0$ 时有极小值 $f(x_0, y_0)$，$A<0$ 时有极大值 $f(x_0, y_0)$.

(2) 当 $AC-B^2<0$ 时，函数 $f(x, y)$ 在 $(x_0, y_0)$ 处没有极值.

(3) 当 $AC-B^2=0$ 时，函数 $f(x, y)$ 在 $(x_0, y_0)$ 处可能有极值，也可能没有极值.

定理证明从略.

根据定理 1 与定理 2，如果函数 $f(x, y)$ 具有二阶连续偏导数，则求 $z=f(x, y)$ 的极值的一般步骤如下.

第一步：解方程组 $f_x(x, y)=0$，$f_y(x, y)=0$，求出 $f(x, y)$ 的所有驻点.

第二步：求出函数 $f(x, y)$ 的二阶偏导数，依次确定各驻点处 $A,B,C$ 的值，并根据 $AC-B^2$ 的符号判定驻点是否为极值点. 最后求出函数 $f(x, y)$ 在极值点处的极值.

**例 15**　求函数$f(x,\ y)=(x-1)^2+(y-4)^2$的极值.

**解**　先解方程组

$$\begin{cases}f_x(x,\ y)=2(x-1)=0,\\ f_y(x,\ y)=2(y-4)=0,\end{cases}$$

解得驻点为$(1,\ 4)$. 因为

$$A=f_{xx}(1,\ 4)=2,\ B=f_{xy}(1,\ 4)=0,\ C=f_{yy}(1,\ 4)=2,$$

在点$(1,\ 4)$处，$AC-B^2=4>0$，又$A>0$，故函数在该点处有极小值$f(1,\ 4)=0$.

**例 16**　求函数$f(x,\ y)=3xy-x^3-y^3$的极值.

**解**　先解方程组

$$\begin{cases}f_x(x,\ y)=3y-3x^2=0,\\ f_y(x,\ y)=3x-3y^2=0,\end{cases}$$

解得驻点为$(0,\ 0)$，$(1,\ 1)$.

再求出二阶偏导数

$$f_{xx}(x,\ y)=-6x,\ f_{xy}(x,\ y)=3,\ f_{yy}(x,\ y)=-6y.$$

在点$(0,\ 0)$处，

$$AC-B^2=(36xy-9)\big|_{(0,0)}=-9<0,\ \text{所以，函数在该点处没有极值.}$$

在点$(1,\ 1)$处，$AC-B^2=27>0$，又$A=-6<0$，故函数在该点处有极大值$f(1,\ 1)=1$.

**例 17**　求函数$f(x,\ y)=x^3-y^3+3x^2+3y^2-9x$的极值.

**解**　先解方程组

$$\begin{cases}f_x(x,\ y)=3x^2+6x-9=0,\\ f_y(x,\ y)=-3y^2+6y=0,\end{cases}$$

解得驻点为$(1,\ 0)$，$(1,\ 2)$，$(-3,\ 0)$，$(-3,\ 2)$.

再求出二阶偏导数

$$f_{xx}(x,\ y)=6x+6,\ f_{xy}(x,\ y)=0,\ f_{yy}(x,\ y)=-6y+6.$$

在点$(1,\ 0)$处，$AC-B^2=12\cdot 6>0$，又$A>0$，故函数在该点处有极小值$f(1,\ 0)=-5$.

在点$(1,\ 2)$和$(-3,\ 0)$处，$AC-B^2=-12\cdot 6<0$，故函数在这两点处没有极值.

在点$(-3,\ 2)$处，$AC-B^2=-12\cdot(-6)>0$，又$A<0$，故函数在该点处有极大值$f(-3,\ 2)=31$.

**注**　讨论函数的极值问题时，如果函数在所讨论的区域内具有偏导数，那么由定理 1 可知，极值只能在驻点处取得. 然而，如果函数在个别点处的偏导数不存在，这些点当然不是驻点，但可能是极值点. 例如在例 13 中，函数$z=-\sqrt{x^2+y^2}$在点$(0,\ 0)$处的偏导数不存在，但在该点处具有极大值. 因此，在考虑函数的极值问题时，除考虑函数的驻点外，如果有偏导数不存在的点，那么对这些点也应当考虑.

**2. 二元函数的最大值与最小值**

在本章第一节已指出，如果函数$z=f(x,\ y)$在闭区域上连续，那么它在闭区域上一定有最大值和最小值. 函数最大值和最小值的求法，与一元函数的求法类似，可以利用函数的极值来求. 求函数$f(x,\ y)$的最大值和最小值的一般步骤如下.

(1) 求函数$f(x,\ y)$在$D$内所有驻点处的函数值.

（2）求 $f(x, y)$ 在 $D$ 的边界上的最大值和最小值.

（3）将前两步得到的所有函数值进行比较，其中最大者即为最大值，最小者即为最小值.

**例 18**　求函数 $f(x, y)=x^2-2xy+2y$ 在矩形域

$$D=\{(x, y)\mid 0\leqslant x\leqslant 3,\ 0\leqslant y\leqslant 2\}$$

上的最大值和最小值.

**解**　先求函数 $f(x, y)$ 在 $D$ 内的驻点. 由 $f_x=2x-2y=0$，$f_y=-2x+2=0$，求得 $f$ 在 $D$ 内部的唯一驻点 $(1, 1)$，且 $f(1, 1)=1$. 其次求函数 $f(x, y)$ 在 $D$ 的边界上的最大值和最小值.

如图 6-17 所示，区域 $D$ 的边界包含 4 条直线段 $L_1$，$L_2, L_3, L_4$.

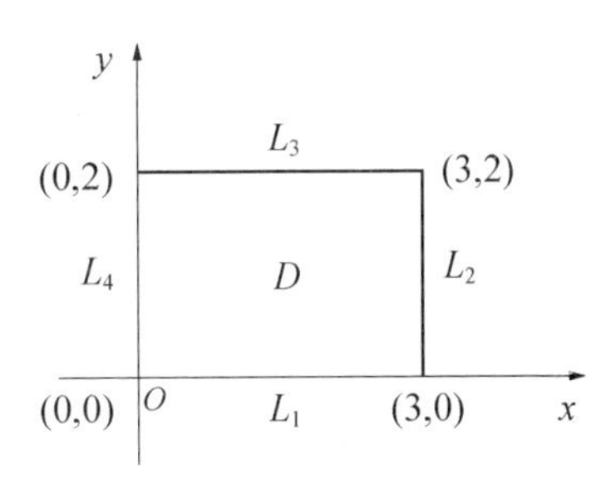

图 6-17

在 $L_1$ 上 $y=0$，$f(x, 0)=x^2$，$0\leqslant x\leqslant 3$. 这是 $x$ 的单调增加函数，故在 $L_1$ 上 $f$ 的最大值为 $f(3, 0)=9$，最小值为 $f(0, 0)=0$.

同样，在 $L_2$ 和 $L_4$ 上 $f$ 也是单调的一元函数，易得最大值、最小值分别为

$$f(3, 0)=9,\ f(3, 2)=1\ (\text{在 } L_2 \text{ 上})；$$

$$f(0, 2)=4,\ f(0, 0)=0\ (\text{在 } L_4 \text{ 上}).$$

而在 $L_3$ 上 $y=2$，$f(x, 2)=x^2-4x+4$，$0\leqslant x\leqslant 3$，易求出 $f$ 在 $L_3$ 上的最大值 $f(0, 2)=4$，最小值 $f(2, 2)=0$.

将 $f$ 在驻点上的值 $f(1, 1)$ 与 $L_1, L_2, L_3, L_4$ 上的最大值和最小值比较，最后得到 $f$ 在 $D$ 上的最大值 $f(3, 0)=9$，最小值 $f(0, 0)=f(2, 2)=0$.

在通常遇到的实际问题中，如果根据问题的性质，可以判断出函数 $f(x, y)$ 的最大值（最小值）一定在 $D$ 的内部取得，而函数 $f(x, y)$ 在 $D$ 内只有一个驻点，则可以肯定该驻点处的函数值就是函数 $f(x, y)$ 在 $D$ 上的最大值（最小值）.

**例 19**　某厂要用铁板做一个体积为 $2\text{m}^3$ 的有盖长方体水箱. 问：当长、宽、高各取怎样的尺寸时，用料最省？

**解**　设水箱的长为 $x$m，宽为 $y$m，则其高为 $\dfrac{2}{xy}$m. 此水箱所用材料的面积为

$$A=2\left(xy+y\cdot\frac{2}{xy}+x\cdot\frac{2}{xy}\right)=2\left(xy+\frac{2}{x}+\frac{2}{y}\right)\ (x>0,\ y>0).$$

此为目标函数. 下面求使这函数取得最小值的点 $(x, y)$.

令 $A_x=2\left(y-\dfrac{2}{x^2}\right)=0$，$A_y=2\left(x-\dfrac{2}{y^2}\right)=0$，

解这方程组，得唯一的驻点 $x=\sqrt[3]{2}$，$y=\sqrt[3]{2}$.

根据题意可断定，该驻点即为所求最小值点.

因此，当水箱的长为 $\sqrt[3]{2}$m、宽为 $\sqrt[3]{2}$m、高为 $\dfrac{2}{\sqrt[3]{2}\cdot\sqrt[3]{2}}=\sqrt[3]{2}$m 时，用料最省.

**注**　体积一定的长方体中，以立方体的表面积为最小.

### 3. 条件极值与拉格朗日乘数法

前面所讨论的极值问题，对于函数的自变量一般只要求落在定义域内，并无其他限制条件，这类极值我们称为**无条件极值**. 但在实际问题中，常会遇到对函数的自变量还有附加条件的极值问题. 对自变量有附加条件的极值称为**条件极值**. 下面介绍一种直接求条件极值的方法——**拉格朗日乘数法**.

设二元函数$f(x, y)$和$\varphi(x, y)$在区域$D$内有一阶连续偏导数，则求$z=f(x, y)$在$D$内满足条件$\varphi(x, y)=0$的极值问题，可以转化为求拉格朗日函数

$$L(x, y, \lambda)=f(x, y)+\lambda\varphi(x, y)$$

(其中$\lambda$为某一常数)的无条件极值问题.

设点$P_0(x_0, y_0)$是函数$z=f(x, y)$在条件$\varphi(x, y)=0$下的极值点，即函数$z=f(x, y)$在$P_0$处有极值，且$\varphi(x_0, y_0)=0$，我们现在讨论取得极值的必要条件.

设函数$f(x, y)$和$\varphi(x, y)$在点$P_0$处具有连续的偏导数，且$\varphi_y(x_0, y_0)\neq 0$，再设$y=g(x)$是由方程$\varphi(x, y)=0$所确定的隐函数，则有$y_0=g(x_0)$. 将它代入方程$z=f(x, y)$中，得

$$z=f[x, g(x)].$$

由点$P_0(x_0, y_0)$是函数$z=f(x, y)$的极值点可知，点$x=x_0$是一元函数$z=f[x, g(x)]$的极值点. 于是，根据一元函数极值的必要条件，有

$$\left.\frac{\mathrm{d}z}{\mathrm{d}x}\right|_{x=x_0}=f_x(x_0, y_0)+f_y(x_0, y_0)g'(x_0)=0.$$

又由隐函数求导公式，知

$$g'(x_0)=-\frac{\varphi_x(x_0, y_0)}{\varphi_y(x_0, y_0)},$$

所以，函数$z=f(x, y)$在条件$\varphi(x, y)=0$下，在$P_0(x_0, y_0)$处有极值的必要条件为

$$\begin{cases} f_x(x_0, y_0)-f_y(x_0, y_0)\dfrac{\varphi_x(x_0, y_0)}{\varphi_y(x_0, y_0)}=0, \\ \varphi(x_0, y_0)=0. \end{cases}$$

引入比例系数$\lambda=-\dfrac{f_y(x_0, y_0)}{\varphi_y(x_0, y_0)}$($\lambda$称为拉格朗日乘子)，那么，上述必要条件又可写成

$$\begin{cases} f_x(x_0, y_0)+\lambda\varphi_x(x_0, y_0)=0, \\ f_y(x_0, y_0)+\lambda\varphi_y(x_0, y_0)=0, \\ \varphi(x_0, y_0)=0. \end{cases}$$

上式左端恰好是拉格朗日函数分别对$x,y,\lambda$的偏导数.

于是，求函数$z=f(x, y)$在条件$\varphi(x, y)=0$下的极值的拉格朗日乘数法的基本步骤如下.

(1) 构造拉格朗日函数

$$L(x, y, \lambda)=f(x, y)+\lambda\varphi(x, y),$$

其中$\lambda$为某一常数.

（2）由方程组

$$\begin{cases}L_x=f_x(x,\ y)+\lambda\varphi_x(x,\ y)=0,\\ L_y=f_y(x,\ y)+\lambda\varphi_y(x,\ y)=0,\\ L_\lambda=\varphi(x,\ y)=0,\end{cases}$$

解出 $x$ 和 $y$，$(x,\ y)$就是所求条件极值的可能的极值点.

**注**　拉格朗日乘数法只给出函数取极值的必要条件，因此按照这种方法求出来的点是否为极值点，还需要加以讨论. 不过在实际问题中，往往可以根据问题本身的性质来判定所求的点是不是极值点.

拉格朗日乘数法可推广到自变量多于两个而条件多于一个的情形.

**例 20**　求表面积为 $a^2$ 而体积为最大的长方体的体积.

**解**　设长方体的长、宽、高分别为 $x,y,z$，则问题就是在条件

$$\varphi(x,\ y,\ z)=2xy+2yz+2xz-a^2=0 \tag{3}$$

下，求函数 $V=xyz(x>0,\ y>0,\ z>0)$的最大值.

构造拉格朗日函数

$$L(x,\ y,\ z,\ \lambda)=xyz+\lambda(2xy+2yz+2xz-a^2),$$

由

$$\begin{cases}L_x=yz+2\lambda(y+z)=0,\\ L_y=xz+2\lambda(x+z)=0,\\ L_z=xy+2\lambda(y+x)=0,\end{cases}$$

解得

$$\frac{x}{y}=\frac{x+z}{y+z},\quad \frac{y}{z}=\frac{x+y}{x+z},$$

即

$$x=y=z.$$

代入式(3)，得唯一可能的极值点

$$x=y=z=\frac{\sqrt{6}a}{6}.$$

由问题本身的意义知，此点就是所求最大值点. 即表面积为 $a^2$ 的长方体中，以棱长为 $\frac{\sqrt{6}a}{6}$的正方体的体积为最大，最大体积 $V=\frac{\sqrt{6}}{36}a^3$.

[随堂测]

已知 $\mathrm{d}z=2x\frac{\mathrm{d}y}{\mathrm{d}x}-2y\mathrm{d}y$，$z=f(x,\ y)$，且 $f(1,\ 1)=2$，求 $z=f(x,\ y)$在 $D=\left\{(x,\ y)\ \middle|\ x^2+\frac{y^2}{4}\leqslant 1\right\}$上的最大值和最小值.

扫码看答案

[知识拓展]

约瑟夫·拉格朗日(Joseph-Louis Lagrange，1736—1813)，法国著名数学家、物理学家. 1736 年 1 月 25 日生于意大利都灵，1813 年 4 月 10 日卒于巴黎. 他在数学、力学和天文学 3 个学科领域中都有历史性的贡献，尤以数学方面的成就最为突出.

他在数学上最突出的贡献是使数学分析和几何与力学脱离开来，使数学的独立性更为清楚，从此数学不再仅仅是其他学科的工具.

在数学最优问题中，拉格朗日乘数法是一种寻找变量受一个或多个条件所限制的多元函数的极值的方法. 这种方法将一个有 $n$ 个变量与 $k$ 个约束条件的最优化问题转换为一个有 $n+k$ 个变量的方程组的极值问题，其变量不受任何约束. 这种方法引入了一种新的标量未知数，即拉格朗日乘数：约束方程的梯度的线性组合里每个向量的系数. 此方法的证明牵涉到偏微分、全微分或链法，从而找到能让设出的隐函数的微分为零的未知数的值.

## 习题 6-4

1. 填空题.

(1) 曲线 $x=\cos t$，$y=\sin t$，$z=\sin t+\cos t$ 在 $t=0$ 对应的点处的切线与平面 $x+By-z=0$ 平行，则 $B=$__________.

(2) 曲面 $z=x^2+y^2$ 在点 $(1,\ 1,\ 2)$ 处的法线与平面 $Ax+By+z+1=0$ 垂直，则 $A=$__________，$B=$__________.

2. 求下列曲线在指定点处的切线及法平面方程.

(1) $x=t$，$y=t^2$，$z=\dfrac{t}{1+t}$ 在点 $\left(1,\ 1,\ \dfrac{1}{2}\right)$ 处.

(2) $x=\dfrac{t}{1+t}$，$y=\dfrac{1+t}{t}$，$z=t^2$ 在 $t=1$ 对应点处.

(3) $x=\dfrac{2t}{1+t}$，$y=\dfrac{1-t}{t}$，$z=\sqrt{t}$ 在点 $(1,\ 0,\ 1)$ 处.

(4) $x=t-\sin t$，$y=1-\cos t$，$z=4\sin\dfrac{t}{2}$ 在点 $\left(\dfrac{\pi}{2}-1,\ 1,\ 2\sqrt{2}\right)$ 处.

(5) $x=2\sin^2 t$，$y=3\sin t\cos t$，$z=\cos^2 t$ 在 $t=\dfrac{\pi}{4}$ 对应点处.

(6) $\begin{cases} y=2x^2, \\ z=3x+1 \end{cases}$ 在点 $M(0,\ 0,\ 1)$ 处.

(7) $\begin{cases} x^2+y^2=2, \\ x^2+z^2=2 \end{cases}$ 在点 $M(1,\ 1,\ 1)$ 处.

(8) $\begin{cases} x^2+y^2+z^2-3x=0, \\ 2x-3y+5z-4=0 \end{cases}$ 在点 $M(1,\ 1,\ 1)$ 处.

3. 求曲线$\begin{cases}x=t,\\y=-t^2,\\z=t^3\end{cases}$与平面 $x+2y+z-4=0$ 平行的切线方程.

4. 求下列曲面在指定点处的切平面及法线方程.

（1）$e^z-z+xy=3$，$M(2,1,0)$.

（2）$z=x^2+y^2$，$M(2,1,5)$.

（3）$z=\arctan\dfrac{y}{x}$，$M_0\left(1,1,\dfrac{\pi}{4}\right)$.

（4）$z=y+\ln\dfrac{x}{z}$，$M_0(1,1,1)$.

5. 求抛物面 $z=x^2+y^2$ 的切平面，使该切平面平行于平面 $x-y+2z=0$.

6. 试求曲面 $x^2+y^2+z^2-xy-3=0$ 上垂直于直线$\begin{cases}x+y+1=0,\\z-3=0\end{cases}$的切平面方程.

7. 求空间曲线$\begin{cases}x-y-z=1,\\x^3-y^2-z^3=1\end{cases}$在点$(1,1,-1)$处的切线方程.

8. 求空间曲线$\begin{cases}x^2+y^2+z^2=6,\\z=x^2+y^2\end{cases}$在点$(1,1,2)$处的切线方程.

9. 证明螺旋线 $x=a\cos t$，$y=a\sin t$，$z=bt$ 上任一点处的切线都与 $z$ 轴形成定角.

10. 证明曲线$\begin{cases}x=ae^t\cos t,\\y=ae^t\sin t,\\z=ae^t\end{cases}$与锥面 $x^2+y^2=z^2$ 的母线相交成一定角.

11. 设函数 $f(u,v)$ 具有不同时为零的一阶连续偏导数.

（1）写出曲面 $\Sigma$：$f(ax-bz,ay-cz)=0$（其中 $a^2+b^2+c^2\neq0$）上任一点处的切平面方程.

（2）证明该曲面上任一点的法线向量都与某确定的向量正交（垂直），并写出该向量.

12. 证明曲面 $z=xf\left(\dfrac{y}{x}\right)$ 上任一点处的切平面都过原点，其中 $z$ 具有连续导数.

13. 证明曲面 $xyz=a^3(a>0)$ 上任一点处的切平面与坐标面围成的四面体的体积为定值.

14. 设曲面 $\Sigma$：$z=xe^{\frac{y}{x}}$，点 $M(x,y,z)\in\Sigma$，试证曲面 $\Sigma$ 在点 $M$ 处的法线垂直于直线 $OM$（其中 $O$ 为坐标原点）.

15. 求下列函数的极值.

（1）$f(x,y)=x^3-4x^2+2xy-y^2+3$.

（2）$f(x,y)=3xy-x^3-y^3$.

（3）$f(x,y)=e^{2x}(x+y^2+2y)$.

（4）$f(x,y)=(6x-x^2)(4y-y^2)$.

（5）$f(x,y)=4(x-y)-x^2-y^2$.

（6）$f(x,y)=xy+\dfrac{8}{x}+\dfrac{27}{y}$.

（7）$f(x,y)=e^{x-y}(x^2-2y^2)$.

(8) $f(x,\ y)=x^3+y^3-3(x^2+y^2)$.

16. 要制造一个容积为 $4\text{m}^3$ 的无盖水箱，它的长、宽、高各取什么样的尺寸，才能使所用材料最省？

17. 求椭圆 $x^2+3y^2=12$ 的内接等腰三角形(三角形底边平行于椭圆长轴)的最大面积.

18. 求旋转抛物面 $z=x^2+y^2$ 与平面 $x+y-z=1$ 之间的最短距离.

19. 在 $xOy$ 面上求一点，使它到直线 $x=0$、直线 $y=0$ 和直线 $x+2y-16=0$ 的距离的平方和最小.

20. 把正数 $a$ 分成 3 个正数之和，使它们的乘积为最大，求这 3 个正数.

21. 求内接于半径为 $R$ 的球且有最大体积的长方体.

22. 在椭球面$\dfrac{x^2}{a^2}+\dfrac{y^2}{b^2}+\dfrac{z^2}{c^2}=1$ 上求一点，使其 3 个坐标的乘积最大.

23. 证明函数 $z=(1+e^y)\cos x-ye^y$ 有无穷多个极大值而无极小值.

24. 求二元函数 $z=f(x,\ y)=x^2y(4-x-y)$ 在由直线 $x+y=6$、$x$ 轴和 $y$ 轴所围成的闭区域 $D$ 上的最大值与最小值.

25. 求函数 $f(x,\ y)=3x^2+3y^2-x^3$ 在区域 $D$：$x^2+y^2\leqslant 16$ 上的最小值.

26. 求两直线$\begin{cases}y=2x,\\z=x+1\end{cases}$与$\begin{cases}y=x+3,\\z=x\end{cases}$之间的最短距离.

27. 证明不等式

$$ab^2c^3\leqslant 108\left(\frac{a+b+c}{6}\right)^6,$$

其中 $a,b,c$ 是任意的非负实数.

## 本章小结

| | |
|---|---|
| 多元函数极限与连续 | 理解 多元函数的概念<br>了解 二元函数的极限与连续性的概念<br>了解 有界闭区域上连续函数的性质 |
| 偏导数与全微分 | 理解 偏导数和全微分的概念<br>了解 全微分存在的必要条件和充分条件<br>了解 全微分形式的不变性 |
| 复合函数、隐函数求导，方向导数 | 掌握 复合函数一阶偏导数的求法<br>会 求复合函数的二阶偏导数<br>会 求隐函数(包括由两个方程组成的方程组确定的隐函数)的偏导数<br>了解 方向导数与梯度的概念及其计算方法 |
| 多元函数微分的应用 | 了解 曲线的切线和法平面，会求其方程<br>了解 曲面的切平面与法线，会求其方程<br>了解 多元函数极值和条件极值的概念<br>会 求二元函数的极值<br>了解 求条件极值的拉格朗日乘数法<br>会 求解一些较简单的最大值和最小值的应用问题 |

## 拓展阅读

### 12 部数学电影

# 章节测试六

一、填空题.

1. 极限$\lim\limits_{\substack{x\to 0\\ y\to 0}}\dfrac{\sqrt{2+x^2+y^2}-\sqrt{2}}{x^2+y^2}=$__________.

2. 函数 $u=f(x, y, z)$ 在点 $(x_0, y_0, z_0)$ 沿任意方向的方向导数存在是该函数在该点可微分的__________条件；函数 $f(x, y)$ 在点 $(x_0, y_0)$ 可导是在该点连续的__________条件；可导函数 $f(x, y)$ 在某点满足 $f_x(x, y)=f_y(x, y)=0$ 是函数在该点取得极值的__________条件.

3. 已知函数 $f(x+y, x-y)=\dfrac{xy}{x^2+y^2}$，则 $f(x, y)=$________________.

4. 设 $z=\ln(x-y)+\tan t$，$x=2t^2$，$y=2t$，则$\dfrac{\mathrm{d}z}{\mathrm{d}t}=$________________.

5. $f(x, y)$ 具有二阶连续偏导数，该函数在点 $(x_0, y_0)$ 取得极值的必要条件是______；在驻点 $(x_0, y_0)$ 处取得极大值的充分条件是__________.

6. 曲线 $x=2t^2$，$y=\mathrm{e}^{t^2-1}$，$z=\ln t$ 在 $t=1$ 所对应点的切线方程为__________；在该点的法平面方程为________________.

二、计算题.

1. 设 $z=\arcsin xy$，求$\dfrac{\partial z}{\partial x}$和$\dfrac{\partial^2 z}{\partial x^2}$.

2. 求方程 $xyz+\sqrt{x^2+y^2+z^2}=\sqrt{2}$ 所确定的函数 $z=z(x, y)$ 在点 $(1, 0, -1)$ 处的偏导数$\dfrac{\partial z}{\partial y}$.

3. 函数 $z=f(x, y)$ 在点 $(1, 1)$ 处可微，且 $f(1, 1)=1$，$\left.\dfrac{\partial f}{\partial x}\right|_{(1,1)}=2$，$\left.\dfrac{\partial f}{\partial y}\right|_{(1,1)}=3$，$\varphi(x)=f(x, f(x, x))$，求$\left.\dfrac{\mathrm{d}}{\mathrm{d}x}\varphi^3(x)\right|_{x=1}$.

4. 函数 $z=z(x, y)$ 由方程 $xz=\sin y+f(xy, z+y)$ 确定，其中函数 $f(\xi, \eta)$ 可微，求$\dfrac{\partial z}{\partial x}$和$\dfrac{\partial z}{\partial y}$.

5. 求函数 $f(x, y, z)=x^3-xy^2-\cos z$ 在点 $(1, 1, 0)$ 沿 $l=(2, -3, 6)$ 方向的方向导数. 说明函数在该点沿哪个方向的方向导数最大，并求出该最大的方向导数.

6. 设 $w=x+y$，其中 $x$ 和 $y$ 是由$\begin{cases}xy^2-uv=1,\\ x^2+y-u+v=0\end{cases}$确定的 $u$ 和 $v$ 的函数，求$\dfrac{\partial w}{\partial u}$.

三、求曲面 $z=\dfrac{x^2}{2}+y^2$ 平行于平面 $2x+2y-z=0$ 的切平面方程.

四、求曲线 $xyz=6$，$xy+yz+zx=11$ 在点 $(1, 2, 3)$ 处的切线方程.

五、设 $\boldsymbol{n}$ 是曲面 $2x^2+3y^2+z^2=6$ 在点 $P(1,1,1)$ 处指向外侧的法向量，求函数 $u=\frac{\sqrt{6x^2+8y^2}}{z}$ 在该点沿 $\boldsymbol{n}$ 的方向导数.

六、求 $z=x^2+y^2+5$ 在约束条件 $y=1-x$ 下的极值，并说明是极小值还是极大值.

七、在椭球面 $\frac{x^2}{a^2}+\frac{y^2}{b^2}+\frac{z^2}{c^2}=1$ 内作内接直角平行六面体，求其最大体积.

# 第七章　多元函数积分学

## 第一节　二重积分的概念、计算和应用

［课前导读］

在学习定积分的时候我们知道，如果函数 $y=f(x)$ 在 $[a, b]$ 上连续且 $f(x)\geqslant 0$，那么对于直线 $x=a$，$x=b$ 和 $x$ 轴及曲线 $y=f(x)$ 所围成的曲边梯形的面积，可以通过对区间的任意划分，将曲边梯形分成若干个部分小的曲边梯形，然后以小矩形来近似替代小的曲边梯形，得到曲边梯形面积的近似值(见图 7-1)，最后将区间“无限细分”取极限得到曲边梯形面积的精确值. 即通过分割、近似、求和、取极限所得结果就是定积分 $\int_a^b f(x)\mathrm{d}x$ 的值(见图 7-2).

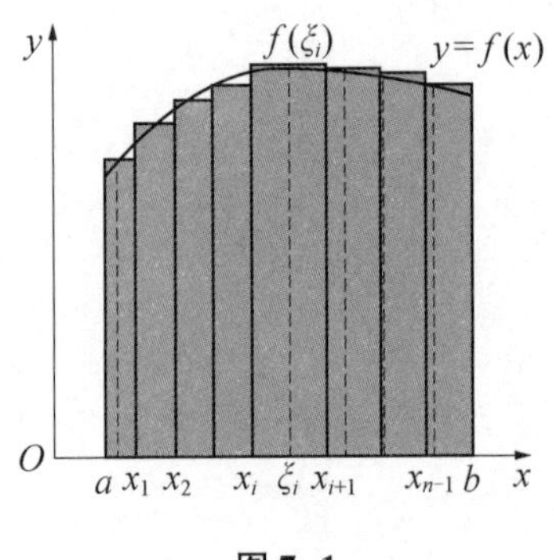


图 7-1

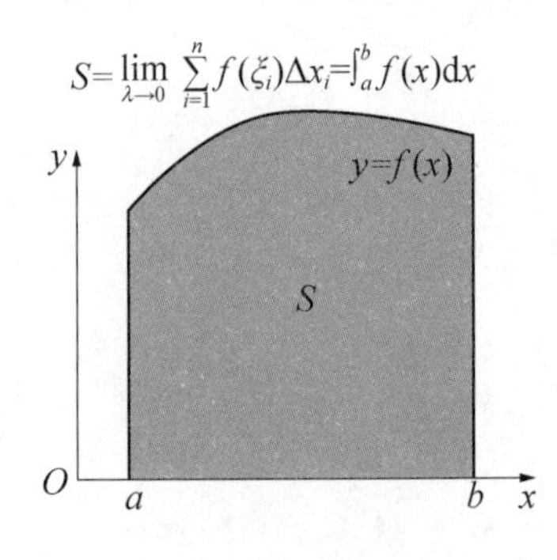


图 7-2

作为一元函数的定积分有许多应用，但仍有许多问题无法处理. 比如，在定积分的应用中，我们计算了旋转体的体积，但对一般形状的物体，用定积分求其体积就显得困难. 因此，我们需要引入新的积分——二重积分或三重积分来解决此类问题.

### 一、二重积分的概念和性质

本节将由曲顶柱体的体积公式引入二重积分的概念，并且研究二重积分的相关性质.

**1. 曲顶柱体的体积**

如图 7-3 所示，曲面 $z=f(x, y)$ 在平面闭区域 $D$ 上连续，且有 $f(x, y)\geqslant 0$. 过 $D$ 的边界作垂直于 $xOy$ 面的柱面 $S$，则区域 $D$ 和柱面 $S$ 以及曲面 $z=f(x, y)$ 构成一个封闭的立体，称为以 $D$ 为底、以 $z=f(x, y)$ 为顶的**曲顶柱体**. 类似于曲边梯形面积的求法，我们采取分割、近似、求和、取极限的步骤来求曲顶柱体的体积.

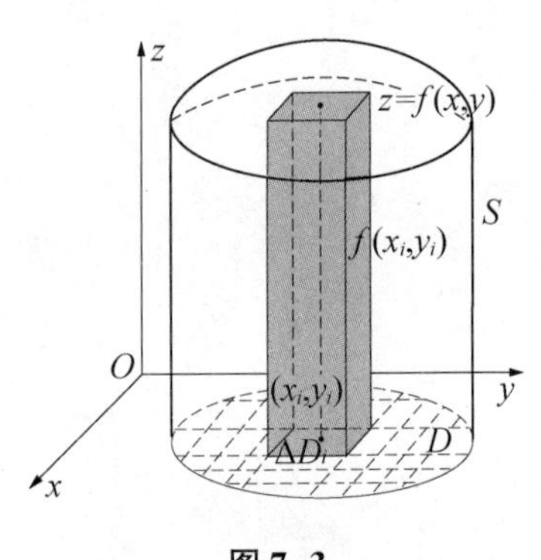


图 7-3

将 $D$ 任意分割成 $\Delta D_1$，$\Delta D_2$，…，$\Delta D_n$ 共 $n$ 份，记每一份的面积分别为 $\Delta\sigma_1$，$\Delta\sigma_2$，…，$\Delta\sigma_n$，过第 $i$ 份 $(1\leqslant i\leqslant n)\Delta D_i$ 的边界作垂直于 $xOy$ 面的柱体，则构成了一个以 $\Delta D_i$ 为底、以 $z=f(x, y)$ 为顶的小曲顶柱体. 在 $\Delta D_i$ 上任取一点 $(x_i, y_i)$，做乘积 $f(x_i, y_i)\Delta\sigma_i$，则第 $i$ 块的小曲顶柱体的体积可以近似地表示为 $V_i\approx f(x_i, y_i)\Delta\sigma_i$，而整个的立体体积可以近似地用和式

$$\sum_{i=1}^{n} f(x_i, y_i)\Delta\sigma_i$$

来表示，设 $\lambda$ 为 $\Delta D_1$，$\Delta D_2$，…，$\Delta D_n$ 中区域直径(区域上任意两点间距离的最大者)的最大值，令 $\lambda\to 0$，所得的极限值

$$\lim_{\lambda\to 0}\sum_{i=1}^{n} f(x_i, y_i)\Delta\sigma_i$$

即为所求的曲顶柱体的体积.

曲顶柱体的体积

上面的问题把所求量归结为和式的极限. 由于在物理、力学、几何和工程技术中，许多的物理量和几何量都可以用这样的和式的极限来表示，所以有必要研究这种和式的极限的一般形式，我们从上述表达式中抽象出下面的二重积分的定义.

**2. 二重积分的概念**

**定义**　设 $f(x, y)$ 是平面闭区域 $D$ 上的有界函数，将 $D$ 任意分割成 $n$ 小块 $\Delta D_1$，$\Delta D_2$，…，$\Delta D_n$，记第 $i$ 块的面积为 $\Delta\sigma_i(i=1, 2, \cdots, n)$，在第 $i$ 块上任取一点 $(x_i, y_i)$（见图 7-4），作 $\sum_{i=1}^{n} f(x_i, y_i)\Delta\sigma_i$，取 $\lambda=\max\limits_{1\leqslant i\leqslant n}\operatorname{diam}\{\Delta\sigma_i\}$，即 $\lambda$ 是各 $\Delta D_i$ 的直径中的最大值. 如果 $\lim\limits_{\lambda\to 0}\sum_{i=1}^{n} f(x_i, y_i)\Delta\sigma_i$ 存在，则此极限值称为函数 $f(x, y)$ 在平面闭区域 $D$ 上的**二重积分**，记为

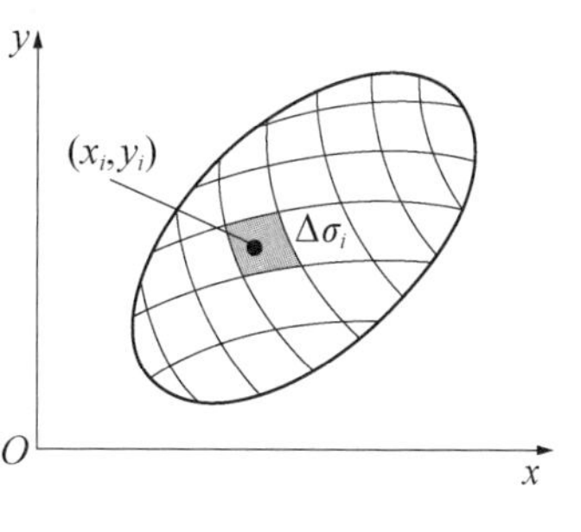

图 7-4

$$\iint_D f(x, y)\mathrm{d}\sigma=\lim_{\lambda\to 0}\sum_{i=1}^{n} f(x_i, y_i)\Delta\sigma_i.$$

其中 $D$ 称为**积分区域**，$f(x, y)$ 称为**被积函数**，$\mathrm{d}\sigma$ 称为**面积微元**，$f(x, y)\mathrm{d}\sigma$ 称为**被积表达式**，$\sum_{i=1}^{n} f(x_i, y_i)\Delta\sigma_i$ 称为**积分和**.

如果二重积分 $\iint_D f(x, y)\mathrm{d}\sigma$ 存在，也称函数 $f(x, y)$ 在区域 $D$ 上**可积**. 由二重积分的定义可知，在区域 $D$ 上可积的函数 $f(x, y)$ 一定是 $D$ 上的有界函数. 反过来，什么样的函数一定是可积的呢？我们不加证明给出下面的定理.

**定理 1**　在区域 $D$ 上的连续函数一定是 $D$ 上的可积函数.

很容易知道，当 $f(x, y)\geqslant 0$ 时，曲顶柱体的体积 $V=\iint_D f(x, y)\mathrm{d}\sigma$；当 $f(x, y)<0$ 时，对应的二重积分是负值，故曲顶柱体的体积 $V=-\iint_D f(x, y)\mathrm{d}\sigma$.

**例 1**　用二重积分表示上半球体 $x^2+y^2+z^2\leqslant 1$，$z\geqslant 0$ 的体积，并写出积分区域.

**解**　首先上半球体 $x^2+y^2+z^2\leqslant 1$ 与 $xOy$ 面的交线为

$$\begin{cases} x^2+y^2+z^2=1, \\ z=0, \end{cases}$$

即区域 $D$ 的边界曲线为

$$x^2+y^2=1.$$

上半球面所对应的方程为

$$z=\sqrt{1-x^2-y^2},$$

上半球体可以看成以 $D$ 为底的、以 $z=\sqrt{1-x^2-y^2}$ 为顶的曲顶柱体(见图 7-5)，故

$$V=\iint\limits_D \sqrt{1-x^2-y^2}\,\mathrm{d}\sigma,$$

其中 $D=\{(x,\ y)\mid x^2+y^2\leqslant 1\}$.

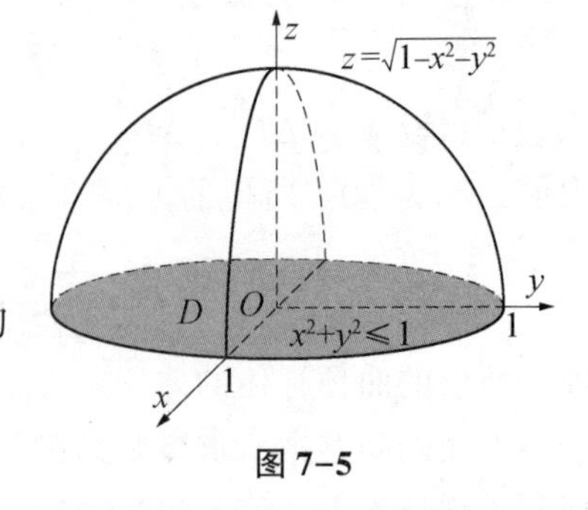


图 7-5

**3. 二重积分的性质**

二重积分具有和定积分相似的性质，以下性质均假设被积函数在所在区域上可积.

**性质 1**　$\iint\limits_D [f(x,\ y)+g(x,\ y)]\mathrm{d}\sigma=\iint\limits_D f(x,\ y)\mathrm{d}\sigma+\iint\limits_D g(x,\ y)\mathrm{d}\sigma$.

**性质 2**　$\iint\limits_D kf(x,\ y)\mathrm{d}\sigma=k\iint\limits_D f(x,\ y)\mathrm{d}\sigma\ (k\in\mathbf{R})$.

**性质 3**　设 $D$ 由 $D_1$ 和 $D_2$ 组成，则

$$\iint\limits_{D=D_1+D_2} f(x,\ y)\mathrm{d}\sigma=\iint\limits_{D_1} f(x,\ y)\mathrm{d}\sigma+\iint\limits_{D_2} f(x,\ y)\mathrm{d}\sigma.$$

**性质 4**　如果 $f(x,\ y)\equiv 1$，则有

$$\iint\limits_D 1\mathrm{d}\sigma=\iint\limits_D \mathrm{d}\sigma=D\text{ 的面积}.$$

这个性质表明：以 $D$ 为底、高为 1 的平顶柱体的体积在数值上等于柱体的底面积.

**性质 5**　如果在区域 $D$ 上满足 $f(x,\ y)\leqslant g(x,\ y)$，则有

$$\iint\limits_D f(x,\ y)\mathrm{d}\sigma\leqslant\iint\limits_D g(x,\ y)\mathrm{d}\sigma.$$

特别地，有

$$\left|\iint\limits_D f(x,\ y)\mathrm{d}\sigma\right|\leqslant\iint\limits_D |f(x,\ y)|\mathrm{d}\sigma.$$

**性质 6**　设 $S_D$ 是区域 $D$ 的面积. 如果 $f(x,\ y)$ 在 $D$ 上有最大值 $M$ 和最小值 $m$，则有

$$mS_D\leqslant\iint\limits_D f(x,\ y)\mathrm{d}\sigma\leqslant MS_D.$$

这个不等式称为二重积分的**估值不等式**.

**性质 7(二重积分的中值定理)**　如果 $f(x,\ y)$ 在有界闭区域 $D$ 上连续，则在 $D$ 上至少可以找到一点 $(\xi,\ \eta)$，使

$$\iint_D f(x,\ y)\mathrm{d}\sigma = f(\xi,\ \eta)\cdot S_D.$$

**例 2**　比较积分 $\iint_D \ln(x+y)\mathrm{d}\sigma$ 与 $\iint_D [\ln(x+y)]^2\mathrm{d}\sigma$ 的大小，其中区域 $D$ 是三角形闭区域，3 个顶点分别为 $(1,\ 0)$，$(1,\ 1)$，$(2,\ 0)$.

**解**　如图 7-6 所示，三角形斜边方程为 $x+y=2$，在 $D$ 内有 $1\leqslant x+y\leqslant 2<\mathrm{e}$，故

$$0\leqslant \ln(x+y)\leqslant \ln 2<\ln \mathrm{e}=1,$$

于是 $\ln(x+y)\geqslant[\ln(x+y)]^2$，从而

$$\iint_D \ln(x+y)\mathrm{d}\sigma \geqslant \iint_D [\ln(x+y)]^2\mathrm{d}\sigma.$$

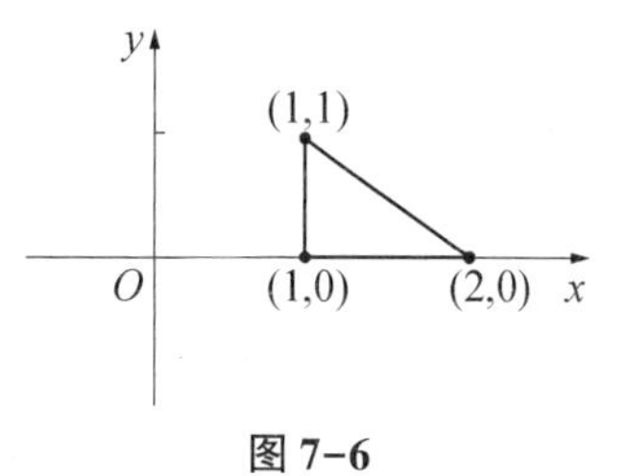

图 7-6

**例 3**　不做计算，估计 $I=\iint_D \mathrm{e}^{x^2+y^2}\mathrm{d}\sigma$ 的值，其中 $D$ 是椭圆闭区域：

$$\frac{x^2}{a^2}+\frac{y^2}{b^2}\leqslant 1\quad (0<b<a).$$

**解**　区域 $D$ 的面积 $\sigma=\pi ab$，在 $D$ 上因为 $0\leqslant x^2+y^2\leqslant a^2$，所以 $1=\mathrm{e}^0\leqslant \mathrm{e}^{x^2+y^2}\leqslant \mathrm{e}^{a^2}$. 由性质 6 知

$$\sigma \leqslant \iint_D \mathrm{e}^{x^2+y^2}\mathrm{d}\sigma \leqslant \sigma\cdot \mathrm{e}^{a^2},$$

从而有

$$\pi ab \leqslant \iint_D \mathrm{e}^{x^2+y^2}\mathrm{d}\sigma \leqslant \pi \mathrm{e}^{a^2}ab.$$

## 二、直角坐标系下二重积分的计算

根据二重积分的定义，如果函数 $f(x,\ y)$ 在区域 $D$ 上可积，则二重积分的值与对积分区域的分割方法无关. 因此，在直角坐标系中，常用平行于 $x$ 轴和 $y$ 轴的两组直线来分割积分区域 $D$，这样除了包含边界点的一些小闭区域外，其余的小闭区域都是矩形闭区域. 设矩形闭区域 $\Delta\sigma_i$ 的边长为 $\Delta x_i$ 和 $\Delta y_j$，则 $\Delta\sigma_i=\Delta x_i\Delta y_j$（见图 7-7），于是在直角坐标系中，面积微元 $\mathrm{d}\sigma$ 可记为 $\mathrm{d}x\mathrm{d}y$，即 $\mathrm{d}\sigma=\mathrm{d}x\mathrm{d}y$. 进而把二重积分记为 $\iint_D f(x,\ y)\mathrm{d}x\mathrm{d}y$，这里我们把 $\mathrm{d}x\mathrm{d}y$ 称为直角坐标系下的**面积微元**.

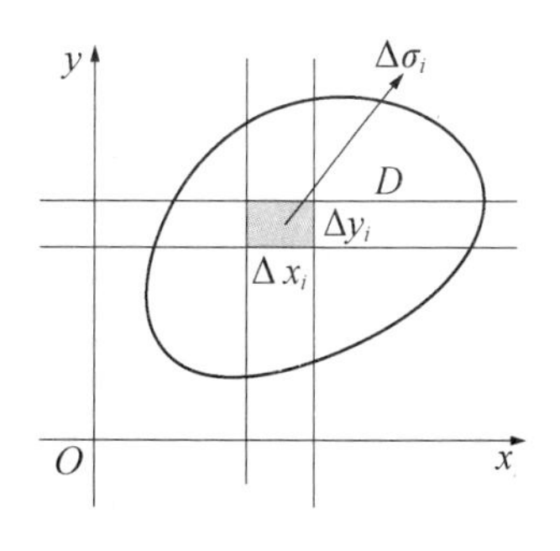

图 7-7

在实际应用中，直接通过二重积分的定义和性质来计算二重积分一般是困难的，本节介绍的二重积分的计算方法，其基本思想是将二重积分化为两次定积分来计算，转化后的这种两次定积分常称为**二次积分**或**累次积分**. 下面先在直角坐标系下讨论二重积分的计算.

**1. 矩形区域上的二重积分**

设函数 $z=f(x, y)$ 在矩形区域

$$D=\{(x, y) \mid a \leqslant x \leqslant b, c \leqslant y \leqslant d\}$$

上连续，且 $f(x, y) \geqslant 0$.

由前面的内容可知，$\iint\limits_D f(x, y)\,\mathrm{d}x\mathrm{d}y$ 的值等于以 $D$ 为底、以曲面 $z=f(x, y)$ 为顶的曲顶柱体的体积. 在区间 $[a, b]$ 上任意选定一点 $x_0$，作垂直于 $x$ 轴的平面 $x=x_0$，此平面截曲顶柱体所得到的截面是一个以 $[c, d]$ 为底、以曲线 $z=f(x_0, y)$ 为曲边的曲边梯形(见图 7-8). 由定积分的几何应用可知，曲边梯形的面积可以用定积分来计算，则截面面积为

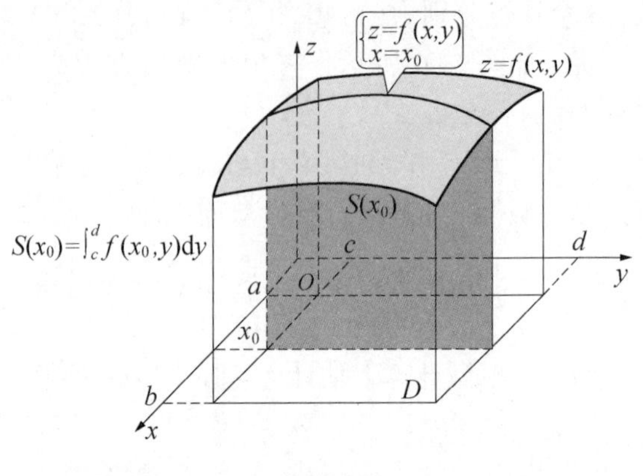


图 7-8

$$S(x_0)=\int_c^d f(x_0, y)\,\mathrm{d}y.$$

对于区间 $[a, b]$ 上的任何一点 $x$，对应的截面面积为

$$S(x)=\int_c^d f(x, y)\,\mathrm{d}y.$$

故曲顶柱体的体积 $V$ 为

$$V=\int_a^b S(x)\,\mathrm{d}x=\int_a^b\left[\int_c^d f(x, y)\,\mathrm{d}y\right]\mathrm{d}x=\int_a^b \mathrm{d}x\int_c^d f(x, y)\,\mathrm{d}y,$$

即

$$\iint\limits_D f(x, y)\,\mathrm{d}x\mathrm{d}y=\int_a^b \mathrm{d}x\int_c^d f(x, y)\,\mathrm{d}y. \tag{1}$$

式(1) 的右端称为**先对 $y$ 后对 $x$ 的二次积分**. 式(1) 对 $f(x, y)<0$ 也成立.

这个公式表明，矩形区域上的二重积分可以转化为先对 $y$ 后对 $x$ 的二次积分来计算.

**例 4**　计算定积分 $\int_0^1(x+y)\,\mathrm{d}y$.

**解**　因为被积函数 $x+y$ 是 $x$ 和 $y$ 的二元函数，而积分变量是 $y$，所以求 $x+y$ 的原函数的时候，可以把 $x$ 看成常数. 原函数为 $x\cdot y+\frac{1}{2}y^2$，因此，定积分的值为

$$\int_0^1(x+y)\,\mathrm{d}y=x\cdot[y]_0^1+\left[\frac{1}{2}y^2\right]_0^1=x(1-0)+\frac{1}{2}(1^2-0^2)$$

$$=x+\frac{1}{2}=\frac{2x+1}{2}.$$

这是一个关于 $x$ 的函数.

**例 5**　计算二重积分 $\iint\limits_D \mathrm{e}^{x+y}\,\mathrm{d}x\mathrm{d}y$，其中区域 $D$ 是由 $x=0$，$x=1$，$y=0$，$y=1$ 所围成的矩形.

**解**　因为 $D$ 是矩形区域，且 $\mathrm{e}^{x+y}=\mathrm{e}^x\cdot\mathrm{e}^y$，所以

$$\iint\limits_D e^{x+y}dxdy=\int_0^1 dx\int_0^1 e^x e^y dy=\int_0^1 e^x dx\int_0^1 e^y dy$$

$$=\int_0^1 e^x[e^y]_0^1 dx=\int_0^1 e^x(e-1)dx=(e-1)^2.$$

我们还可以通过另一个截面来求曲顶柱体的体积，从而得到二重积分的另一个计算方法.

现过 $y$ 轴上任一点 $y_0$ 作垂直于 $y$ 轴的截面，得到一个以$[a, b]$为底、以曲面 $z=f(x, y)$ 和平面 $y=y_0$ 的交线 $z=f(x, y_0)$ 为顶的曲边梯形(见图 7-9)，其面积为

$$Q(y_0)=\int_a^b f(x, y_0)dx.$$

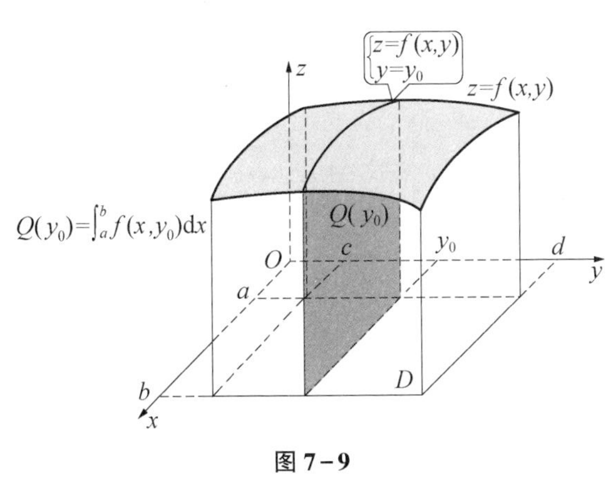


图 7-9

由 $y_0$ 的任意性可知，过 $y$ 轴上任一点 $y$ 的截面面积为 $Q(y)=\int_a^b f(x, y)dx$，这是 $y$ 的函数. 利用已知截面面积的立体体积公式可知，曲顶柱体的体积是

$$V=\int_c^d Q(y)dy=\int_c^d\left[\int_a^b f(x, y)dx\right]dy. \tag{2}$$

式(2) 的右端称为**先对 $x$、后对 $y$ 的二次积分**.

上述公式也可记为

$$V=\int_c^d\left[\int_a^b f(x, y)dx\right]dy=\int_c^d dy\int_a^b f(x, y)dx.$$

这样我们就得到了矩形区域上二重积分的计算公式：

$$\iint\limits_{D=[a, b]\times[c, d]} f(x, y)dxdy=\int_a^b dx\int_c^d f(x, y)dy=\int_c^d dy\int_a^b f(x, y)dx.$$

上式对 $f(x, y)<0$ 也成立.

例 5 也可以用另外一种次序的二次积分来计算.

$$\iint\limits_D e^{x+y}dxdy=\int_0^1 dy\int_0^1 e^x e^y dx=\int_0^1 e^y dy\int_0^1 e^x dx$$

$$=\int_0^1 e^y[e^x]_0^1 dy=\int_0^1 e^y(e-1)dy=(e-1)^2.$$

**例 6**　计算 $I=\iint\limits_D xy^2dxdy$，其中 $D=[0, 1]\times[1, 2]$.

**解**　$f(x, y)=xy^2$ 在 $D$ 上连续，若先对 $x$ 积分后对 $y$ 积分，则有

$$I=\iint_D xy^2\mathrm{d}x\mathrm{d}y=\int_1^2\mathrm{d}y\int_0^1 xy^2\mathrm{d}x=\int_1^2 y^2\left[\frac{x^2}{2}\right]_0^1\mathrm{d}y=\frac{1}{2}\int_1^2 y^2\mathrm{d}y=\left[\frac{1}{6}y^3\right]_1^2=\frac{7}{6}.$$

若先对 $y$ 积分后对 $x$ 积分，则有

$$I=\iint_D xy^2\mathrm{d}x\mathrm{d}y=\int_0^1\mathrm{d}x\int_1^2 xy^2\mathrm{d}y=\int_0^1 x\left[\frac{y^3}{3}\right]_1^2\mathrm{d}x=\frac{7}{3}\int_0^1 x\mathrm{d}x=\left[\frac{7}{6}x^2\right]_0^1=\frac{7}{6}.$$

**2. $X$ 型区域上的二重积分**

若积分区域 $D$ 可以用不等式

$$\{(x,\ y)\mid\varphi_1(x)\leqslant y\leqslant\varphi_2(x),\ a\leqslant x\leqslant b\}$$

来表示(见图 7-10)，其中函数 $\varphi_1(x)$ 和 $\varphi_2(x)$ 在区间 $[a,\ b]$ 上连续，这样的区域称为 **$X$ 型区域**，其区域特征为：穿过 $D$ 内部且平行于 $y$ 轴的直线与 $D$ 的边界最多相交于两点.

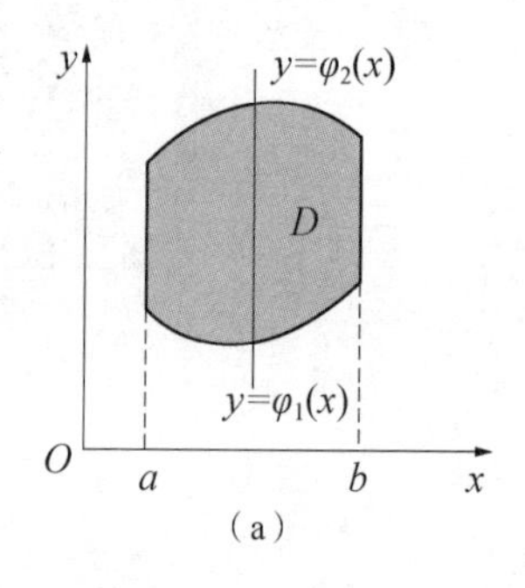

(a)

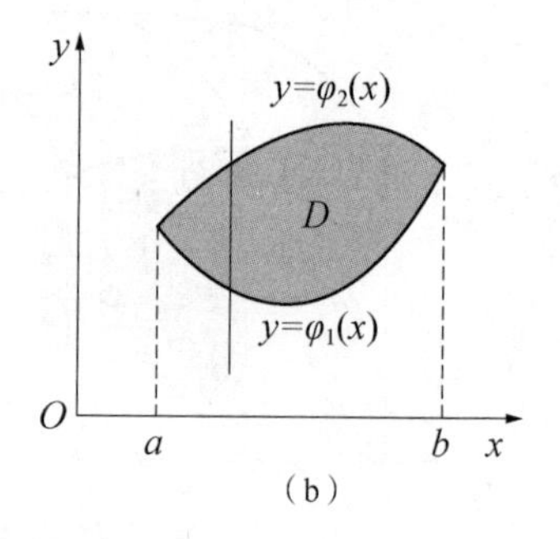

(b)

**图 7-10**

**例 7**　将下列区域(见图 7-11)写成 $X$ 型区域的表达式.

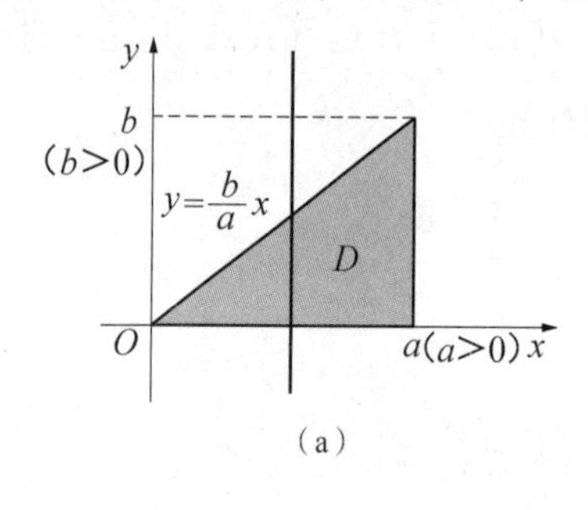

(a)

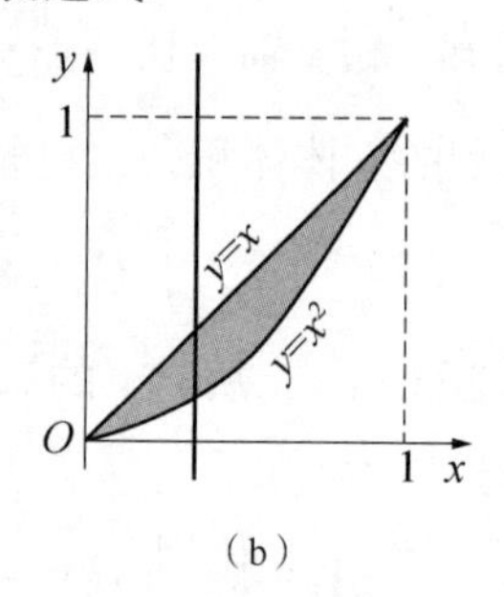

(b)

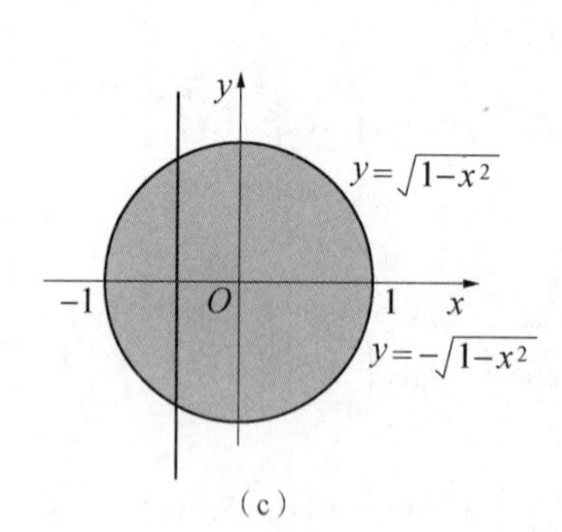

(c)

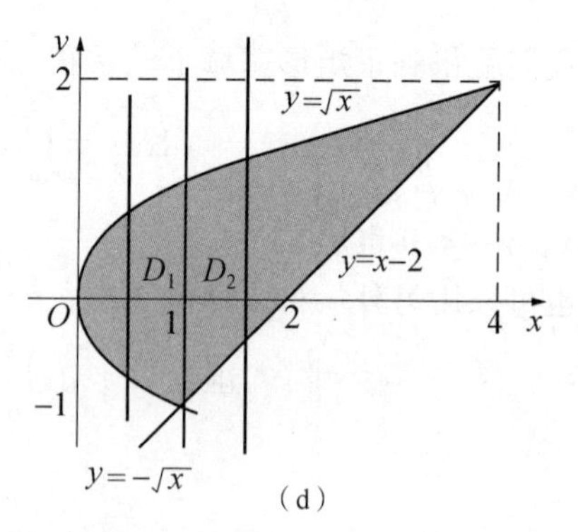

(d)

**图 7-11**

**解**　(1) 三角形斜边的方程为 $y=\dfrac{b}{a}x$，故区域的 $X$ 型表达式为

$$\left\{(x,\ y)\ \middle|\ 0\leqslant y\leqslant \frac{b}{a}x,\ 0\leqslant x\leqslant a\right\}.$$

（2）抛物线的方程为 $y=x^2$，直线的方程为 $y=x$，故区域的 $X$ 型表达式为

$$\{(x,\ y)\mid x^2\leqslant y\leqslant x,\ 0\leqslant x\leqslant 1\}.$$

（3）上半圆的方程为 $y=\sqrt{1-x^2}$，下半圆的方程为 $y=-\sqrt{1-x^2}$，故区域的 $X$ 型表达式为

$$\{(x,\ y)\mid -\sqrt{1-x^2}\leqslant y\leqslant \sqrt{1-x^2},\ -1\leqslant x\leqslant 1\}$$

（4）区域可以写成两个 $X$ 型区域的和：$D_1+D_2$.

$D_1$ 的边界曲线分别为 $y=\sqrt{x}$，$y=-\sqrt{x}$，$x=0$，$x=1$，则 $D_1$ 的 $X$ 型表达式为

$$\{(x,\ y)\mid -\sqrt{x}\leqslant y\leqslant \sqrt{x},\ 0\leqslant x\leqslant 1\}.$$

$D_2$ 的边界曲线分别为 $y=\sqrt{x}$，$y=x-2$，$x=1$，$x=4$，则 $D_2$ 的 $X$ 型表达式为

$$\{(x,\ y)\mid x-2\leqslant y\leqslant \sqrt{x},\ 1\leqslant x\leqslant 4\}.$$

**注**　把区域写成 $X$ 型表达式时，一定注意把边界曲线写成 $y$ 是 $x$ 的函数，同时注意边界曲线所在的上下位置.

一般地，若 $D$ 是由 $x=a$，$x=b$，$y=\varphi_1(x)$，$y=\varphi_2(x)$ 所围成的 $X$ 型闭区域，求以 $D$ 为底、以曲面 $z=f(x,\ y)$ [$f(x,\ y)$ 连续且非负] 为顶的曲顶柱体的体积（见图 7-12），垂直于 $x$ 轴，可以过 $x$ 轴上的任一点 $x$ 作曲顶柱体的截面，则截面面积是以 $[\varphi_1(x),\ \varphi_2(x)]$ 为底、以 $z=f(x,\ y)$ 为顶的曲边梯形，其面积为

$$S(x)=\int_{\varphi_1(x)}^{\varphi_2(x)}f(x,\ y)\mathrm{d}y.$$

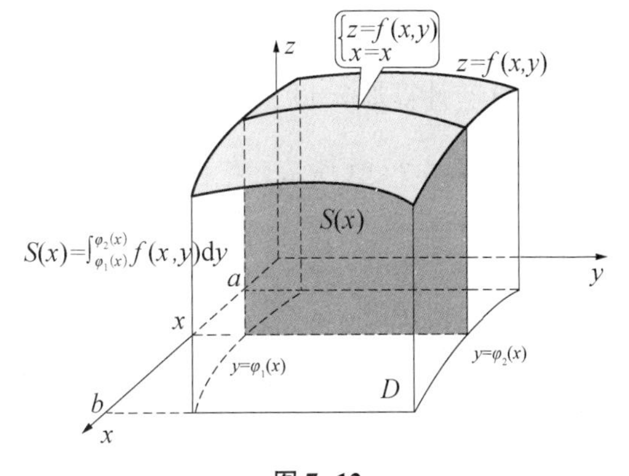

图 7-12

对应的立体体积为

$$V=\int_a^b S(x)\mathrm{d}x=\int_a^b\left[\int_{\varphi_1(x)}^{\varphi_2(x)}f(x,\ y)\mathrm{d}y\right]\mathrm{d}x.$$

该积分是先 $y$ 后 $x$ 次序的二次积分，也可以记作

$$\int_a^b\mathrm{d}x\int_{\varphi_1(x)}^{\varphi_2(x)}f(x,\ y)\mathrm{d}y.$$

从而

$$\iint_D f(x,\ y)\mathrm{d}x\mathrm{d}y=\int_a^b S(x)\mathrm{d}x=\int_a^b\left[\int_{\varphi_1(x)}^{\varphi_2(x)}f(x,\ y)\mathrm{d}y\right]\mathrm{d}x=\int_a^b\mathrm{d}x\int_{\varphi_1(x)}^{\varphi_2(x)}f(x,\ y)\mathrm{d}y.\qquad(3)$$

式(3)表明，将二重积分转化为先 $y$ 后 $x$ 次序的二次积分来计算，关键是确定二次积分中关于变量 $y$ 的积分限，即确定区域 $D$ 的 $X$ 型表达式. 如果区域是图 7-12 所示的 $X$ 型区域，在区域 $[a,\ b]$ 上任意取定一点 $x$，并过此点作一条平行于 $y$ 轴的直线，顺着 $y$ 轴正向的方向看去，直线与边界曲线的第一个交点的纵坐标 $\varphi_1(x)$ 就是积分的下限，第二个交点的纵坐标 $\varphi_2(x)$ 是积分的上限，这个关于变量 $y$ 的积分计算的结果是 $x$ 的函数，再对变量 $x$ 在区间 $[a,\ b]$ 上做定积分即可.

式(3)对$f(x, y)<0$也成立.

**例 8**　计算二次积分$\int_1^0 \mathrm{d}x\int_{\sqrt{x}}^x xy\mathrm{d}y$.

**解**　设$S(x)=\int_{\sqrt{x}}^x xy\mathrm{d}y$，被积函数是关于$x$和$y$的二元函数，积分变量是$y$，则可以把$x$看成常数，被积函数的原函数为$x\cdot\frac{1}{2}y^2$，于是

$$S(x)=x\cdot\left[\frac{1}{2}y^2\right]_{\sqrt{x}}^x=\frac{1}{2}x(x^2-x)=\frac{1}{2}(x^3-x^2).$$

故

$$\begin{aligned}\int_1^0 \mathrm{d}x\int_{\sqrt{x}}^x xy\mathrm{d}y &= \int_1^0 S(x)\,\mathrm{d}x = \frac{1}{2}\int_1^0 (x^3-x^2)\,\mathrm{d}x \\ &= \frac{1}{2}\left[\frac{x^4}{4}-\frac{x^3}{3}\right]_1^0 = \frac{1}{2}\left[\left(\frac{0^4}{4}-\frac{0^3}{3}\right)-\left(\frac{1^4}{4}-\frac{1^3}{3}\right)\right]=\frac{1}{24}.\end{aligned}$$

**注**　在计算第一个定积分$\int_{\sqrt{x}}^x xy\mathrm{d}y$时，$y$是自变量，$x$看成常数；而计算第二个定积分$\int_1^0 (x^3-x^2)\,\mathrm{d}x$时，$x$是积分变量.

**例 9**　计算$\iint\limits_D xy^2\mathrm{d}\sigma$，其中$D$是由直线$y=1$，$x=2$，$y=x$所围成的闭区域.

**解**　如图 7-13 所示，把区域写成$X$型表达式，有

$$D=\{(x, y)\mid 1\leqslant y\leqslant x, 1\leqslant x\leqslant 2\},$$

所以

$$\begin{aligned}\iint\limits_D xy^2\mathrm{d}\sigma &= \int_1^2\left[\int_1^x xy^2\mathrm{d}y\right]\mathrm{d}x = \int_1^2\left[x\cdot\frac{y^3}{3}\right]_1^x\mathrm{d}x \\ &= \int_1^2\left(\frac{x^4}{3}-\frac{x}{3}\right)\mathrm{d}x = \left[\frac{x^5}{15}-\frac{x^2}{6}\right]_1^2 = \frac{47}{30}.\end{aligned}$$

**例 10**　计算$\iint\limits_D y\sqrt{1+x^2-y^2}\,\mathrm{d}\sigma$，其中$D$是由直线$y=x$，$x=-1$，$y=1$所围成的闭区域.

**解**　如图 7-14 所示，把$D$写成$X$型表达式，有

$$D=\{(x, y)\mid x\leqslant y\leqslant 1, -1\leqslant x\leqslant 1\},$$

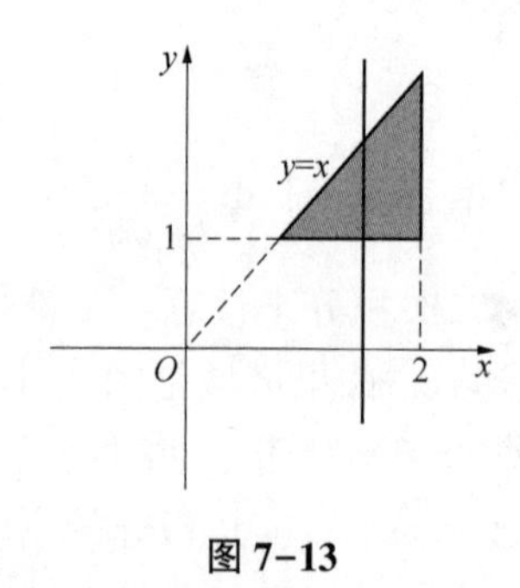


图 7-13

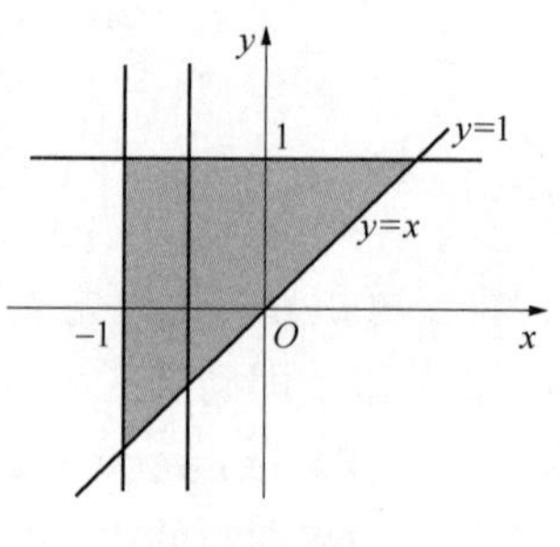


图 7-14

则 $$\iint\limits_D y\sqrt{1+x^2-y^2}\,\mathrm{d}\sigma=\int_{-1}^{1}\mathrm{d}x\int_x^1 y\sqrt{1+x^2-y^2}\,\mathrm{d}y=-\frac{1}{3}\int_{-1}^{1}\left[(1+x^2-y^2)^{\frac{3}{2}}\right]_x^1\mathrm{d}x$$
$$=-\frac{1}{3}\int_{-1}^{1}(|x|^3-1)\,\mathrm{d}x=-\frac{2}{3}\int_0^1(x^3-1)\,\mathrm{d}x=\frac{1}{2}.$$

**3. $Y$ 型区域上的二重积分**

设积分区域 $D$ 可以用不等式
$$\{(x,\ y)\mid\psi_1(y)\leqslant x\leqslant\psi_2(y),\ c\leqslant y\leqslant d\}$$
来表示(见图 7-15)，其中函数 $\psi_1(y)$ 和 $\psi_2(y)$ 在区间 $[c,\ d]$ 上连续，这样的区域称为 **$Y$ 型区域**，穿过 $D$ 内部且平行于 $x$ 轴的直线与 $D$ 的边界最多相交于两点.

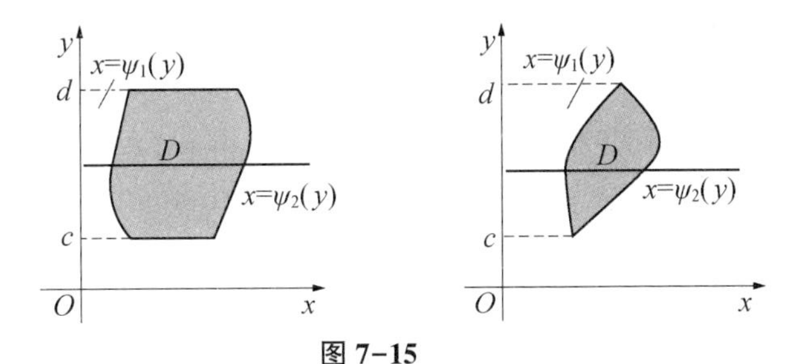


图 7-15

若 $D$ 是由 $y=c$，$y=d$，$x=\psi_1(y)$，$x=\psi_2(y)$ 所围成的 $Y$ 型区域，类似于 $X$ 型区域上的二重积分的求法，以 $D$ 为积分区域、以二元函数 $z=f(x,\ y)$ 为被积函数的二重积分的值等于一个先对 $x$ 后对 $y$ 的二次积分(见图 7-16)，即
$$\iint\limits_D f(x,\ y)\,\mathrm{d}x\mathrm{d}y=\int_c^d Q(y)\,\mathrm{d}y=\int_c^d\left[\int_{\psi_1(y)}^{\psi_2(y)}f(x,\ y)\,\mathrm{d}x\right]\mathrm{d}y=\int_c^d\mathrm{d}y\int_{\psi_1(y)}^{\psi_2(y)}f(x,\ y)\,\mathrm{d}x.$$

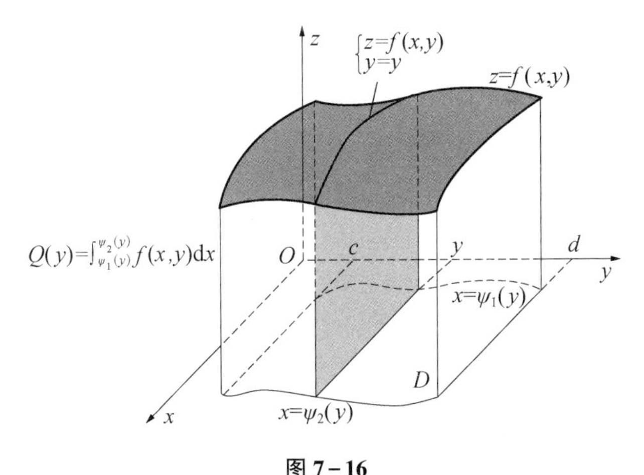


图 7-16

**例 11**　计算二重积分 $\iint\limits_D xy\,\mathrm{d}\sigma$，其中 $D$ 是由抛物线 $y^2=x$ 及直线 $y=x-2$ 所围成的闭区域.

**解**　首先求抛物线 $y^2=x$ 和直线 $y=x-2$ 的交点，即解方程组
$$\begin{cases}y^2=x,\\ y=x-2,\end{cases}$$
解得交点坐标为 $(1,\ -1)$ 和 $(4,\ 2)$.

如图 7-17 所示，变量 $y$ 的取值范围是$[-1，2]$，在区间$[-1，2]$上任意取定一点 $y$，过此点作平行于 $x$ 轴的直线，直线交区域边界于两点，这两点的横坐标分别为 $x=y+2$，$x=y^2$，即为二次积分的上下限，故区域 $D$ 写成 $Y$ 型区域表达式为

$$D=\{(x,\ y)\mid y^2\leqslant x\leqslant y+2,\ -1\leqslant y\leqslant 2\},$$

从而二重积分为

$$\iint\limits_D xy\mathrm{d}\sigma=\int_{-1}^{2}\left[\int_{y^2}^{y+2}xy\mathrm{d}x\right]\mathrm{d}y=\int_{-1}^{2}\left[\frac{x^2}{2}y\right]_{y^2}^{y+2}\mathrm{d}y$$

$$=\frac{1}{2}\int_{-1}^{2}[y(y+2)^2-y^5]\mathrm{d}y$$

$$=\frac{1}{2}\left[\frac{y^4}{4}+\frac{4}{3}y^3+2y^2-\frac{y^6}{6}\right]_{-1}^{2}=5\frac{5}{8}.$$

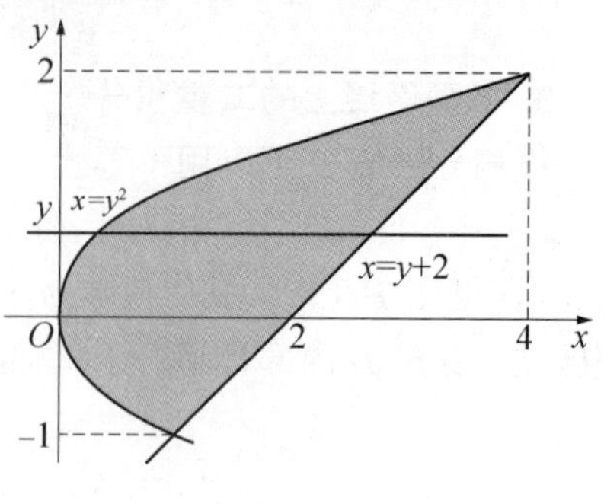

图 7-17

**例 12**　计算$\iint\limits_D \mathrm{e}^{y^2}\mathrm{d}x\mathrm{d}y$，其中 $D$ 由 $y=x$，$y=1$ 及 $y$ 轴所围成.

**解**　画出区域 $D$ 的图形(见图 7-18). 将 $D$ 看成 $X$ 型区域，得

$$D=\{(x,\ y)\mid 0\leqslant x\leqslant 1,\ x\leqslant y\leqslant 1\},$$

则二重积分为

$$\iint\limits_D \mathrm{e}^{y^2}\mathrm{d}x\mathrm{d}y=\int_0^1\mathrm{d}x\int_x^1\mathrm{e}^{y^2}\mathrm{d}y.$$

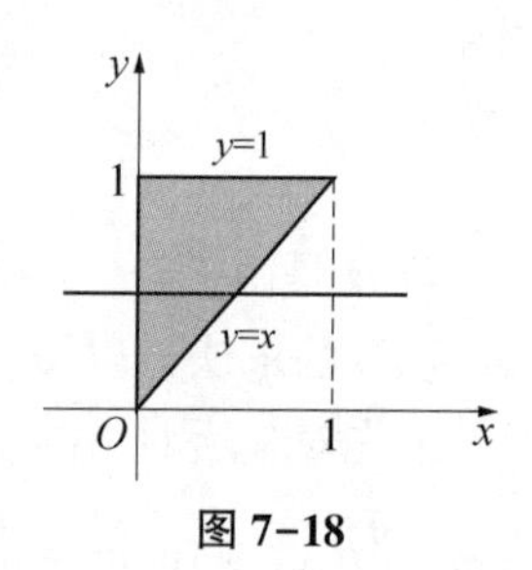

图 7-18

因为$\int\mathrm{e}^{y^2}\mathrm{d}y$ 的原函数不能用初等函数表示，所以我们要变换积分次序.

将 $D$ 表示成 $Y$ 型区域，得

$$D=\{(x,\ y)\mid 0\leqslant y\leqslant 1,\ 0\leqslant x\leqslant y\},$$

故二重积分为

$$\iint\limits_D \mathrm{e}^{y^2}\mathrm{d}x\mathrm{d}y=\int_0^1\mathrm{d}y\int_0^y\mathrm{e}^{y^2}\mathrm{d}x=\int_0^1\mathrm{e}^{y^2}\cdot[x]_0^y\mathrm{d}y=\int_0^1 y\mathrm{e}^{y^2}\mathrm{d}y=\frac{1}{2}\int_0^1\mathrm{e}^{y^2}\mathrm{d}(y^2)=\frac{1}{2}(\mathrm{e}-1).$$

由例 12 可以看出，积分的次序选择不同，二重积分计算的难易程度不同. 如何选择积分的次序呢？这与积分区域的形状和被积函数的特性有关系.

如果一个积分区域 $D$ 既可以写成 $X$ 型表达式

$$D=\{(x,\ y)\mid \varphi_1(x)\leqslant y\leqslant\varphi_2(x),\ a\leqslant x\leqslant b\},$$

又可以写成 $Y$ 型表达式

$$D=\{(x,\ y)\mid \psi_1(y)\leqslant x\leqslant\psi_2(y),\ c\leqslant y\leqslant d\},$$

则有下列交换次序公式成立：

$$\iint\limits_D f(x,\ y)\mathrm{d}x\mathrm{d}y=\int_a^b\mathrm{d}x\int_{\varphi_1(x)}^{\varphi_2(x)}f(x,\ y)\mathrm{d}y=\int_c^d\mathrm{d}y\int_{\psi_1(y)}^{\psi_2(y)}f(x,\ y)\mathrm{d}x.$$

**例 13**　交换二次积分$\int_0^1\mathrm{d}x\int_{x^2}^{x}f(x,\ y)\mathrm{d}y$ 的积分次序.

**解**　这是先对 $y$ 后对 $x$ 的二次积分，$D$ 的 $X$ 型区域(见图 7-19)表达式为

$$D=\{(x,\ y)\mid x^2\leqslant y\leqslant x,\ 0\leqslant x\leqslant 1\},$$

可改写为 $Y$ 型区域，即

$$D=\{(x,\ y)\mid 0\leqslant y\leqslant 1,\ y\leqslant x\leqslant\sqrt{y}\},$$

所以

$$\int_0^1 \mathrm{d}x\int_{x^2}^{x} f(x,\ y)\,\mathrm{d}y=\int_0^1 \mathrm{d}y\int_{y}^{\sqrt{y}} f(x,\ y)\,\mathrm{d}x.$$

**例 14**　交换二次积分

$$\int_0^1 \mathrm{d}x\int_0^{x} f(x,\ y)\,\mathrm{d}y+\int_1^2 \mathrm{d}x\int_0^{2-x} f(x,\ y)\,\mathrm{d}y$$

的积分次序.

**解**　设积分区域 $D=D_1+D_2$，其中 $D_1$ 由直线 $y=0$，$y=x$，$x=1$ 所围成，$D_2$ 由直线 $y=0$，$y=2-x$，$x=1$ 所围成，由 $D_1$ 和 $D_2$ 的边界曲线画出区域 $D$，如图 7-20 所示.

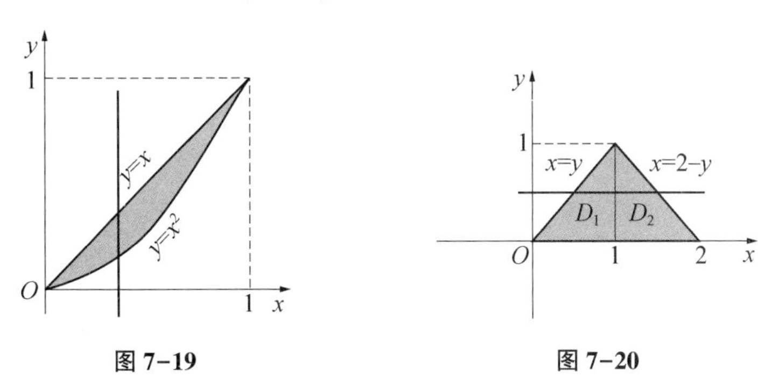


图 7-19　　图 7-20

把区域 $D$ 看成 $Y$ 型区域，则有

$$D=\{(x,\ y)\mid y\leqslant x\leqslant 2-y,\ 0\leqslant y\leqslant 1\},$$

于是

$$\int_0^1 \mathrm{d}x\int_0^{x} f(x,\ y)\,\mathrm{d}y+\int_1^2 \mathrm{d}x\int_0^{2-x} f(x,\ y)\,\mathrm{d}y=\int_0^1 \mathrm{d}y\int_{y}^{2-y} f(x,\ y)\,\mathrm{d}x.$$

## 三、极坐标系下二重积分的计算

极坐标计算

在有些情况下利用极坐标计算二重积分比较方便，比如积分区域 $D$ 是圆域、环形域、扇形域，此时 $D$ 的边界曲线用极坐标表示比较简洁；有时被积函数 $f(x,\ y)$ 用极坐标表示比较简洁，比如 $f\left(\sqrt{x^2+y^2},\ \arctan\dfrac{y}{x}\right)$ 等，在这些情况下均可考虑利用极坐标来计算二重积分.

直角坐标与极坐标的转换公式为 $\begin{cases}x=r\cos\theta,\\ y=r\sin\theta\end{cases}$ 或 $\begin{cases}r=\sqrt{x^2+y^2},\\ \theta=\arctan\dfrac{y}{x}.\end{cases}$

下面我们介绍极坐标系下二重积分的计算方法.

在直角坐标系下，面积微元 $\mathrm{d}\sigma$ 可以写成 $\mathrm{d}x\mathrm{d}y$，那么在极坐标系下，面积微元怎么表示呢？在极坐标系下，设过极点 $O$ 的射线与平面闭区域 $D$ 的边界曲线最多相交于两点(见图 7-21). 由极坐标的定义可知，若极径 $r=c$，$c$ 是一个常数，则表示圆心在极点、半径为 $c$ 的一个圆；若极角 $\theta=c$，$c$ 是一个常数，则表示一条从极点出发的射线. 现以极点为中心作一组同心圆 $r=r_i$，从极点出发作一组射线 $\theta=\theta_i$，将区域 $D$ 分成 $n$ 个小闭区域，这些区

域的面积记为 $\Delta\sigma_i(i=1,2,\cdots,n)$，除包含边界点的一些小区域外，$\Delta\sigma_i$ 的面积都可以看作两个圆扇形的面积之差. 因此，

$$\begin{aligned}\Delta\sigma_i&=\frac{1}{2}(r_i+\Delta r_i)^2\Delta\theta_i-\frac{1}{2}r_i^2\Delta\theta_i\\&=r_i\Delta r_i\Delta\theta_i+\frac{1}{2}(\Delta r_i)^2\Delta\theta_i\\&\approx r_i\Delta r_i\Delta\theta_i.\end{aligned}$$

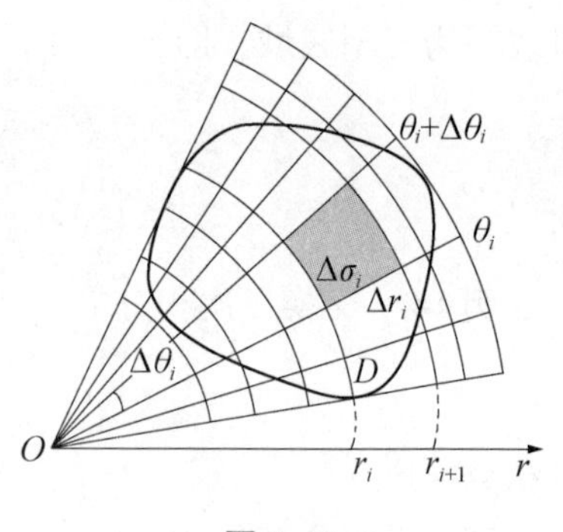


图 7-21

于是就得到了极坐标系下的面积微元

$$\mathrm{d}\sigma=r\mathrm{d}r\mathrm{d}\theta.$$

若已知直角坐标系下的二重积分 $\iint\limits_D f(x,y)\mathrm{d}\sigma$，则用以下方法可以把其变换为极坐标系下的二重积分.

（1）将积分区域 $D$ 的边界曲线用极坐标方程表示.

（2）利用变换 $x=r\cos\theta$，$y=r\sin\theta$ 将被积函数 $f(x,y)$ 转化成 $r$ 和 $\theta$ 的函数：

$$f(x,y)=f(r\cos\theta,r\sin\theta).$$

（3）将面积微元 $\mathrm{d}\sigma$ 转化为极坐标下的面积微元 $r\mathrm{d}r\mathrm{d}\theta$.

从而得到二重积分在极坐标系下的表达式，为

$$\iint\limits_D f(x,y)\mathrm{d}\sigma=\iint\limits_D f(r\cos\theta,r\sin\theta)r\mathrm{d}r\mathrm{d}\theta.$$

极坐标系下的二重积分，同样是转化为二次积分来计算的，我们分 3 种情况来讨论.

（1）如果积分区域 $D$ 介于两条射线 $\theta=\alpha$，$\theta=\beta$ 之间，而对 $D$ 内任一点 $(r,\theta)$，其极径总是介于曲线 $r=r_1(\theta)$，$r=r_2(\theta)$ 之间（见图 7-22），则区域 $D$ 的表达式为

$$D=\{(r,\theta)\mid\alpha\leqslant\theta\leqslant\beta,r_1(\theta)\leqslant r\leqslant r_2(\theta)\}.$$

于是

$$\begin{aligned}\iint\limits_D f(x,y)\mathrm{d}x\mathrm{d}y&=\iint\limits_D f(r\cos\theta,r\sin\theta)r\mathrm{d}r\mathrm{d}\theta\\&=\int_\alpha^\beta\mathrm{d}\theta\int_{r_1(\theta)}^{r_2(\theta)}f(r\cos\theta,r\sin\theta)r\mathrm{d}r.\end{aligned}$$

具体计算时，内层积分的上、下限可按如下方式确定：从极点出发在区间 $(\alpha,\beta)$ 上任意作一条极角为 $\theta$ 的射线穿透区域 $D$（见图 7-22），则进入点与穿出点的极径 $r_1(\theta)$ 和 $r_2(\theta)$ 就分别为内层积分的下限与上限.

（2）如果积分区域 $D$ 是图 7-23 所示的曲边扇形，则可以把它看作第一种情形中 $r_1(\theta)=0$，$r_2(\theta)=r(\theta)$ 的特例，此时，区域 $D$ 的表达式为

$$D=\{(r,\theta)\mid\alpha\leqslant\theta\leqslant\beta,0\leqslant r\leqslant r(\theta)\}.$$

于是

$$\iint\limits_D f(x,y)\mathrm{d}x\mathrm{d}y=\int_\alpha^\beta\mathrm{d}\theta\int_0^{r(\theta)}f(r\cos\theta,r\sin\theta)r\mathrm{d}r.$$

（3）如果积分区域 $D$ 如图 7-24 所示，极点位于 $D$ 的内部，则可以把它看作第二种情形中 $\alpha=0$，$\beta=2\pi$ 的特例，此时，区域 $D$ 的表达式为

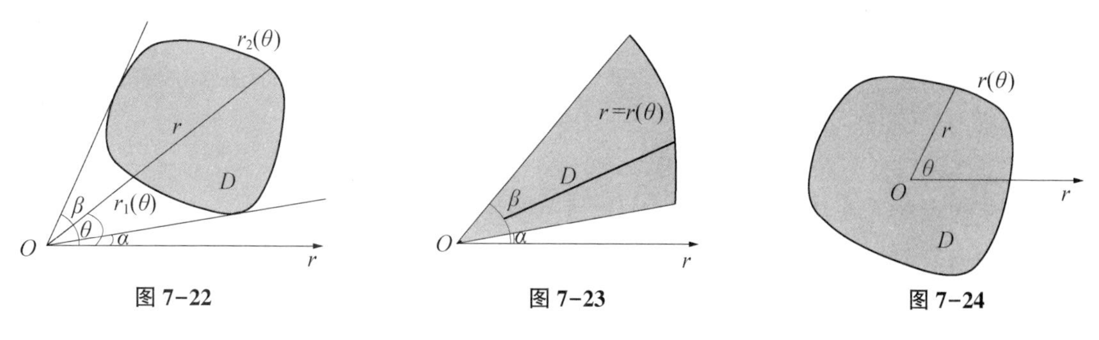


图 7-22　　图 7-23　　图 7-24

$$D=\{(r,\ \theta)\mid 0\leqslant\theta\leqslant 2\pi,\ 0\leqslant r\leqslant r(\theta)\}.$$

于是

$$\iint\limits_D f(x,\ y)\mathrm{d}x\mathrm{d}y=\int_0^{2\pi}\mathrm{d}\theta\int_0^{r(\theta)}f(r\cos\theta,\ r\sin\theta)r\mathrm{d}r.$$

**注**　根据二重积分的性质 4，闭区域 $D$ 的面积 $\sigma$ 在极坐标系下可表示为

$$\sigma=\iint\limits_D\mathrm{d}\sigma=\iint\limits_D r\mathrm{d}r\mathrm{d}\theta.$$

如果区域 $D$ 如图 7-23 所示，则有

$$\sigma=\iint\limits_D r\mathrm{d}r\mathrm{d}\theta=\int_\alpha^\beta\mathrm{d}\theta\int_0^{r(\theta)}r\mathrm{d}r=\frac{1}{2}\int_\alpha^\beta r^2(\theta)\mathrm{d}\theta.$$

**例 15**　将下列区域(见图 7-25)用极坐标表达式表示.

(1) $D=\{(x,\ y)\mid x^2+y^2\leqslant 2x\}$；　　(2) $D=\{(x,\ y)\mid x^2+y^2\leqslant y\}$；

(3) $D=\{(x,\ y)\mid x^2+y^2\leqslant a^2(a>0)\}$；　　(4) $D$ 为 $y=x$，$y=0$ 与 $x=1$ 所围区域.

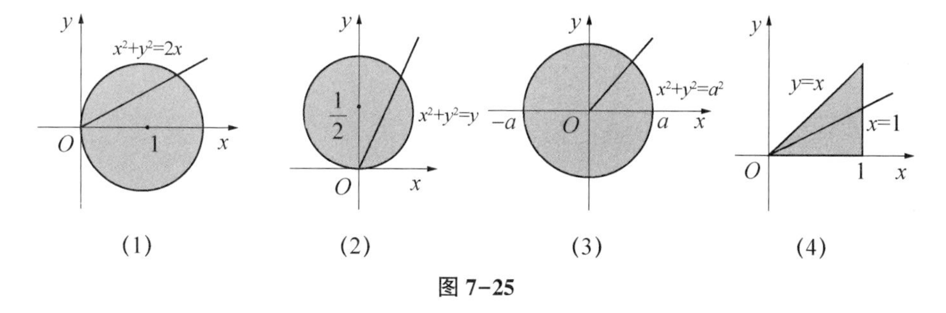


图 7-25

**解**　(1) 区域 $D$ 的边界曲线为 $x^2+y^2=2x$. 令 $x=r\cos\theta$，$y=r\sin\theta$，则有表达式 $r=2\cos\theta$.

再令 $r=0$，则有 $\cos\theta=0$，即 $\theta=\frac{\pi}{2}$ 或 $\theta=-\frac{\pi}{2}$，从而 $\theta$ 的变化范围为

$$-\frac{\pi}{2}\leqslant\theta\leqslant\frac{\pi}{2}.$$

从极点出发作一条极角为 $\theta$ 的射线，交区域边界于两点：$r=0$，$r=2\cos\theta$. 故区域的极坐标表达式为

$$\left\{(r,\ \theta)\ \middle|\ 0\leqslant r\leqslant 2\cos\theta,\ -\frac{\pi}{2}\leqslant\theta\leqslant\frac{\pi}{2}\right\}.$$

(2) 区域 $D$ 的边界曲线为 $x^2+y^2=y$. 令 $x=r\cos\theta$，$y=r\sin\theta$，则有表达式 $r=\sin\theta$.

再令 $r=0$，则有 $\theta=0$ 或 $\theta=\pi$，从而 $\theta$ 的变化范围为

$$0 \leqslant \theta \leqslant \pi.$$

从极点出发作一条极角为 $\theta$ 的射线，交区域边界于两点：$r=0$，$r=\sin\theta$. 故区域的极坐标表达式为

$$\{(r,\ \theta) \mid 0 \leqslant r \leqslant \sin\theta,\ 0 \leqslant \theta \leqslant \pi\}.$$

(3) 极点在区域 $D$ 的内部，故 $\theta$ 的取值范围为 $0 \leqslant \theta \leqslant 2\pi$.

边界曲线 $x^2+y^2=a^2$ 的极坐标方程为 $r=a$，故区域的极坐标表达式为

$$\{(r,\ \theta) \mid 0 \leqslant r \leqslant a,\ 0 \leqslant \theta \leqslant 2\pi\}.$$

(4) 利用极坐标变换式 $x=r\cos\theta$，$y=r\sin\theta$ 可知直线 $y=x$ 的极坐标方程为 $\theta=\dfrac{\pi}{4}$，直线 $x=1$ 的极坐标方程为 $r=\dfrac{1}{\cos\theta}$，故区域 $D$ 的极坐标表达式为

$$\left\{(r,\ \theta) \,\middle|\, 0 \leqslant r \leqslant \frac{1}{\cos\theta},\ 0 \leqslant \theta \leqslant \frac{\pi}{4}\right\}.$$

**例 16**　计算 $\iint\limits_D \mathrm{e}^{-x^2-y^2}\mathrm{d}\sigma$，其中 $D$ 是由中心在原点、半径为 $a$ 的圆周所围成的闭区域.

**解**　在极坐标系下，$D=\{(r,\ \theta) \mid 0 \leqslant r \leqslant a,\ 0 \leqslant \theta \leqslant 2\pi\}$，则

$$\iint\limits_D \mathrm{e}^{-x^2-y^2}\mathrm{d}\sigma = \iint\limits_D \mathrm{e}^{-r^2} r\mathrm{d}r\mathrm{d}\theta = \int_0^{2\pi}\mathrm{d}\theta\int_0^a \mathrm{e}^{-r^2} r\mathrm{d}r = \pi(1-\mathrm{e}^{-a^2}).$$

**注 1**　若用直角坐标系形式，则有 $I=\int_{-a}^{a}\mathrm{d}x\int_{-\sqrt{a^2-x^2}}^{\sqrt{a^2-x^2}} \mathrm{e}^{-x^2-y^2}\mathrm{d}y$，其中积分 $\int \mathrm{e}^{-y^2}\mathrm{d}y$ 不能用初等函数表示其结果，因此无法用求原函数的途径解决.

**注 2**　可以利用本题的结果计算积分 $I=\int_0^{+\infty}\mathrm{e}^{-x^2}\mathrm{d}x$.

先考虑 $I^2=\int_0^{+\infty}\mathrm{e}^{-x^2}\mathrm{d}x \cdot \int_0^{+\infty}\mathrm{e}^{-x^2}\mathrm{d}x = \int_0^{+\infty}\mathrm{e}^{-x^2}\mathrm{d}x\int_0^{+\infty}\mathrm{e}^{-y^2}\mathrm{d}y = \iint\limits_D \mathrm{e}^{-x^2-y^2}\mathrm{d}x\mathrm{d}y$，其中

$$D=\{(x,\ y) \mid 0 \leqslant x < +\infty,\ 0 \leqslant y < +\infty\} = \left\{(r,\ \theta) \,\middle|\, 0 \leqslant r < +\infty,\ 0 \leqslant \theta \leqslant \frac{\pi}{2}\right\},$$

则有

$$I^2=\iint\limits_D \mathrm{e}^{-x^2-y^2}\mathrm{d}x\mathrm{d}y = \int_0^{\frac{\pi}{2}}\mathrm{d}\theta\int_0^{+\infty}\mathrm{e}^{-r^2}r\mathrm{d}r = \frac{\pi}{2}\left[-\frac{1}{2}\mathrm{e}^{-r^2}\right]_0^{+\infty} = \frac{\pi}{4},$$

从而

$$I=\int_0^{+\infty}\mathrm{e}^{-x^2}\mathrm{d}x = \frac{\sqrt{\pi}}{2}.$$

**例 17**　计算 $\iint\limits_D \dfrac{y^2}{x^2}\mathrm{d}x\mathrm{d}y$，其中 $D$ 是由曲线 $x^2+y^2=2x$ 所围成的平面区域.

**解**　积分区域 $D$ 是以点 $(1,\ 0)$ 为圆心、以 1 为半径的圆域，其边界曲线的极坐标方程为 $r=2\cos\theta$，于是区域 $D$ 的极坐标表达式为

$$\left\{(r,\ \theta) \,\middle|\, -\frac{\pi}{2} \leqslant \theta \leqslant \frac{\pi}{2},\ 0 \leqslant r \leqslant 2\cos\theta\right\}.$$

所以

$$\iint\limits_D \frac{y^2}{x^2}\mathrm{d}x\mathrm{d}y = \iint\limits_D \frac{r^2\sin^2\theta}{r^2\cos^2\theta}r\mathrm{d}r\mathrm{d}\theta = \int_{-\frac{\pi}{2}}^{\frac{\pi}{2}}\mathrm{d}\theta\int_0^{2\cos\theta}\frac{\sin^2\theta}{\cos^2\theta}r\mathrm{d}r$$

$$= \int_{-\frac{\pi}{2}}^{\frac{\pi}{2}}2\sin^2\theta\mathrm{d}\theta = \int_{-\frac{\pi}{2}}^{\frac{\pi}{2}}(1-\cos2\theta)\mathrm{d}\theta = \pi.$$

**例 18**　写出在极坐标系下二重积分$\iint\limits_D f(x, y)\mathrm{d}x\mathrm{d}y$的二次积分，其中区域

$$D=\{(x, y) \mid 1-x\leqslant y\leqslant\sqrt{1-x^2},\ 0\leqslant x\leqslant 1\}.$$

**解**　利用极坐标变换 $x=r\cos\theta$，$y=r\sin\theta$，易知圆 $x^2+y^2=1$ 的极坐标方程为 $r=1$，直线方程$x+y=1$ 的极坐标形式为

$$r=\frac{1}{\sin\theta+\cos\theta},$$

故积分区域 $D$(见图 7-26)的极坐标表达式为

$$\left\{(r, \theta) \,\middle|\, 0\leqslant\theta\leqslant\frac{\pi}{2},\ \frac{1}{\sin\theta+\cos\theta}\leqslant r\leqslant 1\right\}.$$

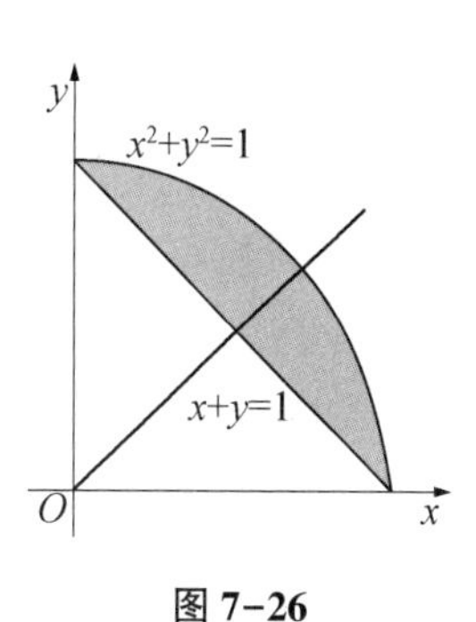


图 7-26

所以

$$\iint\limits_D f(x, y)\mathrm{d}x\mathrm{d}y = \int_0^{\frac{\pi}{2}}\mathrm{d}\theta\int_{\frac{1}{\sin\theta+\cos\theta}}^1 f(r\cos\theta, r\sin\theta)r\mathrm{d}r.$$

## *四、二重积分换元法

二重积分从直角坐标系形式变换成极坐标系形式：

$$\iint\limits_D f(x, y)\mathrm{d}x\mathrm{d}y = \iint\limits_D f(r\cos\theta, r\sin\theta)r\mathrm{d}r\mathrm{d}\theta.$$

这里，$\begin{cases}x=r\cos\theta,\\y=r\sin\theta\end{cases}$可以看作$\begin{cases}x=\varphi(r, \theta),\\y=\psi(r, \theta)\end{cases}$的一种特例. 对于一般的变换$\begin{cases}x=x(u, v),\\y=y(u, v),\end{cases}$ $(x, y)\to(u, v)$，二重积分的形式如何呢?

我们不加证明地给出下面的结论.

**定理 2**　设函数$f(x, y)$在 $xOy$ 平面内的闭区域 $D$ 上连续，变换$\begin{cases}x=x(u, v),\\y=y(u, v)\end{cases}$将 $uOv$ 平面内的闭区域 $D'$变换成 $xOy$ 平面内的闭区域 $D$，且满足

(1) $x(u, v)$和 $y(u, v)$在 $D'$上具有一阶连续偏导数；

(2) 在 $D'$上 $J=\dfrac{\partial(x, y)}{\partial(u, v)}\neq 0$；

(3) 变换$\begin{cases}x=x(u, v),\\y=y(u, v),\end{cases}$：$D'\to D$ 是一对一的，

则有

$$\iint\limits_D f(x, y)\mathrm{d}x\mathrm{d}y = \iint\limits_{D'} f[x(u, v), y(u, v)]\,|J|\,\mathrm{d}u\mathrm{d}v.$$

上式也称为**二重积分换元公式**.

特别地，取$\begin{cases}x=r\cos\theta,\\y=r\sin\theta,\end{cases}$则 $J=\dfrac{\partial(x, y)}{\partial(r, \theta)}=\begin{vmatrix}\cos\theta & -r\sin\theta\\ \sin\theta & r\cos\theta\end{vmatrix}=r$，因此，

$$\iint\limits_D f(x,\ y)\,\mathrm{d}x\mathrm{d}y = \iint\limits_{D'} f(r\cos\theta,\ r\sin\theta)\,r\mathrm{d}r\mathrm{d}\theta.$$

取广义极坐标$\begin{cases} x = ar\cos\theta, \\ y = br\sin\theta, \end{cases} J = \dfrac{\partial(x,\ y)}{\partial(r,\ \theta)} = \begin{vmatrix} a\cos\theta & -ar\sin\theta \\ b\sin\theta & br\cos\theta \end{vmatrix} = abr$，则

$$\iint\limits_D f(x,\ y)\,\mathrm{d}\sigma = \iint\limits_{D'} f(ar\cos\theta,\ br\sin\theta)\,abr\mathrm{d}r\mathrm{d}\theta.$$

**例 19**　计算二重积分$\iint\limits_D \mathrm{e}^{\frac{y-x}{y+x}}\mathrm{d}x\mathrm{d}y$，其中区域 $D$ 由 $x=0$，$y=0$，$x+y=2$ 所围成.

**解**　令$\begin{cases} u = y-x, \\ v = y+x, \end{cases}$则$\begin{cases} x = \dfrac{v-u}{2}, \\ y = \dfrac{v+u}{2}. \end{cases} J = \dfrac{\partial(x,\ y)}{\partial(u,\ v)} = \begin{vmatrix} -\dfrac{1}{2} & \dfrac{1}{2} \\ \dfrac{1}{2} & \dfrac{1}{2} \end{vmatrix} = -\dfrac{1}{2} \neq 0$，于是

$$D' = \{(u,\ v) \mid -v \leqslant u \leqslant v,\ 0 \leqslant v \leqslant 2\}.$$

因此，

$$\iint\limits_D \mathrm{e}^{\frac{y-x}{y+x}}\mathrm{d}x\mathrm{d}y = \iint\limits_{D'} \mathrm{e}^{\frac{u}{v}}\,\frac{1}{2}\mathrm{d}u\mathrm{d}v = \frac{1}{2}\int_0^2 \mathrm{d}v \int_{-v}^{v} \mathrm{e}^{\frac{u}{v}}\mathrm{d}u = \frac{1}{2}\int_0^2 \left(\mathrm{e} - \frac{1}{\mathrm{e}}\right) v\mathrm{d}v = \mathrm{e} - \frac{1}{\mathrm{e}}.$$

**例 20**　求由直线 $x+y=c$，$x+y=d$，$y=ax$，$y=bx(0<a<b,\ 0<c<d)$所围成的闭区域 $D$ 的面积.

**解**　令$\begin{cases} u = x+y, \\ v = \dfrac{y}{x}, \end{cases}$则$\begin{cases} x = \dfrac{u}{1+v}, \\ y = \dfrac{uv}{1+v}. \end{cases} J = \dfrac{\partial(x,\ y)}{\partial(u,\ v)} = \begin{vmatrix} \dfrac{1}{1+v} & -\dfrac{u}{(1+v)^2} \\ \dfrac{v}{1+v} & \dfrac{u}{(1+v)^2} \end{vmatrix} = \dfrac{u}{(1+v)^2} \neq 0$，于是

$$D' = \{(u,\ v) \mid c \leqslant u \leqslant d,\ a \leqslant v \leqslant b\}.$$

因此，

$$S = \iint\limits_D \mathrm{d}x\mathrm{d}y = \iint\limits_{D'} |J|\,\mathrm{d}u\mathrm{d}v = \iint\limits_{D'} \frac{u}{(1+v)^2}\mathrm{d}u\mathrm{d}v = \int_a^b \frac{1}{(1+v)^2}\mathrm{d}v \int_c^d u\mathrm{d}u = \frac{(b-a)(d^2-c^2)}{2(1+a)(1+b)}.$$

## 五、二重积分应用举例

### 1. 空间立体体积

由本章前面内容知，若 $z=f(x,\ y)$ 在有界闭区域 $D$ 上连续，且 $f(x,\ y) \geqslant 0$，则二重积分

$$\iint\limits_D f(x,\ y)\,\mathrm{d}\sigma$$

在几何上是以 $z=f(x,\ y)$ 为顶的曲顶柱体的体积，所以我们可以利用二重积分计算立体的体积.

**例 21**　求两个底面圆半径相等的直交圆柱所围立体的体积.

**解**　设圆柱底面半径为 $a$，两个圆柱面方程分别为 $x^2+y^2=a^2$ 和 $x^2+z^2=a^2$. 由立体对坐标面的对称性，所求体积是它位于第一卦限的那部分体积的 8 倍[见图 7-27(a)]. 立体在

第一卦限部分的积分区域 $D_1=\{(x,\ y)\mid 0\leqslant x\leqslant a,\ 0\leqslant y\leqslant\sqrt{a^2-x^2}\}$[见图 7-27(b)]，它的曲顶为 $z=\sqrt{a^2-x^2}$，于是

$$V_1=\iint\limits_{D_1}\sqrt{a^2-x^2}\,\mathrm{d}\sigma=\int_0^a\mathrm{d}x\int_0^{\sqrt{a^2-x^2}}\sqrt{a^2-x^2}\,\mathrm{d}y=\int_0^a\left[y\sqrt{a^2-x^2}\right]_0^{\sqrt{a^2-x^2}}\mathrm{d}x$$

$$=\int_0^a(a^2-x^2)\,\mathrm{d}x=\left[a^2x-\frac{x^3}{3}\right]_0^a=\frac{2}{3}a^3.$$

所以
$$V=8V_1=\frac{16a^3}{3}.$$

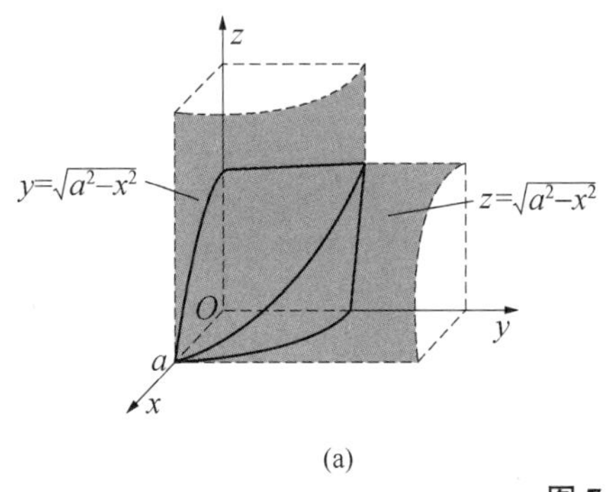


(a)

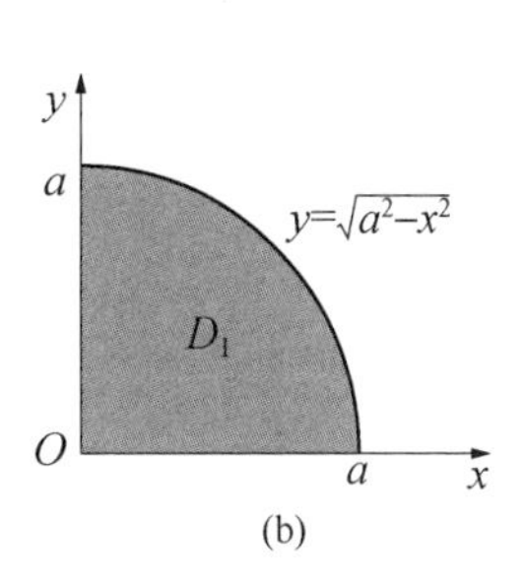


(b)

图 7-27

**例 22**　求球体 $x^2+y^2+z^2\leqslant 4a^2$ 被圆柱面 $x^2+y^2=2ax(a>0)$ 所截得的(含在圆柱面内的部分)立体的体积.

**解**　如图 7-28 所示，由对称性，有

$$V=4\iint\limits_{D}\sqrt{4a^2-x^2-y^2}\,\mathrm{d}x\mathrm{d}y,$$

其中 $D$ 为半圆周 $y=\sqrt{2ax-x^2}$ 及 $x$ 轴所围成的闭区域.

在极坐标中，积分区域 $D=\{(r,\ \theta)\mid 0\leqslant\theta\leqslant\dfrac{\pi}{2},\ 0\leqslant r\leqslant 2a\cos\theta\}$.

所以

$$V=4\iint\limits_{D}\sqrt{4a^2-r^2}\,r\mathrm{d}r\mathrm{d}\theta=4\int_0^{\frac{\pi}{2}}\mathrm{d}\theta\int_0^{2a\cos\theta}\sqrt{4a^2-r^2}\,r\mathrm{d}r$$

$$=\frac{32}{3}a^3\int_0^{\frac{\pi}{2}}(1-\sin^3\theta)\,\mathrm{d}\theta=\frac{32}{3}a^3\left(\frac{\pi}{2}-\frac{2}{3}\right).$$

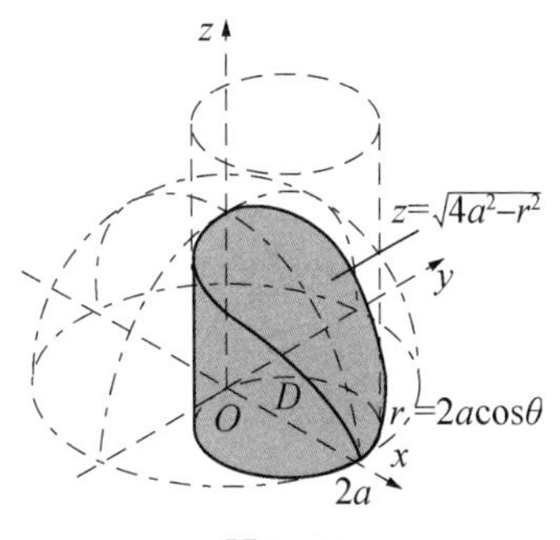


图 7-28

*__例 23__　求椭球体 $\dfrac{x^2}{a^2}+\dfrac{y^2}{b^2}+\dfrac{z^2}{c^2}\leqslant 1$ 的体积(其中 $a>0,\ b>0,\ c>0$).

**解**　由对称性知，所求体积为

$$V=8\iint\limits_{D}c\sqrt{1-\frac{x^2}{a^2}-\frac{y^2}{b^2}}\,\mathrm{d}\sigma,$$

其中积分区域 $D$：$\dfrac{x^2}{a^2}+\dfrac{y^2}{b^2}\leqslant 1,\ x\geqslant 0,\ y\geqslant 0$. 令 $x=ar\cos\theta,\ y=br\sin\theta$，称其为广义极坐标变

换，则区域 $D=\left\{(r,\ \theta)\ \middle|\ 0\leqslant\theta\leqslant\frac{\pi}{2},\ 0\leqslant r\leqslant 1\right\}$. 又

$$J=\frac{\partial(x,\ y)}{\partial(r,\ \theta)}=\begin{vmatrix} a\cos\theta & -ar\sin\theta \\ b\sin\theta & br\cos\theta \end{vmatrix}=abr,$$

于是

$$V=8abc\int_0^{\frac{\pi}{2}}\mathrm{d}\theta\int_0^1\sqrt{1-r^2}\,r\mathrm{d}r=8abc\cdot\frac{\pi}{2}\left(-\frac{1}{2}\right)\int_0^1\sqrt{1-r^2}\,\mathrm{d}(1-r^2)=\frac{4}{3}\pi abc.$$

特别地，当 $a=b=c$ 时，则得到球体的体积为 $\frac{4}{3}\pi a^3$.

**2. 平面区域面积**

**例 24**　求曲线 $(x^2+y^2)^2=2a^2(x^2-y^2)$ 和 $x^2+y^2\geqslant a$ 所围成区域 $D$ 的面积(见图7–29).

**解**　根据对称性有 $D=4D_1$，在极坐标系下：

$x^2+y^2=a^2$，即 $r=a$；

$(x^2+y^2)^2=2a^2(x^2-y^2)$，即 $r=a\sqrt{2\cos2\theta}$.

由 $\begin{cases} r=a\sqrt{2\cos2\theta}, \\ r=a, \end{cases}$ 得交点 $A\left(a,\ \frac{\pi}{6}\right)$，故所求面积为

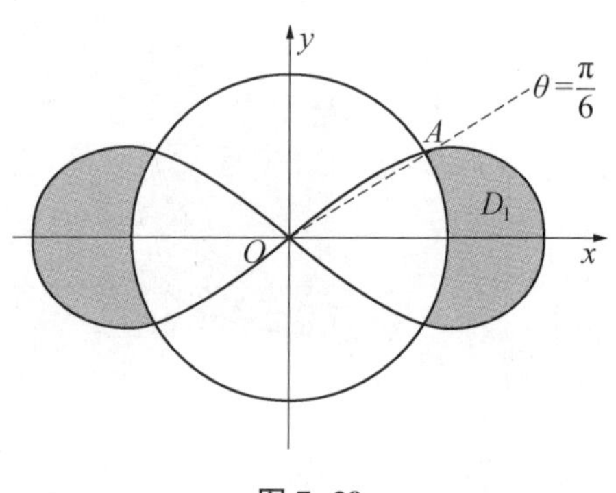


图 7–29

$$\sigma=\iint_D\mathrm{d}x\mathrm{d}y=4\iint_{D_1}\mathrm{d}x\mathrm{d}y=4\iint_{D_1}r\mathrm{d}r\mathrm{d}\theta=4\int_0^{\frac{\pi}{6}}\mathrm{d}\theta\int_a^{a\sqrt{2\cos2\theta}}r\mathrm{d}r$$

$$=4a^2\int_0^{\frac{\pi}{6}}\left(\cos2\theta-\frac{1}{2}\right)\mathrm{d}\theta$$

$$=a^2\left(\sqrt{3}-\frac{\pi}{3}\right).$$

**3. 曲面的面积**

设曲面 $\Sigma$：$z=f(x,\ y)$，$(x,\ y)\in D_{xy}$（$D_{xy}$ 为曲面在 $xOy$ 面上的投影区域），$f(x,\ y)$ 在 $D_{xy}$ 上具有一阶连续偏导数.

**注**　本节所指的曲面，要求是一种简单曲面：曲面上的点与其在 $xOy$ 面上的投影区域 $D$ 上的点一一对应. 如果任何平行于 $z$ 轴的直线和曲面 $\Sigma$ 正好相交于一点，那么这个曲面就属于这种类型. 如果曲面不是这种类型，则可将其分成若干部分，使其每一部分符合上述性质.

我们用**元素法**来推导有关公式(见图 7–30).

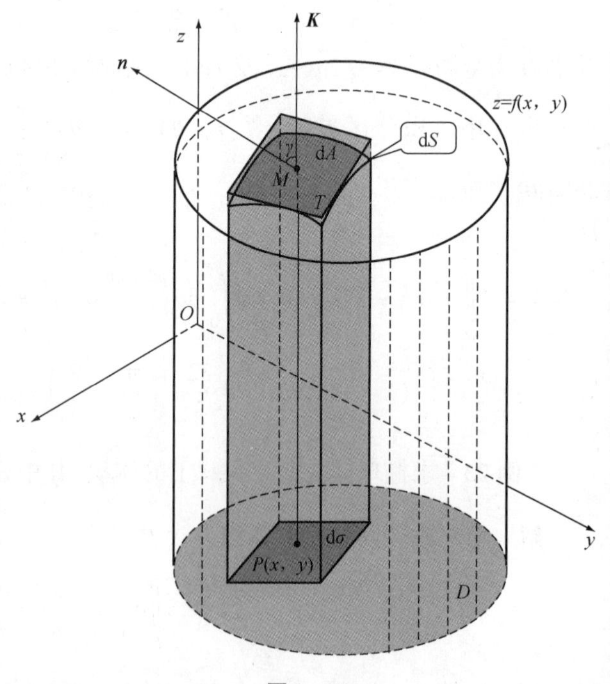


图 7–30

将区域 $D$ 任意划分成若干个直径很小的区域 $\Delta\sigma_i(i=1,2,\cdots,n)$，并以 $\mathrm{d}\sigma$ 表示某个小区域，也表示其面积. 在 $\mathrm{d}\sigma$ 上任取一点 $P(x, y)$，曲面 $\Sigma$ 上对应地有一点 $M(x, y, z(x, y))$，点 $M$ 在 $xOy$ 平面上的投影即点 $P$，点 $M$ 处曲面 $\Sigma$ 的切平面设为 $T$，过 $\mathrm{d}\sigma$ 的边界且母线平行于 $z$ 轴的柱面截曲面 $\Sigma$ 及其切平面，截得的小曲面记为 $\mathrm{d}S$，切平面上的一小片平面记为 $\mathrm{d}A$，由于 $\mathrm{d}\sigma$ 的直径很小，切平面上的 $\mathrm{d}A$ 可以近似地代替 $\mathrm{d}S$，即 $\mathrm{d}S\approx\mathrm{d}A$，而 $\mathrm{d}A=\dfrac{\mathrm{d}\sigma}{\cos\gamma}$，其中 $\gamma$ 为点 $M$ 处曲面 $\Sigma$ 上的法向量(指向朝上)与 $z$ 轴所成的夹角.

由 $\boldsymbol{n}=(-f'_x(x, y), -f'_y(x, y), 1)$ 知 $\cos\gamma=\dfrac{1}{\sqrt{1+f'^2_x(x, y)+f'^2_y(x, y)}}$，故

$\mathrm{d}S\approx\mathrm{d}A=\dfrac{\mathrm{d}\sigma}{\cos\gamma}=\sqrt{1+f'^2_x(x, y)+f'^2_y(x, y)}\,\mathrm{d}\sigma$. 因此，

$$S=\iint\limits_{D_{xy}}\sqrt{1+f'^2_x(x, y)+f'^2_y(x, y)}\,\mathrm{d}\sigma,$$

或

$$S=\iint\limits_{D_{xy}}\sqrt{1+z_x^2+z_y^2}\,\mathrm{d}\sigma.$$

同理，设 $\Sigma$：$x=g(y, z)$，$(y, z)\in D_{yz}$，$g(y, z)$ 在 $D_{yz}$ 上具有一阶连续偏导数，则有

$$S=\iint\limits_{D_{yz}}\sqrt{1+x_y^2+x_z^2}\,\mathrm{d}\sigma;$$

设 $\Sigma$：$y=h(x, z)$，$(x, z)\in D_{xz}$，$h(x, z)$ 在 $D_{xz}$ 上具有一阶连续偏导数，则有

$$S=\iint\limits_{D_{xz}}\sqrt{1+y_x^2+y_z^2}\,\mathrm{d}\sigma.$$

**例 25**　求半径为 $a$ 的球面的面积.

**解**　平行于 $z$ 轴的直线穿过球面时，与球面有两个交点，因此需将球面分成上、下两部分，根据对称性，只需求出上半球面面积再乘以 2 即可.

上半球面方程：$z=\sqrt{a^2-x^2-y^2}$，$(x, y)\in D$，$D=\{(x, y)\mid x^2+y^2\leqslant a^2\}$.

$$\frac{\partial z}{\partial x}=\frac{-x}{\sqrt{a^2-x^2-y^2}},\quad \frac{\partial z}{\partial y}=\frac{-y}{\sqrt{a^2-x^2-y^2}},\quad \sqrt{1+z_x^2+z_y^2}=\frac{a}{\sqrt{a^2-x^2-y^2}},$$

故 $S=2\iint\limits_{D}\sqrt{1+z_x^2+z_y^2}\,\mathrm{d}\sigma=2\iint\limits_{D}\dfrac{a}{\sqrt{a^2-x^2-y^2}}\mathrm{d}\sigma=2a\int_0^{2\pi}\mathrm{d}\theta\int_0^a\dfrac{1}{\sqrt{a^2-r^2}}r\mathrm{d}r$

$=4\pi a\left[-\sqrt{a^2-r^2}\right]_0^a=4\pi a^2$.

**注**　这里用到了广义二重积分，或取 $D_1$：$x^2+y^2\leqslant b(0<b<a)$，

$$S_1=2\iint\limits_{D_1}\sqrt{1+z_x^2+z_y^2}\,\mathrm{d}\sigma=2\iint\limits_{D_1}\frac{a}{\sqrt{a^2-x^2-y^2}}\mathrm{d}\sigma=2a\int_0^{2\pi}\mathrm{d}\theta\int_0^b\frac{1}{\sqrt{a^2-r^2}}r\mathrm{d}r$$

$$=4\pi a\left[-\sqrt{a^2-r^2}\right]_0^b=4\pi a\left(a-\sqrt{a^2-b^2}\right),$$

$$S=\lim_{b\to a}S_1=\lim_{b\to a}4\pi a\left(a-\sqrt{a^2-b^2}\right)=4\pi a^2.$$

***4. 质量与质心**

由力学知识知，$n$ 个质点系的质心坐标为

$$\bar{x}=\frac{M_y}{m}=\frac{\sum_{i=1}^{n}m_ix_i}{\sum_{i=1}^{n}m_i},\quad \bar{y}=\frac{M_x}{m}=\frac{\sum_{i=1}^{n}m_iy_i}{\sum_{i=1}^{n}m_i},$$

其中$m_i(i=1,2,\cdots,n)$为第$i$个质点的质量，$M_x=\sum_{i=1}^{n}m_iy_i$，$M_y=\sum_{i=1}^{n}m_ix_i$分别是质点系对$x$轴和$y$轴的静力矩，$m=\sum_{i=1}^{n}m_i$是质点系的总质量.

设有一平面薄片，它位于$xOy$面内区域$D$上，在点$(x,y)$处的面密度为区域$D$上的连续函数$\rho(x,y)$. 现求它的质量和质心坐标.

在区域$D$上任取一个小区域$\mathrm{d}\sigma$($\mathrm{d}\sigma$也表示小区域的面积)，在$\mathrm{d}\sigma$上任取一点$(x,y)$. 由于$\mathrm{d}\sigma$很小，$\rho(x,y)$又在$D$上连续，所以相应于$\mathrm{d}\sigma$的部分薄片的质量近似等于$\rho(x,y)\mathrm{d}\sigma$，平面薄片的质量为

$$m=\iint_D\rho(x,y)\mathrm{d}\sigma.$$

同理，相应于$\mathrm{d}\sigma$的部分薄片对$x$轴和$y$轴的静力矩近似等于$y\mathrm{d}m=y\rho(x,y)\mathrm{d}\sigma$和$x\mathrm{d}m=x\rho(x,y)\mathrm{d}\sigma$，即$\mathrm{d}M_x=y\rho(x,y)\mathrm{d}\sigma$，$\mathrm{d}M_y=x\rho(x,y)\mathrm{d}\sigma$，于是平面薄片对$x$轴和$y$轴的静力矩分别为

$$M_x=\iint_D y\rho(x,y)\mathrm{d}\sigma,\ M_y=\iint_D x\rho(x,y)\mathrm{d}\sigma,$$

所以平面薄片的质心坐标为

$$\bar{x}=\frac{M_y}{m}=\frac{\iint_D x\rho(x,y)\mathrm{d}\sigma}{\iint_D\rho(x,y)\mathrm{d}\sigma},\ \bar{y}=\frac{M_x}{m}=\frac{\iint_D y\rho(x,y)\mathrm{d}\sigma}{\iint_D\rho(x,y)\mathrm{d}\sigma}.$$

如果平面薄片是均匀的，即$\rho(x,y)$是常数，则均匀平面薄片的质心坐标为

$$\bar{x}=\frac{1}{A}\iint_D x\mathrm{d}\sigma,\quad \bar{y}=\frac{1}{A}\iint_D y\mathrm{d}\sigma,$$

其中$A=\iint_D\mathrm{d}\sigma$为闭区域$D$的面积. 这时平面薄片的质心坐标与密度无关，而由闭区域$D$的形状所决定，称为平面图形$D$的**形心**.

**例 26**　一圆环薄片由半径为4和8的两个同心圆所围成，其上任一点处的面密度与该点到圆心的距离成反比，已知在内圆周上各点处的面密度为1，求圆环薄片的质量.

**解**　如图7-31所示，积分区域$D$是$4^2\leqslant x^2+y^2\leqslant 8^2$，圆环薄片的质量$m$为

$$m=\iint_D\rho(x,y)\mathrm{d}\sigma.$$

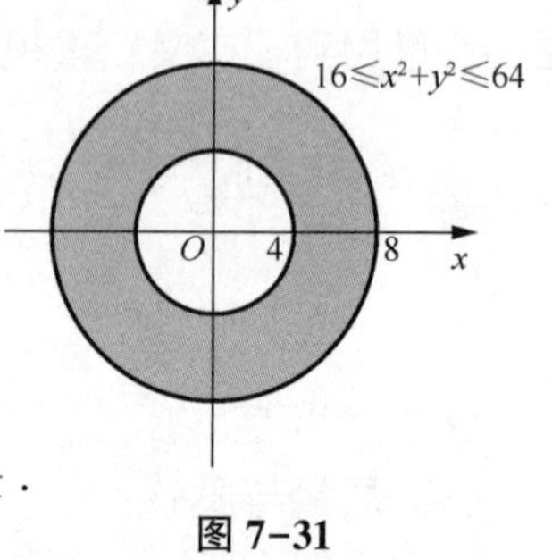

图 7-31

因为$\rho(x,y)=\dfrac{k}{\sqrt{x^2+y^2}}$，且$\dfrac{k}{4}=1$，所以$k=4$，$\rho=\dfrac{4}{\sqrt{x^2+y^2}}$.

所求质量为

$$m = \iint_D \frac{4}{\sqrt{x^2 + y^2}} d\sigma = \int_0^{2\pi} d\theta \int_4^8 \frac{4}{r} r dr = 32\pi.$$

**例 27**　求位于两圆 $\rho = 2\sin\theta$ 和 $\rho = 4\sin\theta$ 之间的均匀薄片的质心.

**解**　如图 7-32 所示，因为闭区域 $D$ 对称于 $y$ 轴，所以质心 $C(\bar{x}, \bar{y})$ 必位于 $y$ 轴上，于是

$$\bar{x} = 0, \ \bar{y} = \frac{1}{A}\iint_D y d\sigma.$$

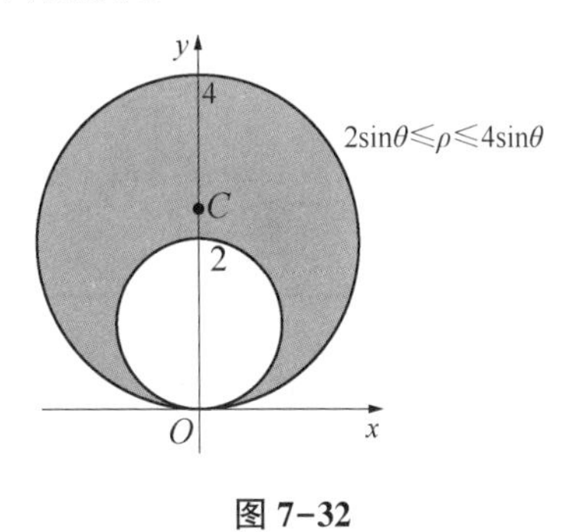

图 7-32

易见积分区域 $D$ 的面积等于这两个圆的面积之差，即 $A = 3\pi$. 再利用极坐标计算积分：

$$\iint_D y d\sigma = \iint_D r^2 \sin\theta dr d\theta = \int_0^{\pi} \sin\theta d\theta \int_{2\sin\theta}^{4\sin\theta} r^2 dr$$

$$= \frac{56}{3}\int_0^{\pi} \sin^4\theta d\theta = 7\pi.$$

因此，$\bar{y} = \frac{7\pi}{3\pi} = \frac{7}{3}$，所求质心是 $C\left(0, \frac{7}{3}\right)$.

***5. 平面薄片的转动惯量**

设 $xOy$ 平面上有 $n$ 个质点，它们分别位于点 $(x_i, y_i)(i = 1, 2, \cdots, n)$，质量分别为 $m_i(i = 1, 2, \cdots, n)$. 该质点系对 $x$ 轴、对 $y$ 轴的转动惯量分别为 $I_x = \sum_{i=1}^{n} y_i^2 m_i$，$I_y = \sum_{i=1}^{n} x_i^2 m_i$. 现在讨论相应的连续刚体的情况.

设有一平面薄片，它在 $xOy$ 平面上占有（有界闭）区域 $D$，面密度为连续函数 $\rho = \rho(x, y)$，$(x, y) \in D$. 运用元素法求其转动惯量.

在 $D$ 上任取一直径很小的区域 $d\sigma$（其面积也记为 $d\sigma$），$(x, y)$ 为 $d\sigma$ 中的一点，由于 $d\sigma$ 很小，且 $\rho(x, y)$ 在 $D$ 上连续，因此相应于 $d\sigma$ 部分的质量 $dM = \rho(x, y)d\sigma$，且这部分质量可近似看作集中在点 $(x, y)$ 上，于是可写出 $d\sigma$ 对 $x$ 轴、对 $y$ 轴的转动惯量：

$$dI_x = y^2\rho(x, y)d\sigma, \ dI_y = x^2\rho(x, y)d\sigma.$$

故薄片对 $x$ 轴、对 $y$ 轴的转动惯量分别为

$$I_x = \iint_D y^2\rho(x, y)d\sigma, \ I_y = \iint_D x^2\rho(x, y)d\sigma.$$

**注**　平面薄片 $D$ 关于直线 $l$：$ax+by+c=0$ 的转动惯量为

$$I_l = \iint_D d^2\rho(x, y)dxdy,$$

其中 $d = \frac{|ax + by + c|}{\sqrt{a^2 + b^2}}$.

**例 28**　求曲线 $r = a(1 + \cos\theta)$ 所围平面薄片 $(\rho = 1)$ 对极轴的转动惯量.

**解**　$I_x = \iint_D y^2\rho d\sigma = \int_{-\pi}^{\pi} d\theta \int_0^{a(1+\cos\theta)} (r\sin\theta)^2 r dr = \frac{a^4}{4}\int_{-\pi}^{\pi} \sin^2\theta \, (1 + \cos\theta)^4 d\theta$

$$= \frac{21}{32}\pi a^4.$$

**[随堂测]**

1. 求$\int_0^1 \mathrm{d}x\int_x^1 \mathrm{e}^{-y^2}\mathrm{d}y$.

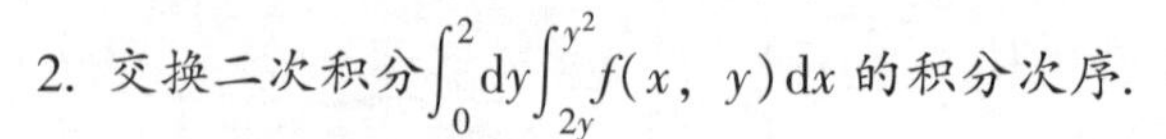

2. 交换二次积分$\int_0^2 \mathrm{d}y\int_{2y}^{y^2} f(x, y)\mathrm{d}x$的积分次序.

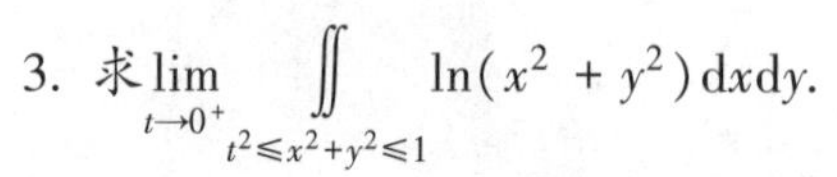

3. 求$\lim\limits_{t\to 0^+}\iint\limits_{t^2\leqslant x^2+y^2\leqslant 1}\ln(x^2+y^2)\mathrm{d}x\mathrm{d}y$.

扫码看答案

**[知识拓展]**

在学习二重积分的时候，注意其和定积分的相关概念之间的区别与联系. 与定积分类似，二重积分的概念也是从实践中抽象出来的，它是定积分的推广，其中的数学思想与定积分一样，也是一种“和式的极限”. 所不同的是：定积分的被积函数是一元函数，积分范围是一个区间；而二重积分的被积函数是二元函数，积分范围是平面上的一个区域. 它们之间存在密切的联系，二重积分可以转化为定积分来计算.

## 习题 7-1

1. 计算$\iint\limits_D \mathrm{d}x\mathrm{d}y$，其中$D$：

(1) $\{(x, y)\,|\,|x|\leqslant 1, |y|\leqslant 2\}$;

(2) $\left\{(x, y)\,\middle|\,\dfrac{x^2}{4}+y^2\leqslant 1\right\}$;

(3) $\{(x, y)\,|\,1^2\leqslant x^2+y^2\leqslant 3^2\}$.

2. 用二重积分表示立体$\dfrac{x^2}{a^2}+\dfrac{y^2}{b^2}+\dfrac{z^2}{c^2}\leqslant 1$，$z\leqslant 0$的体积，并写出积分区域的表达式.

3. 设$I=\iint\limits_D \sqrt[3]{x^2+y^2-1}\,\mathrm{d}x\mathrm{d}y$，其中$D$是圆环$1\leqslant x^2+y^2\leqslant 2$所确定的闭区域，则(　　).

A. $I>0$　　B. $I<0$　　C. $I=0$　　D. $I\neq 0$但符号不能确定

4. 比较$I_1=\iint\limits_D (x^2+y^2)\mathrm{d}\sigma$与$I_2=\iint\limits_D (x^2+y^2)^2\mathrm{d}\sigma$的大小，其中$D$：$x^2+y^2\leqslant 1$，则(　　).

A. $I_1=I_2$　　B. $I_1<I_2$　　C. $I_1>I_2$　　D. 无法比较

5. 设$I_1=\iint\limits_D \ln(x+y)\mathrm{d}\sigma$，$I_2=\iint\limits_D (x+y)^2\mathrm{d}\sigma$，$I_3=\iint\limits_D \sin^2(x+y)\mathrm{d}\sigma$，其中

$$D=\left\{(x, y)\,\middle|\,x\geqslant 0, y\geqslant 0, \frac{1}{2}\leqslant x+y\leqslant 1\right\},$$

比较$I_1, I_2, I_3$的大小.

6. 利用二重积分的性质估计积分 $I=\iint\limits_D (x+y+1)\mathrm{d}\sigma$ 的值，其中 $D$ 是矩形闭区域：$0\leqslant x\leqslant 1$，$0\leqslant y\leqslant 2$.

7. 估计积分值 $I=\iint\limits_D (x+y+1)\mathrm{d}\sigma$，其中 $D=[1, 2]\times[0, 1]$.

8. 设 $I_1=\iint\limits_{D_1}(x^2+y^2)^3\mathrm{d}\sigma$，$I_2=\iint\limits_{D_2}(x^2+y^2)^3\mathrm{d}\sigma$，其中 $D_1=[-1, 1]\times[-2, 2]$，$D_2=[0, 1]\times[0, 2]$，试说明 $I_1$ 与 $I_2$ 的关系.

9. 设 $f(x, y)$ 在 $D_\rho=\{(x, y)\mid x^2+y^2\leqslant\rho^2\}$ 上连续，求 $\lim\limits_{\rho\to 0^+}\dfrac{1}{\rho^2}\iint\limits_{D_\rho}f(x, y)\mathrm{d}\sigma$.

10. 计算二重积分 $I=\iint\limits_D f(x+y)\operatorname{sgn}(x-y)\mathrm{d}\sigma$，其中 $D=\{(x, y)\mid 0\leqslant x\leqslant 1, 0\leqslant y\leqslant 1\}$，函数 $f(u)$ 在 $D$ 上连续.

11. 计算下列二重(二次)积分.

(1) $\int_0^1\mathrm{d}x\int_x^{3x}(x-y)\mathrm{d}y$.

(2) $\iint\limits_D x\mathrm{e}^{-2x}\mathrm{d}x\mathrm{d}y$，其中 $D=\{(x, y)\mid 0\leqslant x\leqslant 1, 0\leqslant y\leqslant 1\}$.

(3) $\iint\limits_D xy^2\mathrm{d}x\mathrm{d}y$，其中 $D$ 是由 $|x|=2$，$|y|=1$ 所围成的闭区域.

(4) $\iint\limits_D y\cos(xy)\mathrm{d}x\mathrm{d}y$，其中 $D$ 是由 $0\leqslant x\leqslant 1$，$0\leqslant y\leqslant\pi$ 所围成的闭区域.

(5) $\iint\limits_D \mathrm{d}x\mathrm{d}y$，其中 $D$ 是由 $y=x$，$y=2x$，$y=1$ 所围成的闭区域.

(6) $\iint\limits_D \dfrac{y}{x}\mathrm{d}x\mathrm{d}y$，其中 $D$ 是由 $y=3x$，$y=x$，$x=1$，$x=3$ 所围成的闭区域.

(7) $\iint\limits_D (x^2+y^2-x)\mathrm{d}x\mathrm{d}y$，其中 $D$ 是由 $y=2$，$y=x$，$y=2x$ 所围成的闭区域.

(8) $\iint\limits_D \sin(x+y)\mathrm{d}x\mathrm{d}y$，其中 $D$ 是由 $x=0$，$y=\pi$，$y=x$ 所围成的闭区域.

(9) $\iint\limits_D xy\mathrm{d}x\mathrm{d}y$，其中 $D$ 是由 $x=\sqrt{y}$，$x=3-2y$，$y=0$ 所围成的闭区域.

(10) $\iint\limits_D (4-x^2)\mathrm{d}x\mathrm{d}y$，其中 $D$ 是由 $x=0$，$y=0$，$2x+y=4$ 所围成的闭区域.

(11) $\iint\limits_D \dfrac{\sin y}{y}\mathrm{d}x\mathrm{d}y$，其中 $D$ 是由 $y=x$，$x=y^2$ 所围成的闭区域.

12. 把二重积分 $I=\iint\limits_D f(x, y)\mathrm{d}\sigma$ 转化为两种不同次序的二次积分，其中 $D$ 分别如下：

(1) 由直线 $y=x$，$y=3x$，$x=1$，$x=2$ 所围成的闭区域；

(2) 由直线 $x+y=1$，$x-y=1$，$x=0$ 所围成的闭区域.

13. 交换下列二次积分的积分次序.

（1）$\int_0^3 dx\int_{x^2}^{3x} f(x, y)dy$.

（2）$\int_0^1 dy\int_0^y f(x, y)dx$.

（3）$\int_1^2 dy\int_1^y f(x, y)dx + \int_2^4 dy\int_{\frac{y}{2}}^2 f(x, y)dx$.

（4）$\int_0^1 dx\int_0^{1-x} f(x, y)dy$.

（5）$\int_0^1 dx\int_0^{\sqrt{2x-x^2}} f(x, y)dy + \int_1^2 dx\int_0^{2-x} f(x, y)dy$.

（6）$\int_0^{2a} dx\int_{\sqrt{2ax-x^2}}^{\sqrt{2ax}} f(x, y)dy (a > 0)$.

14. 利用两种方法计算下列二重积分.

（1）$\iint\limits_D xy d\sigma$，其中 $D$ 是由直线 $y = 1$，$x = 2$，$y = x$ 所围成的闭区域.

（2）$\iint\limits_D \frac{x^2}{y^2} dxdy$，其中 $D$ 是由直线 $x = 2$，$y = x$ 及曲线 $xy = 1$ 所围成的闭区域.

（3）$\iint\limits_D (xy + 1)dxdy$，其中 $D$ 是由 $4x^2 + y^2 = 4$ 所围成的闭区域.

15.（1）设 $f(y)$ 在 $[a, b]$ 上连续，证明：$\int_a^b dx\int_a^x f(y)dy = \int_a^b f(y)(b - y)dy$.

（2）计算 $\int_0^1 dy\int_y^1 x^2 \sin xy dx$.

16. 计算 $\iint\limits_D |y - x^2| dxdy$，其中 $D = \{(x, y) \mid -1 \leqslant x \leqslant 1, 0 \leqslant y \leqslant 1\}$.

17. 计算积分 $I = \int_{\frac{1}{4}}^{\frac{1}{2}} dy\int_{\frac{1}{2}}^{\sqrt{y}} e^{\frac{y}{x}} dx + \int_{\frac{1}{2}}^1 dy\int_y^{\sqrt{y}} e^{\frac{y}{x}} dx$.

18. 把二重积分写成极坐标系下的二次积分.

（1）$I = \iint\limits_D f(x, y)d\sigma$，$D = \{(x, y) \mid x^2 + y^2 \leqslant a^2, x \geqslant 0, y \leqslant 0, a > 0\}$.

（2）$I = \iint\limits_D f(x, y)d\sigma$，$D = \{(x, y) \mid x^2 + y^2 \leqslant 2x, y \geqslant 0\}$.

（3）$I = \iint\limits_D f(x, y)d\sigma$，$D = \{(x, y) \mid a^2 \leqslant x^2 + y^2 \leqslant b^2, x \leqslant y \leqslant \sqrt{3}x, x > 0\}$ $(0 < a < b)$.

（4）$I = \iint\limits_D e^{-x^2-y^2} d\sigma$，$D = \{(x, y) \mid 1 \leqslant x^2 + y^2 \leqslant 4\}$.

（5）$I = \iint\limits_D f(x^2 + y^2)dxdy$，$D = \{(x, y) \mid x^2 + y^2 \leqslant 2y\}$.

19. 利用极坐标计算下列二重积分.

(1) $\iint\limits_D \sqrt{x^2+y^2}\,\mathrm{d}\sigma$，其中 $D$ 是由 $1 \leqslant x^2+y^2 \leqslant 4$ 围成的圆环形区域.

(2) $\iint\limits_D y\mathrm{d}x\mathrm{d}y$，其中 $D$ 是由 $x^2+y^2=a^2$ 和两坐标轴所围成的第一象限的闭区域.

(3) $\iint\limits_D (h-2x-3y)\mathrm{d}x\mathrm{d}y$，其中 $D$ 是由 $x^2+y^2=R^2$ 所围成的闭区域.

(4) $\iint\limits_D \ln(1+x^2+y^2)\mathrm{d}x\mathrm{d}y$，其中 $D$ 是圆 $x^2+y^2 \leqslant 1$ 所围成的闭区域.

(5) $\iint\limits_D \frac{\mathrm{d}x\mathrm{d}y}{\sqrt{4-x^2-y^2}}$，其中 $D$ 是由 $1 \leqslant x^2+y^2 \leqslant 2$，$y \geqslant 0$ 所围成的闭区域.

(6) $\iint\limits_D \arctan\frac{y}{x}\mathrm{d}x\mathrm{d}y$，其中 $D$ 是由 $x^2+y^2=2$ 与直线 $y=x$ 及 $y$ 轴所围成的闭区域.

20. 选用适当的坐标计算下列积分.

(1) $\iint\limits_D \mathrm{d}x\mathrm{d}y$，其中 $D$ 是由直线 $x=2$，$y=x$ 和双曲线 $xy=1$ 所围成的闭区域.

(2) $\iint\limits_D xy\mathrm{d}x\mathrm{d}y$，其中 $D$ 是由 $x^2+y^2 \leqslant 1$ 和 $x+y \geqslant 1$ 所围成的闭区域.

(3) $\iint\limits_D \sqrt{\frac{1-x^2-y^2}{1+x^2+y^2}}\mathrm{d}x\mathrm{d}y$，其中 $D$ 是由 $x^2+y^2 \leqslant 1$，$x \geqslant 0$，$y \geqslant 0$ 所围成的闭区域.

(4) $\iint\limits_D (x^2+y^2)\mathrm{d}x\mathrm{d}y$，其中 $D$ 是由直线 $y=x$，$y=x+2$ 和 $y=2$，$y=6$ 所围成的闭区域.

(5) $\iint\limits_D \mathrm{e}^{x+y}\mathrm{d}x\mathrm{d}y$，其中 $D$ 是由直线 $|x|+|y| \leqslant 1$ 所围成的闭区域.

(6) $\iint\limits_D x^2y\mathrm{d}x\mathrm{d}y$，其中 $D$ 是由直线 $y=0$，$y=1$ 和双曲线 $x^2-y^2=1$ 所围成的闭区域.

(7) $\iint\limits_D xy^2\mathrm{d}x\mathrm{d}y$，其中 $D$ 是由直线 $y=\frac{1}{2}x$，$y=2x$ 和双曲线 $xy=1$，$xy=2$ 所围成的闭区域.

(8) $\iint\limits_D \frac{1}{\sqrt{4-x^2-y^2}}\mathrm{d}x\mathrm{d}y$，其中 $D$ 是由圆周 $x^2+y^2 \leqslant 2x$ 所围成的闭区域.

(9) $\iint\limits_D (x+2)\mathrm{d}x\mathrm{d}y$，其中 $D$ 是由圆周 $x^2+y^2 \leqslant 4$，$x^2+y^2 \geqslant 2x$ 与 $y$ 轴围成的位于第一象限内的闭区域.

(10) $\iint\limits_D |x^2+y^2-2|\mathrm{d}x\mathrm{d}y$，其中 $D$ 是由圆周 $x^2+y^2 \leqslant 9$ 所围成的闭区域.

21. 计算 $\iint\limits_D (x^2+y^2)\mathrm{d}x\mathrm{d}y$，其中 $D$ 是由圆 $x^2+y^2=2y$，$x^2+y^2=4y$ 及直线 $x-\sqrt{3}y=0$，$y-\sqrt{3}x=0$ 所围成的闭区域.

22. 求半球体 $x^2+y^2+z^2 \leqslant 9(z \geqslant 0)$ 的体积.

23. 求曲面 $z=1-4x^2-y^2$ 与 $xOy$ 面所围成的立体体积.

24. 求由4个平面 $x=0$，$y=0$，$x=1$，$y=1$ 所围成的柱体被平面 $z=0$ 与 $z=6-2x-3y$ 截得的立体体积.

25. 求圆锥面 $z=\sqrt{x^2+y^2}$ 被柱面 $z^2=2x$ 所割下的那部分曲面的面积.

26. 求抛物柱面 $z=\frac{1}{2}x^2$ 含在由平面 $x=1$，$y=0$，$y=x$ 所围成的柱体内部的那部分曲面的面积.

27. 求下列平面图形 $D$ 的形心.

(1) $D$ 由抛物线 $y=\sqrt{2x}$ 与直线 $x=1$，$y=0$ 所围成.

(2) $D$ 由心形线 $r=1+\cos\theta$ 所围成.

(3) $D$ 由右半椭圆 $\frac{x^2}{a^2}+\frac{y^2}{b^2}=1(x\geqslant 0)$ 与 $y$ 轴所围成.

28. 设圆盘的圆心在原点上，半径为 $R$，面密度 $\rho=x^2+y^2$，求该圆盘的质量.

29. 求由坐标轴与直线 $2x+y=6$ 所围成的三角形均匀薄片的质心.

30. 求曲线 $(x^2+y^2)^2=2a^2(x^2-y^2)$ 和 $x^2+y^2\geqslant a$ 所围成区域 $D$ 的面积.

31. 求 $z=\frac{x^2}{a^2}+\frac{y^2}{b^2}$ 与 $z=4$ 所围立体的体积.

# 第二节　三重积分的概念、计算和应用

**[课前导读]**

和二重积分一样，我们仍然从具体的实例引出三重积分的概念．我们来看空间物体的质量：假设物体在空间占有有界闭区域 $\Omega$，若物体是均质的，即密度 $\rho$ 是常量，则质量 $M=\rho V$，其中 $V$ 是 $\Omega$ 的体积. 若物体是非均质的，密度 $\rho$ 是变量，不妨设 $\rho=\rho(x, y, z)$，$(x, y, z)\in\Omega$，$\rho(x, y, z)$ 是连续函数，任取若干个曲面网，将区域 $\Omega$ 分成 $n$ 个小区域 $\Delta v_i(i=1, 2, \cdots, n)$（$\Delta v_i$ 既表示第 $i$ 个小区域，也表示其体积），并记 $\lambda=\max\limits_{1\leqslant i\leqslant n}\{\Delta v_i$ 的直径$\}$，在 $\Delta v_i$ 内任取一点 $(x_i, y_i, z_i)$，以该点的密度 $\rho(x_i, y_i, z_i)$ 近似表示该小区域上每一点的密度，则 $\Delta v_i$ 的质量为 $\Delta m_i\approx\rho(x_i, y_i, z_i)\Delta v_i$，因此就有

$$M=\lim_{\lambda\to 0}\sum_{i=1}^{n}\Delta m_i=\lim_{\lambda\to 0}\sum_{i=1}^{n}\rho(x_i, y_i, z_i)\Delta v_i.$$

## 一、三重积分的概念

定积分及二重积分作为和的极限的概念，可以很自然地推广到三重积分.

**定义**　设函数 $f(x, y, z)$ 在空间的有界闭区域 $\Omega$ 上有界，将 $\Omega$ 任意地分成 $n$ 个小区域 $\Delta v_i(i=1, 2, \cdots, n)$，其中 $\Delta v_i$ 既表示第 $i$ 个小区域，也表示它的体积. 任取 $(x_i, y_i, z_i)\in\Delta v_i(i=1, 2, \cdots, n)$，记 $\lambda=\max\limits_{1\leqslant i\leqslant n}\{\Delta v_i$ 的直径$\}$，若 $\lim\limits_{\lambda\to 0}\sum\limits_{i=1}^{n}f(x_i, y_i, z_i)\Delta v_i$ 存在，则称函

数$f(x, y, z)$在$\Omega$上可积，此极限称为函数$f(x, y, z)$在$\Omega$上的**三重积分**，记作$\iiint\limits_{\Omega} f(x, y, z)\mathrm{d}v$，即

$$\iiint\limits_{\Omega} f(x, y, z)\mathrm{d}v = \lim_{\lambda \to 0}\sum_{i=1}^{n} f(x_i, y_i, z_i)\Delta v_i, \tag{1}$$

其中 $\mathrm{d}v$ 为体积元素 .

**注**　二重积分定义中的一些术语，如被积函数、积分区域等，都可以相应地沿用到三重积分上.

在直角坐标系中，如果用平行于坐标面的平面来划分$\Omega$，那么，除了包含$\Omega$的边界点的一些不规则的小闭区域外，得到的小闭区域$\Delta v_i$为长方体. 设长方体的小闭区域$\Delta v_i$的边长为$\Delta x_i, \Delta y_i, \Delta z_i$，则$\Delta v_i = \Delta x_i \Delta y_i \Delta z_i$. 因此，在直角坐标系中，有时也把体积元素$\mathrm{d}v$记为$\mathrm{d}x\mathrm{d}y\mathrm{d}z$，而把三重积分记为$\iiint\limits_{\Omega} f(x, y, z)\mathrm{d}x\mathrm{d}y\mathrm{d}z$，其中$\mathrm{d}x\mathrm{d}y\mathrm{d}z$称为直角坐标系下的体积元素.

当函数$f(x, y, z)$在空间有界闭区域$\Omega$上连续时，式(1)右端的和的极限必定存在，即$\iiint\limits_{\Omega} f(x, y, z)\mathrm{d}v$存在. 以后我们总是假定函数在空间有界闭区域$\Omega$上连续. 此外，三重积分的性质也与二重积分的类似，这里就不重复了.

如果$\rho(x, y, z)$表示占据空间有界闭区域$\Omega$的物体在点$(x, y, z)$的密度，且$\rho(x, y, z)$在$\Omega$上连续，那么该物体的质量为

$$M = \iiint\limits_{\Omega} \rho(x, y, z)\mathrm{d}v.$$

另外，由三重积分的定义不难看出闭区域$\Omega$的体积为

$$V = \iiint\limits_{\Omega} \mathrm{d}v.$$

这里$\iiint\limits_{\Omega} \mathrm{d}v$是被积函数$f(x, y, z) \equiv 1$时三重积分$\iiint\limits_{\Omega} 1\mathrm{d}v$的常用简便记号.

## 二、三重积分的计算

计算三重积分的基本思想是把三重积分化成三次积分进行计算，现在给出计算三重积分的常用方法.

### 1. 利用直角坐标计算三重积分

我们先考虑有如下几何特征的闭区域$\Omega$：平行于$z$轴且穿过$\Omega$内部的直线与$\Omega$的边界曲面$S$相交不多于两点，若多于两点，则需将$\Omega$分成若干部分，使每一部分都满足相交不多于两点的要求. 把这种闭区域$\Omega$投影到$xOy$面上去，得到一个平面闭区域$D_{xy}$. 以$D_{xy}$的边界为准线作母线平行于$z$轴的柱面. 这柱面与曲面$S$的交线就将$S$分成上下两部分曲面，它们的方程分别为

$$S_1: z=z_1(x, y), \quad S_2: z=z_2(x, y).$$

假定 $z_1(x,\ y)$，$z_2(x,\ y)$ 都是 $D_{xy}$ 上的连续函数，且不妨设 $z_1(x,\ y)\leqslant z_2(x,\ y)$. 这时候，对于 $D_{xy}$ 内的任一点 $(x,\ y)$，过该点且平行于 $z$ 轴的直线必然通过曲面 $S_1$ 穿入 $\Omega$ 的内部，然后又通过曲面 $S_2$ 穿出 $\Omega$ 的内部，穿入、穿出的点的竖坐标分别是 $z_1(x,\ y)$，$z_2(x,\ y)$（见图 7-33）. 这样积分区域可以表示为

$$\Omega=\{(x,\ y,\ z)\mid z_1(x,\ y)\leqslant z(x,\ y)\leqslant z_2(x,\ y),\ (x,\ y)\in D_{xy}\}.$$

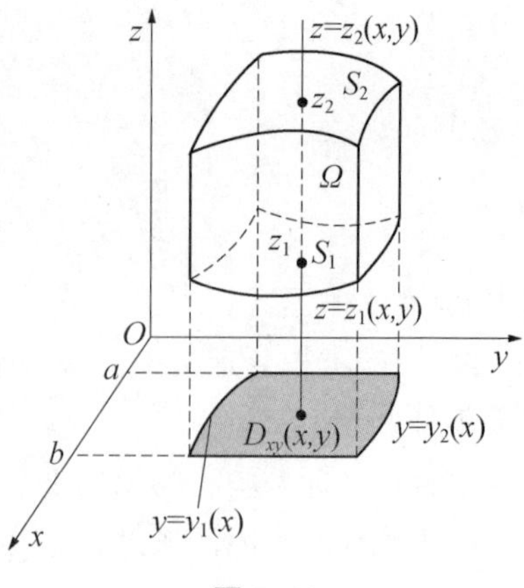

图 7-33

我们先把 $x$ 和 $y$ 看作定值，将 $f(x,\ y,\ z)$ 看作只是 $z$ 的函数，在区间 $[z_1(x,\ y),\ z_2(x,\ y)]$ 上对 $z$ 做定积分，积分的结果事实上是 $D_{xy}$ 上 $x$ 和 $y$ 的函数，记为 $F(x,\ y)$，即

$$F(x,\ y)=\int_{z_1(x,\ y)}^{z_2(x,\ y)}f(x,\ y,\ z)\,\mathrm{d}z.$$

然后计算 $F(x,\ y)$ 在 $D_{xy}$ 上的二重积分，其结果就是三重积分 $\iiint\limits_{\Omega}f(x,\ y,\ z)\,\mathrm{d}v$，即

$$\iiint\limits_{\Omega}f(x,\ y,\ z)\,\mathrm{d}v=\iint\limits_{D_{xy}}F(x,\ y)\,\mathrm{d}x\mathrm{d}y=\iint\limits_{D_{xy}}\left[\int_{z_1(x,\ y)}^{z_2(x,\ y)}f(x,\ y,\ z)\,\mathrm{d}z\right]\mathrm{d}x\mathrm{d}y.\qquad(2)$$

上式右端这个先对 $z$ 的单积分、后对 $x$ 与 $y$ 的二重积分，也常记作

$$\iint\limits_{D_{xy}}\mathrm{d}x\mathrm{d}y\int_{z_1(x,\ y)}^{z_2(x,\ y)}f(x,\ y,\ z)\,\mathrm{d}z.$$

坐标面投影法

因此，式(2) 也写作

$$\iiint\limits_{\Omega}f(x,\ y,\ z)\,\mathrm{d}v=\iint\limits_{D_{xy}}\mathrm{d}x\mathrm{d}y\int_{z_1(x,\ y)}^{z_2(x,\ y)}f(x,\ y,\ z)\,\mathrm{d}z.$$

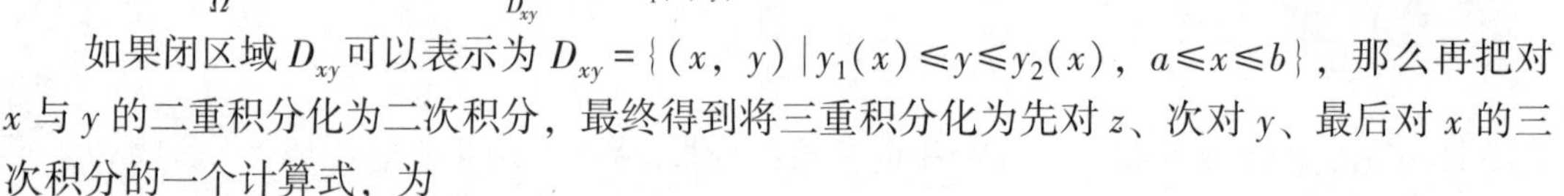

如果闭区域 $D_{xy}$ 可以表示为 $D_{xy}=\{(x,\ y)\mid y_1(x)\leqslant y\leqslant y_2(x),\ a\leqslant x\leqslant b\}$，那么再把对 $x$ 与 $y$ 的二重积分化为二次积分，最终得到将三重积分化为先对 $z$、次对 $y$、最后对 $x$ 的三次积分的一个计算式，为

$$\iiint\limits_{\Omega}f(x,\ y,\ z)\,\mathrm{d}v=\int_a^b\mathrm{d}x\int_{y_1(x)}^{y_2(x)}\mathrm{d}y\int_{z_1(x,\ y)}^{z_2(x,\ y)}f(x,\ y,\ z)\,\mathrm{d}z.$$

上述将三重积分化成三次积分是先做一个定积分，再做二重积分（二重积分再化为二次积分），这种方法称为**投影法或先一后二法**.

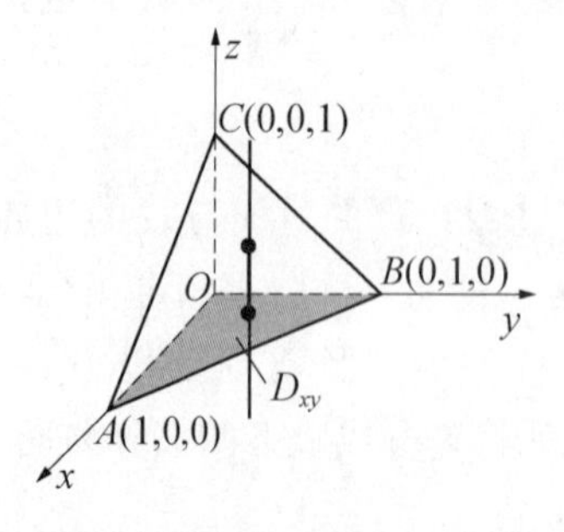

图 7-34

**例 1**　计算三重积分 $\iiint\limits_{\Omega}x\mathrm{d}x\mathrm{d}y\mathrm{d}z$，其中 $\Omega$ 为 3 个坐标面及平面 $x+y+z=1$ 所围成的闭区域.

**解**　如图 7-34 所示，将区域 $\Omega$ 向 $xOy$ 面投影，得到的投影区域 $D_{xy}$ 为三角形闭区域 $OAB$：$\{(x,\ y)\mid 0\leqslant x\leqslant 1,\ 0\leqslant y\leqslant 1-x\}$.

在 $D_{xy}$ 内任取一点 $(x,\ y)$，过此点作平行于 $z$ 轴的直线，该直线从平面 $z=0$ 穿入，从平面 $z=1-x-y$ 穿出，即有 $0\leqslant z\leqslant 1-x-y$. 所以

$$\iiint_\Omega x\mathrm{d}x\mathrm{d}y\mathrm{d}z=\iint_{D_{xy}}\mathrm{d}x\mathrm{d}y\int_0^{1-x-y}x\mathrm{d}z=\int_0^1\mathrm{d}x\int_0^{1-x}\mathrm{d}y\int_0^{1-x-y}x\mathrm{d}z=\int_0^1x\mathrm{d}x\int_0^{1-x}(1-x-y)\mathrm{d}y$$

$$=\frac{1}{2}\int_0^1x(1-x)^2\mathrm{d}x=\frac{1}{2}\int_0^1(x-2x^2+x^3)\mathrm{d}x=\frac{1}{24}.$$

**例 2** 计算三重积分 $I=\iiint_\Omega x\mathrm{d}x\mathrm{d}y\mathrm{d}z$，其中 $\Omega$ 为由双曲抛物面 $xy=z$ 及平面 $x+y-1=0$，$z=0$围成的闭区域.

**解** 空间立体 $\Omega$ 的顶部曲面 $z=xy$ 与底面 $z=0$ 的交线为 $x$ 轴和 $y$ 轴，故 $\Omega$ 在 $xOy$ 平面上的投影区域 $D_{xy}$ 由 $x$ 轴、$y$ 轴及直线 $x+y-1=0$ 围成(见图 7-35). $D_{xy}$ 可表示为

$$D_{xy}=\{(x,y)\mid 0\leqslant x\leqslant 1,\ 0\leqslant y\leqslant 1-x\},$$

$\Omega$ 可表示为

$$\Omega=\{(x,y,z)\mid 0\leqslant x\leqslant 1,\ 0\leqslant y\leqslant 1-x,\ 0\leqslant z\leqslant xy\},$$

则

$$I=\int_0^1\mathrm{d}x\int_0^{1-x}\mathrm{d}y\int_0^{xy}x\mathrm{d}z=\int_0^1\mathrm{d}x\int_0^{1-x}x\cdot xy\mathrm{d}y$$

$$=\int_0^1x^2\cdot\frac{(1-x)^2}{2}\mathrm{d}x=-\frac{1}{60}.$$

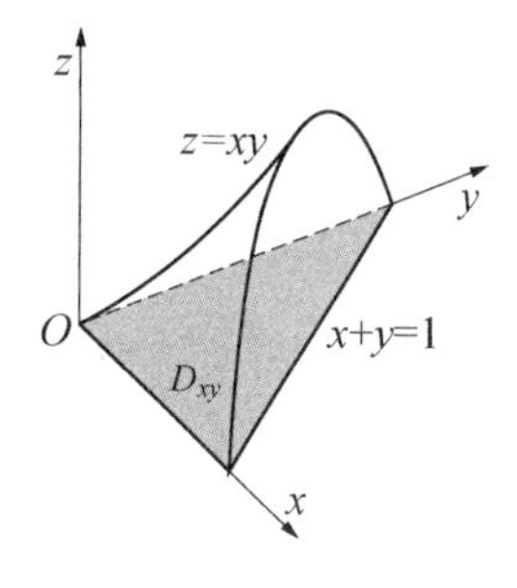

图 7-35

**例 3** 化三重积分 $I=\iiint_\Omega f(x,y,z)\mathrm{d}x\mathrm{d}y\mathrm{d}z$ 为先对 $z$、次对 $y$、最后对 $x$ 的三次积分，其中积分区域 $\Omega$ 为由曲面 $z=x^2+2y^2$ 及 $z=2-x^2$ 所围成的闭区域.

**解** 注意到题设两曲面的交线 $\begin{cases}z=x^2+2y^2,\\ z=2-x^2,\end{cases}$ 消去 $z$ 得 $x^2+y^2=1$，故 $\Omega$ 在 $xOy$ 面上的投影为圆域 $D$：$x^2+y^2\leqslant 1$，则 $D=\{(x,y)\mid -1\leqslant x\leqslant 1,\ -\sqrt{1-x^2}\leqslant y\leqslant\sqrt{1-x^2}\}$.
对 $D$ 内任一点$(x,y)$，对应的 $z=z(x,y)$的取值范围为 $x^2+2y^2\leqslant z\leqslant 2-x^2$.

所以

$$I=\iint_D\mathrm{d}x\mathrm{d}y\int_{x^2+2y^2}^{2-x^2}f(x,y,z)\mathrm{d}z=\int_{-1}^1\mathrm{d}x\int_{-\sqrt{1-x^2}}^{\sqrt{1-x^2}}\mathrm{d}y\int_{x^2+2y^2}^{2-x^2}f(x,y,z)\mathrm{d}z.$$

有时候，我们还可以把三重积分化为先对某两个变量的二重积分，后对第三个变量的定积分. 例如，设闭区域 $\Omega$ 恰介于平面 $z=c_1$ 与 $z=c_2$ 之间，对于任意取定的 $z$，$c_1\leqslant z\leqslant c_2$，用过点$(0,0,z)$且平行于 $xOy$ 面的平面截 $\Omega$，得到一个平面闭区域 $D_z$，其中的点的竖坐标都同为 $z$(见图 7-36). 这样，$\Omega$ 也可以表示为

$$\Omega=\{(x,y,z)\mid(x,y)\in D_z,\ c_1\leqslant z\leqslant c_2\},$$

图 7-36

则

$$\iiint_\Omega f(x,y,z)\mathrm{d}v=\int_{c_1}^{c_2}\left[\iint_{D_z}f(x,y,z)\mathrm{d}x\mathrm{d}y\right]\mathrm{d}z=\int_{c_1}^{c_2}\mathrm{d}z\iint_{D_z}f(x,y,z)\mathrm{d}x\mathrm{d}y.$$

这种计算三重积分的方法称为**截面法**或**先二后一法**.

**例 4**　计算三重积分$\iiint\limits_{\Omega} z\mathrm{d}x\mathrm{d}y\mathrm{d}z$，其中$\Omega$为3个坐标面及平面$x+y+z=1$所围成的闭区域.

**解**　通过$z$轴上介于点(0，0，0)和点(0，0，1)之间的任一点(0，0，$z$)，作平行于$xOy$面的平面截$\Omega$(见图7-37)，得到一个三角形闭区域$D_z$：$0\leqslant x+y\leqslant 1-z$，故

$$\iiint\limits_{\Omega} z\mathrm{d}x\mathrm{d}y\mathrm{d}z=\int_0^1 z\mathrm{d}z\iint\limits_{D_z}\mathrm{d}x\mathrm{d}y.$$

由于

$$\iint\limits_{D_z}\mathrm{d}x\mathrm{d}y=\frac{1}{2}(1-z)(1-z),$$

所以

$$\iiint\limits_{\Omega} z\mathrm{d}x\mathrm{d}y\mathrm{d}z=\int_0^1 z\cdot\frac{1}{2}(1-z)^2\mathrm{d}z=\frac{1}{24}.$$

**例 5**　计算$I=\iiint\limits_{\Omega} z^2\mathrm{d}v$，其中$\Omega$由$z=x^2+y^2$与$z=2$所围成.

**解**　通过$z$轴上介于点(0，0，0)和点(0，0，2)之间的任一点(0，0，$z$)，作平行于$xOy$面的平面截$\Omega$(见图7-38)，得到一个圆域$D_z$：$0\leqslant x^2+y^2\leqslant z$，则

$$I=\iiint\limits_{\Omega} z^2\mathrm{d}v=\int_0^2 z^2\mathrm{d}z\iint\limits_{D_z}\mathrm{d}x\mathrm{d}y=\int_0^2 z^2\pi z\mathrm{d}z=\left[\frac{\pi}{4}z^4\right]_0^2=4\pi.$$

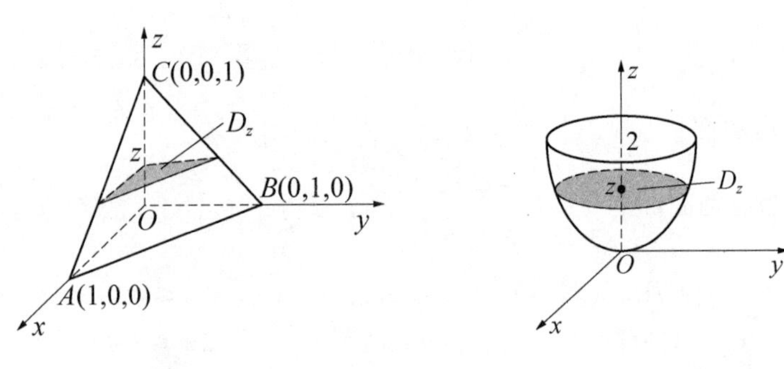


图 7-37　　　　图 7-38

**2. 利用柱面坐标计算三重积分**

设$M(x, y, z)$为空间内一点，点$M$在$xOy$面上的投影为点$P$，点$P$用极坐标表示为$(r, \theta)$，则这样的3个数$r,\theta,z$就叫作点$M$的柱面坐标，规定$r,\theta,z$的变化范围为

$$0\leqslant r<+\infty,\ 0\leqslant\theta\leqslant 2\pi,\ -\infty<z<+\infty.$$

$r=$常数，即表示以$z$轴为轴的圆柱面；

$\theta=$常数，即表示过$z$轴的半平面；

$z=$常数，即表示与$xOy$面平行的平面.

直角坐标与柱面坐标的关系为

$$x=r\cos\theta,\ y=r\sin\theta,\ z=z.$$

这样三重积分从直角坐标系变化到柱面坐标系的公式为

$$\iiint\limits_{\Omega} f(x, y, z)\mathrm{d}v=\iiint\limits_{\Omega} f(r\cos\theta, r\sin\theta, z)r\mathrm{d}r\mathrm{d}\theta\mathrm{d}z.$$

若设$\Omega=\{(r, \theta, z)\mid z_1(r, \theta)\leqslant z\leqslant z_2(r, \theta), r_1(\theta)\leqslant r\leqslant r_2(\theta), \alpha\leqslant\theta\leqslant\beta\}$，将柱面坐标系下的三重积分化为三次积分，就有

$$\iiint\limits_{\Omega} f(x,\ y,\ z)\,\mathrm{d}v=\int_{\alpha}^{\beta}\mathrm{d}\theta\int_{r_1(\theta)}^{r_2(\theta)} r\mathrm{d}r\int_{z_1(r,\ \theta)}^{z_2(r,\ \theta)} f(r\cos\theta,\ r\sin\theta,\ z)\,\mathrm{d}z.$$

**例 6**　计算三重积分 $I=\iiint\limits_{\Omega} z\mathrm{d}v$，其中区域 $\Omega$ 由球面 $z=\sqrt{4-x^2-y^2}$ 及旋转抛物面 $x^2+y^2=3z$ 所围成.

**解**　由 $\begin{cases}x^2+y^2+z^2=4,\\ x^2+y^2=3z\end{cases}$ 得 $z=1$，故 $x^2+y^2=3$. 令 $x=r\cos\theta$，$y=r\sin\theta$，则

$$D_{r\theta}=\{(r,\ \theta)\mid 0\leqslant\theta\leqslant 2\pi,\ 0\leqslant r\leqslant\sqrt{3}\}.$$

利用柱面坐标系得球面和抛物面方程为 $z=\sqrt{4-r^2}$，$r^2=3z$，则 $\Omega=\left\{(r,\ \theta,\ z)\ \middle|\ \dfrac{r^2}{3}\leqslant z\leqslant\sqrt{4-r^2},\ (r,\ \theta)\in D_{r\theta}\right\}$. 故

$$I=\iiint\limits_{\Omega} z\mathrm{d}v=\int_0^{2\pi}\mathrm{d}\theta\int_0^{\sqrt{3}} r\mathrm{d}r\int_{\frac{r^2}{3}}^{\sqrt{4-r^2}} z\mathrm{d}z=2\pi\int_0^{\sqrt{3}}\frac{1}{2}\left(4-r^2-\frac{r^4}{9}\right)r\mathrm{d}r=\frac{13}{4}\pi.$$

本题也可以用截面法做，感兴趣的读者可以试一下.

## 三、三重积分的应用

### 1. 空间立体的体积

我们可以用三重积分来计算空间立体体积.

空间立体 $\Omega$ 的体积 $V=\iiint\limits_{\Omega}\mathrm{d}v$.

**例 7**　求由平面 $x=0$，$y=0$，$z=0$，$3x+2y=6$ 及曲面 $z=3-\dfrac{1}{2}x^2$ 所围立体的体积.

**解**　空间立体在 $xOy$ 面上的投影区域 $D$ 由 $x=0$，$y=0$，$3x+2y=6$ 所围成(见图 7-39)，故

$$\Omega=\left\{(x,\ y,\ z)\ \middle|\ 0\leqslant z\leqslant 3-\frac{1}{2}x^2,\ (x,\ y)\in D\right\}.$$

$$V=\iiint\limits_{\Omega}\mathrm{d}v=\int_0^2\mathrm{d}x\int_0^{\frac{1}{2}(6-3x)}\mathrm{d}y\int_0^{3-\frac{1}{2}x^2}\mathrm{d}z$$
$$=\int_0^2\mathrm{d}x\int_0^{\frac{1}{2}(6-3x)}\left(3-\frac{1}{2}x^2\right)\mathrm{d}y$$
$$=\int_0^2\frac{1}{2}(6-3x)\cdot\left(3-\frac{1}{2}x^2\right)\mathrm{d}x=8.$$

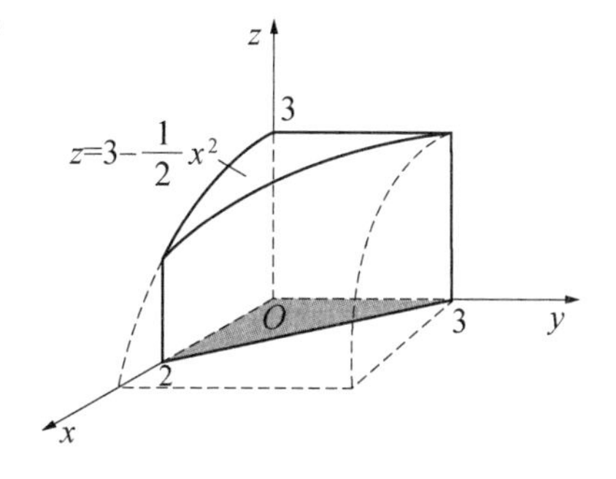


图 7-39

**注**　本题也可用二重积分求体积：

$$V=\iint\limits_{D} f(x,\ y)\,\mathrm{d}x\mathrm{d}y=\int_0^2\mathrm{d}x\int_0^{\frac{1}{2}(6-3x)}\left(3-\frac{1}{2}x^2\right)\mathrm{d}y.$$

本题还可用定积分求体积(已知截面面积的立体体积)：

$$A(x)=\frac{1}{2}(6-3x)\left(3-\frac{1}{2}x^2\right),\ V=\int_0^2 A(x)\mathrm{d}x.$$

**例 8**　设 $a>0$，计算由旋转抛物面 $x^2+y^2=az$、圆柱面 $x^2+y^2=2ax$ 与平面 $z=0$ 所围成的立体 $\Omega$ 的体积.

**解**　投影区域为 $D=\left\{(r,\ \theta)\ \middle|\ 0\leqslant r\leqslant 2a\cos\theta,\ -\frac{\pi}{2}\leqslant\theta\leqslant\frac{\pi}{2}\right\}$（见图 7-40），因此，

$$\begin{aligned}V&=\iiint_{\Omega}\mathrm{d}v=\int_{-\frac{\pi}{2}}^{\frac{\pi}{2}}\mathrm{d}\theta\int_0^{2a\cos\theta}r\mathrm{d}r\int_0^{\frac{r^2}{a}}\mathrm{d}z\\&=\frac{1}{a}\int_{-\frac{\pi}{2}}^{\frac{\pi}{2}}\mathrm{d}\theta\int_0^{2a\cos\theta}r^3\mathrm{d}r=4a^3\int_{-\frac{\pi}{2}}^{\frac{\pi}{2}}\cos^4\theta\mathrm{d}\theta\\&=8a^3\int_0^{\frac{\pi}{2}}\cos^4\theta\mathrm{d}\theta=8a^3\cdot\frac{3}{4}\cdot\frac{1}{2}\cdot\frac{\pi}{2}\\&=\frac{3}{2}\pi a^3.\end{aligned}$$

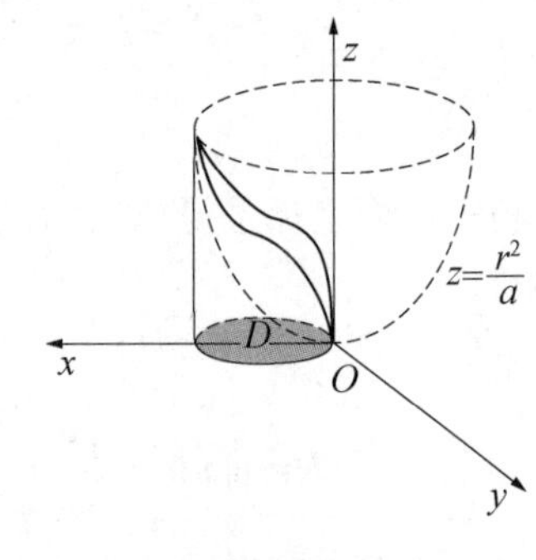

图 7-40

***2. 三重积分在物理中的应用**

(1) 空间物体的质量

$$m=\iiint_{\Omega}\rho(x,\ y,\ z)\mathrm{d}v.$$

其中，$\rho=\rho(x,\ y,\ z)$ 为空间物体的体密度函数.

**例 9**　设常数 $a>0$，$h>0$，立体 $\Omega$ 由平面 $z=0$、圆柱面 $\left(x-\frac{a}{2}\right)^2+y^2=\left(\frac{a}{2}\right)^2$ 及锥面 $z=\frac{h}{a}\sqrt{x^2+y^2}$ 围成，其各点处的体密度等于该点到 $yOz$ 平面的距离的平方. 求该立体 $\Omega$ 的质量.

**解**

$$\begin{aligned}m&=\iiint_{\Omega}x^2\mathrm{d}v=\iint_D x^2\mathrm{d}x\mathrm{d}y\int_0^{\frac{h}{a}\sqrt{x^2+y^2}}\mathrm{d}z=\frac{h}{a}\iint_D x^2\sqrt{x^2+y^2}\mathrm{d}x\mathrm{d}y\\&=\frac{2h}{a}\int_0^{\frac{\pi}{2}}\mathrm{d}\theta\int_0^{a\cos\theta}r^4\cos^2\theta\mathrm{d}r=\frac{2ha^4}{5}\int_0^{\frac{\pi}{2}}\cos^7\theta\mathrm{d}\theta=\frac{2ha^4}{5}\cdot\frac{6}{7}\cdot\frac{4}{5}\cdot\frac{2}{3}\cdot 1=\frac{32}{175}ha^4.\end{aligned}$$

(2) 空间物体的质心

$$\bar{x}=\frac{\iiint_{\Omega}x\rho(x,\ y,\ z)\mathrm{d}v}{\iiint_{\Omega}\rho(x,\ y,\ z)\mathrm{d}v},\ \bar{y}=\frac{\iiint_{\Omega}y\rho(x,\ y,\ z)\mathrm{d}v}{\iiint_{\Omega}\rho(x,\ y,\ z)\mathrm{d}v},\ \bar{z}=\frac{\iiint_{\Omega}z\rho(x,\ y,\ z)\mathrm{d}v}{\iiint_{\Omega}\rho(x,\ y,\ z)\mathrm{d}v}.$$

空间立体的形心：

$$\bar{x}=\frac{\iiint_{\Omega}x\mathrm{d}v}{\iiint_{\Omega}\mathrm{d}v},\ \bar{y}=\frac{\iiint_{\Omega}y\mathrm{d}v}{\iiint_{\Omega}\mathrm{d}v},\ \bar{z}=\frac{\iiint_{\Omega}z\mathrm{d}v}{\iiint_{\Omega}\mathrm{d}v}.$$

**例 10**　求球心与锥体的顶点皆在原点，球体半径为$\sqrt{2}$，锥体中心轴为 $z$ 轴，锥面与 $z$ 轴正向交角 $\alpha=45°$的均匀球顶锥体的质心(见图 7-41).

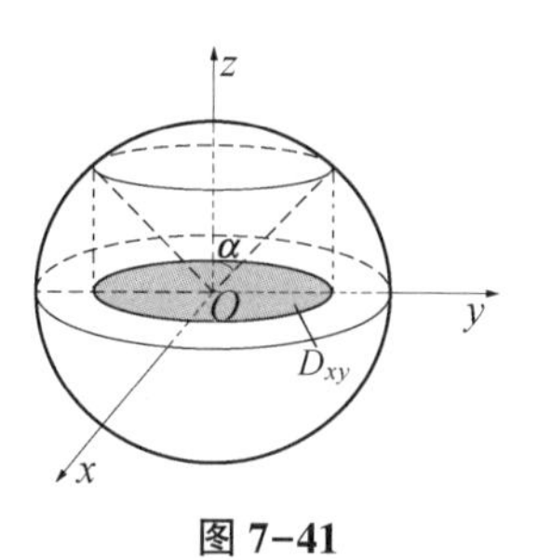


图 7-41

**解**　由于物体是均匀的，所求质心即为立体的形心. 由对称性知，$\bar{x}=\bar{y}=0$.

球面方程为 $x^2+y^2+z^2=2$，锥面方程为 $z=\sqrt{x^2+y^2}$，交线的投影柱面为 $x^2+y^2=1$，则

$$\iiint_{\Omega}\mathrm{d}v=\int_0^{2\pi}\mathrm{d}\theta\int_0^1 r\mathrm{d}r\int_r^{\sqrt{2-r^2}}\mathrm{d}z=\frac{4\pi}{3}(\sqrt{2}-1),$$

$$\iiint_{\Omega}z\mathrm{d}v=\int_0^{2\pi}\mathrm{d}\theta\int_0^1 r\mathrm{d}r\int_r^{\sqrt{2-r^2}}z\mathrm{d}z=\frac{\pi}{2},$$

故

$$\bar{z}=\frac{\iiint\limits_{\Omega}z\mathrm{d}v}{\iiint\limits_{\Omega}\mathrm{d}v}=\frac{\frac{\pi}{2}}{\frac{4\pi}{3}(\sqrt{2}-1)}=\frac{3}{8}(\sqrt{2}+1).$$

**例 11**　求均匀球体 $x^2+y^2+z^2\leqslant R^2$ 对 3 个坐标轴的转动惯量.

**解**　由于$\rho=\rho(x,y,z)$是常数，由(区域及轮换)对称性知

$$I_x=\iiint_{\Omega}\rho(y^2+z^2)\mathrm{d}v,\ I_y=\iiint_{\Omega}\rho(x^2+z^2)\mathrm{d}v,\ I_z=\iiint_{\Omega}\rho(x^2+y^2)\mathrm{d}v$$

均相等，记 $I=I_x=I_y=I_z$，则

$$I=\iiint_{\Omega}\rho(x^2+y^2)\mathrm{d}v=\rho\int_0^{2\pi}\mathrm{d}\theta\int_0^R r\mathrm{d}r\int_{-\sqrt{R^2-r^2}}^{\sqrt{R^2-r^2}}r^2\mathrm{d}z=\frac{8\rho}{15}\pi R^5.$$

**[随堂测]**

1. 计算$\iiint\limits_{\Omega}\sqrt{x^2+z^2}\mathrm{d}v$，其中$\Omega$由曲面 $y=x^2+z^2$ 与平面 $y=4$ 所

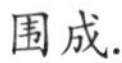

围成.

2. 求$\iiint\limits_{\Omega}z^2\mathrm{d}x\mathrm{d}y\mathrm{d}z$，其中$\Omega$是由椭球面$\frac{x^2}{a^2}+\frac{y^2}{b^2}+\frac{z^2}{c^2}=1$所围成的空间闭区域.

**[知识拓展]**

三重积分的计算最终转化成三次积分，也就是 3 个定积分的计算. 兼顾被积函数的特点和积分区域的特征，我们可以选择用直角坐标系或者柱面坐标系来做. 在不同的坐标系中，又可以选择坐标面投影法或坐标轴投影法. 在解题过程中，只有抓住问题的主要特征，才能找到最适合的方法。同时，我们也要善于总结规律，举一反三，把重积分的解题思路运用到具体的实际应用中.

## 习题 7-2

1. 化三重积分 $I=\iiint\limits_{\Omega}f(x, y, z)\mathrm{d}v$ 为三次积分(只需先对 $z$、次对 $y$、后对 $x$ 一种次序)，其中积分区域 $\Omega$ 分别如下：

（1）由 3 个坐标面与平面 $6x+3y+2z-6=0$ 所围成；

（2）由旋转抛物面 $z=x^2+y^2$ 与平面 $z=1$ 所围成；

（3）由圆锥面 $z=\sqrt{x^2+y^2}$ 与上半球面 $z=\sqrt{2-x^2-y^2}$ 所围成；

（4）由双曲抛物面 $z=xy$ 与平面 $x+y=1$，$z=0$ 所围成.

2. 计算下列三重积分：

（1）$\iiint\limits_{\Omega}xy\mathrm{d}v$，其中 $\Omega$ 是由 3 个坐标面与平面 $x+\dfrac{y}{2}+\dfrac{z}{3}=1$ 所围成的闭区域；

（2）$\iiint\limits_{\Omega}x^2y^2\mathrm{d}v$，其中 $\Omega$ 是由平面 $x=1$，$y=x$，$y=-x$，$z=0$ 及 $z=x$ 所围成的闭区域；

（3）$\iiint\limits_{\Omega}xyz\mathrm{d}v$，其中 $\Omega$ 是由双曲抛物面 $z=xy$ 与平面 $x=1$，$y=x$，$z=0$ 所围成的闭区域；

（4）$\iiint\limits_{\Omega}z^2\mathrm{d}v$，其中 $\Omega$ 是由上半球面 $z=\sqrt{1-x^2-y^2}$ 与平面 $z=0$ 所围成的闭区域；

（5）$\iiint\limits_{\Omega}z^2\mathrm{d}v$，其中 $\Omega$ 是由球面 $x^2+y^2+z^2=2z$ 所围成的闭区域；

（6）$\iiint\limits_{\Omega}z\mathrm{d}v$，其中 $\Omega$ 是由上半球面 $z=\sqrt{2-x^2-y^2}$ 与旋转抛物面 $z=x^2+y^2$ 所围成的闭区域；

（7）$\iiint\limits_{\Omega}z\sqrt{x^2+y^2}\mathrm{d}v$，其中 $\Omega$ 是由旋转抛物面 $z=x^2+y^2$ 与平面 $z=1$ 所围成的闭区域；

（8）$\iiint\limits_{\Omega}y\cos(x+z)\mathrm{d}v$，其中 $\Omega$ 是由抛物柱面 $y=\sqrt{x}$ 与平面 $y=0$，$z=0$，$x+z=\dfrac{\pi}{2}$ 所围成的闭区域.

3. 在形状为 $z=x^2+y^2$ 的容器内，已盛有 $8\mathrm{cm}^3$ 溶液，现又倒入 $120\mathrm{cm}^3$ 溶液，液面比原来升高了多少？

4. 计算三重积分 $I=\iiint\limits_{\Omega}(x+y+z)\mathrm{d}v$，其中区域 $\Omega$ 由平面 $\dfrac{x}{a}+\dfrac{y}{b}+\dfrac{z}{c}=1(a>0,\ b>0,\ c>0)$ 及 3 个坐标面所围成.

5. 计算三重积分 $I=\iiint\limits_{\Omega}(x^2+y^2+z^2)\mathrm{d}v$，其中区域 $\Omega$ 由椭球面 $\dfrac{x^2}{a^2}+\dfrac{y^2}{b^2}+\dfrac{z^2}{c^2}=1$ 所围成.

6. 计算三重积分 $I=\iiint\limits_{\Omega}(x^2+y^2)\mathrm{d}v$，其中区域 $\Omega$ 由平面曲线 $\begin{cases}y^2=2z,\\x=0\end{cases}$ 绕 $z$ 轴旋转一周而成的曲面与平面 $z=2$，$z=8$ 所围成.

7. 计算三重积分$I=\iiint\limits_{\Omega}(x+y+z)\mathrm{d}v$，其中区域$\Omega$由球面$z=\sqrt{4-x^2-y^2}$及旋转抛物面$x^2+y^2=3z$所围成.

8. 计算三重积分$I=\iiint\limits_{\Omega}x^4y^2z^3\mathrm{d}v$，其中区域$\Omega$：$x^2+y^2+z^2\leqslant R^2$.

9. 设函数$f(z)$连续，将三次积分$\int_0^1\mathrm{d}y\int_0^1\mathrm{d}x\int_x^1 f(z)\mathrm{d}z$用定积分表示.

10. 设函数$f(t)$连续，且$f(0)=0$，$F(t)=\iiint\limits_{\Omega_t}[z^2+f(\sqrt{x^2+y^2})]\mathrm{d}v$，其中

$$\Omega_t=\{(x,\ y,\ z)\mid x^2+y^2\leqslant t^2,\ 0\leqslant z\leqslant 1\},$$

求$\lim\limits_{t\to 0^+}\dfrac{F(t)}{t^2}$.

11. 求闭曲线$\Gamma$：$(x^2+y^2)^3=a^2(x^4+y^4)(a>0)$所围区域的面积.

12. 密度为1的立体由曲面$x^2+y^2-z^2=1$及平面$z=0$，$z=\sqrt{3}$围成，求它对$z$轴的转动惯量.

13. 设密度为常量$\rho$的均质物体占据由抛物面$z=3-x^2-y^2$与平面$|x|=1$，$|y|=1$，$z=0$所围成的闭区域，试求：

(1) 物体的质量；

(2) 物体的质心；

(3) 物体对$z$轴的转动惯量.

# 第三节　对弧长的曲线积分与对坐标的曲线积分

[课前导读]

在工程技术与物理学中，常常遇到计算非均质曲线状或曲面状构件的质量、计算质点在变力作用下沿曲线运动时变力所做的功、计算流体通过曲面的流量等问题，要解决这类问题，就要推广积分范围.

在前面两节中，我们已经对积分范围做了推广，如定积分的积分范围是数轴上的区间，二重积分的积分范围为平面闭区域，三重积分的积分范围为空间立体. 现在我们要把积分范围推广到一段曲线(我们讨论的都是有限长度的曲线弧)，这就是本节所要介绍的曲线积分.

## 一、对弧长的曲线积分(第一类曲线积分)

**曲线形构件的质量**　在设计曲线形构件时，为了合理使用材料，应根据构件各部分受力的情况，把构件上各点处的粗细程度设计得不完全一样. 因此，我们可以认为曲线形构件的线密度(单位长度的质量)是变量.

假设在$xOy$平面上有一曲线形构件，其所处的位置为曲线弧$\overparen{AB}$，设曲线弧$\overparen{AB}$的长为

$L$，线密度为连续函数$\rho=\rho(x, y)$，$(x, y)\in\overset{\frown}{AB}$. 若构件的线密度 $\rho$ 是常数(均匀质体)，则构件的质量 $m=\rho L$；若构件的线密度 $\rho=\rho(x, y)$是变量(非均匀质体)，就不能直接用上述方法计算其质量.

可用点 $M_1$，$M_2$，…，$M_{n-1}$将曲线弧$\overset{\frown}{AB}$分成 $n$ 个小弧段 $\Delta s_i(i=1, 2, \cdots, n)$，$\Delta s_i$ 也表示第 $i$ 个小弧段的弧长.

对于每一小段构件，由于线密度连续变化，所以，只要其长度足够短，就可以用这一小段上任一点处的线密度代替这一小段上其他各点处的线密度. 即任取$(x_i, y_i)\in\Delta s_i$(见图 7-42)，得到这一小段构件 $\Delta s_i$ 的质量 $\Delta m_i$ 的近似值为 $\rho(x_i, y_i)\Delta s_i(i=1, 2, \cdots, n)$，从而曲线形构件的质量为

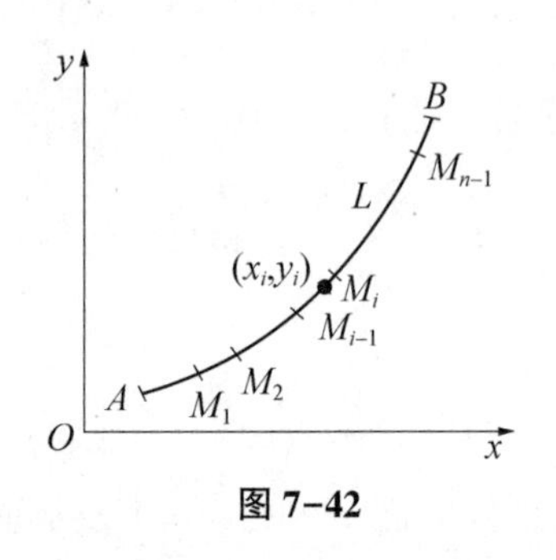

图 7-42

$$m=\sum_{i=1}^{n}\Delta m_i\approx\sum_{i=1}^{n}\rho(x_i, y_i)\Delta s_i.$$

取$\lambda=\max\limits_{1\leqslant i\leqslant n}\{\Delta s_i\}$，当分点无限增多且$\lambda\to 0$时，此和式极限就是该曲线形构件的质量，即

$$m=\lim_{\lambda\to 0}\sum_{i=1}^{n}\rho(x_i, y_i)\Delta s_i.$$

抛开这个问题的物理意义，对此和式极限进行抽象，就得到第一类曲线积分的定义.

**1. 对弧长曲线积分的概念与性质**

**定义 1**　设 $L$ 为 $xOy$ 平面上一条光滑(或分段光滑)的曲线弧，函数$f(x, y)$在 $L$ 上有界，在 $L$ 上任意取点 $M_1$，$M_2$，…，$M_{n-1}$ 将 $L$ 分成 $n$ 段小弧，记 $\Delta s_i=\overset{\frown}{M_{i-1}M_i}(i=1, 2, \cdots, n)$($\Delta s_i$ 也为该段的弧长)，任取$(x_i, y_i)\in\Delta s_i(i=1, 2, \cdots, n)$，$\lambda=\max\limits_{1\leqslant i\leqslant n}\{\Delta s_i\}$，若$\lim\limits_{\lambda\to 0}\sum\limits_{i=1}^{n}f(x_i, y_i)\Delta s_i$存在，则称此极限为函数$f(x, y)$在 $L$ 上**对弧长的曲线积分**或**第一类曲线积分**，记作$\int_L f(x, y)\mathrm{d}s$.

若 $L$ 是封闭曲线，那么函数$f(x, y)$在闭曲线上对弧长 $L$ 的曲线积分通常记为$\oint_L f(x, y)\mathrm{d}s$.

可以证明：若$f(x, y)$在光滑曲线弧 $L$ 上连续，则$f(x, y)$在 $L$ 上的曲线积分$\int_L f(x, y)\mathrm{d}s$一定存在. 以后，我们总假定$f(x, y)$在光滑曲线弧 $L$ 上连续.

上述定义完全可以推广到空间曲线 $\Gamma$ 的情形：

$$\int_\Gamma f(x, y, z)\mathrm{d}s=\lim_{\lambda\to 0}\sum_{i=1}^{n}f(x_i, y_i, z_i)\Delta s_i.$$

我们把对弧长的曲线积分的定义与定积分、重积分的定义加以比较，就可以知道，对弧长的曲线积分与定积分、重积分有完全类似的性质. 这里只叙述以下对计算有重要作用的两个性质.

**性质1(线性)**　设 $\alpha$ 和 $\beta$ 是常数，则

$$\int_L [\alpha f(x, y) + \beta g(x, y)] ds = \alpha \int_L f(x, y) ds + \beta \int_L g(x, y) ds.$$

**性质2(对区间的可加性)**　设曲线弧 $L$ 由 $L_1$ 和 $L_2$ 组成，则

$$\int_L f(x, y) ds = \int_{L_1} f(x, y) ds + \int_{L_2} f(x, y) ds.$$

**2. 对弧长的曲线积分的计算方法**

对弧长的曲线积分可以化为定积分来计算，具体方法由下述定理给出.

**定理1**　设二元函数 $f(x, y)$ 在曲线弧 $L$ 上连续，平面曲线 $L=\overset{\frown}{AB}$ 的参数方程为

$$\begin{cases} x = \varphi(t), \\ y = \psi(t), \end{cases} \alpha \leqslant t \leqslant \beta,$$

其中 $\varphi(t)$，$\psi(t)$ 及 $\varphi'(t)$，$\psi'(t)$ 在 $[\alpha, \beta]$ 上连续，且 $\varphi'^2(t) + \psi'^2(t) \neq 0$，则

$$\int_L f(x, y) ds = \int_\alpha^\beta f[\varphi(t), \psi(t)] \sqrt{\varphi'^2(t) + \psi'^2(t)} dt (\alpha < \beta). \tag{1}$$

定理的证明从略.

**注**　公式(1)表明，计算对弧长的曲线积分 $\int_L f(x, y) ds$ 时，只需将 $x, y, ds$ 依次替换为 $\varphi(t)$、$\psi(t)$、$\sqrt{\varphi'^2(t) + \psi'^2(t)} dt$，然后从 $\alpha$ 到 $\beta$ 做定积分即可. 必须注意的是，积分下限 $\alpha$ 一定要小于积分上限 $\beta$.

如果平面曲线 $L=\overset{\frown}{AB}$ 的方程为 $y=y(x)$，$a \leqslant x \leqslant b(a<b)$，其中 $y(x)$ 在 $[a, b]$ 上具有一阶连续导数，$f(x, y)$ 在 $L$ 上连续，则

$$\int_L f(x, y) ds = \int_a^b f[x, y(x)] \sqrt{1 + y'^2(x)} dx.$$

**注**　将 $y=y(x)$ 看作 $\begin{cases} x = x, \\ y = y(x), \end{cases}$ $a \leqslant x \leqslant b$，再利用公式(1)即可.

如果平面曲线 $L=\overset{\frown}{AB}$ 的方程用极坐标表示：

$$r = r(\theta), \ \alpha \leqslant \theta \leqslant \beta(\alpha < \beta),$$

其中 $r(\theta)$ 在 $[\alpha, \beta]$ 上具有一阶连续导数，$f(x, y)$ 在 $L$ 上连续，则

$$\int_L f(x, y) ds = \int_\alpha^\beta f[r(\theta)\cos\theta, r(\theta)\sin\theta] \sqrt{r^2(\theta) + r'^2(\theta)} d\theta.$$

**注**　可以把极坐标转化为参数方程形式 $\begin{cases} x = r(\theta)\cos\theta, \\ y = r(\theta)\sin\theta, \end{cases}$ $\alpha \leqslant \theta \leqslant \beta$，再利用公式(1).

对于空间曲线弧 $\Gamma$ 上的曲线积分 $\int_\Gamma f(x, y, z) ds$，有相似的计算结果.

**定理2**　三元函数 $f(x, y, z)$ 在空间曲线弧 $\Gamma$ 上连续，设空间曲线 $\Gamma=\overset{\frown}{AB}$ 的参数方程为

$$\begin{cases} x = \varphi(t), \\ y = \psi(t), \ \alpha \leqslant t \leqslant \beta, \\ z = \omega(t), \end{cases}$$

其中 $\varphi(t),\psi(t),\omega(t)$ 及 $\varphi'(t),\psi'(t),\omega'(t)$ 在 $[\alpha,\beta]$ 上连续，且 $\varphi'^2(t)+\psi'^2(t)+\omega'^2(t)\neq 0$，则

$$\int_\Gamma f(x,y,z)\,\mathrm{d}s=\int_\alpha^\beta f[\varphi(t),\psi(t),\omega(t)]\sqrt{\varphi'^2(t)+\psi'^2(t)+\omega'^2(t)}\,\mathrm{d}t(\alpha<\beta).$$

定理的证明从略.

**例 1**　计算 $\int_L\sqrt{y}\,\mathrm{d}s$，其中 $L$ 是抛物线 $y=x^2$ 上点 $O(0,0)$ 与点 $B(1,1)$ 之间的一段弧.

**解**　如图 7-43 所示，$L$ 的方程为

$$y=x^2(0\leqslant x\leqslant 1),$$

$$\mathrm{d}s=\sqrt{1+(x^2)'^2}\,\mathrm{d}x=\sqrt{1+4x^2}\,\mathrm{d}x,$$

因此，

$$\begin{aligned}\int_L\sqrt{y}\,\mathrm{d}s&=\int_0^1\sqrt{x^2}\cdot\sqrt{1+4x^2}\,\mathrm{d}x\\&=\int_0^1 x\sqrt{1+4x^2}\,\mathrm{d}x\\&=\left[\frac{1}{12}(1+4x^2)^{\frac{3}{2}}\right]_0^1=\frac{1}{12}(5\sqrt{5}-1).\end{aligned}$$

**例 2**　计算曲线积分 $I=\int_L(x^2+y^2)\,\mathrm{d}s$，其中 $L$ 是中心在 $(R,0)$、半径为 $R$ 的上半圆周(见图 7-44).

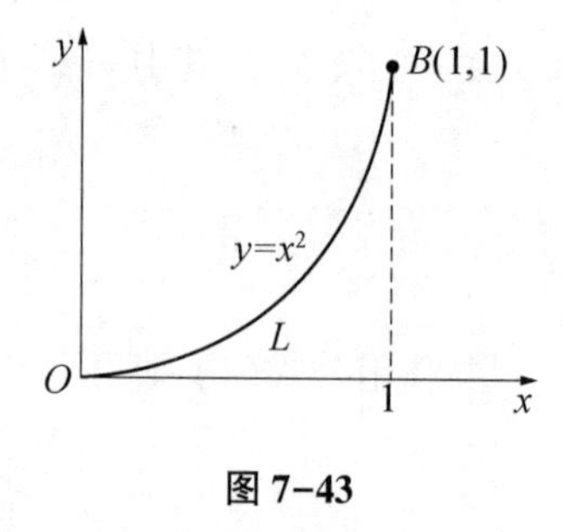

图 7-43

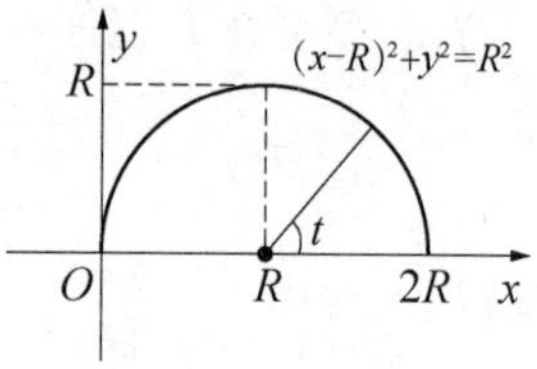

图 7-44

**解**　由于上半圆周的参数方程为

$$\begin{cases}x=R(1+\cos t),\\y=R\sin t,\end{cases}(0\leqslant t\leqslant\pi)$$

所以　$I=\int_L(x^2+y^2)\,\mathrm{d}s$

$$\begin{aligned}&=\int_0^\pi[R^2(1+\cos t)^2+R^2\sin^2 t]\sqrt{(-R\sin t)^2+(R\cos t)^2}\,\mathrm{d}t\\&=2R^3\int_0^\pi(1+\cos t)\,\mathrm{d}t=2R^3[t+\sin t]_0^\pi\\&=2\pi R^3.\end{aligned}$$

**例 3**　计算曲线积分 $\oint_L\sqrt{x^2+y^2}\,\mathrm{d}s$，其中 $L$：$x^2+y^2=ax(a>0)$(见图 7-45).

**解**　这道题也可以像例 2 一样，用圆的参数方程来做. 现在我们选择极坐标，要注意两种方程的差别.

设$\begin{cases}x=r\cos\theta,\\y=r\sin\theta,\end{cases}$ $L$：$r=a\cos\theta\left(-\dfrac{\pi}{2}\leqslant\theta\leqslant\dfrac{\pi}{2}\right)$，则

$$\begin{cases}x=a\cos^2\theta,\\y=a\cos\theta\sin\theta,\end{cases}\quad ds=ad\theta,$$

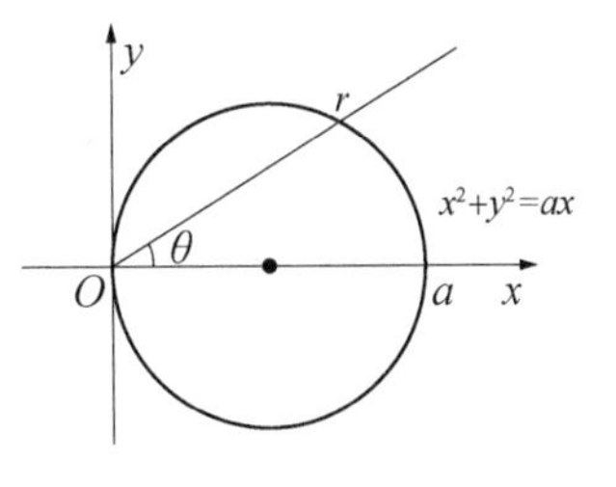


图 7-45

故
$$\oint_L\sqrt{x^2+y^2}\,ds=\int_{-\frac{\pi}{2}}^{\frac{\pi}{2}}a^2\cos\theta d\theta=2a^2.$$

**例 4**　计算曲线积分$\int_L y^2ds$，其中 $L$ 为摆线的一拱：$x=a(t-\sin t)$，$y=a(1-\cos t)(0\leqslant t\leqslant 2\pi)$(见图 7-46).

**解**
$$\int_L y^2ds=\int_0^{2\pi}[a(1-\cos t)]^2\sqrt{a^2(1-\cos t)^2+a^2\sin^2 t}\,dt$$
$$=a^3\int_0^{2\pi}(1-\cos t)^2\sqrt{2-2\cos t}\,dt$$
$$=8a^3\int_0^{2\pi}\sin^5\frac{t}{2}dt$$
$$=-16a^3\int_0^{2\pi}\left(1-\cos^2\frac{t}{2}\right)^2d\left(\cos\frac{t}{2}\right)$$
$$=-16a^3\int_0^{2\pi}\left(1-2\cos^2\frac{t}{2}+\cos^4\frac{t}{2}\right)d\left(\cos\frac{t}{2}\right)$$
$$=-16a^3\left[\cos\frac{t}{2}-\frac{2}{3}\cos^3\frac{t}{2}+\frac{1}{5}\cos^5\frac{t}{2}\right]_0^{2\pi}=\frac{256}{15}a^3.$$

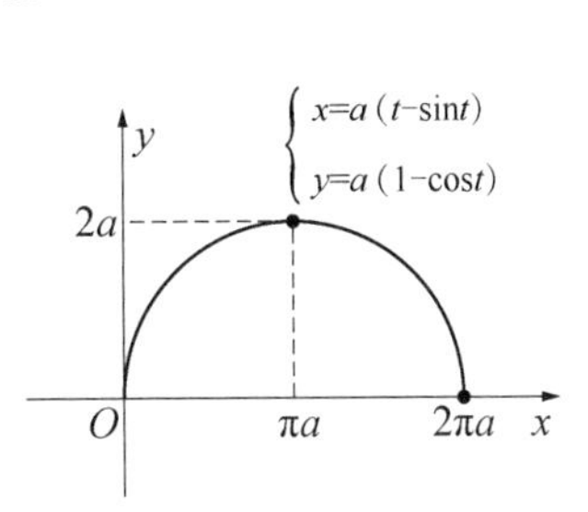


图 7-46

**例 5**　计算曲线积分$\oint_L(x+y)ds$，其中 $L$ 为连接点 $O(0,0)$，$A(1,0)$，$B(1,1)$的封闭折线段 $OABO$(见图 7-47).

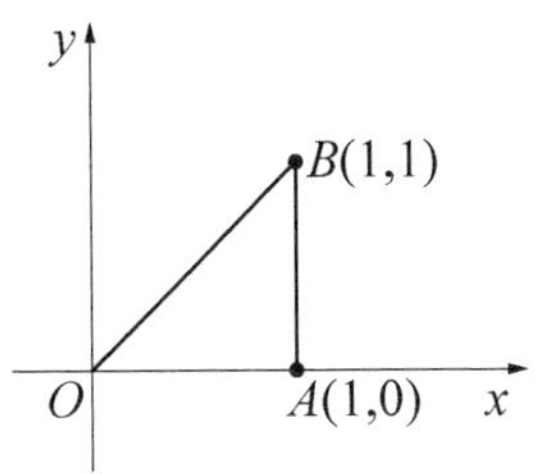


图 7-47

**解**　$\oint_L(x+y)ds=\int_{\overline{OA}}(x+y)ds+\int_{\overline{AB}}(x+y)ds+\int_{\overline{BO}}(x+y)ds.$

在$\overline{OA}$上，$y=0(0\leqslant x\leqslant 1)$，$ds=dx$，$\int_{\overline{OA}}(x+y)ds=\int_0^1 xdx=\dfrac{1}{2}$.

在$\overline{AB}$上，$x=1(0\leqslant y\leqslant 1)$，$ds=dy$，$\int_{\overline{AB}}(x+y)ds=\int_0^1(1+y)dy=\dfrac{3}{2}$.

在$\overline{BO}$上，$y=x(0\leqslant x\leqslant 1)$，$ds=\sqrt{1+1^2}dx=\sqrt{2}dx$，$\int_{\overline{BO}}(x+y)ds=\int_0^1 2x\sqrt{2}dx=\sqrt{2}$.

故
$$\oint_L(x+y)ds=\frac{1}{2}+\frac{3}{2}+\sqrt{2}=2+\sqrt{2}.$$

**例 6**　计算曲线积分$\int_\Gamma(x^2+y^2+z^2)ds$，其中 $\Gamma$ 为螺旋线 $x=a\cos t$，$y=a\sin t$，$z=kt$ 上相应于 $t$ 从 0 到 $2\pi$ 的一段弧(见图 7-48).

**解**　$\int_\Gamma(x^2+y^2+z^2)ds$
$$=\int_0^{2\pi}[(a\cos t)^2+(a\sin t)^2+(kt)^2]\sqrt{(-a\sin t)^2+(a\cos t)^2+k^2}\,dt$$

$$=\int_0^{2\pi}[a^2+k^2t^2]\sqrt{a^2+k^2}\,dt$$
$$=\sqrt{a^2+k^2}\left[a^2t+\frac{k^2}{3}t^3\right]_0^{2\pi}$$
$$=\frac{2}{3}\pi\sqrt{a^2+k^2}(3a^2+4\pi^2k^2).$$

**例 7**　求 $I=\int_\Gamma x^2\mathrm{d}s$，其中 $\Gamma$ 为球面 $x^2+y^2+z^2=a^2$ 被平面 $x+y+z=0$ 所截得的圆周(见图 7-49).

**解**　由对称性，知

$$\int_\Gamma x^2\mathrm{d}s=\int_\Gamma y^2\mathrm{d}s=\int_\Gamma z^2\mathrm{d}s,$$

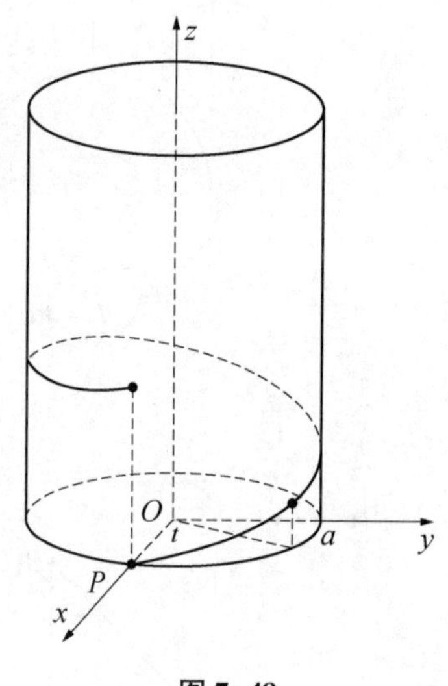

**图 7-48**

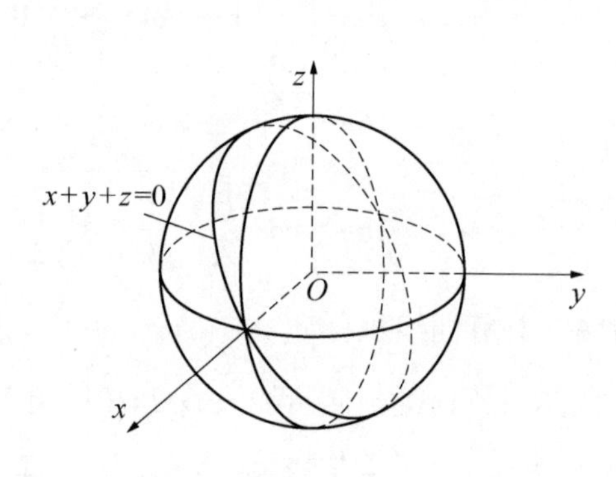

**图 7-49**

所以

$$I=\frac{1}{3}\int_\Gamma(x^2+y^2+z^2)\mathrm{d}s=\frac{1}{3}\int_\Gamma a^2\mathrm{d}s$$
$$=\frac{a^2}{3}\int_\Gamma\mathrm{d}s=\frac{2\pi a^3}{3},$$

其中$\int_\Gamma\mathrm{d}s=2\pi a$ 为球面的大圆周长.

***3. 对弧长曲线积分的物理应用**

设曲线形构件在 $xOy$ 面上占据的位置是一段曲线弧 $L$，在 $L$ 上的点$(x,\ y)$处构件的线密度为$\rho(x,\ y)$，且$\rho(x,\ y)$ 在 $L$ 上连续，则和解决平面薄片的同类问题一样，应用元素法，就可以得到平面曲线形构件的质量为

$$m=\int_L\rho(x,\ y)\mathrm{d}s.$$

曲线形构件的质心坐标为

$$\bar{x}=\frac{\int_L x\rho(x,\ y)\mathrm{d}s}{M},\ \bar{y}=\frac{\int_L y\rho(x,\ y)\mathrm{d}s}{M}.$$

如果是匀质的曲线形构件，则对应的形心公式为

$$\bar{x}=\frac{\int_L x\mathrm{d}s}{\int_L \mathrm{d}s},\ \bar{y}=\frac{\int_L y\mathrm{d}s}{\int_L \mathrm{d}s}.$$

曲线形构件对于 $xOy$ 面上的 $x$ 轴和 $y$ 轴的转动惯量分别为

$$I_x=\int_L y^2\rho(x,\ y)\mathrm{d}s,\ I_y=\int_L x^2\rho(x,\ y)\mathrm{d}s.$$

类似地，我们也可以得到空间曲线积分所对应的质量、质心和转动惯量.

**例 8**　计算半径为 $R$、中心角为 $2\alpha$ 的圆弧 $L$ 对于它的对称轴的转动惯量(设线密度 $\rho=1$).

**解**　取坐标系，如图 7-50 所示，则

$$I=\int_L y^2\mathrm{d}s.$$

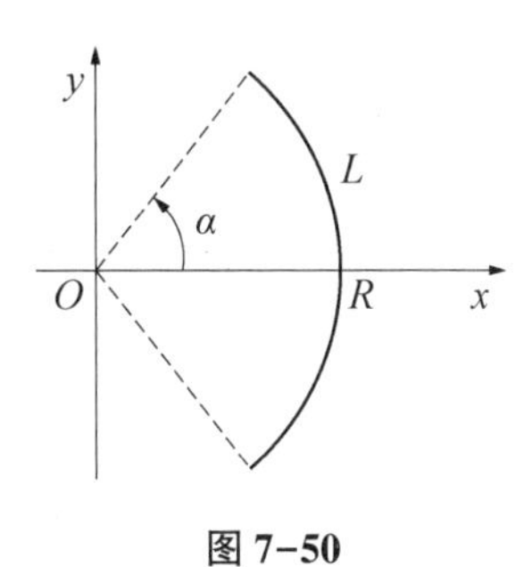

图 7-50

为计算方便，利用 $L$ 的参数方程

$$x=R\cos t,\ y=R\sin t(-\alpha\leqslant t\leqslant\alpha),$$

可得

$$\begin{aligned}I&=\int_L y^2\mathrm{d}s=\int_{-\alpha}^{\alpha}R^2\sin^2 t\sqrt{(-R\sin t)^2+(R\cos t)^2}\,\mathrm{d}t\\&=R^3\int_{-\alpha}^{\alpha}\sin^2 t\mathrm{d}t\\&=\frac{R^3}{2}\left[t-\frac{\sin 2t}{2}\right]_{-\alpha}^{\alpha}\\&=\frac{R^3}{2}(2\alpha-\sin 2\alpha)=R^3(\alpha-\sin\alpha\cos\alpha).\end{aligned}$$

## 二、对坐标的曲线积分(第二类曲线积分)

**质点受变力作用沿平面曲线运动时变力做功问题**　在定积分中，质点受变力 $\boldsymbol{F}=\boldsymbol{F}(x)$(方向与 $x$ 轴正向一致)作用沿直线($x$ 轴)从点 $A$ 运动到点 $B$(见图 7-51)，变力所做的功为

$$W=\int_a^b F(x)\mathrm{d}x.$$

若 $\boldsymbol{F}$ 为常力，质点沿有向线段 $\overrightarrow{AB}$ 从点 $A$ 运动到点 $B$，$\theta$ 为 $\boldsymbol{F}$ 与 $\overrightarrow{AB}$ 的夹角(见图 7-52)，则有

$$W=|\boldsymbol{F}|\cos\theta|\overrightarrow{AB}|=\boldsymbol{F}\cdot\overrightarrow{AB}.$$

现在考虑质点受变力 $\boldsymbol{F}(x,\ y)=P(x,\ y)\boldsymbol{i}+Q(x,\ y)\boldsymbol{j}$ 作用沿平面曲线 $L=\overset{\frown}{AB}$ 运动时，变力做功问题.

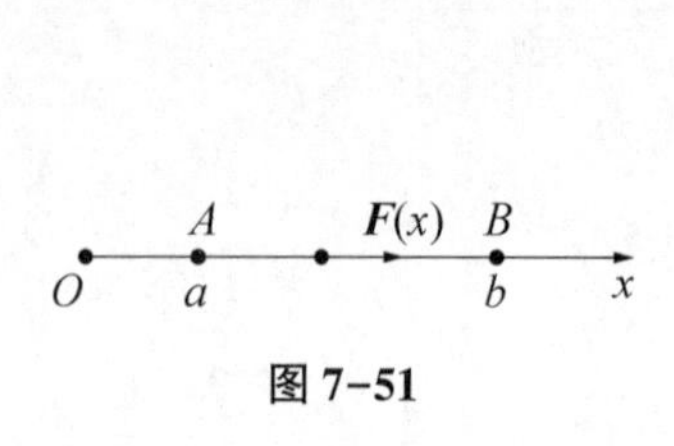

图 7-51

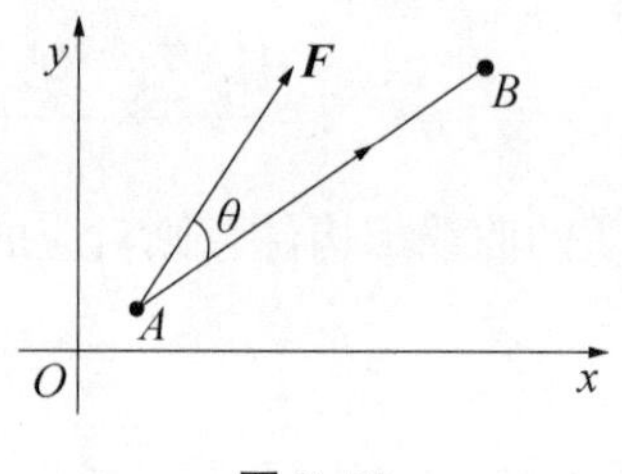

图 7-52

将$\overset{\frown}{AB}$任意地分成 $n$ 个小弧段 $\Delta s_i=\overset{\frown}{M_{i-1}M_i}(i=1, 2, \cdots, n)$，当每个小弧段的长度很小时，我们取其中一小弧段$\overset{\frown}{M_{i-1}M_i}$来考虑(见图 7-53)，以

$$\boldsymbol{F}(\xi_i, \eta_i)=P(\xi_i, \eta_i)\boldsymbol{i}+Q(\xi_i, \eta_i)\boldsymbol{j}$$

近似替代小弧段$\overset{\frown}{M_{i-1}M_i}$上各点处受到的力，则变力 $\boldsymbol{F}$ 在$\overset{\frown}{M_{i-1}M_i}$所做的功为

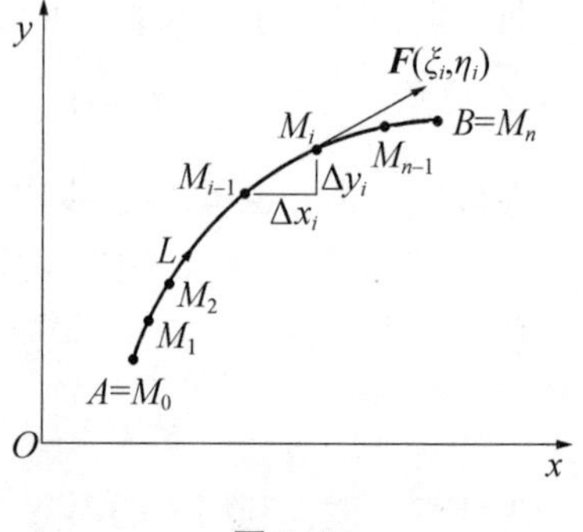

图 7-53

$$\begin{aligned}\Delta W_i &\approx \boldsymbol{F}(\xi_i, \eta_i)\cdot\overrightarrow{M_{i-1}M_i}\\ &=(P(\xi_i, \eta_i), Q(\xi_i, \eta_i))\cdot(\Delta x_i, \Delta y_i)\\ &=P(\xi_i, \eta_i)\Delta x_i+Q(\xi_i, \eta_i)\Delta y_i,\end{aligned}$$

于是 $W=\sum\limits_{i=1}^{n}W_i\approx\sum\limits_{i=1}^{n}[P(\xi_i, \eta_i)\Delta x_i+Q(\xi_i, \eta_i)\Delta y_i]$，令 $\lambda=\max\limits_{1\leqslant i\leqslant n}(\Delta s_i)$，则有

$$W=\lim_{\lambda\to 0}\sum_{i=1}^{n}[P(\xi_i, \eta_i)\Delta x_i+Q(\xi_i, \eta_i)\Delta y_i].$$

抛开这个问题的物理意义，对此和式极限进行讨论，就得到第二类曲线积分的定义.

**1. 对坐标的曲线积分的概念与性质**

**定义 2**　设 $L$ 为 $xOy$ 平面上从点 $A$ 到点 $B$ 的一条有向光滑(或分段光滑)的曲线弧，函数 $P(x, y)$ 和 $Q(x, y)$ 在 $L$ 上有界，在 $L$ 上沿 $L$ 的方向任意取点 $M_1(x_1, y_1)$，$M_2(x_2, y_2)$，$\cdots$，$M_{n-1}(x_{n-1}, y_{n-1})$，将 $L$ 分成 $n$ 段小弧，记 $\Delta s_i=\overset{\frown}{M_{i-1}M_i}$，$\Delta x_i=x_i-x_{i-1}$，$\Delta y_i=y_i-y_{i-1}[i=1, 2, \cdots, n, M_0(x_0, y_0)=A, M_n(x_n, y_n)=B]$，$\Delta s_i$ 也为该段的弧长 . $\lambda=\max\limits_{1\leqslant i\leqslant n}\{\Delta s_i\}$，任取$(\xi_i, \eta_i)\in\Delta s_i(i=1, 2, \cdots, n)$，若$\lim\limits_{\lambda\to 0}\sum\limits_{i=1}^{n}P(\xi_i, \eta_i)\Delta x_i$存在，则称此极限为函数 $P(x, y)$ 在有向曲线弧 $L$ 上**对坐标 $x$ 的曲线积分**，记作$\int_L P(x, y)\mathrm{d}x$；同理，若$\lim\limits_{\lambda\to 0}\sum\limits_{i=1}^{n}Q(\xi_i, \eta_i)\Delta y_i$ 存在，则称此极限为函数 $Q(x, y)$ 在有向曲线弧 $L$ 上**对坐标 $y$ 的曲线积分**，记作$\int_L Q(x, y)\mathrm{d}y$，即

$$\int_L P(x, y)\mathrm{d}x=\lim_{\lambda\to 0}\sum_{i=1}^{n}P(\xi_i, \eta_i)\Delta x_i,$$

$$\int_L Q(x, y)\mathrm{d}y=\lim_{\lambda\to 0}\sum_{i=1}^{n}Q(\xi_i, \eta_i)\Delta y_i,$$

其中 $P(x, y)$ 和 $Q(x, y)$ 称为**被积函数**，$L$ 称为**有向曲线弧段**或**有向积分路径**.

第二类曲线积分

以上两个积分也称为**第二类曲线积分**.

如果是分段光滑的有向曲线弧，那么规定函数在 $L$ 上对坐标的曲线积分等于该函数在 $L$ 的各光滑弧上对坐标的曲线积分之和. 此后我们总是假定有向积分曲线弧是光滑的或分段光滑的.

可以证明，若 $P(x, y)$ 和 $Q(x, y)$ 在有向光滑曲线弧 $L$ 上连续，则 $\int_L P(x, y)\mathrm{d}x$，$\int_L Q(x, y)\mathrm{d}y$ 存在，且可记

$$\int_L P(x, y)\mathrm{d}x + \int_L Q(x, y)\mathrm{d}y = \int_L P(x, y)\mathrm{d}x + Q(x, y)\mathrm{d}y;$$

也可以写成向量形式

$$\int_L \boldsymbol{F}(x, y)\cdot\mathrm{d}\boldsymbol{r},$$

其中 $\boldsymbol{F}(x, y) = P(x, y)\boldsymbol{i} + Q(x, y)\boldsymbol{j}$ 为**向量值函数**，$\mathrm{d}\boldsymbol{r} = \mathrm{d}x\boldsymbol{i} + \mathrm{d}y\boldsymbol{j}$ 为**有向曲线弧元素**.

根据对坐标的曲线积分的定义与存在条件，质点受变力 $\boldsymbol{F}(x, y) = P(x, y)\boldsymbol{i} + Q(x, y)\boldsymbol{j}$ 作用，沿平面曲线 $L = \overset{\frown}{AB}$ 从点 $A$ 移动到点 $B$ 时，变力所做的功为

$$W = \int_L \boldsymbol{F}\cdot\mathrm{d}\boldsymbol{s} = \int_{\overset{\frown}{AB}} P(x, y)\mathrm{d}x + Q(x, y)\mathrm{d}y,$$

其中 $\mathrm{d}\boldsymbol{s} = (\mathrm{d}x, \mathrm{d}y)$.

对坐标的曲线积分也具有对于计算起到重要作用的线性性质和积分弧段的可加性质. 借助向量的形式，设下面的向量值函数在有向曲线弧 $L$ 上连续(当且仅当对应的分量函数都连续)，则这两个性质可以表示如下.

**性质 3(线性)**　设 $\alpha$ 和 $\beta$ 是常数，则

$$\int_L [\alpha \boldsymbol{F}_1(x, y) + \beta \boldsymbol{F}_2(x, y)]\cdot\mathrm{d}\boldsymbol{r} = \alpha\int_L \boldsymbol{F}_1(x, y)\cdot\mathrm{d}\boldsymbol{r} + \beta\int_L \boldsymbol{F}_2(x, y)\cdot\mathrm{d}\boldsymbol{r}.$$

**性质 4(对区间的可加性)**　设有向曲线弧 $L$ 由两段有向曲线弧 $L_1$ 和 $L_2$ 组成，则

$$\int_L \boldsymbol{F}(x, y)\cdot\mathrm{d}\boldsymbol{r} = \int_{L_1} \boldsymbol{F}(x, y)\cdot\mathrm{d}\boldsymbol{r} + \int_{L_2} \boldsymbol{F}(x, y)\cdot\mathrm{d}\boldsymbol{r}.$$

对坐标的曲线积分还有一个特有的性质，如下所述.

**性质 5(方向性)**　设 $L$ 是有向曲线弧，$L^-$ 是 $L$ 的反向曲线弧，则有

$$\int_{L^-} P(x, y)\mathrm{d}x + Q(x, y)\mathrm{d}y = -\int_L P(x, y)\mathrm{d}x + Q(x, y)\mathrm{d}y.$$

这个性质表示，当积分的弧段的方向改变时，对坐标的曲线积分要改变符号. 因此，对于对坐标的曲线积分，必须注意积分弧段的方向.

定义 2 可以类似地推广到积分弧段为空间有向曲线弧 $\Gamma$(总假定 $\Gamma$ 光滑且具有有限长度) 的情形：

$$\int_\Gamma P(x, y, z)\mathrm{d}x = \lim_{\lambda\to 0}\sum_{i=1}^{n} P(\xi_i, \eta_i, \zeta_i)\Delta x_i,$$

$$\int_\Gamma Q(x, y, z)\mathrm{d}y = \lim_{\lambda\to 0}\sum_{i=1}^{n} Q(\xi_i, \eta_i, \zeta_i)\Delta y_i,$$

$$\int_{\Gamma} R(x, y, z)\mathrm{d}z = \lim_{\lambda \to 0}\sum_{i=1}^{n} R(\xi_i, \eta_i, \zeta_i)\Delta z_i.$$

积分存在的条件、性质等都可以类似地推广到空间曲线弧的情形. 同样，应用中经常出现的是

$$\int_{\Gamma} P(x, y, z)\mathrm{d}x + \int_{\Gamma} Q(x, y, z)\mathrm{d}y + \int_{\Gamma} R(x, y, z)\mathrm{d}z$$

这种合并起来的形式，故也可简便地把上式写成

$$\int_{\Gamma} P(x, y, z)\mathrm{d}x + Q(x, y, z)\mathrm{d}y + R(x, y, z)\mathrm{d}z,$$

或者更简便地写成向量的形式

$$\int_{\Gamma} \boldsymbol{A}(x, y, z)\cdot \mathrm{d}\boldsymbol{r},$$

其中 $\boldsymbol{A}(x, y, z) = P(x, y, z)\boldsymbol{i} + Q(x, y, z)\boldsymbol{j} + R(x, y, z)\boldsymbol{k}$，$\mathrm{d}\boldsymbol{r} = \mathrm{d}x\boldsymbol{i} + \mathrm{d}y\boldsymbol{j} + \mathrm{d}z\boldsymbol{k}$.

**2. 对坐标的曲线积分的计算方法**

对坐标的曲线积分也是化为定积分来计算的. 下面的定理给出了具体的计算方法.

**定理 3**　设函数 $P(x, y)$ 和 $Q(x, y)$ 在有向曲线弧 $L$ 上有定义且连续. 平面曲线 $L = \overset{\frown}{AB}$ 的参数方程为 $\begin{cases} x = \varphi(t), \\ y = \psi(t), \end{cases}$ 当参数 $t$ 单调地由 $\alpha$ 变到 $\beta$ 时，相应的点 $M(x, y)$ 从起点 $A$ 沿 $L$ 运动到终点 $B$，$\varphi(t)$，$\psi(t)$ 及 $\varphi'(t)$，$\psi'(t)$ 在以 $\alpha$，$\beta$ 为端点的区间上连续，且 $\varphi'^2(t) + \psi'^2(t) \neq 0$，则曲线积分 $\int_L P(x, y)\mathrm{d}x + Q(x, y)\mathrm{d}y$ 存在，且

$$\int_L P(x, y)\mathrm{d}x + Q(x, y)\mathrm{d}y = \int_{\alpha}^{\beta} \{P[\varphi(t), \psi(t)]\varphi'(t) + Q[\varphi(t), \psi(t)]\psi'(t)\}\mathrm{d}t.$$

定理的证明从略.

上述公式表明，计算对坐标的曲线积分 $\int_L P(x, y)\mathrm{d}x + Q(x, y)\mathrm{d}y$ 时，只需把 $x$，$y$，$\mathrm{d}x$，$\mathrm{d}y$ 依次换为 $\varphi(t)$，$\psi(x)$，$\varphi'(t)\mathrm{d}t$，$\psi'(t)\mathrm{d}t$，然后从 $L$ 的起点所对应的参数值 $\alpha$ 到 $L$ 的终点所对应的参数值 $\beta$ 做定积分即可. 必须注意的是：积分下限 $\alpha$ 一定要对应于 $L$ 的起点，而积分上限 $\beta$ 一定要对应于 $L$ 的终点，$\alpha$ 不一定小于 $\beta$.

如果平面曲线 $L = \overset{\frown}{AB}$ 由 $y = y(x)$，$x$：$a \to b$ 给出，其中 $a$ 对应起点，$y$ 对应终点，$y(x)$ 在 $[a, b]$ 上具有一阶连续导数，$P(x, y)$ 和 $Q(x, y)$ 在 $L$ 上连续，则

$$\int_L P(x, y)\mathrm{d}x + Q(x, y)\mathrm{d}y = \int_a^b \{P[x, y(x)] + Q[x, y(x)]y'(x)\}\mathrm{d}x.$$

**定理 4**　设空间曲线 $\Gamma = \overset{\frown}{AB}$ 的参数方程为

$$\begin{cases} x = \varphi(t), \\ y = \psi(t), \quad t: \alpha \to \beta, \\ z = \omega(t), \end{cases}$$

其中 $\alpha$ 对应起点，$\beta$ 对应终点，$\varphi(t)$，$\psi(t)$，$\omega(t)$ 及 $\varphi'(t)$，$\psi'(t)$，$\omega'(t)$ 在 $[\alpha, \beta]$ 上连续，$P(x, y, z)$，$Q(x, y, z)$，$R(x, y, z)$ 在 $\Gamma$ 上连续，则

$$\int_{\Gamma} P(x, y, z)\mathrm{d}x + Q(x, y, z)\mathrm{d}y + R(x, y, z)\mathrm{d}z$$

$$=\int_{\alpha}^{\beta}\{P[\varphi(t),\psi(t),\omega(t)]\varphi'(t)+Q[\varphi(t),\psi(t),\omega(t)]\psi'(t)+R[\varphi(t),\psi(t),\omega(t)]\omega'(t)\}\mathrm{d}t.$$

这里也必须注意的是：积分下限 $\alpha$ 一定要对应 $\Gamma$ 的起点，积分上限 $\beta$ 一定要对应 $\Gamma$ 的终点.

**例 9**　计算 $\int_L xy\mathrm{d}x$，其中 $L$ 为曲线 $y^2=x$ 上从 $A(1,-1)$ 到 $B(1,1)$ 的一段弧.

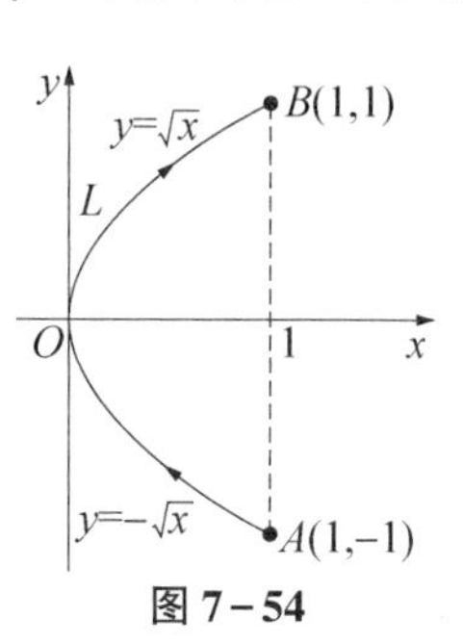

图 7－54

**解法一**　把曲线积分化为对 $x$ 的定积分来计算. 由 $y^2=x$ 可知，$y=\pm\sqrt{x}$. 为此要把 $L$ 分为有向弧 $\widehat{AO}$ 与 $\widehat{OB}$ 两部分(见图 7－54). $\widehat{AO}$ 的方程为 $y=-\sqrt{x}$，当 $x$ 由 1 变为 0 时，相应的点沿 $\widehat{AO}$ 从点 $A$ 运动到点 $O$；$\widehat{OB}$ 的方程为 $y=\sqrt{x}$，当 $x$ 由 0 变为 1 时，相应的点沿 $\widehat{OB}$ 从点 $O$ 运动到点 $B$. 于是

$$\int_L xy\mathrm{d}x=\int_{\widehat{AO}}xy\mathrm{d}x+\int_{\widehat{OB}}xy\mathrm{d}x=\int_1^0 x(-\sqrt{x})\mathrm{d}x+\int_0^1 x\sqrt{x}\mathrm{d}x$$
$$=2\int_0^1 x^{\frac{3}{2}}\mathrm{d}x=\frac{4}{5}.$$

**解法二**　将曲线积分化为对 $y$ 的定积分来计算. $L$ 的方程为 $x=y^2$，当 $y$ 从 $-1$ 变到 1 时，相应的点沿 $L$ 从起点 $A$ 运动到终点 $B$. 于是

$$\int_L xy\mathrm{d}x=\int_{\widehat{AB}}xy\mathrm{d}x=\int_{-1}^1 y^2y(y^2)'\mathrm{d}y=2\int_{-1}^1 y^4\mathrm{d}y=\frac{4}{5}.$$

显然，解法二较为简单.

**例 10**　计算曲线积分 $\int_L(2a-y)\mathrm{d}x+x\mathrm{d}y$，其中 $L$ 为摆线

$$\begin{cases}x=a(t-\sin t),\\y=a(1-\cos t)\end{cases}(0\leqslant t\leqslant 2\pi)$$

的一拱，$O$ 为起点，$A$ 为终点(见图 7-55).

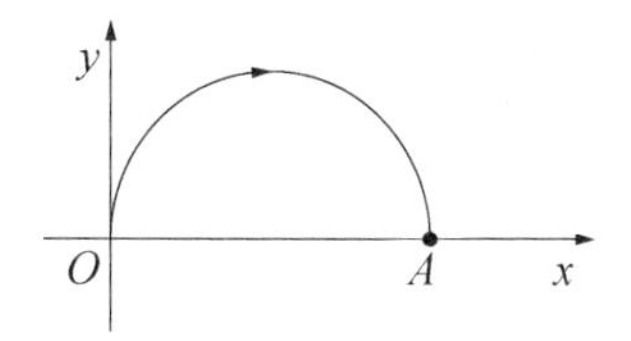

图 7－55

**解**　将曲线积分转化为关于参数 $t$ 的定积分来计算.

$$\int_L(2a-y)\mathrm{d}x+x\mathrm{d}y=\int_0^{2\pi}\{[2a-a(1-\cos t)]a(1-\cos t)+a(t-\sin t)a\sin t\}\mathrm{d}t$$
$$=\int_0^{2\pi}a^2t\sin t\mathrm{d}t=-a^2[t\cos t-\sin t]_0^{2\pi}=-2\pi a^2.$$

**例 11**　计算曲线积分 $\int_L xy\mathrm{d}x+y^2\mathrm{d}y$，其中 $L=\widehat{AB}$ 分别如下(见图 7-56)：

(1) 从点 $A(1,0)$ 沿直线到点 $B(0,1)$；

(2) 从点 $A(1,0)$ 沿圆周 $x=\cos t$，$y=\sin t\left(0\leqslant t\leqslant\frac{\pi}{2}\right)$ 到点 $B(0,1)$；

(3) 从点 $A(1,0)$ 沿 $x$ 轴到点 $O(0,0)$，再沿 $y$ 轴到点 $B(0,1)$.

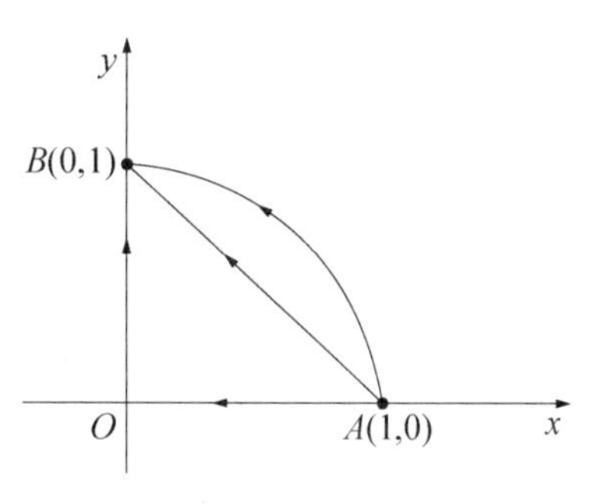

图 7－56

**解**　(1)直线 $L$ 的方程为 $x+y=1$，即 $y=1-x$，当自变量 $x$ 由 1 变为 0 时，相应的点沿直线 $\overline{AB}$ 从点 $A$ 运动到点 $B$，于是

$$\int_L xy\mathrm{d}x + y^2\mathrm{d}y = \int_1^0 x(1-x)\mathrm{d}x + (1-x)^2(-\mathrm{d}x) = \int_1^0 (3x - 2x^2 - 1)\mathrm{d}x$$

$$= \left[\frac{3}{2}x^2 - \frac{2}{3}x^3 - x\right]_1^0 = \frac{1}{6}.$$

(2) 曲线 $L$ 的参数方程为 $x=\cos t$，$y=\sin t\left(0 \leqslant t \leqslant \frac{\pi}{2}\right)$，当参数 $t$ 由 0 变为 $\frac{\pi}{2}$ 时，相应的点沿曲线 $\overset{\frown}{AB}$ 从点 $A$ 运动到点 $B$，于是

$$\int_L xy\mathrm{d}x + y^2\mathrm{d}y = \int_0^{\frac{\pi}{2}} [\cos t\sin t(-\sin t) + \sin^2 t\cos t]\mathrm{d}t = \int_0^{\frac{\pi}{2}} 0\mathrm{d}t = 0.$$

(3) 有向折线 $\overline{AOB}$ 分为两部分 —— $\overline{AO}$ 和 $\overline{OB}$，故对应的曲线积分为

$$\int_L xy\mathrm{d}x + y^2\mathrm{d}y = \int_{\overline{AO}} xy\mathrm{d}x + y^2\mathrm{d}y + \int_{\overline{OB}} xy\mathrm{d}x + y^2\mathrm{d}y.$$

在有向直线段 $\overline{AO}$ 上，$y=0$，自变量 $x$ 由 1 变为 0，故

$$\int_{\overline{AO}} xy\mathrm{d}x + y^2\mathrm{d}y = \int_1^0 0\mathrm{d}x + 0 = 0.$$

在有向直线段 $\overline{OB}$ 上，$x=0$，自变量 $y$ 由 0 变为 1，故

$$\int_{\overline{OB}} xy\mathrm{d}x + y^2\mathrm{d}y = 0 + \int_0^1 y^2\mathrm{d}y = \frac{1}{3}.$$

因此，
$$\int_L xy\mathrm{d}x + y^2\mathrm{d}y = \int_{\overline{AO}} xy\mathrm{d}x + y^2\mathrm{d}y + \int_{\overline{OB}} xy\mathrm{d}x + y^2\mathrm{d}y = \frac{1}{3}.$$

**注**　在本题中被积函数、积分曲线的起点及终点均相同，但积分曲线(路径)不同，积分的结果也不同.

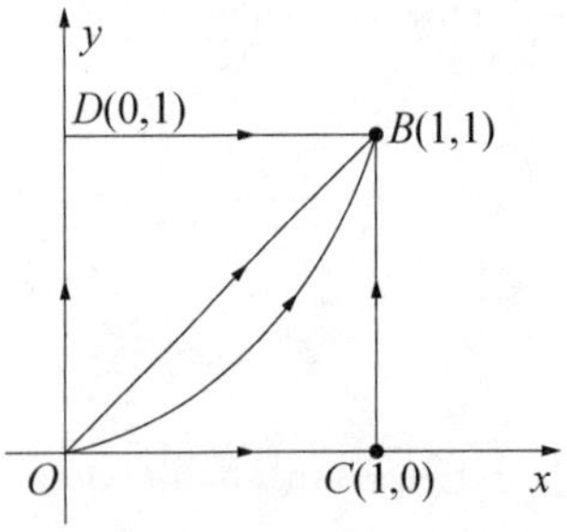

**例 12**　计算曲线积分 $\int_L 2xy\mathrm{d}x + x^2\mathrm{d}y$，其中 $L=\overset{\frown}{OB}$ 分别如下(见图 7-57)：

(1) 从点 $O(0, 0)$ 沿直线到点 $B(1, 1)$；

(2) 从点 $O(0, 0)$ 沿曲线 $y=x^3$ 到点 $B(1, 1)$；

(3) 从点 $O(0, 0)$ 沿 $x$ 轴到点 $C(1, 0)$，再沿直线到点 $B(1, 1)$；

(4) 从点 $O(0, 0)$ 沿 $y$ 轴到点 $D(0, 1)$，再沿直线到点 $B(1, 1)$.

图 7-57

**解**　(1)直线 $L$ 的方程为 $y=x$，当自变量 $x$ 由 0 变为 1 时，相应的点沿直线段 $\overline{OB}$ 从点 $O$ 运动到点 $B$，于是

$$\int_L 2xy\mathrm{d}x + x^2\mathrm{d}y = \int_0^1 (2x \cdot x + x^2)\mathrm{d}x = \int_0^1 3x^2\mathrm{d}x = [x^3]_0^1 = 1.$$

(2) 曲线 $L$ 的方程为 $y=x^3$，当自变量 $x$ 由 0 变为 1 时，相应的点沿曲线弧 $\overset{\frown}{OB}$ 从点 $O$ 运动到点 $B$，于是

$$\int_L 2xy\mathrm{d}x + x^2\mathrm{d}y = \int_0^1 (2x \cdot x^3 + x^2 \cdot 3x^2)\mathrm{d}x = \int_0^1 5x^4\mathrm{d}x = [x^5]_0^1 = 1.$$

(3) 在直线段$\overline{OC}$上，$y=0$，自变量$x$由0变为1，于是

$$\int_{\overline{OC}} 2xy\mathrm{d}x + x^2\mathrm{d}y = \int_0^1 0\mathrm{d}x + 0 = 0.$$

在直线段$\overline{CB}$上，$x=1$，自变量$y$由0变为1，于是

$$\int_{\overline{CB}} 2xy\mathrm{d}x + x^2\mathrm{d}y = \int_0^1 0 + 1\cdot\mathrm{d}y = 1.$$

因此，$$\int_L 2xy\mathrm{d}x + x^2\mathrm{d}y = \int_{\overline{OC}} 2xy\mathrm{d}x + x^2\mathrm{d}y + \int_{\overline{CB}} 2xy\mathrm{d}x + x^2\mathrm{d}y = 0 + 1 = 1.$$

(4) 在直线段$\overline{OD}$上，$x=0$，自变量$y$由0变为1，于是

$$\int_{\overline{OD}} 2xy\mathrm{d}x + x^2\mathrm{d}y = \int_0^1 0\mathrm{d}y = 0.$$

在直线段$\overline{DB}$上，$y=1$，自变量$x$由0变为1，于是

$$\int_{\overline{BD}} 2xy\mathrm{d}x + x^2\mathrm{d}y = \int_0^1 2x\mathrm{d}x + 0 = [x^2]_0^1 = 1.$$

因此，$$\int_L 2xy\mathrm{d}x + x^2\mathrm{d}y = \int_{\overline{OD}} 2xy\mathrm{d}x + x^2\mathrm{d}y + \int_{\overline{DB}} 2xy\mathrm{d}x + x^2\mathrm{d}y = 0 + 1 = 1.$$

**注** 在本题中被积函数、积分曲线的起点及终点均相同，虽然积分曲线(路径)不同，但积分的结果却相同.

**例 13** 计算$\int_\Gamma x\mathrm{d}x + y\mathrm{d}y + (x+y-1)\mathrm{d}z$，$\Gamma$为点$A(2, 3, 4)$到点$B(1, 1, 1)$的空间有向线段.

**解** 直线$AB$的方程为$\dfrac{x-1}{1}=\dfrac{y-1}{2}=\dfrac{z-1}{3}$，改写为参数方程，为

$$x=t+1,\ y=2t+1,\ z=3t+1(0\leqslant t\leqslant 1),$$

$t=1$对应起点$A$，$t=0$对应终点$B$，于是

$$\begin{aligned}\int_\Gamma x\mathrm{d}x + y\mathrm{d}y + (x+y-1)\mathrm{d}z &= \int_1^0 [(t+1) + 2(2t+1) + 3(3t+1)]\mathrm{d}t \\ &= \int_1^0 (14t+6)\mathrm{d}t = -13.\end{aligned}$$

**例 14** 求质点在力$\boldsymbol{F}(x, y)=x^2\boldsymbol{i}-xy\boldsymbol{j}$作用下沿曲线$L$

$$x=\cos t,\ y=\sin t$$

从点$A(1, 0)$移动到点$B(0, 1)$时，力所做的功.

**解** 注意$L$的方向，参数$t$从0变到$\dfrac{\pi}{2}$(见图7-58)，所以

$$\begin{aligned}W &= \int_{\overset{\frown}{AB}} x^2\mathrm{d}x - xy\mathrm{d}y = \int_0^{\frac{\pi}{2}} \cos^2 t\mathrm{d}\cos t - \cos t\sin t\mathrm{d}\sin t \\ &= \int_0^{\frac{\pi}{2}} (-2\cos^2 t\sin t)\mathrm{d}t = 2\left[\frac{\cos^3 t}{3}\right]_0^{\frac{\pi}{2}} = -\frac{2}{3}.\end{aligned}$$

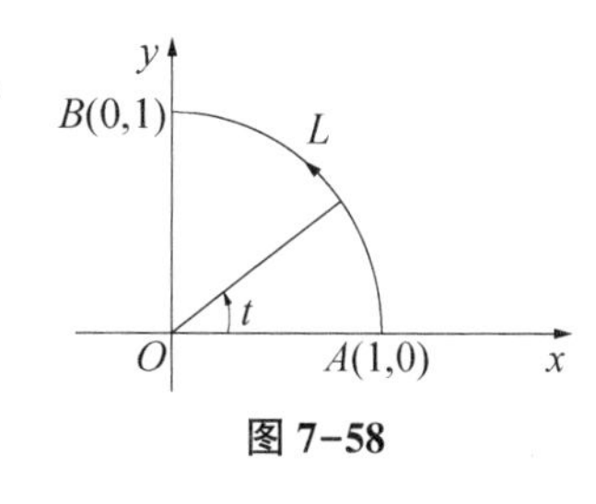

图 7-58

### 3. 两类曲线积分的关系

虽然上面讨论的两类积分有不同的背景及不同的特征，但在一定的条件下，它们之间是有联系的. 现在我们来揭示平面情形中这两类曲线积分之间的联系.

设平面有向曲线弧 $L=\widehat{AB}$：$\begin{cases}x=\varphi(t),\\y=\psi(t),\end{cases}$ $t$：$\alpha\to\beta$，其中 $\alpha$ 对应起点 $A$，$\beta$ 对应终点 $B$，不妨设 $\alpha<\beta$[若 $\alpha>\beta$，可令 $s=-t$，$A$ 和 $B$ 分别对应 $s=-\alpha$ 和 $s=-\beta$，就有 $(-\alpha)<(-\beta)$，将下面的讨论对 $s$ 进行即可]，并设 $\varphi(t)$ 和 $\psi(t)$ 在 $[\alpha,\beta]$ 上具有一阶连续导数，且 $\varphi'^2(t)+\psi'^2(t)\neq0$，$P(x,y)$ 和 $Q(x,y)$ 在 $L$ 上连续，则

$$\int_L P(x,y)\mathrm{d}x+Q(x,y)\mathrm{d}y=\int_\alpha^\beta\{P[\varphi(t),\psi(t)]\varphi'(t)+Q[\varphi(t),\psi(t)]\psi'(t)\}\mathrm{d}t.$$

已知 $\boldsymbol{\tau}=(\varphi'(t),\psi'(t))$ 是曲线弧 $L$ 在点 $M(\varphi(t),\psi(t))$ 处的一个切向量，它的指向与参数 $t$ 的增长方向一致，当 $\alpha<\beta$ 时，这个指向就是有向曲线弧 $L=\widehat{AB}$ 的方向. 以后，我们称这种指向与有向曲线弧的方向一致的切向量为**有向曲线弧的切向量**. 于是，有向曲线弧 $L=\widehat{AB}$ 的切向量为 $\boldsymbol{\tau}=(\varphi'(t),\psi'(t))$，其方向余弦为

$$\cos\alpha=\frac{\varphi'(t)}{\sqrt{\varphi'^2(t)+\psi'^2(t)}},\ \cos\beta=\frac{\psi'(t)}{\sqrt{\varphi'^2(t)+\psi'^2(t)}}.$$

对弧长的曲线积分为

$$\int_L[P(x,y)\cos\alpha+Q(x,y)\cos\beta]\mathrm{d}s=\int_\alpha^\beta\left\{P[\varphi(t),\psi(t)]\frac{\varphi'(t)}{\sqrt{\varphi'^2(t)+\psi'^2(t)}}+\right.$$

$$\left.Q[\varphi(t),\psi(t)]\frac{\psi'(t)}{\sqrt{\varphi'^2(t)+\psi'^2(t)}}\right\}\sqrt{\varphi'^2(t)+\psi'^2(t)}\,\mathrm{d}t$$

$$=\int_\alpha^\beta\{P[\varphi(t),\psi(t)]\varphi'(t)+Q[\varphi(t),\psi(t)]\psi'(t)\}\mathrm{d}t,$$

故
$$\int_L P\mathrm{d}x+Q\mathrm{d}y=\int_L(P\cos\alpha+Q\cos\beta)\mathrm{d}s,$$

其中 $\alpha(x,y)$ 和 $\beta(x,y)$ 为有向曲线弧 $L$ 在点 $(x,y)$ 处的切向量的方向角.

两类曲线积分的关系也可用向量的形式表达，比如在空间情形下可写成

$$\int_\Gamma\boldsymbol{A}\cdot\mathrm{d}\boldsymbol{r}=\int_\Gamma\boldsymbol{A}\cdot\boldsymbol{\tau}\mathrm{d}s\text{ 或}\int_\Gamma\boldsymbol{A}\cdot\mathrm{d}\boldsymbol{r}=\int_\Gamma A_\tau\mathrm{d}s,$$

其中 $\boldsymbol{A}=(P,Q,R)$，$\boldsymbol{\tau}=(\cos\alpha,\cos\beta,\cos\gamma)$ 为有向曲线弧 $L$ 在点 $(x,y,z)$ 处的单位切向量，$\mathrm{d}\boldsymbol{r}=\boldsymbol{\tau}\mathrm{d}s=(\mathrm{d}x,\mathrm{d}y,\mathrm{d}z)$ 称为**有向曲线元**，$A_\tau$ 为向量 $\boldsymbol{A}$ 在向量 $\boldsymbol{\tau}$ 上的投影.

类似地，在空间有

$$\int_\Gamma P\mathrm{d}x+Q\mathrm{d}y+R\mathrm{d}z=\int_\Gamma(P\cos\alpha+Q\cos\beta+R\cos\gamma)\mathrm{d}s,$$

其中 $\alpha(x,y,z)$，$\beta(x,y,z)$，$\gamma(x,y,z)$ 为空间有向曲线弧 $\Gamma$ 在点 $(x,y,z)$ 处的切向量的方向角.

**例 15**　设 $L$ 为从点 $(0,0)$ 沿曲线 $y=\sqrt{2x-x^2}$ 到点 $(1,1)$ 的曲线弧，化第二类曲线积分 $\int_L P(x,y)\mathrm{d}x+Q(x,y)\mathrm{d}y$ 为第一类曲线积分.

**解**　$L$：$x^2+y^2=2x$，两边对 $x$ 求导得 $2x+2yy'=2$，从而有

$$y'=\frac{1-x}{y},$$

$$\mathrm{d}s=\sqrt{1+y'^2}\,\mathrm{d}x=\sqrt{1+\left(\frac{1-x}{y}\right)^2}\,\mathrm{d}x=\frac{1}{y}\mathrm{d}x.$$

$\cos\alpha=\dfrac{\mathrm{d}x}{\mathrm{d}s}=y=\sqrt{2x-x^2}$，$\sin\alpha=\sqrt{1-\cos^2\alpha}=\sqrt{1-y^2}=1-x$，因此，

$$\int_L P(x,\ y)\mathrm{d}x+Q(x,\ y)\mathrm{d}y=\int_L\left[P(x,\ y)\sqrt{2x-x^2}+Q(x,\ y)(1-x)\right]\mathrm{d}s.$$

[随堂测]

1. 计算$\int_L y\mathrm{d}s$，其中积分弧段 $L$ 由折线 $OAB$ 组成，$A(1,\ 0)$，$B(1,\ 2)$.

2. 计算曲线积分$\int_C(z-y)\mathrm{d}x+(x-z)\mathrm{d}y+(x-y)\mathrm{d}z$，其中 $C$ 是曲线$\begin{cases}x^2+y^2=1,\\x-y+z=2,\end{cases}$从 $z$ 轴正向往 $z$ 轴负向看，$C$ 的方向是顺时针的.

扫码看答案

[知识拓展]

同为曲线积分，对弧长的曲线积分和对坐标的曲线积分既有区别，又有联系. 对弧长的曲线积分的几何意义是柱面的侧面积，而对坐标的曲线积分的引入却是变力做功. 数学和物理是关系密切的两门学科，数学是物理研究的工具和手段，“物理可以通过数学的抽象而受益，数学则可以通过物理的见识而受益”(莫尔斯). 所以在这一章的学习中，我们要通过对积分的几何意义和物理意义的了解，更加清楚地认识各类积分之间的内在联系，同时把我们所学的知识应用到更广泛的学科领域中去.

## 习题 7-3

1. 计算下列对弧长的曲线积分.

(1) $\oint_L(x^2+y^2)^n\mathrm{d}s$，其中 $L$ 为圆周 $x^2+y^2=a^2(x\geqslant0,\ y\geqslant0)$.

(2) $\int_L\sqrt{y}\mathrm{d}s$，其中 $L$ 为抛物线 $y=x^2$ 介于点(0，0) 与点(1，1) 之间的那一段弧.

(3) $\int_L x\sin y\mathrm{d}s$，其中 $L$ 为连接点(0，0) 与点($3\pi$，$\pi$) 的直线段.

(4) $\int_L y\mathrm{d}s$，其中 $L$ 为抛物线 $y^2=4x$ 上连接点(0，0) 与点(1，2) 的直线段.

(5) $\int_L x\mathrm{d}s$，其中 $L$ 为抛物线 $y=2x^2-1$ 上连接点(0，0) 与点(1，2) 的一段弧.

(6) $\int_L(x+y)\mathrm{d}s$，其中 $L$ 为连接点(1，0) 与点(0，1) 的直线段.

(7) $\oint_L x\mathrm{d}s$，其中 $L$ 为直线 $y=x$ 与抛物线 $y=x^2$ 所围成的区域的整个边界.

(8) $\oint_L |y|\mathrm{d}s$，其中 $L$ 为圆周 $x^2+y^2=1$.

(9) $\int_L \sqrt{R^2-x^2-y^2}\,\mathrm{d}s$，其中 $L$ 为上半圆周 $x^2+y^2=Rx$，$y\geqslant 0$.

(10) $\oint_L \mathrm{e}^{\sqrt{x^2+y^2}}\mathrm{d}s$，其中 $L$ 为圆周 $x^2+y^2=4$ 与直线 $y=x$ 及 $x$ 轴在第一象限内所围成的区域的整个边界.

(11) $\oint_L xy\mathrm{d}s$，其中 $L$ 为直线 $x=0$，$y=0$，$x=4$，$y=2$ 所围成的矩形区域的整个边界.

(12) $\int_L y^2\mathrm{d}s$，其中 $L$ 为摆线的一拱：$\begin{cases}x=a(t-\sin t),\\ y=a(1-\cos t)\end{cases}$ $(0\leqslant t\leqslant 2\pi)$.

(13) $\oint_L \sqrt{x^2+y^2}\,\mathrm{d}s$，其中 $L$ 为上半圆周 $x^2+y^2=2x(y\geqslant 0)$ 与 $x$ 轴在第一象限内所围成的区域的整个边界.

(14) $\int_\Gamma \frac{1}{x^2+y^2+z^2}\mathrm{d}s$，其中 $\Gamma$ 为曲线 $x=\mathrm{e}^t\cos t$，$y=\mathrm{e}^t\sin t$，$z=\mathrm{e}^t$ 相应于 $t$ 从 0 变到 2 的一段弧.

(15) $\int_\Gamma xyz\mathrm{d}s$，其中 $\Gamma$ 为有向折线段 $OAB$，点 $O,A,B$ 的坐标依次为 $(0,0,0)$，$(1,2,3)$，$(1,4,3)$.

(16) $\oint_\Gamma |y|\mathrm{d}s$，其中 $\Gamma$ 为球面 $x^2+y^2+z^2=2$ 与平面 $x=y$ 的交线.

(17) $\oint_L (x+y)\mathrm{e}^{x^2+y^2}\mathrm{d}s$，其中 $L$ 为圆弧 $y=\sqrt{a^2-x^2}$ 与直线 $y=x$，$y=-x$ 所围成的扇形区域的整个边界.

2. 计算下列对坐标的曲线积分.

(1) $\int_L (x^2-y^2)\mathrm{d}x$，其中 $L$ 为抛物线 $y=x^2$ 上从点 $O(0,0)$ 到点 $A(2,4)$ 的一段弧.

(2) $\oint_L x^2y^2\mathrm{d}x+xy^2\mathrm{d}y$，其中 $L$ 为直线 $x=1$ 与抛物线 $x=y^2$ 围成的区域的边界(按逆时针方向绕行).

(3) $\oint_L y\mathrm{d}x$，其中 $L$ 为直线 $x=0$，$y=0$，$x=4$，$y=2$ 围成的矩形区域的整个边界(按逆时针方向绕行).

(4) $\int_L y\mathrm{d}x+x\mathrm{d}y$，其中 $L$ 为圆周 $x=R\cos t$，$y=R\sin t$ 上对应于 $t$ 从 0 到 $\frac{\pi}{2}$ 的一段弧.

(5) $\oint_L (x+y)^2\mathrm{d}y$，其中 $L$ 为圆周 $x^2+y^2=2ax(a>0)$(按逆时针方向绕行).

(6) $\oint_L \frac{(x+y)\mathrm{d}x+(y-x)\mathrm{d}y}{x^2+y^2}$，其中 $L$ 为圆周 $x^2+y^2=a^2$(按逆时针方向绕行).

(7) $\int_L (1+2xy)\mathrm{d}x+x^2\mathrm{d}y$，其中 $L$ 为从点 $(1,0)$ 到点 $(-1,0)$ 的上半椭圆周 $x^2+2y^2=1$ $(y\geqslant 0)$.

(8) $\int_L (x+y)\mathrm{d}x + xy\mathrm{d}y$，其中 $L$ 为折线段 $y=1-|1-x|$ 上从点 $(0,\ 0)$ 到点 $(2,\ 0)$ 的一段.

(9) $\int_L (2a-y)\mathrm{d}x-(a-y)\mathrm{d}y$，其中 $L$ 为摆线 $\begin{cases} x=a(t-\sin t), \\ y=a(1-\cos t) \end{cases}$ 上从点 $(0,\ 0)$ 到点 $(2\pi a,\ 0)$ 的一段弧.

(10) $\int_\Gamma x\mathrm{d}x + y\mathrm{d}y + z\mathrm{d}z$，其中 $\Gamma$ 为从点 $(1,\ 1,\ 1)$ 到点 $(2,\ 3,\ 4)$ 的直线段.

(11) $\oint_\Gamma \mathrm{d}x - \mathrm{d}y + y\mathrm{d}z$，其中 $\Gamma$ 为定向闭折线 $ABCA$，这里的 $A,B,C$ 依次为点 $(1,\ 0,\ 0)$，$(0,\ 1,\ 0)$，$(0,\ 0,\ 1)$.

(12) $\int_\Gamma y\mathrm{d}x + z\mathrm{d}y + x\mathrm{d}z$，其中 $\Gamma$ 为螺旋线 $x=a\cos t$，$y=a\sin t$，$z=kt$ 上相应于 $t$ 从 0 到 $2\pi$ 的一段弧.

(13) $\int_\Gamma y\mathrm{d}x + x\mathrm{d}y + z\mathrm{d}z$，其中 $\Gamma$ 为曲线 $x=1-\cos t$，$y=\sin t$，$z=t^3$ 上相应于 $t$ 从 0 到 $\pi$ 的一段弧.

3. 计算 $I=\int_L (x^2-y)\mathrm{d}x+(y^2+x)\mathrm{d}y$ 的值，其中 $L$ 分别如下.

(1) 从 $A(0,\ 1)$ 到 $C(1,\ 2)$ 的直线；

(2) 从 $A(0,\ 1)$ 到 $B(1,\ 1)$，再从 $B(1,\ 1)$ 到 $C(1,\ 2)$ 的折线；

(3) 从 $A(0,\ 1)$ 沿抛物线 $y=x^2+1$ 到 $C(1,\ 2)$.

4. 计算 $\int_L y\mathrm{d}x + x\mathrm{d}y$，其中 $L$ 分别如下.

(1) 直线 $AB$：$A(1,\ 1)$，$B(2,\ 3)$.

(2) 抛物线 $AB$：$y=2(x-1)^2+1$，$A(1,\ 1)$，$B(2,\ 3)$.

(3) 折线 $ADB$：$A(1,\ 1)$，$D(2,\ 1)$，$B(2,\ 3)$.

5. 计算曲线积分 $\int_L xy\mathrm{d}s$，其中 $L$：$\frac{x^2}{a^2}+\frac{y^2}{b^2}=1(x\geqslant 0,\ y\geqslant 0)$.

6. 计算曲线积分 $\int_L |y|\mathrm{d}s$，其中 $L$：$x^2+y^2=1(x\geqslant 0)$.

7. 计算曲线积分 $\oint_L |y|\mathrm{d}x+|x|\mathrm{d}y$，其中 $L$ 为以 $A(1,\ 0)$，$B(0,\ 1)$，$C(-1,\ 0)$ 为顶点的三角形区域的正向边界曲线.

8. 有一段铁丝成半圆形 $y=\sqrt{a^2-x^2}$，其上任一点处的线密度的大小等于该点的纵坐标，求其质量.

9. 求匀质的心形线 $r=1+\cos\theta$ 的上半部分弧 $(0\leqslant\theta\leqslant\pi)$ 的质心.

10. 设有一质量为 $m$ 的质点受重力作用在铅直平面上沿某一曲线弧从点 $A(x_0,\ y_0)$ 移动到点 $B(x_1,\ y_1)$，求重力所做的功.

11. 计算曲线积分 $I=\oint_L y^2\mathrm{d}x+z^2\mathrm{d}y+x^2\mathrm{d}z$，其中 $L$：$\begin{cases} z=\sqrt{a^2-x^2-y^2}, \\ x^2+y^2=ax \end{cases}$ $(a>0)$，从 $z$ 轴正向朝下看为逆时针方向.

12. 把对坐标的曲线积分$\int_L P(x, y)\mathrm{d}x + Q(x, y)\mathrm{d}y$化为对弧长的曲线积分，其中$L$分别如下：

(1) $xOy$面内从点$(0, 0)$到点$(3, 4)$的直线段；

(2) 抛物线$y = x^2$上从点$(0, 0)$到点$(2, 4)$的曲线弧；

(3) 沿上半圆周$x^2 + y^2 = 2x$从点$(0, 0)$到点$(1, 1)$的一段弧.

13. 把对坐标的曲线积分$\int_\Gamma P(x, y, z)\mathrm{d}x + Q(x, y, z)\mathrm{d}y + R(x, y, z)\mathrm{d}z$化为对弧长的曲线积分，其中$\Gamma$为从点$(0, 0, 0)$到点$(1, -2, 2)$的直线段.

## 第四节　对面积的曲面积分与对坐标的曲面积分

[课前导读]

到目前为止，我们讨论了以下类型的积分.

定积分：$\int_a^b f(x)\mathrm{d}x$.

重积分：二重积分$\iint\limits_D f(x, y)\mathrm{d}\sigma$和三重积分$\iiint\limits_\Omega f(x, y, z)\mathrm{d}v$.

曲线积分：对弧长的曲线积分$\int_L f(x, y)\mathrm{d}s$，$\int_\Gamma f(x, y, z)\mathrm{d}s$；

对坐标的曲线积分$\int_L P(x, y)\mathrm{d}x + Q(x, y)\mathrm{d}y$，

$$\int_\Gamma P(x, y, z)\mathrm{d}x + Q(x, y, z)\mathrm{d}y + R(x, y, z)\mathrm{d}z.$$

在本节中，我们将对积分概念再做一种推广，即推广到积分区域是曲面的情形. 这样推广的积分称为曲面积分.

### 一、对面积的曲面积分(第一类曲面积分)

由曲线状构件的质量问题，我们导出了对弧长的曲线积分的定义，类似地，我们可由曲面状构件的质量问题，导出对面积的曲面积分的定义.

设有一曲面状构件$\Sigma$，其面积为$S$，面密度为连续函数$\rho = \rho(x, y, z)$，$(x, y, z) \in \Sigma$. 若$\rho$是常数(均匀质体)，则$m = \rho S$；若$\rho = \rho(x, y, z)$(非均匀质体)，则可将曲面$\Sigma$任意地分成$n$个小曲面$\Delta S_i(i = 1, 2, \cdots, n)$，$\Delta S_i$也为该曲面的面积，$\lambda = \max\limits_{1 \leqslant i \leqslant n}\{\Delta S_i\text{的直径}\}$，任取$(\xi_i, \eta_i, \zeta_i) \in \Delta S_i$，$\Delta S_i$的质量为$\Delta m_i \approx \rho(\xi_i, \eta_i, \zeta_i)\Delta S_i(i = 1, 2, \cdots, n)$，从而曲面状构件的质量为

$$m = \sum_{i=1}^{n} \Delta m_i \approx \sum_{i=1}^{n} \rho(\xi_i, \eta_i, \zeta_i)\Delta S_i,$$

当分点无限加密，即$\lambda \to 0$时，此和式的极限就是该曲面状构件的质量，即

$$m = \lim_{\lambda \to 0}\sum_{i=1}^{n} \rho(\xi_i, \eta_i, \zeta_i)\Delta S_i.$$

同样抽去其具体意义，就得到第一类曲面积分的定义.

**1. 对面积的曲面积分的概念与性质**

**定义 1**　设$\Sigma$为光滑(或分片光滑)曲面，函数$f(x, y, z)$在$\Sigma$上有界，将$\Sigma$任意地分成$n$片小曲面$\Delta S_i(i=1, 2, \cdots, n)$($\Delta S_i$也表示该小曲面的面积)，$\lambda=\max\limits_{1\leqslant i\leqslant n}\{\Delta S_i$的直径$\}$，任取$(\xi_i, \eta_i, \zeta_i)\in\Delta S_i(i=1, 2, \cdots, n)$，若$\lim\limits_{\lambda\to 0}\sum\limits_{i=1}^{n}f(\xi_i, \eta_i, \zeta_i)\Delta S_i$存在，则称此极限为$f(x, y, z)$在曲面$\Sigma$上的**第一类曲面积分**或**对面积的曲面积分**，记作$\iint\limits_{\Sigma}f(x, y, z)\mathrm{d}S$.

**注**　所谓曲面是光滑的，即曲面上各点处都有切平面，且当点在曲面上连续移动时，切平面也连续转动；如果曲面$\Sigma$是分片光滑的，即曲面$\Sigma$由有限片光滑曲面组成. 我们规定函数在分片光滑曲面$\Sigma$上的对面积的曲面积分，等于各片光滑的曲面上对面积的曲面积分之和. 例如，$\Sigma$可分为两片光滑曲面$\Sigma_1$及$\Sigma_2$，记为$\Sigma=\Sigma_1+\Sigma_2$，则有

$$\iint\limits_{\Sigma}f(x, y, z)\mathrm{d}S=\iint\limits_{\Sigma_1+\Sigma_2}f(x, y, z)\mathrm{d}S=\iint\limits_{\Sigma_1}f(x, y, z)\mathrm{d}S+\iint\limits_{\Sigma_2}f(x, y, z)\mathrm{d}S.$$

以后我们总是假定曲面是光滑或分片光滑的.

如果$\Sigma$是闭曲面，那么函数$f(x, y, z)$在$\Sigma$上对面积的曲面积分通常记为

$$\oint\!\!\!\!\oint\limits_{\Sigma}f(x, y, z)\mathrm{d}S.$$

当被积函数$f(x, y, z)\equiv 1$时，它在$\Sigma$上对面积的曲面积分通常记为$\iint\limits_{\Sigma}\mathrm{d}S$. 显然$\iint\limits_{\Sigma}\mathrm{d}S$表示$\Sigma$的面积，其中$\mathrm{d}S$称为积分曲面$\Sigma$的面积元素.

可以证明，如果函数$f(x, y, z)$在曲面$\Sigma$上连续，那么在$\Sigma$上对面积的曲面积分$\iint\limits_{\Sigma}f(x, y, z)\mathrm{d}S$必定存在，今后总假定$f(x, y, z)$在$\Sigma$上连续.

根据定义，面密度$\rho(x, y, z)$为连续函数的曲面状构件的质量$m$可以表示为在曲面$\Sigma$上对面积的曲面积分，$m=\iint\limits_{\Sigma}\rho(x, y, z)\mathrm{d}S$.

由对面积的曲面积分的定义可知，它具有与对弧长的曲线积分相类似的性质，在此不再一一列举了.

**2. 对面积的曲面积分的计算方法**

**定理 1**　设积分曲面$\Sigma$由方程$z=z(x, y)$给出，$\Sigma$在$xOy$面上的投影区域为$D_{xy}$(见图 7-59)，其中$z=z(x, y)$在$D_{xy}$上具有一阶连续偏导数，被积函数$f(x, y, z)$在$\Sigma$上连续，则

$$\iint\limits_{\Sigma}f(x, y, z)\mathrm{d}S=\iint\limits_{D_{xy}}f[x, y, z(x, y)]\sqrt{1+z_x^2+z_y^2}\,\mathrm{d}x\mathrm{d}y. \tag{1}$$

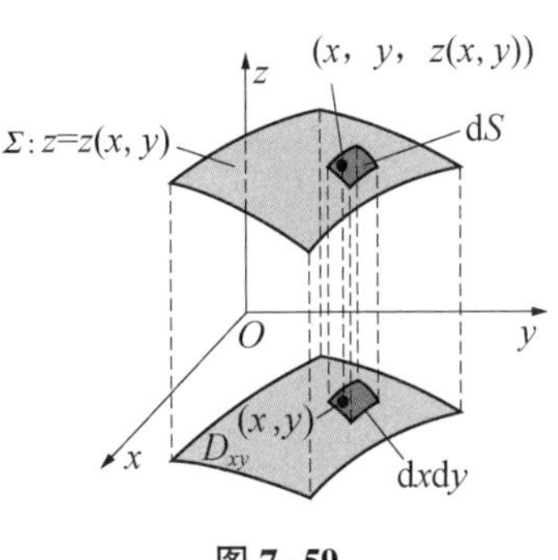

图 7-59

定理的证明从略.

公式(1) 表明，在计算对面积的曲面积分$\iint\limits_{\Sigma} f(x, y, z)\mathrm{d}S$时，只要把变量$z$换成$z(x, y)$，积分曲面的面积元素$\mathrm{d}S$换成$\sqrt{1+z_x^2+z_y^2}\,\mathrm{d}x\mathrm{d}y$，积分号下的$\Sigma$换成它在$xOy$面上的投影区域$D_{xy}$，就把对面积的曲面积分化成了相应的二重积分.

类似地，设积分曲面$\Sigma$由方程$x=x(y, z)$给出，$\Sigma$在$yOz$面上的投影区域为$D_{yz}$，其中$x=x(y, z)$在$D_{yz}$上具有一阶连续偏导数，则

$$\iint\limits_{\Sigma} f(x, y, z)\mathrm{d}S=\iint\limits_{D_{yz}} f[x(y, z), y, z]\sqrt{1+x_y^2+x_z^2}\,\mathrm{d}y\mathrm{d}z.$$

设积分曲面$\Sigma$由方程$y=y(z, x)$给出，$\Sigma$在$zOx$面上的投影区域为$D_{zx}$，其中$y=y(z, x)$在$D_{zx}$上具有一阶连续偏导数，则

$$\iint\limits_{\Sigma} f(x, y, z)\mathrm{d}S=\iint\limits_{D_{zx}} f[x, y(z, x), z]\sqrt{1+y_z^2+y_x^2}\,\mathrm{d}z\mathrm{d}x.$$

**例1**　求$\iint\limits_{\Sigma}\sqrt{1+4z}\,\mathrm{d}S$，其中$\Sigma$为$z=x^2+y^2(z\leqslant 1)$的部分(见图7-60).

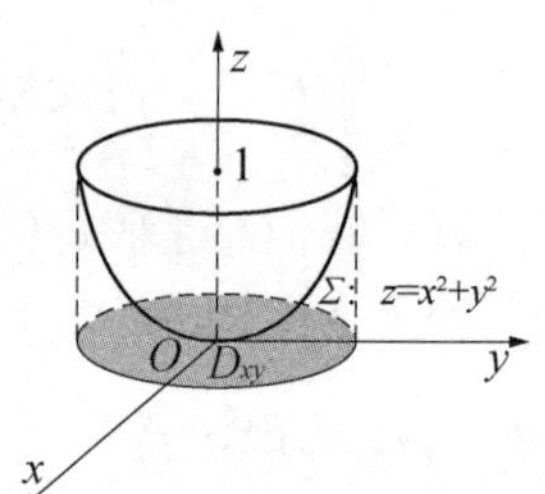


**图7-60**

**解**　$\Sigma$在$xOy$面上的投影为

$$D_{xy}=\{(x, y)\mid x^2+y^2\leqslant 1\},$$

又$\sqrt{1+z_x^2+z_y^2}=\sqrt{1+4(x^2+y^2)}$，利用极坐标，有

$$\begin{aligned}\iint\limits_{\Sigma}\sqrt{1+4z}\,\mathrm{d}S&=\iint\limits_{D_{xy}}\sqrt{1+4(x^2+y^2)}\cdot\sqrt{1+4(x^2+y^2)}\,\mathrm{d}x\mathrm{d}y\\&=\int_0^{2\pi}\mathrm{d}\theta\int_0^1(1+4r^2)r\mathrm{d}r\\&=2\pi\left[\frac{r^2}{2}+r^4\right]_0^1=3\pi.\end{aligned}$$

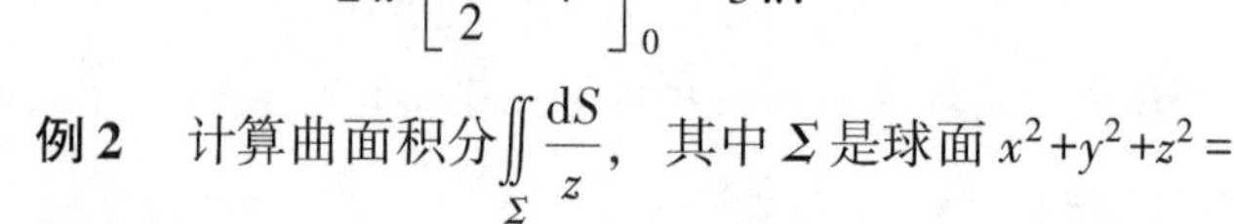

**例2**　计算曲面积分$\iint\limits_{\Sigma}\frac{\mathrm{d}S}{z}$，其中$\Sigma$是球面$x^2+y^2+z^2=a^2$被平面$z=h(0<h<a)$截出的顶部(见图7-61).

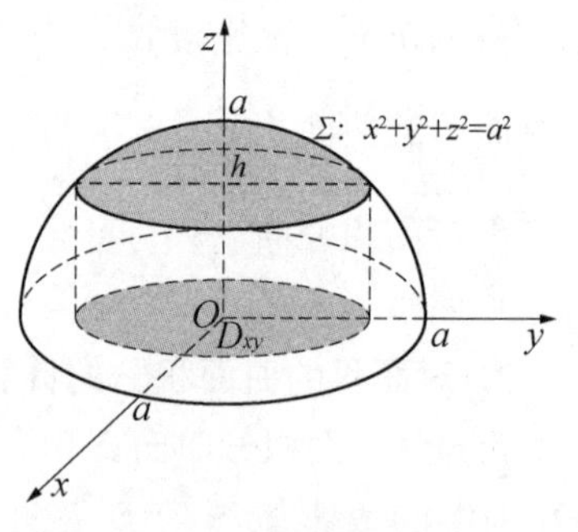


**图7-61**

**解**　$\Sigma$的方程为

$$z=\sqrt{a^2-x^2-y^2}.$$

$\Sigma$在$xOy$面上的投影区域$D_{xy}=\{(x, y)\mid x^2+y^2\leqslant a^2-h^2\}$.

又$\sqrt{1+z_x^2+z_y^2}=\dfrac{a}{\sqrt{a^2-x^2-y^2}}$，利用极坐标，有

$$\begin{aligned}\iint\limits_{\Sigma}\frac{\mathrm{d}S}{z}&=\iint\limits_{D_{xy}}\frac{a\mathrm{d}x\mathrm{d}y}{a^2-x^2-y^2}=\iint\limits_{D_{xy}}\frac{ar\mathrm{d}r\mathrm{d}\theta}{a^2-r^2}\\&=a\int_0^{2\pi}\mathrm{d}\theta\int_0^{\sqrt{a^2-h^2}}\frac{r\mathrm{d}r}{a^2-r^2}\\&=2\pi a\left[-\frac{1}{2}\ln(a^2-r^2)\right]_0^{\sqrt{a^2-h^2}}=2\pi a\ln\frac{a}{h}.\end{aligned}$$

**例 3**　计算$\iint\limits_{\Sigma}(x+y+z)\mathrm{d}S$，其中$\Sigma$为平面$y+z=5$被柱面$x^2+y^2=25$所截得的部分(见图 7-62).

**解**　积分曲面$\Sigma$：$z=5-y$，其投影区域$D_{xy}=\{(x,y)\mid x^2+y^2\leqslant 25\}$，又

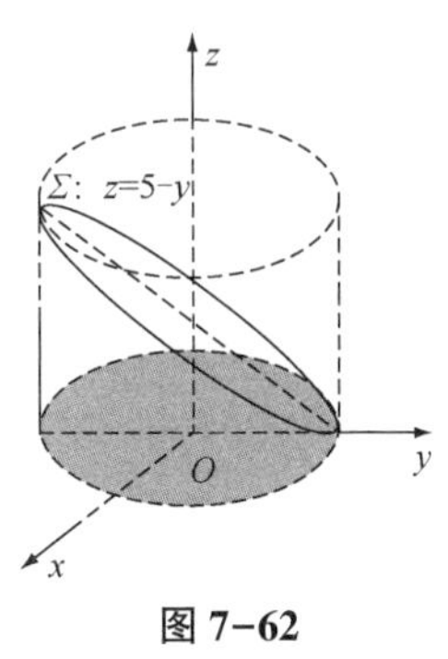

**图 7-62**

$$\mathrm{d}S=\sqrt{1+z_x^2+z_y^2}\,\mathrm{d}x\mathrm{d}y=\sqrt{1+0+(-1)^2}\,\mathrm{d}x\mathrm{d}y=\sqrt{2}\,\mathrm{d}x\mathrm{d}y,$$

故
$$\begin{aligned}\iint\limits_{\Sigma}(x+y+z)\mathrm{d}S&=\sqrt{2}\iint\limits_{D_{xy}}(x+y+5-y)\mathrm{d}x\mathrm{d}y\\&=\sqrt{2}\iint\limits_{D_{xy}}(5+x)\mathrm{d}x\mathrm{d}y\\&=\sqrt{2}\int_0^{2\pi}\mathrm{d}\theta\int_0^5(5+r\cos\theta)r\mathrm{d}r\\&=125\sqrt{2}\pi.\end{aligned}$$

**例 4**　计算$\oint\!\!\!\oint\limits_{\Sigma}xyz\mathrm{d}S$，其中$\Sigma$是由平面$x=0$，$y=0$，$z=0$，$x+y+z=1$所围四面体的整个边界曲面(见图 7-63).

**解**　整个边界曲面$\Sigma$在平面$x=0$，$y=0$，$z=0$，$x+y+z=1$上的部分依次记为$\Sigma_1,\Sigma_2,\Sigma_3,\Sigma_4$，于是

$$\oint\!\!\!\oint\limits_{\Sigma}xyz\mathrm{d}S=\iint\limits_{\Sigma_1}xyz\mathrm{d}S+\iint\limits_{\Sigma_2}xyz\mathrm{d}S+\iint\limits_{\Sigma_3}xyz\mathrm{d}S+\iint\limits_{\Sigma_4}xyz\mathrm{d}S.$$

在$\Sigma_1,\Sigma_2,\Sigma_3$上，被积函数$f(x,y,z)=xyz=0$，故

$$\iint\limits_{\Sigma_1}xyz\mathrm{d}S=\iint\limits_{\Sigma_2}xyz\mathrm{d}S=\iint\limits_{\Sigma_3}xyz\mathrm{d}S=0.$$

**图 7-63**

在$\Sigma_4$上，$z=1-x-y$，所以

$$\sqrt{1+z_x^2+z_y^2}=\sqrt{1+(-1)^2+(-1)^2}=\sqrt{3},$$

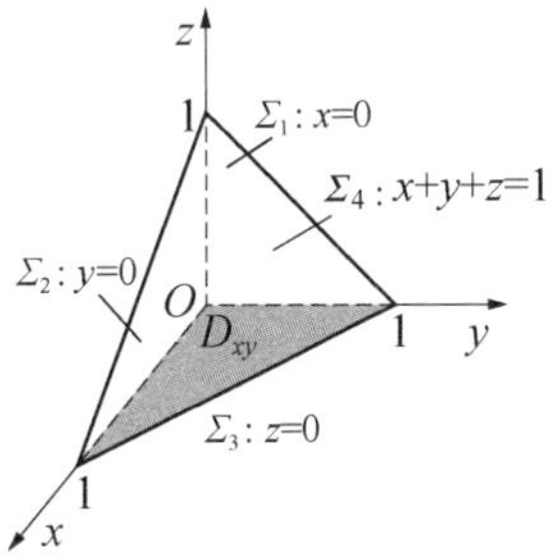

从而
$$\oint\!\!\!\oint\limits_{\Sigma}xyz\mathrm{d}S=\oint\!\!\!\oint\limits_{\Sigma_4}xyz\mathrm{d}S=\iint\limits_{D_{xy}}\sqrt{3}xy(1-x-y)\mathrm{d}x\mathrm{d}y,$$

其中$D_{xy}$是$\Sigma_4$在$xOy$面上的投影区域，即由直线$x=0$，$y=0$，$x+y=1$所围成的闭区域. 故

$$\begin{aligned}\oint\!\!\!\oint\limits_{\Sigma}xyz\mathrm{d}S&=\sqrt{3}\int_0^1x\mathrm{d}x\int_0^{1-x}y(1-x-y)\mathrm{d}y=\sqrt{3}\int_0^1x\left[(1-x)\frac{y^2}{2}-\frac{y^3}{3}\right]_0^{1-x}\mathrm{d}x\\&=\sqrt{3}\int_0^1x\frac{(1-x)^3}{6}\mathrm{d}x\\&=\frac{\sqrt{3}}{6}\int_0^1(x-3x^2+3x^3-x^4)\mathrm{d}x=\frac{\sqrt{3}}{120}.\end{aligned}$$

**例 5**　计算第一类曲面积分$\oint\!\!\!\oint\limits_{\Sigma}(x^2+y^2)\mathrm{d}S$，其中$\Sigma$为立体$\sqrt{x^2+y^2}\leqslant z\leqslant 1$的整个边界曲面.

**解**　曲面$\Sigma$所围的立体在$xOy$面上的投影区域为$D_{xy}$：$x^2+y^2\leqslant 1$(见图 7-64)，曲面$\Sigma$分为$\Sigma_1$和$\Sigma_2$两部分，其中

$$\Sigma_1: z=1,\ \mathrm{d}S=\sqrt{1+z_x^2+z_y^2}\,\mathrm{d}x\mathrm{d}y=\mathrm{d}x\mathrm{d}y,$$

$$\Sigma_2: z=\sqrt{x^2+y^2},\ \mathrm{d}S=\sqrt{1+z_x^2+z_y^2}\,\mathrm{d}x\mathrm{d}y=\sqrt{2}\,\mathrm{d}x\mathrm{d}y.$$

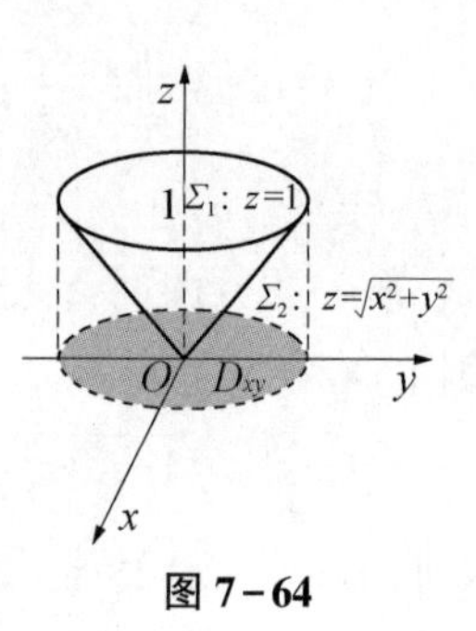


图 7-64

因此，

$$\begin{aligned}\oiint_{\Sigma}(x^2+y^2)\mathrm{d}S &= \iint_{\Sigma_1}(x^2+y^2)\mathrm{d}S+\iint_{\Sigma_2}(x^2+y^2)\mathrm{d}S\\ &= \iint_{D_{xy}}(x^2+y^2)\mathrm{d}x\mathrm{d}y+\iint_{D_{xy}}(x^2+y^2)\sqrt{2}\,\mathrm{d}x\mathrm{d}y\\ &= (1+\sqrt{2})\iint_{D_{xy}}(x^2+y^2)\mathrm{d}x\mathrm{d}y\\ &= (1+\sqrt{2})\int_0^{2\pi}\mathrm{d}\theta\int_0^1 r^3\mathrm{d}r\\ &= \frac{\pi}{2}(1+\sqrt{2}).\end{aligned}$$

### *3. 对面积的曲面积分的物理应用

和对弧长的曲线积分一样，对面积的曲面积分也有类似的一些物理应用，比如求曲面构件的质量、质心、转动惯量等.

已知曲面构件 $\Sigma$ 的密度函数 $\rho(x,\ y,\ z)$ 在 $\Sigma$ 上连续，则 $\Sigma$ 的质量为

$$m=\iint_{\Sigma}\rho(x,\ y,\ z)\mathrm{d}S.$$

曲面 $\Sigma$ 的质心 $(\bar{x},\ \bar{y},\ \bar{z})$ 的坐标分别为

$$\bar{x}=\frac{\iint_{\Sigma}x\rho(x,\ y,\ z)\mathrm{d}S}{m},\quad \bar{y}=\frac{\iint_{\Sigma}y\rho(x,\ y,\ z)\mathrm{d}S}{m},\quad \bar{z}=\frac{\iint_{\Sigma}z\rho(x,\ y,\ z)\mathrm{d}S}{m}.$$

曲面 $\Sigma$ 相对于 $x$ 轴、$y$ 轴、$z$ 轴的转动惯量依次为

$$I_x=\iint_{\Sigma}(y^2+z^2)\rho(x,\ y,\ z)\mathrm{d}S,$$

$$I_y=\iint_{\Sigma}(z^2+x^2)\rho(x,\ y,\ z)\mathrm{d}S,$$

$$I_z=\iint_{\Sigma}(x^2+y^2)\rho(x,\ y,\ z)\mathrm{d}S.$$

**例 6**　已知抛物面壳 $z=\frac{1}{2}(x^2+y^2)(0\leqslant z\leqslant 1)$ 的密度函数为 $\rho(x,\ y,\ z)=z$，试求其质量.

**解**　由对面积的曲面积分的定义可知，抛物面壳的质量为

$$m=\iint_{\Sigma}\rho(x,\ y,\ z)\mathrm{d}S=\iint_{\Sigma}z\mathrm{d}S=\iint_{D_{xy}}\frac{1}{2}(x^2+y^2)\sqrt{1+x^2+y^2}\,\mathrm{d}x\mathrm{d}y,$$

其中 $D_{xy}$ 为曲面 $\Sigma$ 在 $xOy$ 面上的投影区域，$D_{xy}=\{(x,\ y)\mid x^2+y^2\leqslant 2\}$. 利用二重积分的极坐标，有

$$m=\frac{1}{2}\int_0^{2\pi}\mathrm{d}\theta\int_0^{\sqrt{2}}r^2\sqrt{1+r^2}\,r\mathrm{d}r=\frac{1}{2}\cdot 2\pi\cdot\frac{1}{2}\int_0^{\sqrt{2}}r^2\sqrt{1+r^2}\,\mathrm{d}r^2$$

$$=\frac{\pi}{2}\int_{0}^{\sqrt{2}}(r^{2}+1-1)\sqrt{1+r^{2}}\,\mathrm{d}r^{2}$$
$$=\frac{\pi}{2}\int_{0}^{\sqrt{2}}\left[(1+r^{2})^{\frac{3}{2}}-\sqrt{1+r^{2}}\right]\mathrm{d}(r^{2}+1)$$
$$=\frac{\pi}{2}\left[\frac{2}{5}(1+r^{2})^{\frac{5}{2}}-\frac{2}{3}(1+r^{2})^{\frac{3}{2}}\right]_{0}^{\sqrt{2}}$$
$$=\frac{4}{5}\sqrt{3}\pi+\frac{2}{15}\pi.$$

**例 7** 试求均匀曲面 $z=\sqrt{a^{2}-x^{2}-y^{2}}\ (a>0)$ 的质心坐标.

**解** 由对称性知 $\bar{x}=\bar{y}=0$.

设曲面 $\Sigma$ 在 $xOy$ 面上的投影区域为 $D_{xy}$，则有 $D_{xy}=\{(x,y)\mid x^{2}+y^{2}\leqslant a^{2}\}$，于是

$$\bar{z}=\frac{\iint\limits_{\Sigma}z\mathrm{d}S}{\iint\limits_{\Sigma}\mathrm{d}S}=\frac{1}{2\pi a^{2}}\iint\limits_{D_{xy}}\sqrt{a^{2}-x^{2}-y^{2}}\cdot\frac{a}{\sqrt{a^{2}-x^{2}-y^{2}}}\mathrm{d}x\mathrm{d}y=\frac{a\pi a^{2}}{2\pi a^{2}}=\frac{a}{2},$$

即质心坐标为$\left(0,\ 0,\ \frac{a}{2}\right)$.

**例 8** 求密度为 $\rho_{0}$ 的均匀半球壳 $z=\sqrt{a^{2}-x^{2}-y^{2}}\ (a>0)$ 对于 $z$ 轴的转动惯量.

**解** 
$$I_{z}=\rho_{0}\iint\limits_{\Sigma}(x^{2}+y^{2})\mathrm{d}S=\rho_{0}\iint\limits_{D_{xy}}(x^{2}+y^{2})\sqrt{1+z_{x}^{2}+z_{y}^{2}}\,\mathrm{d}x\mathrm{d}y$$
$$=\rho_{0}\int_{0}^{2\pi}\mathrm{d}\theta\int_{0}^{a}r^{2}\frac{a}{\sqrt{a^{2}-r^{2}}}r\mathrm{d}r$$
$$=a\rho_{0}\pi\int_{0}^{a}\left[\sqrt{a^{2}-r^{2}}-\frac{a^{2}}{\sqrt{a^{2}-r^{2}}}\right]\mathrm{d}(a^{2}-r^{2})$$
$$=a\rho_{0}\pi\left[\frac{2}{3}(a^{2}-r^{2})^{\frac{3}{2}}-2a^{2}(a^{2}-r^{2})^{\frac{1}{2}}\right]_{0}^{a}$$
$$=a\rho_{0}\pi\left(-\frac{2}{3}a^{3}+2a^{3}\right)=\frac{4}{3}\rho_{0}\pi a^{4}.$$

## 二、对坐标的曲面积分(第二类曲面积分)

曲面的侧

在介绍对坐标的曲面积分之前，我们首先要对曲面做一些说明，这里假定曲面是光滑的.

**1. 曲面的侧**

曲面有单侧和双侧之分，本书中我们讨论的曲面都是双侧曲面. 例如，由方程 $z=z(x,y)$ 给出的曲面，有上侧、下侧之分；对于由方程 $y=y(x,z)$ 给出的曲面，有右侧、左侧之分；对于由方程 $x=x(y,z)$ 给出的曲面，有前侧、后侧之分；对于一张包围某一空间区域的闭曲面，则有外侧、内侧之分.

我们总是假定以后所考虑的曲面都是双侧曲面，不仅如此，还要选定它的某一侧. 我们将选定了侧的双侧曲面称为**有向曲面**. 选定曲面的侧与确定该曲面的法向量的指向密切相关. 可以通过确定曲面上法向量的指向来定出曲面的侧，反之，确定了曲面的侧，也就定出了曲面上法向量的指向.

比如，对于曲面 $z=z(x,\ y)$，若它的法向量 $\boldsymbol{n}$ 指向朝上，就认为取定曲面的上侧(见图 7-65)；又如，对于闭曲面，若它的法向量指向朝外，就认为取定曲面的外侧(见图 7-66).

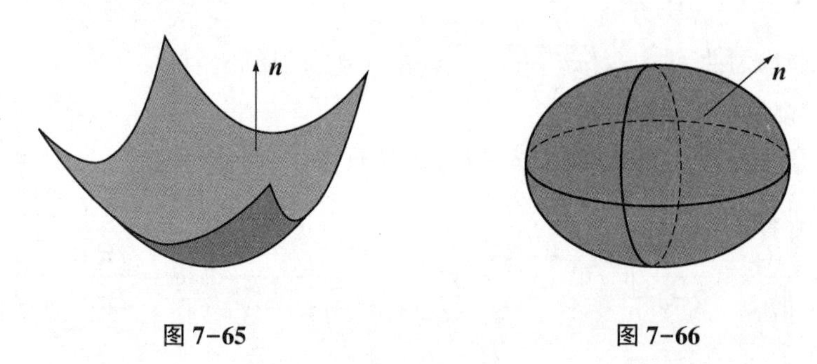


图 7-65　　图 7-66

从几何上看，对于曲面 $z=z(x,\ y)$[函数 $z(x,\ y)$具有连续偏导数]，它在某点$(x,\ y,\ z)$的法向量为 $\boldsymbol{n}=\pm(-z_x,\ -z_y,\ 1)$.

若取 $\boldsymbol{n}$ 向上，其与 $z$ 轴的夹角 $\gamma$ 是锐角，此时 $\cos\gamma=\dfrac{1}{\sqrt{1+z_x^2+z_y^2}}>0$，即取 $\boldsymbol{n}=(-z_x,\ -z_y,\ 1)$，则选定曲面的上侧(见图 7-67)；若取 $\boldsymbol{n}$ 向下，$\gamma$ 是钝角，此时 $\cos\gamma=\dfrac{-1}{\sqrt{1+z_x^2+z_y^2}}<0$，即取$\boldsymbol{n}=(z_x,\ z_y,\ -1)$，则选定曲面的下侧(见图 7-68).

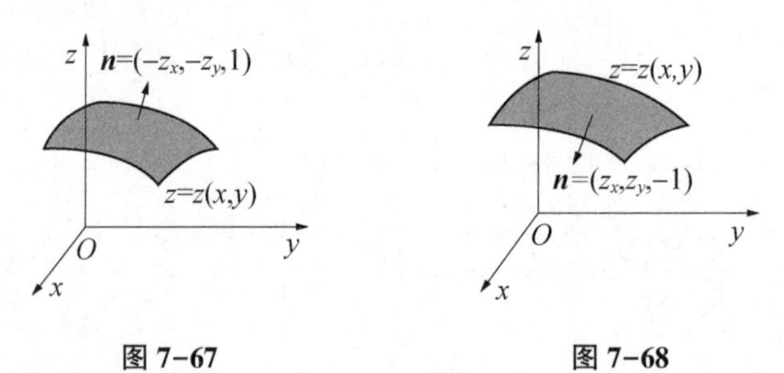


图 7-67　　图 7-68

类似地，我们可以确定，对于曲面 $y=y(x,\ z)$(函数 $y(x,\ z)$具有连续偏导数)，它在某点$(x,\ y,\ z)$的法向量为 $\boldsymbol{n}=\pm(-y_x,\ 1,\ -y_z)$. 取 $\boldsymbol{n}=(-y_x,\ 1,\ -y_z)$，则选定曲面的右侧(见图 7-69)；取 $\boldsymbol{n}=(y_x,\ -1,\ y_z)$，则选定曲面的左侧(见图 7-70).

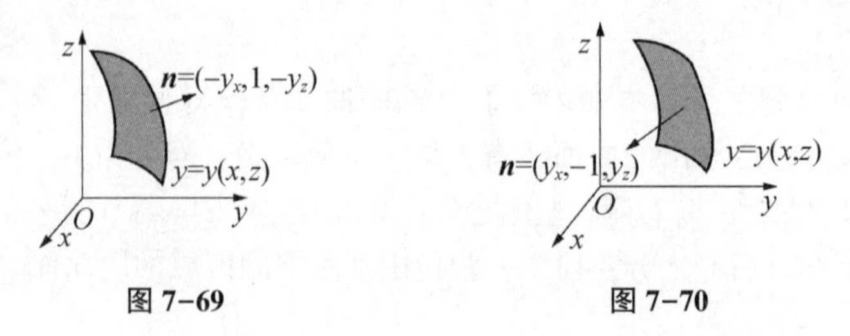


图 7-69　　图 7-70

对于曲面 $x=x(y, z)$(函数 $x(y, z)$ 具有连续偏导数)，它在某点 $(x, y, z)$ 的法向量为 $\boldsymbol{n}=\pm(1, -x_y, -x_z)$. 取 $\boldsymbol{n}=(1, -x_y, -x_z)$，则选定曲面的前侧(见图 7-71)；取 $\boldsymbol{n}=(-1, x_y, x_z)$，则选定曲面的后侧(见图 7-72).

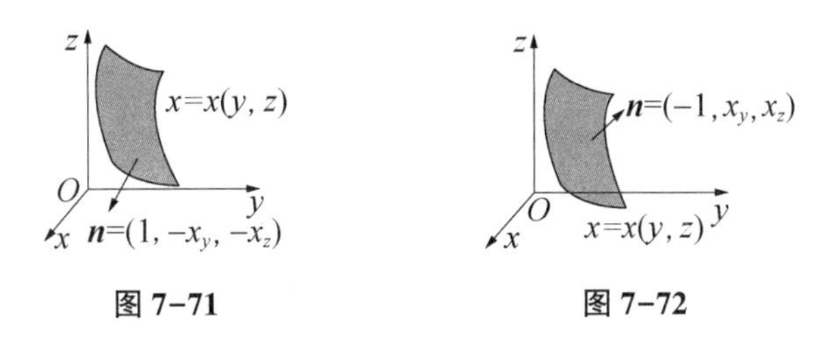


图 7-71　　图 7-72

因此可以确定，曲面的侧可以通过其单位法向量 $\boldsymbol{e}_n=(\cos\alpha, \cos\beta, \cos\gamma)$ 表出.

设 $\Sigma$ 是有向曲面，在 $\Sigma$ 上取一小块曲面 $\Delta S$，将 $\Delta S$ 投影到 $xOy$ 面上得一投影区域，其面积记为 $(\Delta\sigma)_{xy}$，且假定在 $\Delta S$ 上各点处的法向量与 $z$ 轴的夹角 $\gamma$ 的余弦 $\cos\gamma$ 有相同的符号，则规定 $\Delta S$ 在 $xOy$ 面上的投影 $(\Delta S)_{xy}$ 为

$$(\Delta S)_{xy}=\begin{cases}(\Delta\sigma)_{xy}, & \cos\gamma>0,\\ -(\Delta\sigma)_{xy}, & \cos\gamma<0,\\ 0, & \cos\gamma\equiv 0.\end{cases}$$

其中 $\cos\gamma\equiv 0$ 也就是 $(\Delta\sigma)_{xy}=0$ 的情形.

类似地，可以定义 $\Delta S$ 在 $yOz$ 面上的投影 $(\Delta S)_{yz}$ 及 $\Delta S$ 在 $xOz$ 面上的投影 $(\Delta S)_{xz}$.

**2. 对坐标的曲面积分的概念和性质**

**流向曲面一侧的流量**　设稳定流动(流速与时间无关)的不可压缩流体(假定密度为 1)的速度场由

$$\boldsymbol{v}(x, y, z)=P(x, y, z)\boldsymbol{i}+Q(x, y, z)\boldsymbol{j}+R(x, y, z)\boldsymbol{k}$$

给出，$\Sigma$ 为速度场中的一片有向曲面，函数 $P(x, y, z)$, $Q(x, y, z)$, $R(x, y, z)$ 都在 $\Sigma$ 上连续，求在单位时间内流向 $\Sigma$ 指定侧的流体的质量，即流量 $\Phi$.

如果流体流过平面上面积为 $A$ 的一个闭区域，$\boldsymbol{v}$ 是常向量，$\boldsymbol{n}$ 为该平面的单位法向量[见图 7-73(a)]，则在单位时间内，流过这闭区域的流体组成一个底面积为 $A$、斜高为 $|\boldsymbol{v}|$ 的柱体[见图 7-73(b)]. 若 $\boldsymbol{v}$ 与 $\boldsymbol{n}$ 的夹角小于 90°，即 $(\widehat{\boldsymbol{v}, \boldsymbol{n}})=\theta<\frac{\pi}{2}$，这斜柱体的体积为 $|\boldsymbol{v}|\cos\theta=A\boldsymbol{v}\cdot\boldsymbol{n}$，这也就是通过闭区域流向 $\boldsymbol{n}$ 所指一侧的流量；若 $\boldsymbol{v}$ 与 $\boldsymbol{n}$ 的夹角大于 90°，即 $(\widehat{\boldsymbol{v}, \boldsymbol{n}})=\theta>\frac{\pi}{2}$，$A\boldsymbol{v}\cdot\boldsymbol{n}<0$，此时我们仍称 $A\boldsymbol{v}\cdot\boldsymbol{n}$ 为通过闭区域流向 $\boldsymbol{n}$ 所指一侧的流量，它表示流体通过闭区域实际上流向 $-\boldsymbol{n}$ 所指的一侧，且流向这一侧的流量为 $-A\boldsymbol{v}\cdot\boldsymbol{n}$；当 $(\widehat{\boldsymbol{v}, \boldsymbol{n}})=\theta=\frac{\pi}{2}$ 时，显然，流体通过闭区域流向 $\boldsymbol{n}$ 所指一侧的流量为零，即 $A\boldsymbol{v}\cdot\boldsymbol{n}=0$. 因此，不论 $(\widehat{\boldsymbol{v}, \boldsymbol{n}})$ 为何值，流体通过闭区域流向所指一侧的流量都等于 $A\boldsymbol{v}\cdot\boldsymbol{n}$.

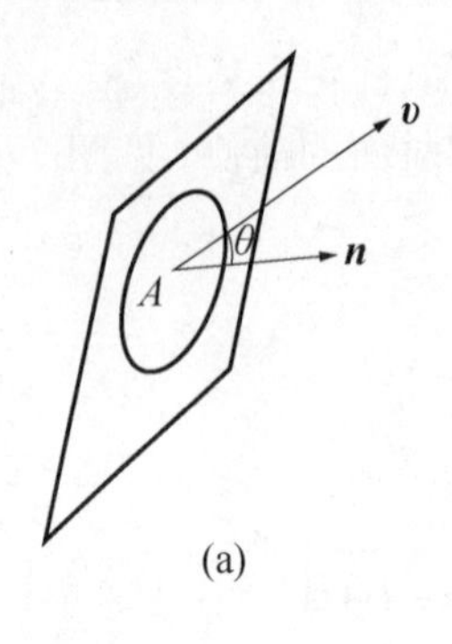

(a)

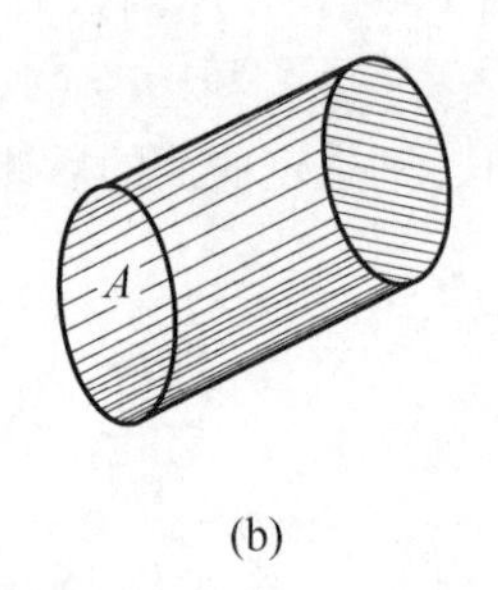

(b)

图 7–73

现在考虑的不是平面闭区域而是一片曲面，且流速 $\boldsymbol{v}$ 也不是常向量，而是连续的向量函数，因此，所求流量不能按上述方法计算. 但是，过去引入各类积分概念的例子中多次用过的方法，还是可以用来解决现在的问题.

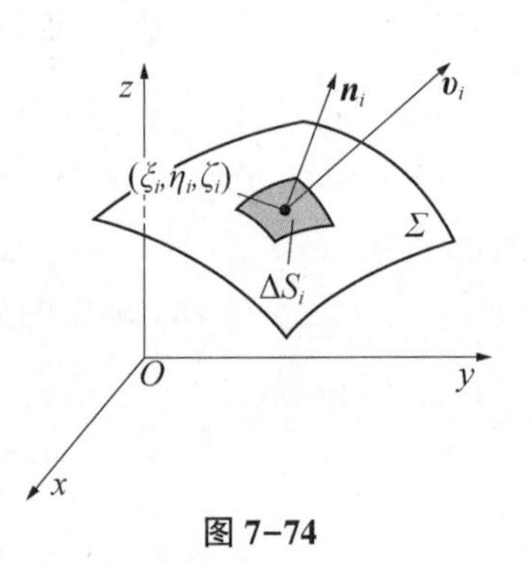

图 7–74

将光滑曲面 $\Sigma$ 任意分成 $n$ 个小块曲面 $\Delta S_i(i=1,2,\cdots,n)$(记号 $\Delta S_i$ 也代表其面积)，只要 $\Delta S_i$ 的直径很小，就可以用 $\Delta S_i$ 上任一点$(\xi_i,\eta_i,\zeta_i)$处的流速(见图 7–74)

$$\boldsymbol{v}_i=\boldsymbol{v}(\xi_i,\eta_i,\zeta_i)=P(\xi_i,\eta_i,\zeta_i)\boldsymbol{i}+Q(\xi_i,\eta_i,\zeta_i)\boldsymbol{j}+R(\xi_i,\eta_i,\zeta_i)\boldsymbol{k}$$

来代替 $\Delta S_i$ 上其他各点处的流速，以点$(\xi_i,\eta_i,\zeta_i)$处曲面 $\Sigma$ 的单位法向量

$$\boldsymbol{n}_i=\cos\alpha_i\boldsymbol{i}+\cos\beta_i\boldsymbol{j}+\cos\gamma_i\boldsymbol{k}$$

来代替 $\Delta S_i$ 上其他各点处的单位法向量，从而得到通过 $\Delta S_i$ 流向指定侧的流量：

$$\Phi\approx\sum_{i=1}^{n}\boldsymbol{v}_i\cdot\boldsymbol{n}_i\Delta S_i=\sum_{i=1}^{n}[P(\xi_i,\eta_i,\zeta_i)\cos\alpha_i+Q(\xi_i,\eta_i,\zeta_i)\cos\beta_i+R(\xi_i,\eta_i,\zeta_i)\cos\gamma_i]\Delta S_i.$$

由于 $\cos\alpha_i\cdot\Delta S_i\approx(\Delta S_i)_{yz}$，$\cos\beta_i\cdot\Delta S_i\approx(\Delta S_i)_{zx}$，$\cos\gamma_i\cdot\Delta S_i\approx(\Delta S_i)_{xy}$，故

$$\Phi\approx\sum_{i=1}^{n}[P(\xi_i,\eta_i,\zeta_i)(\Delta S_i)_{yz}+Q(\xi_i,\eta_i,\zeta_i)(\Delta S_i)_{zx}+R(\xi_i,\eta_i,\zeta_i)(\Delta S_i)_{xy}].$$

令 $\lambda=\max\limits_{1\leqslant i\leqslant n}\{\Delta S_i$ 的直径$\}$，则

$$\Phi=\lim_{\lambda\to 0}\sum_{i=1}^{n}[P(\xi_i,\eta_i,\zeta_i)(\Delta S_i)_{yz}+Q(\xi_i,\eta_i,\zeta_i)(\Delta S_i)_{zx}+R(\xi_i,\eta_i,\zeta_i)(\Delta S_i)_{xy}].$$

**定义 2** 设 $\Sigma$ 为光滑(或分片光滑)的有向曲面，函数 $R(x,y,z)$ 在 $\Sigma$ 上有界，将 $\Sigma$ 任意地分成 $n$ 片小曲面 $\Delta S_i(i=1,2,\cdots,n)$($\Delta S_i$ 也表示该小曲面的面积)，$\Delta S_i$ 在 $xOy$ 坐标面的投影是$(\Delta S_i)_{xy}$，$\lambda=\max\limits_{1\leqslant i\leqslant n}\{\Delta S_i$ 的直径$\}$，任取$(\xi_i,\eta_i,\zeta_i)\in\Delta S_i(i=1,2,\cdots,n)$，若 $\lim\limits_{\lambda\to 0}\sum\limits_{i=1}^{n}R(\xi_i,\eta_i,\zeta_i)(\Delta S_i)_{xy}$ 存在，则称此极限为 $R(x,y,z)$ 在有向曲面 $\Sigma$ 上**对坐标 $x$ 和 $y$ 的曲面积分**，记作 $\iint\limits_{\Sigma}R(x,y,z)\mathrm{d}x\mathrm{d}y$，即

$$\iint\limits_{\Sigma}R(x,y,z)\mathrm{d}x\mathrm{d}y=\lim_{\lambda\to 0}\sum_{i=1}^{n}R(\xi_i,\eta_i,\zeta_i)(\Delta S_i)_{xy},$$

其中 $R(x,y,z)$ 称为**被积函数**，$\Sigma$ 称为**有向积分曲面**.

类似地，可以定义函数 $P(x, y, z)$ 在有向曲面 $\Sigma$ 上**对坐标 $y$ 和 $z$ 的曲面积分** $\iint\limits_{\Sigma} P(x, y, z)\,\mathrm{d}y\mathrm{d}z$ 为

$$\iint\limits_{\Sigma} P(x, y, z)\,\mathrm{d}y\mathrm{d}z = \lim_{\lambda\to 0}\sum_{i=1}^{n} P(\xi_i, \eta_i, \zeta_i)\,(\Delta S_i)_{yz};$$

也可以定义函数 $Q(x, y, z)$ 在有向曲面 $\Sigma$ 上**对坐标 $z$ 和 $x$ 的曲面积分** $\iint\limits_{\Sigma} Q(x, y, z)\,\mathrm{d}z\mathrm{d}x$ 为

$$\iint\limits_{\Sigma} Q(x, y, z)\,\mathrm{d}z\mathrm{d}x = \lim_{\lambda\to 0}\sum_{i=1}^{n} Q(\xi_i, \eta_i, \zeta_i)\,(\Delta S_i)_{zx}.$$

以上 3 个曲面积分也称为**第二类曲面积分**.

如果 $\Sigma$ 是分片光滑有向曲面，那么我们规定函数在 $\Sigma$ 上对坐标的曲面积分等于函数在光滑的各片曲面上对坐标的曲面积分之和. 如果 $\Sigma$ 是闭合的有向曲面，那么在 $\Sigma$ 上对坐标的曲面积分的记号中，积分号 $\iint$ 通常会换为 $\oiint$.

可以证明，若函数 $P(x, y, z)$, $Q(x, y, z)$, $R(x, y, z)$ 在有向曲面 $\Sigma$ 上连续，则函数在 $\Sigma$ 上对坐标的曲面积分 $\iint\limits_{\Sigma} P(x, y, z)\,\mathrm{d}y\mathrm{d}z$, $\iint\limits_{\Sigma} Q(x, y, z)\,\mathrm{d}z\mathrm{d}x$, $\iint\limits_{\Sigma} R(x, y, z)\,\mathrm{d}x\mathrm{d}y$ 存在. 以后我们总是假定被积函数在 $\Sigma$ 上连续.

在应用中出现较多的是

$$\iint\limits_{\Sigma} P(x, y, z)\,\mathrm{d}y\mathrm{d}z + \iint\limits_{\Sigma} Q(x, y, z)\,\mathrm{d}z\mathrm{d}x + \iint\limits_{\Sigma} R(x, y, z)\,\mathrm{d}x\mathrm{d}y$$

这种合并起来的形式. 为简单起见，上式记为

$$\iint\limits_{\Sigma} P(x, y, z)\,\mathrm{d}y\mathrm{d}z + Q(x, y, z)\,\mathrm{d}z\mathrm{d}x + R(x, y, z)\,\mathrm{d}x\mathrm{d}y.$$

如果令 $\boldsymbol{A}(x, y, z) = P(x, y, z)\boldsymbol{i} + Q(x, y, z)\boldsymbol{j} + R(x, y, z)\boldsymbol{k}$,

$$\mathrm{d}\boldsymbol{S} = \mathrm{d}y\mathrm{d}z\boldsymbol{i} + \mathrm{d}z\mathrm{d}x\boldsymbol{j} + \mathrm{d}x\mathrm{d}y\boldsymbol{k},$$

那么上式就可以写成简便的向量形式：

$$\iint\limits_{\Sigma} \boldsymbol{A}(x, y, z)\cdot \mathrm{d}\boldsymbol{S},$$

其中 $\mathrm{d}\boldsymbol{S}$ 称为**有向曲面面积元素**.

根据对坐标的曲面积分的定义、存在条件及以上记法，前面讨论的流体在单位时间内流过曲面 $\Sigma$ 指定侧的流量为

$$\begin{aligned}\boldsymbol{\Phi} &= \iint\limits_{\Sigma} P(x, y, z)\,\mathrm{d}y\mathrm{d}z + Q(x, y, z)\,\mathrm{d}z\mathrm{d}x + R(x, y, z)\,\mathrm{d}x\mathrm{d}y \\ &= \iint\limits_{\Sigma} \boldsymbol{A}(x, y, z)\cdot \mathrm{d}\boldsymbol{S}.\end{aligned}$$

对坐标的曲面积分也具有线性、区域可加性. 例如，若被积函数在对应光滑曲面上连续，则

$$\iint\limits_{\Sigma} [\alpha R_1(x, y, z) + \beta R_2(x, y, z)]\,\mathrm{d}x\mathrm{d}y = \alpha\iint\limits_{\Sigma} R_1(x, y, z)\,\mathrm{d}x\mathrm{d}y + \beta\iint\limits_{\Sigma} R_2(x, y, z)\,\mathrm{d}x\mathrm{d}y.$$

设 $\Sigma=\Sigma_1+\Sigma_2$，则

$$\iint_{\Sigma}R(x,\ y,\ z)\mathrm{d}x\mathrm{d}y=\iint_{\Sigma_1}R(x,\ y,\ z)\mathrm{d}x\mathrm{d}y+\iint_{\Sigma_2}R(x,\ y,\ z)\mathrm{d}x\mathrm{d}y.$$

特别地，若用 $\Sigma^-$ 表示双侧曲面 $\Sigma$ 与指定的一侧相反的一侧，则

$$\iint_{\Sigma^-}P\mathrm{d}y\mathrm{d}z+Q\mathrm{d}z\mathrm{d}x+R\mathrm{d}x\mathrm{d}y=-\iint_{\Sigma}P\mathrm{d}y\mathrm{d}z+Q\mathrm{d}z\mathrm{d}x+R\mathrm{d}x\mathrm{d}y.$$

因此，关于对坐标的曲面积分，我们必须注意积分曲面的侧.

**3. 对坐标的曲面积分的计算法**

对坐标的曲面积分也是化为二重积分来计算的. 具体方法如下.

**定理 2**　设光滑有向曲面 $\Sigma$ 由方程 $z=z(x,\ y)$ 给出，$\Sigma$ 在 $xOy$ 面上的投影区域为 $D_{xy}$，函数 $z=z(x,\ y)$ 在 $D_{xy}$ 上具有连续偏导数，且函数 $R(x,\ y,\ z)$ 在 $\Sigma$ 上连续，则有

$$\iint_{\Sigma}R(x,\ y,\ z)\mathrm{d}x\mathrm{d}y=\pm\iint_{D_{xy}}R[x,\ y,\ z(x,\ y)]\mathrm{d}x\mathrm{d}y.$$

当曲面 $\Sigma$ 取上侧，即 $\Sigma$ 的法向量的方向余弦中 $\cos\gamma>0$ 时，等式的右端取正号，即

$$\iint_{\Sigma}R(x,\ y,\ z)\mathrm{d}x\mathrm{d}y=\iint_{D_{xy}}R[x,\ y,\ z(x,\ y)]\mathrm{d}x\mathrm{d}y;$$

当曲面 $\Sigma$ 取下侧，即 $\Sigma$ 的法向量的方向余弦中 $\cos\gamma<0$ 时，等式的右端取负号，即

$$\iint_{\Sigma}R(x,\ y,\ z)\mathrm{d}x\mathrm{d}y=-\iint_{D_{xy}}R[x,\ y,\ z(x,\ y)]\mathrm{d}x\mathrm{d}y.$$

定理的证明从略.

类似地，我们有以下相应的结果.

设光滑有向曲面 $\Sigma$ 由方程 $x=x(y,\ z)$ 给出，$\Sigma$ 在 $yOz$ 面上的投影区域为 $D_{yz}$，函数 $x=x(y,\ z)$ 在 $D_{yz}$ 上具有连续偏导数，且函数 $P(x,\ y,\ z)$ 在 $\Sigma$ 上连续，则有

$$\iint_{\Sigma}P(x,\ y,\ z)\mathrm{d}y\mathrm{d}z=\pm\iint_{D_{yz}}P[x(y,\ z),\ y,\ z]\mathrm{d}y\mathrm{d}z.$$

当曲面 $\Sigma$ 取前侧，即 $\Sigma$ 的法向量的方向余弦中 $\cos\alpha>0$ 时，等式的右端取正号，即

$$\iint_{\Sigma}P(x,\ y,\ z)\mathrm{d}y\mathrm{d}z=\iint_{D_{yz}}P[x(y,\ z),\ y,\ z]\mathrm{d}y\mathrm{d}z.$$

当曲面 $\Sigma$ 取后侧，即 $\Sigma$ 的法向量的方向余弦中 $\cos\alpha<0$ 时，等式的右端取负号，即

$$\iint_{\Sigma}P(x,\ y,\ z)\mathrm{d}y\mathrm{d}z=-\iint_{D_{yz}}P[x(y,\ z),\ y,\ z]\mathrm{d}y\mathrm{d}z.$$

设光滑有向曲面 $\Sigma$ 由方程 $y=y(z,\ x)$ 给出，$\Sigma$ 在 $zOx$ 面上的投影区域为 $D_{zx}$，函数 $y=y(z,\ x)$ 在 $D_{zx}$ 上具有连续偏导数，且函数 $Q(x,\ y,\ z)$ 在 $\Sigma$ 上连续，则有

$$\iint_{\Sigma}Q(x,\ y,\ z)\mathrm{d}z\mathrm{d}x=\pm\iint_{D_{zx}}Q[x,\ y(z,\ x),\ z]\mathrm{d}z\mathrm{d}x.$$

当曲面 $\Sigma$ 取右侧，即 $\Sigma$ 的法向量的方向余弦中 $\cos\beta>0$ 时，等式的右端取正号，即

$$\iint_{\Sigma}Q(x,\ y,\ z)\mathrm{d}z\mathrm{d}x=\iint_{D_{zx}}Q[x,\ y(x,\ z),\ z]\mathrm{d}z\mathrm{d}x.$$

当曲面 $\Sigma$ 取左侧，即 $\Sigma$ 的法向量的方向余弦中 $\cos\beta<0$ 时，等式的右端取负号，即

$$\iint_{\Sigma} Q(x, y, z)\mathrm{d}z\mathrm{d}x = -\iint_{D_{zx}} Q[x, y(z, x), z]\mathrm{d}z\mathrm{d}x.$$

**注**　若$\Sigma$是母线平行于$z$轴的柱面，这时，由于在$xOy$面上柱面的投影面积$(\Delta\sigma_i)_{xy}=0$，因此$\iint_{\Sigma} R(x, y, z)\mathrm{d}x\mathrm{d}y = 0$.

**例 9**　计算$\iint_{\Sigma} x^2y^2z\mathrm{d}x\mathrm{d}y$，其中$\Sigma$为锥面$z=\sqrt{x^2+y^2}\,(0\leqslant z\leqslant R)$的下侧.

**解**　锥面在$xOy$面上的投影区域为$D_{xy}=\{(x, y)\mid x^2+y^2\leqslant R^2\}$(见图 7-75)，则

$$\begin{aligned}\iint_{\Sigma} x^2y^2z\mathrm{d}x\mathrm{d}y &= -\iint_{D_{xy}} x^2y^2\sqrt{x^2+y^2}\,\mathrm{d}x\mathrm{d}y \\ &= -\int_0^{2\pi}\mathrm{d}\theta\int_0^R r^6\cos^2\theta\sin^2\theta\mathrm{d}r = -\frac{\pi}{28}R^7.\end{aligned}$$

**例 10**　计算曲面积分$\iint_{\Sigma} xyz\mathrm{d}x\mathrm{d}y$，其中$\Sigma$是球面$x^2+y^2+z^2=1$外侧在$x\geqslant 0$，$y\geqslant 0$的部分.

**解**　把$\Sigma$分成$\Sigma_1$和$\Sigma_2$两部分(见图 7-76)，这里$\Sigma_1$的方程为$z=-\sqrt{1-x^2-y^2}$，取下侧；$\Sigma_2$的方程为$z=\sqrt{1-x^2-y^2}$，取上侧. $\Sigma_1$和$\Sigma_2$在$xOy$面上的投影区域都是

$$D_{xy}=\{(x, y)\mid x^2+y^2\leqslant 1, x\geqslant 0, y\geqslant 0\},$$

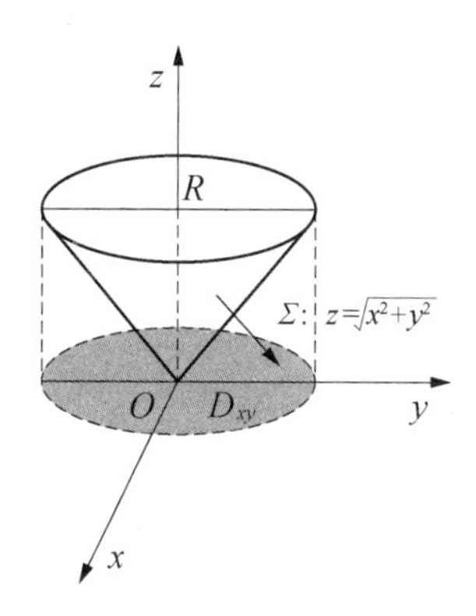


图 7-75

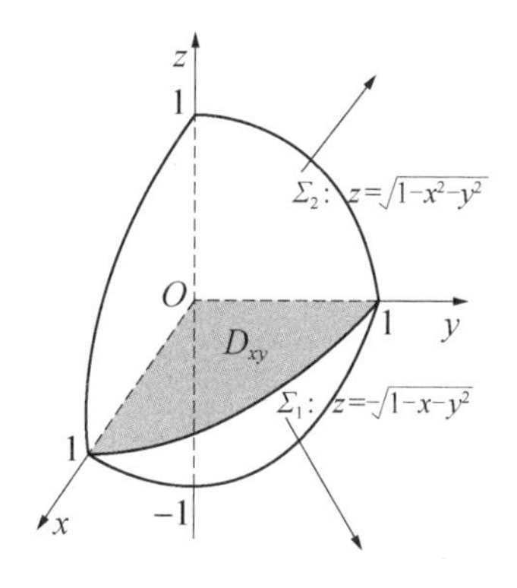


图 7-76

由积分的曲面可加性可知

$$\begin{aligned}\iint_{\Sigma} xyz\mathrm{d}x\mathrm{d}y &= \iint_{\Sigma_1} xyz\mathrm{d}x\mathrm{d}y + \iint_{\Sigma_2} xyz\mathrm{d}x\mathrm{d}y = \iint_{D_{xy}} xy\sqrt{1-x^2-y^2}\,\mathrm{d}x\mathrm{d}y - \iint_{D_{xy}} xy(-\sqrt{1-x^2-y^2})\mathrm{d}x\mathrm{d}y \\ &= 2\iint_{D_{xy}} xy\sqrt{1-x^2-y^2}\,\mathrm{d}x\mathrm{d}y,\end{aligned}$$

这个二重积分可以利用极坐标计算，即

$$\begin{aligned}2\iint_{D_{xy}} xy\sqrt{1-x^2-y^2}\,\mathrm{d}x\mathrm{d}y &= 2\iint_{D_{xy}} r^2\sin\theta\cos\theta\sqrt{1-r^2}\,r\mathrm{d}r\mathrm{d}\theta \\ &= \int_0^{\frac{\pi}{2}}\sin 2\theta\mathrm{d}\theta\int_0^1 r^3\sqrt{1-r^2}\,\mathrm{d}r = \frac{2}{15}.\end{aligned}$$

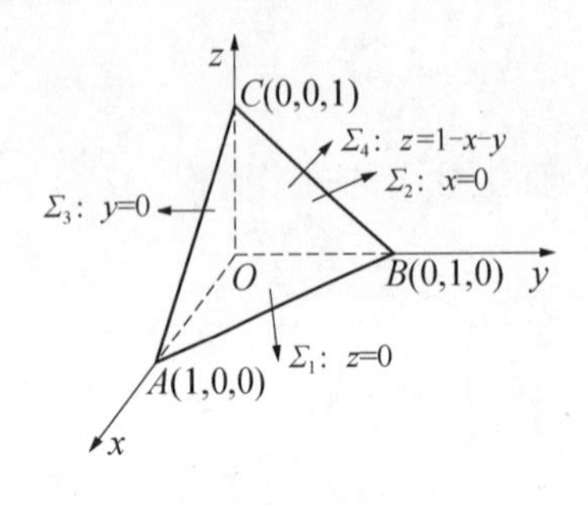


图 7-77

**例 11**　计算曲面积分 $\oint\!\!\!\!\oint_{\Sigma}(x+1)\mathrm{d}y\mathrm{d}z+y\mathrm{d}z\mathrm{d}x+\mathrm{d}x\mathrm{d}y$，其中 $\Sigma$ 为由平面 $x=0, y=0, z=0, x+y+z=1$ 所围四面体的外侧.

**解**　记 $O(0,0,0)$, $A(1,0,0)$, $B(0,1,0)$, $C(0,0,1)$. 把有向曲面 $\Sigma$ 分为 $\Sigma_1(OAB)$, $\Sigma_2(OBC)$, $\Sigma_3(OCA)$, $\Sigma_4(ABC)$ 4 个部分(见图 7-77)，则有

$$\oint\!\!\!\!\oint_{\Sigma}(x+1)\mathrm{d}y\mathrm{d}z+y\mathrm{d}z\mathrm{d}x+\mathrm{d}x\mathrm{d}y=$$

$$\iint_{OAB}+\iint_{OBC}+\iint_{OCA}+\iint_{ABC}((x+1)\mathrm{d}y\mathrm{d}z+y\mathrm{d}z\mathrm{d}x+\mathrm{d}x\mathrm{d}y).$$

在 $\Sigma_1(OAB)$ 上，曲面方程为 $z=0(0\leqslant x\leqslant 1,\ 0\leqslant y\leqslant 1-x)$，曲面取下侧，且在 $yOz$ 和 $zOx$ 面投影为零，在 $xOy$ 面投影区域为 $D_{xy}=\{(x,y)\mid 0\leqslant x\leqslant 1,\ 0\leqslant y\leqslant 1-x\}$，故

$$\iint_{OAB}(x+1)\mathrm{d}y\mathrm{d}z+y\mathrm{d}z\mathrm{d}x+\mathrm{d}x\mathrm{d}y=\iint_{OAB}\mathrm{d}x\mathrm{d}y=-\iint_{D_{xy}}\mathrm{d}x\mathrm{d}y=-\frac{1}{2}.$$

在 $\Sigma_2(OBC)$ 上，曲面方程为 $x=0(0\leqslant y\leqslant 1,\ 0\leqslant z\leqslant 1-y)$，曲面取后侧，且在 $zOx$ 和 $xOy$ 面投影为零，在 $yOz$ 面投影区域为 $D_{yz}=\{(y,z)\mid 0\leqslant y\leqslant 1,\ 0\leqslant z\leqslant 1-y\}$，故

$$\iint_{OBC}(x+1)\mathrm{d}y\mathrm{d}z+y\mathrm{d}z\mathrm{d}x+\mathrm{d}x\mathrm{d}y=\iint_{OBC}(x+1)\mathrm{d}y\mathrm{d}z$$

$$=-\iint_{D_{xy}}(0+1)\mathrm{d}y\mathrm{d}z=-\frac{1}{2}.$$

在 $\Sigma_3(OCA)$ 上，曲面方程为 $y=0(0\leqslant x\leqslant 1,\ 0\leqslant z\leqslant 1-x)$，曲面取左侧，且在 $yOz$ 和 $xOy$ 面投影为零，在 $zOx$ 面投影区域为 $D_{zx}=\{(x,z)\mid 0\leqslant x\leqslant 1,\ 0\leqslant z\leqslant 1-x\}$，故

$$\iint_{OCA}(x+1)\mathrm{d}y\mathrm{d}z+y\mathrm{d}z\mathrm{d}x+\mathrm{d}x\mathrm{d}y=\iint_{OCA}y\mathrm{d}z\mathrm{d}x=0.$$

在 $\Sigma_4(ABC)$ 上，计算 $\iint_{ABC}\mathrm{d}x\mathrm{d}y$，则曲面方程为 $z=1-x-y(0\leqslant x\leqslant 1,\ 0\leqslant y\leqslant 1-x)$，曲面取上侧，且在 $xOy$ 面投影区域为

$$D_{xy}=\{(x,y)\mid 0\leqslant x\leqslant 1,\ 0\leqslant y\leqslant 1-x\};$$

计算 $\iint_{ABC}y\mathrm{d}z\mathrm{d}x$，则曲面方程为 $y=1-x-z(0\leqslant x\leqslant 1,\ 0\leqslant z\leqslant 1-x)$，曲面取右侧，且在 $zOx$ 面投影区域为

$$D_{zx}=\{(x,z)\mid 0\leqslant x\leqslant 1,\ 0\leqslant z\leqslant 1-x\};$$

计算 $\iint_{ABC}(x+1)\mathrm{d}y\mathrm{d}z$，则曲面方程为 $x=1-y-z(0\leqslant y\leqslant 1,\ 0\leqslant z\leqslant 1-y)$，曲面取前侧，且在 $yOz$ 面投影区域为

$$D_{yz}=\{(y,z)\mid 0\leqslant y\leqslant 1,\ 0\leqslant z\leqslant 1-y\},$$

故 $\iint_{ABC}(x+1)\mathrm{d}y\mathrm{d}z+y\mathrm{d}z\mathrm{d}x+\mathrm{d}x\mathrm{d}y=\iint_{ABC}(x+1)\mathrm{d}y\mathrm{d}z+\iint_{ABC}y\mathrm{d}z\mathrm{d}x+\iint_{ABC}\mathrm{d}x\mathrm{d}y$

$$
\begin{aligned}
&= \iint\limits_{D_{yz}} (1 - y - z + 1)\mathrm{d}y\mathrm{d}z + \iint\limits_{D_{zx}} (1 - x - z)\mathrm{d}z\mathrm{d}x + \iint\limits_{D_{xy}} \mathrm{d}x\mathrm{d}y \\
&= \int_0^1 \mathrm{d}y \int_0^{1-y} (1 - y - z + 1)\mathrm{d}z + \int_0^1 \mathrm{d}x \int_0^{1-x} (1 - x - z)\mathrm{d}z + \frac{1}{2} \\
&= \frac{2}{3} + \frac{1}{6} + \frac{1}{2} = \frac{8}{6} = \frac{4}{3}.
\end{aligned}
$$

因此，$\oiint\limits_{\Sigma} (x + 1)\mathrm{d}y\mathrm{d}z + y\mathrm{d}z\mathrm{d}x + \mathrm{d}x\mathrm{d}y = -\frac{1}{2} - \frac{1}{2} + \frac{4}{3} = \frac{1}{3}$.

**4. 两类曲面积分之间的关系**

设有向曲面$\Sigma$：$z=z(x, y)$，$\Sigma$在$xOy$面上的投影区域为$D_{xy}$，函数$z(x, y)$在$D_{xy}$上具有一阶连续偏导数，$R(x, y, z)$在$\Sigma$上连续，$\boldsymbol{e}_n = (\cos\alpha, \cos\beta, \cos\gamma)$为曲面$\Sigma$上点$(x, y, z)$处的单位法向量. 若取$\Sigma$上侧，则有

$$
\iint\limits_{\Sigma} R(x, y, z)\mathrm{d}x\mathrm{d}y = \iint\limits_{D_{xy}} R[x, y, z(x, y)]\mathrm{d}x\mathrm{d}y.
$$

又
$$
\begin{aligned}
\iint\limits_{\Sigma} R(x, y, z)\cos\gamma\mathrm{d}S &= \iint\limits_{D_{xy}} R[x, y, z(x, y)] \frac{1}{\sqrt{1 + z_x^2 + z_y^2}} \sqrt{1 + z_x^2 + z_y^2}\mathrm{d}x\mathrm{d}y \\
&= \iint\limits_{D_{xy}} R[x, y, z(x, y)]\mathrm{d}x\mathrm{d}y,
\end{aligned}
$$

因此，$\iint\limits_{\Sigma} R(x, y, z)\mathrm{d}x\mathrm{d}y = \iint\limits_{\Sigma} R(x, y, z)\cos\gamma\mathrm{d}S$.

若取$\Sigma$下侧，则有

$$
\iint\limits_{\Sigma} R(x, y, z)\mathrm{d}x\mathrm{d}y = -\iint\limits_{D_{xy}} R[x, y, z(x, y)]\mathrm{d}x\mathrm{d}y.
$$

又
$$
\begin{aligned}
\iint\limits_{\Sigma} R(x, y, z)\cos\gamma\mathrm{d}S &= \iint\limits_{D_{xy}} R[x, y, z(x, y)] \frac{-1}{\sqrt{1 + z_x^2 + z_y^2}} \sqrt{1 + z_x^2 + z_y^2}\mathrm{d}x\mathrm{d}y \\
&= -\iint\limits_{D_{xy}} R[x, y, z(x, y)]\mathrm{d}x\mathrm{d}y,
\end{aligned}
$$

因此，$\iint\limits_{\Sigma} R(x, y, z)\mathrm{d}x\mathrm{d}y = \iint\limits_{\Sigma} R(x, y, z)\cos\gamma\mathrm{d}S$.

类似地，有

$$
\iint\limits_{\Sigma} P(x, y, z)\mathrm{d}y\mathrm{d}z = \iint\limits_{\Sigma} P(x, y, z)\cos\alpha\mathrm{d}S,
$$

$$
\iint\limits_{\Sigma} Q(x, y, z)\mathrm{d}z\mathrm{d}x = \iint\limits_{\Sigma} Q(x, y, z)\cos\beta\mathrm{d}S.
$$

3 式合并，就有

$$
\iint\limits_{\Sigma} P\mathrm{d}y\mathrm{d}z + Q\mathrm{d}z\mathrm{d}x + R\mathrm{d}x\mathrm{d}y = \iint\limits_{\Sigma} (P\cos\alpha + Q\cos\beta + R\cos\gamma)\mathrm{d}S.
$$

**注**　两类曲面积分的关系式为

$$
\mathrm{d}S = \frac{\mathrm{d}y\mathrm{d}z}{\cos\alpha} = \frac{\mathrm{d}z\mathrm{d}x}{\cos\beta} = \frac{\mathrm{d}x\mathrm{d}y}{\cos\gamma}.
$$

**例 12**　计算曲面积分$\iint\limits_{\Sigma}(z^2+x)\mathrm{d}y\mathrm{d}z-z\mathrm{d}x\mathrm{d}y$，其中$\Sigma$为$z=\frac{1}{2}(x^2+y^2)$介于$z=0$和$z=2$之间的下侧.

**解**　有向曲面$\Sigma$上点$(x,y,z)$处的法向量为$(x,y,-1)$，故方向余弦为

$$\cos\alpha=\frac{z_x}{\sqrt{1+z_x^2+z_y^2}}=\frac{x}{\sqrt{1+x^2+y^2}},\ \cos\gamma=\frac{-1}{\sqrt{1+z_x^2+z_y^2}}=\frac{-1}{\sqrt{1+x^2+y^2}},$$

所求积分可以转化为

$$\iint\limits_{\Sigma}(z^2+x)\mathrm{d}y\mathrm{d}z-z\mathrm{d}x\mathrm{d}y=\iint\limits_{\Sigma}\left[(z^2+x)\frac{\cos\alpha}{\cos\gamma}-z\right]\mathrm{d}x\mathrm{d}y=\iint\limits_{\Sigma}[(z^2+x)(-x)-z]\mathrm{d}x\mathrm{d}y.$$

又$\Sigma$的方程为$z=\frac{1}{2}(x^2+y^2)$，在$xOy$面上投影区域为$D_{xy}=\{(x,y)\mid x^2+y^2\leqslant 4\}$，因此，

$$\iint\limits_{\Sigma}[(z^2+x)(-x)-z]\mathrm{d}x\mathrm{d}y=-\iint\limits_{D_{xy}}\left\{\left[\frac{1}{4}(x^2+y^2)^2+x\right](-x)-\frac{1}{2}(x^2+y^2)\right\}\mathrm{d}x\mathrm{d}y.$$

注意到$\iint\limits_{D_{xy}}\left[\frac{1}{4}(x^2+y^2)^2x\right]\mathrm{d}x\mathrm{d}y=0$，因此，

$$\iint\limits_{\Sigma}(z^2+x)\mathrm{d}y\mathrm{d}z-z\mathrm{d}x\mathrm{d}y=\iint\limits_{D_{xy}}\left[x^2+\frac{1}{2}(x^2+y^2)\right]\mathrm{d}x\mathrm{d}y=\int_0^{2\pi}\mathrm{d}\theta\int_0^2\left(r^2\cos^2\theta+\frac{1}{2}r^2\right)r\mathrm{d}r=8\pi.$$

[随堂测]

1. 设曲面$\Sigma$：$|x|+|y|+|z|=1$，求曲面积分$\iint\limits_{\Sigma}(x+|y|)\mathrm{d}S$.

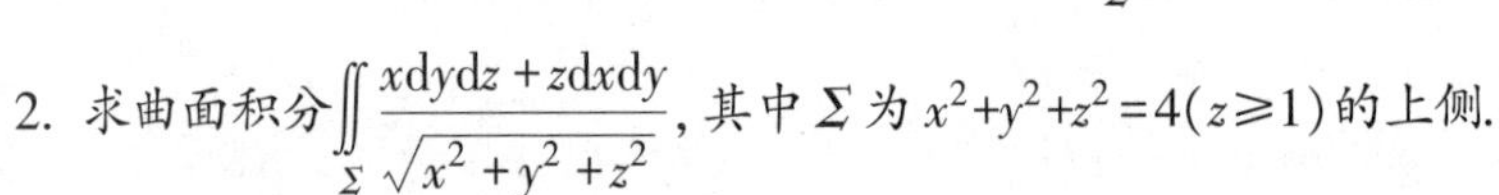

2. 求曲面积分$\iint\limits_{\Sigma}\frac{x\mathrm{d}y\mathrm{d}z+z\mathrm{d}x\mathrm{d}y}{\sqrt{x^2+y^2+z^2}}$，其中$\Sigma$为$x^2+y^2+z^2=4(z\geqslant 1)$的上侧.

扫码看答案

[知识拓展]

在对坐标的曲面积分中，所涉及的曲面都是双侧的，但是单侧曲面在生活中也是存在的. 公元1858年，两名德国数学家莫比乌斯和约翰·李斯丁分别发现，一个扭转180°后再两头粘接起来的纸条，具有魔术般的性质. 与普通纸带具有两个面(双侧曲面)不同，这样的纸带只有一个面(单侧曲面)，一只小虫可以爬遍整个曲面而不必跨过它的边缘！这一神奇的单面纸带被称为“莫比乌斯带”.

作为一种典型的拓扑图形，莫比乌斯带引起了许多科学家的研究兴趣，并在生活和生产中有了一些应用. 例如，动力机械的皮带就可以做成莫比乌斯带状，这样皮带就不会只磨损一面了. 莫比乌斯带还有更为奇异的特性. 比如在普通空间无法实现的“手套易位”问题：人左右手的手套虽然极为相像，但却有本质的不同. 我们不可能把左手的手套完全贴合于右手；也不能把右手的手套完全贴合于左手. 无论你怎么扭来转去，左手套永远是左手套，右手套也永远是右手套. 不过，倘若你把它搬到莫比乌斯带上来，那么解决起来就易如反掌了.

# 习题 7-4

1. 计算下列对面积的曲面积分.

（1）$I=\iint\limits_{\Sigma}\left(2x+\frac{4}{3}y+z\right)\mathrm{d}S$，其中 $\Sigma$ 为平面 $\frac{x}{2}+\frac{y}{3}+\frac{z}{4}=1$ 在第一卦限的部分.

（2）$I=\iint\limits_{\Sigma}z^2\mathrm{d}S$，其中 $\Sigma$ 为上半球面 $z=\sqrt{1-x^2-y^2}$ 被平面 $z=\frac{1}{2}$ 截取的顶部.

（3）$I=\iint\limits_{\Sigma}y\mathrm{d}S$，其中 $\Sigma$ 为平面 $3x+2y+z=6$ 在第一卦限的部分.

（4）$I=\iint\limits_{\Sigma}(x^2+y^2+z^2)\mathrm{d}S$，其中 $\Sigma$ 为圆锥面 $z=\sqrt{x^2+y^2}$ 被平面 $z=1$ 截取的有限部分.

（5）$I=\iint\limits_{\Sigma}(2xy-2x^2-x+z)\mathrm{d}S$，其中 $\Sigma$ 为平面 $2x+2y+z=6$ 在第一卦限的部分.

（6）$I=\iint\limits_{\Sigma}(x^2+y^2)\mathrm{d}S$，其中 $\Sigma$ 是旋转抛物面 $z=2-x^2-y^2$ 在 $xOy$ 面上方的部分.

（7）$I=\iint\limits_{\Sigma}\frac{1}{(1+x+y)^2}\mathrm{d}S$，其中 $\Sigma$ 为以点 $(0,0,0)$，$(1,0,0)$，$(0,1,0)$，$(0,0,1)$ 为顶点的四面体的整个边界曲面.

（8）$I=\oiint\limits_{\Sigma}(x^2+y^2+z^2)\mathrm{d}S$，其中 $\Sigma$ 为 $x^2+y^2+z^2=2az(a>0)$.

（9）$\iint\limits_{\Sigma}(xy+yz+zx)\mathrm{d}S$，其中 $\Sigma$ 为锥面 $z=\sqrt{x^2+y^2}$ 被 $x^2+y^2=2ax(a>0)$ 所截得的部分.

（10）$I=\iint\limits_{\Sigma}z^3\mathrm{d}S$，其中 $\Sigma$ 为上半球面 $z=\sqrt{a^2-x^2-y^2}$ 在圆锥面 $z=\sqrt{x^2+y^2}$ 内的部分.

（11）$\iint\limits_{\Sigma}|xyz|\mathrm{d}S$，其中 $\Sigma$ 为 $z=x^2+y^2(z\leqslant 1)$.

（12）$\iint\limits_{\Sigma}\frac{\mathrm{d}S}{x^2+y^2+z^2}$，其中 $\Sigma$ 是界于平面 $z=0$ 及 $z=H$ 之间的圆柱面 $x^2+y^2=R^2$.

2. 计算下列对坐标的曲面积分.

（1）$\iint\limits_{\Sigma}x^2y^2z\mathrm{d}x\mathrm{d}y$，其中 $\Sigma$ 是球面 $x^2+y^2+z^2=a^2$ 的下半部分的下侧.

（2）$\iint\limits_{\Sigma}(y+1)^2\mathrm{d}y\mathrm{d}z$，其中 $\Sigma$ 是球面 $x^2+y^2+z^2=1$ 的外侧在 $x\geqslant 0$ 的部分.

（3）$\iint\limits_{\Sigma}z^2\mathrm{d}x\mathrm{d}y$，其中 $\Sigma$ 是圆锥面 $z=\sqrt{x^2+y^2}$ 被平面 $z=1$ 截取的有限部分的下侧.

（4）$\iint\limits_{\Sigma}x\mathrm{d}y\mathrm{d}z+xy\mathrm{d}z\mathrm{d}x+xz\mathrm{d}x\mathrm{d}y$，其中 $\Sigma$ 是平面 $3x+2y+z=6$ 在第一卦限部分的上侧.

（5）$\iint\limits_{\Sigma}x\mathrm{d}y\mathrm{d}z+y\mathrm{d}z\mathrm{d}x+z\mathrm{d}x\mathrm{d}y$，其中 $\Sigma$ 是圆柱面 $x^2+y^2=1$ 被平面 $z=0$ 及 $z=3$ 截取的在第一卦限的部分的前侧.

（6）$\iint\limits_{\Sigma} e^y dydz + e^x dzdx + x^2 y dxdy$，其中$\Sigma$是抛物面$x^2+y^2=z$被平面$z=1$截取的在第一卦限的部分的前侧.

（7）$\iint\limits_{\Sigma}(x^2+y^2)dzdx + zdxdy$，其中$\Sigma$是锥面$z=\sqrt{x^2+y^2}$满足$x\geqslant 0$，$y\geqslant 0$，$z\leqslant 1$的那一部分的下侧.

（8）$\oiint\limits_{\Sigma}(x-y)dydz+(y-z)dzdx+(z-x)dxdy$，其中$\Sigma$是$\Omega=\{(x,y,z)\mid 0\leqslant x\leqslant a,0\leqslant y\leqslant b,0\leqslant z\leqslant c\}$整个边界面的外侧.

（9）$\oiint\limits_{\Sigma}xydydz+yzdzdx+zxdxdy$，其中$\Sigma$是3个坐标面与平面$x+y+z=1$所围成的空间闭区域的整个边界面的外侧.

（10）$\oiint\limits_{\Sigma}z^2dxdy$，其中$\Sigma$为球面$x^2+y^2+(z-a)^2=a^2$的外侧.

（11）$\oiint\limits_{\Sigma}-y^2zdzdx+(z+1)dxdy$，其中$\Sigma$是柱面$x^2+y^2=4$被平面$z=0$，$x+z=2$所截的部分的外侧.

（12）$\oiint\limits_{\Sigma}\dfrac{e^z}{\sqrt{x^2+y^2}}dxdy$，其中$\Sigma$为锥面$z=\sqrt{x^2+y^2}$和平面$z=1$，$z=2$所围立体表面的外侧.

（13）$\oiint\limits_{\Sigma}x^2dydz+y^2dzdx+z^2dxdy$，其中$\Sigma$为球壳$(x-a)^2+(y-b)^2+(z-c)^2=R^2$的外侧.

3. 求抛物面壳$z=\dfrac{1}{2}(x^2+y^2)(0\leqslant z\leqslant 1)$的质量，此壳的面密度为$\rho=z$.

4. 求匀质抛物面壳$z=x^2+y^2\left(0\leqslant z\leqslant\dfrac{1}{4}\right)$的质心.

5. 设稳定的、不可压缩的流体的速度场为

$$\boldsymbol{v}(x,y,z)=xz\boldsymbol{i}+x^2y\boldsymbol{j}+y^2z\boldsymbol{k},$$

$\Sigma$是圆柱面$x^2+y^2=1$的外侧被平面$z=0$，$z=1$，$x=0$截取的位于第一、第四卦限的部分，计算流体流向$\Sigma$指定一侧的流量$\Phi$.

6. 把对坐标的曲面积分$\iint\limits_{\Sigma}P(x,y,z)dydz+Q(x,y,z)dzdx+R(x,y,z)dxdy$化为对面积的曲面积分，其中：

（1）$\Sigma$是平面$3x+2y+2\sqrt{3}z=6$在第一卦限部分的上侧；

（2）$\Sigma$是旋转抛物面$z=x^2+y^2$被平面$z=1$截取的有限部分的下侧；

（3）$\Sigma$是平面$z+x=1$被柱面$x^2+y^2=1$截取的部分的下侧；

（4）$\Sigma$是抛物面$y=2x^2+z^2$被平面$y=2$截取的部分的左侧.

7. 利用两类曲面积分之间的联系，计算下列曲面积分.

(1) $\iint\limits_{\Sigma} x\mathrm{d}y\mathrm{d}z + y\mathrm{d}z\mathrm{d}x + (z^2-2z)\mathrm{d}x\mathrm{d}y$，其中$\Sigma$是旋转抛物面$z=x^2+y^2$的外侧被平面$z=1$截取的有限部分.

(2) $\iint\limits_{\Sigma}(x+y)\mathrm{d}y\mathrm{d}z+(y+z)\mathrm{d}z\mathrm{d}x+(z+x)\mathrm{d}x\mathrm{d}y$，其中$\Sigma$是旋转抛物面$z=x^2+y^2$的内侧被圆柱面$x^2+y^2=x$截取的有限部分.

8. 设$\Sigma$为平面$x-y+z=1$在第四卦限部分的上侧，函数$f(x, y, z)$在$\Sigma$上连续，求$\iint\limits_{\Sigma}[f(x, y, z)+x]\mathrm{d}y\mathrm{d}z+[2f(x, y, z)+y]\mathrm{d}z\mathrm{d}x+[f(x, y, z)+z]\mathrm{d}x\mathrm{d}y$.

# 第五节　格林公式、高斯公式和斯托克斯公式

**[课前导读]**

在一元微积分中，我们介绍了微积分基本定理——牛顿-莱布尼茨公式：

$$\int_a^b f(x)\mathrm{d}x = F(b)-F(a),$$

其中$F'(x)=f(x)$，$x\in[a, b]$.

即$f(x)$在区间$[a, b]$上的积分可以通过它的原函数$F(x)$在此区间的两个端点的值来表达.

随着积分概念的推广，我们又讲述了重积分、曲线积分、曲面积分等概念，上述微积分基本定理也相应地获得推广，格林公式就是它的一种推广. 格林公式建立了平面区域$D$上的二重积分与区域边界上的曲线积分之间的联系. 高斯公式建立的是空间立体$\Omega$上的三重积分与区域边界上的曲面积分之间的联系，斯托克斯公式是联系曲面$\Sigma$上的曲面积分和它的边界曲线上的曲线积分的桥梁.

## 一、格林公式及其应用

二重积分与平面内的曲线积分之间的关系及其应用，是微积分基本定理在二重积分情形下的推广，它不仅给计算第二类曲线积分带来一种新的方法，更重要的是它揭示了定向曲线积分与积分路径无关的条件，在积分理论的发展中起了很大的作用.

在给出格林公式之前，我们先介绍一些与平面区域有关的基本概念.

**1. 单连通区域及其正向边界**

设$D$为平面区域，若区域$D$内任意一个封闭曲线所围的部分均属于区域$D$，则区域$D$称为单连通区域(见图7-78)；否则就称为复连通区域(见图7-79). 通俗地讲，单连通区域是没有“洞”的区域.

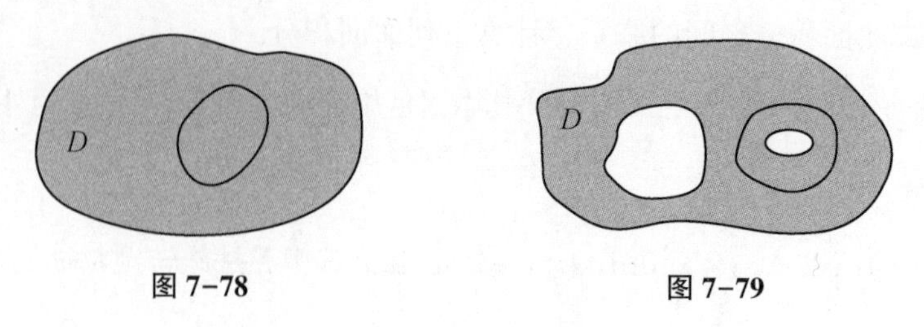


图 7-78　　　　图 7-79

比如，$D=\{(x, y) \mid x^2+y^2 \leqslant R^2\}$ 是单连通区域(见图 7-80)；

$D=\{(x, y) \mid r^2 \leqslant x^2+y^2 \leqslant R^2, 0<r<R\}$ 是复连通区域(见图 7-81).

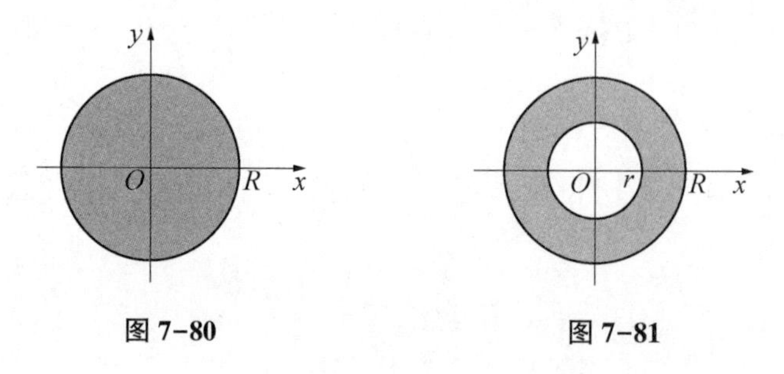


图 7-80　　　　图 7-81

设 $D$ 为平面区域，$L=L_1+L_2$ 是它的边界曲线，我们规定 $L$ 关于 $D$ 的正向为：当观察者沿 $L$ 的这一方向行走时，$D$ 内在他邻近处的部分总在他的左侧(见图 7-82).

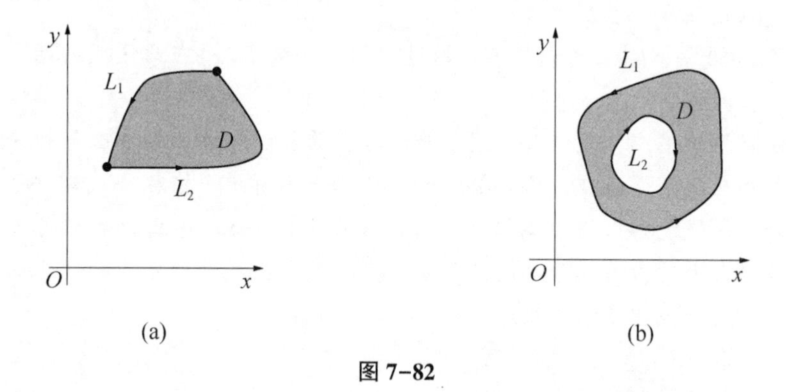


(a)　　　　(b)

图 7-82

例如，对于区域 $D=\{(x, y) \mid x^2+y^2 \leqslant R^2\}$，逆时针方向的圆周 $x^2+y^2=R^2$ 是它的正向边界[见图 7-83(a)]；对于区域 $D=\{(x, y) \mid x^2+y^2 \geqslant r^2\}$，顺时针方向的圆周 $x^2+y^2=r^2$ 是它的正向边界[见图 7-83(b)]；而对于区域 $D=\{(x, y) \mid r^2 \leqslant x^2+y^2 \leqslant R^2, 0<r<R\}$，逆时针方向的圆周 $x^2+y^2=R^2$ 与顺时针方向的圆周 $x^2+y^2=r^2$ 共同组成了它的正向边界[见图 7-83(c)].

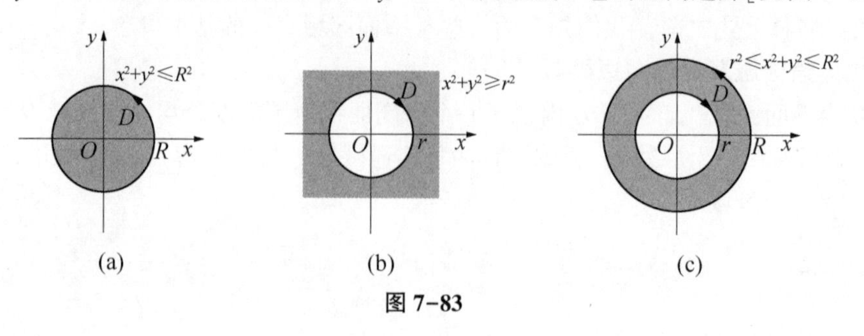


(a)　　　　(b)　　　　(c)

图 7-83

**2. 格林公式**

**定理 1**　设有界闭区域 $D$ 由分段光滑的曲线 $L$ 围成，函数 $P(x,\ y)$ 和 $Q(x,\ y)$ 在 $D$ 上具有一阶连续偏导数，则有

$$\iint\limits_D\left(\frac{\partial Q}{\partial x}-\frac{\partial P}{\partial y}\right)\mathrm{d}x\mathrm{d}y=\oint_L P\mathrm{d}x+Q\mathrm{d}y, \tag{1}$$

其中 $L$ 是 $D$ 的正向边界曲线.

公式(1)称为**格林公式**，它告诉我们平面闭区域 $D$ 上的二重积分可以通过沿闭区域 $D$ 的边界曲线 $L$ 的曲线积分来表达.

**证**　先假设穿过区域 $D$ 内部且平行于坐标轴的直线与 $D$ 的边界曲线的交点至多为两个，即闭区域 $D$ 既是 $X$ 型区域又是 $Y$ 型区域的情形.

由于区域 $D$ 是 $X$ 型的，故 $D$ 可以表示为

$$D=\{(x,\ y)\mid \varphi_1(x)\leqslant y\leqslant\varphi_2(x),\ a\leqslant x\leqslant b\},$$

即它的上、下边界分别是 $y=\varphi_2(x)$ 和 $y=\varphi_1(x)$，左、右两侧的边界分别是直线 $x=a$ 和 $x=b$(见图 7-84).

图 7-84

$\dfrac{\partial P}{\partial y}$在 $D$ 上连续，由二重积分的计算法，有

$$\iint\limits_D\frac{\partial P}{\partial y}\mathrm{d}x\mathrm{d}y=\int_a^b\mathrm{d}x\int_{\varphi_1(x)}^{\varphi_2(x)}\frac{\partial P}{\partial y}\mathrm{d}y$$
$$=\int_a^b\{P[x,\ \varphi_2(x)]-P[x,\ \varphi_1(x)]\}\mathrm{d}x.$$

另一方面，由曲线积分的性质与计算法，有

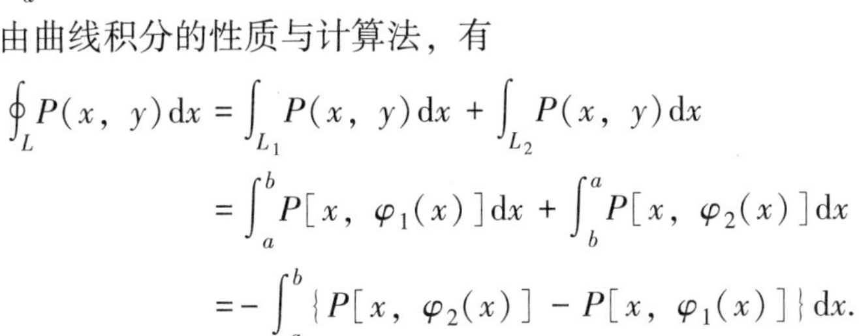

$$\oint_L P(x,\ y)\mathrm{d}x=\int_{L_1}P(x,\ y)\mathrm{d}x+\int_{L_2}P(x,\ y)\mathrm{d}x$$
$$=\int_a^b P[x,\ \varphi_1(x)]\mathrm{d}x+\int_b^a P[x,\ \varphi_2(x)]\mathrm{d}x$$
$$=-\int_a^b\{P[x,\ \varphi_2(x)]-P[x,\ \varphi_1(x)]\}\mathrm{d}x.$$

可见

$$\iint\limits_D\frac{\partial P}{\partial y}\mathrm{d}x\mathrm{d}y=-\oint_L P(x,\ y)\mathrm{d}x. \tag{2}$$

又因为区域 $D$ 是 $Y$ 型的，故 $D$ 可以表示为

$$D=\{(x,\ y)\mid \psi_1(y)\leqslant x\leqslant\psi_2(y),\ c\leqslant y\leqslant d\},$$

即它的左、右两侧的边界分别是 $x=\psi_1(y)$ 和 $x=\psi_2(y)$，上、下边界分别是直线 $y=d$ 和 $y=c$(见图 7-85).

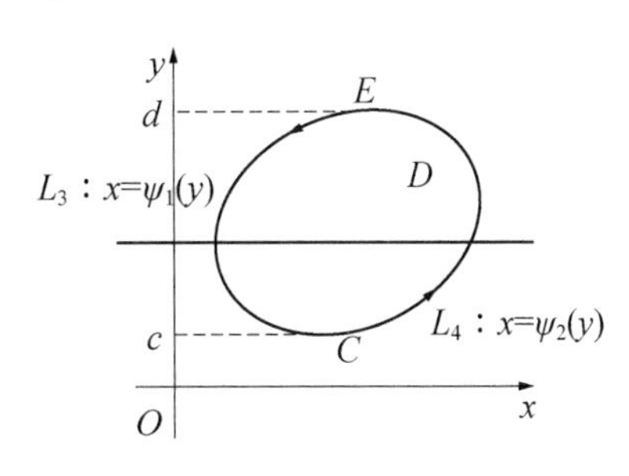


图 7-85

$\dfrac{\partial Q}{\partial x}$在 $D$ 上连续，由二重积分的计算法，有

$$\iint\limits_D\frac{\partial Q}{\partial x}\mathrm{d}x\mathrm{d}y=\int_c^d\mathrm{d}y\int_{\psi_1(y)}^{\psi_2(y)}\frac{\partial Q}{\partial x}\mathrm{d}x$$
$$=\int_c^d\{Q[\psi_2(y),\ y]-Q[\psi_1(y),\ y]\}\mathrm{d}y.$$

另一方面，由曲线积分的性质与计算法，有

$$\begin{aligned}\oint_L Q(x,\ y)\mathrm{d}y &= \int_{L_4} Q(x,\ y)\mathrm{d}y + \int_{L_3} Q(x,\ y)\mathrm{d}y \\ &= \int_c^d Q[\psi_2(y),\ y]\mathrm{d}y + \int_d^c Q[\psi_1(y),\ y]\mathrm{d}y \\ &= \int_c^d \{Q[\psi_2(y),\ y] - Q[\psi_1(y),\ y]\}\mathrm{d}y.\end{aligned}$$

可见

$$\iint_D \frac{\partial Q}{\partial x}\mathrm{d}x\mathrm{d}y = \oint_L Q(x,\ y)\mathrm{d}y. \tag{3}$$

由于区域$D$既可表示成$X$型，又可表示成$Y$型，上述式(2)、式(3)同时成立，两式相加即得

$$\oint_L P\mathrm{d}x + Q\mathrm{d}y = \iint_D \left(\frac{\partial Q}{\partial x} - \frac{\partial P}{\partial y}\right)\mathrm{d}x\mathrm{d}y.$$

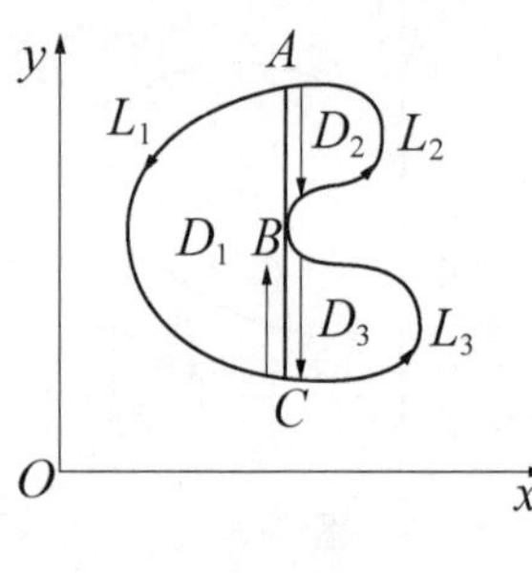


图 7-86

上述区域$D$既是$X$型，又是$Y$型，即穿过$D$且平行于坐标轴的直线与$D$的边界曲线的交点不超过两点，若超过两点，则可引进辅助曲线，将$D$分成有限个部分区域，使每个部分区域都是$X$型或是$Y$型.

比如，如图 7-86 所示，用直线$\overline{ABC}$将区域$D$分成$D_1$，$D_2$,$D_3$，它们都满足式(2)、式(3)的条件，$L_i(i=1,\ 2,\ 3)$分别是$D_i(i=1,\ 2,\ 3)$的边界与$L$相重合的部分，且$L_1+L_2+L_3=L$，于是

$$\begin{aligned}\iint_D \left(\frac{\partial Q}{\partial x} - \frac{\partial P}{\partial y}\right)\mathrm{d}x\mathrm{d}y &= \iint_{D_1} \left(\frac{\partial Q}{\partial x} - \frac{\partial P}{\partial y}\right)\mathrm{d}x\mathrm{d}y + \iint_{D_2} \left(\frac{\partial Q}{\partial x} - \frac{\partial P}{\partial y}\right)\mathrm{d}x\mathrm{d}y + \iint_{D_3} \left(\frac{\partial Q}{\partial x} - \frac{\partial P}{\partial y}\right)\mathrm{d}x\mathrm{d}y \\ &= \int_{L_1+\overline{CBA}} P\mathrm{d}x + Q\mathrm{d}y + \int_{L_2+\overline{AB}} P\mathrm{d}x + Q\mathrm{d}y + \int_{L_3+\overline{BC}} P\mathrm{d}x + Q\mathrm{d}y \\ &= \oint_{L_1+L_2+L_3} P\mathrm{d}x + Q\mathrm{d}y = \oint_L P\mathrm{d}x + Q\mathrm{d}y.\end{aligned}$$

若区域$D$是复连通的，即$D$由几条闭曲线所围成，我们可以在$D$内引进一条或几条辅助曲线，把$D$“割开”成单连通区域. 例如，对于图 7 - 87 所示的闭区域，引进辅助线$AB$，就把$D$“割开”成单连通区域了，可证$\oint_L P\mathrm{d}x + Q\mathrm{d}y = \iint_D \left(\frac{\partial Q}{\partial x} - \frac{\partial P}{\partial y}\right)\mathrm{d}x\mathrm{d}y$也成立.

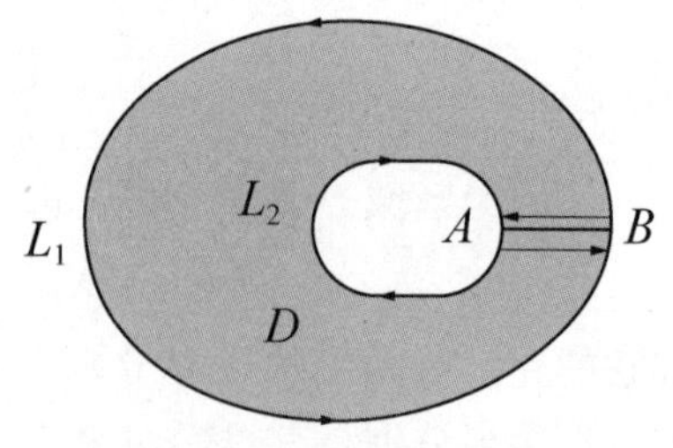


图 7 - 87

在格林公式$\oint_L P\mathrm{d}x + Q\mathrm{d}y = \iint_D \left(\frac{\partial Q}{\partial x} - \frac{\partial P}{\partial y}\right)\mathrm{d}x\mathrm{d}y$中取$Q = x$，$P =- y$，则得到计算平面区域面积的公式：

$$A = \iint_D \mathrm{d}x\mathrm{d}y = \frac{1}{2}\oint_L x\mathrm{d}y - y\mathrm{d}x. \tag{4}$$

**例 1**　求星形线$x^{\frac{2}{3}} + y^{\frac{2}{3}} = a^{\frac{2}{3}}(a > 0)$所围区域的面积.

**解**　曲线的参数方程为 $x=a\cos^3 t$，$y=a\sin^3 t$，$t$：$0\to 2\pi$，根据公式(4) 有

$$\begin{aligned}A&=\frac{1}{2}\oint_L x\mathrm{d}y-y\mathrm{d}x\\&=\frac{1}{2}\int_0^{2\pi}[a\cos^3 t(3a\sin^2 t\cos t)-a\sin^3 t(-3a\cos^2 t\sin t)]\mathrm{d}t\\&=\frac{3}{2}a^2\int_0^{2\pi}\sin^2 t\cos^2 t\mathrm{d}t=\frac{3}{2}a^2\int_0^{2\pi}\frac{1}{8}(1-\cos 4t)\mathrm{d}t\\&=\frac{3}{16}a^2\left[t-\frac{1}{4}\sin 4t\right]_0^{2\pi}=\frac{3}{8}\pi a^2.\end{aligned}$$

**例 2**　证明：曲线积分 $\oint_L 2y\mathrm{d}x+3x\mathrm{d}y$ 的值即为封闭曲线 $L$ 所围区域 $D$ 的面积.

**证**　取 $P=2y$，$Q=3x$，则

$$\oint_L 2y\mathrm{d}x+3x\mathrm{d}y=\iint_D\left[\frac{\partial}{\partial x}(3x)-\frac{\partial}{\partial y}(2y)\right]\mathrm{d}x\mathrm{d}y=\iint_D\mathrm{d}x\mathrm{d}y,$$

即为封闭曲线 $L$ 所围区域 $D$ 的面积.

**例 3**　计算二重积分 $\iint_D e^{-y^2}\mathrm{d}x\mathrm{d}y$，其中 $D$ 是以 $O(0,\ 0)$，$A(1,\ 1)$，$B(0,\ 1)$ 为顶点的三角形区域(见图 7-88).

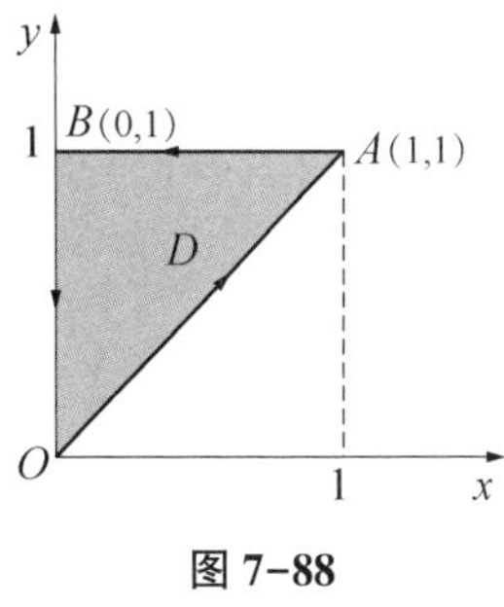

图 7-88

**解**　取 $P=0$，$Q=xe^{-y^2}$，$L$ 为 $D$ 的取正向的边界曲线，则有

$$\begin{aligned}\iint_D e^{-y^2}\mathrm{d}x\mathrm{d}y&=\oint_L xe^{-y^2}\mathrm{d}y=\left(\int_{\overline{OA}}+\int_{\overline{AB}}+\int_{\overline{BO}}\right)xe^{-y^2}\mathrm{d}y\\&=\int_0^1 ye^{-y^2}\mathrm{d}y+0+0\\&=\left[-\frac{1}{2}e^{-y^2}\right]_0^1=-\frac{1}{2}(e^{-1}-1)=\frac{1}{2}-\frac{1}{2e}.\end{aligned}$$

**例 4**　计算二重积分 $\iint_D xy\mathrm{d}x\mathrm{d}y$，其中 $D=\{(x,\ y)\mid x^2+y^2\leqslant 1\}$.

**解**　取 $P=0$，$Q=\frac{1}{2}x^2 y$，$L$ 为 $D$ 的取正向的边界曲线，则有

$$\begin{aligned}\iint_D xy\mathrm{d}x\mathrm{d}y&=\frac{1}{2}\oint_L x^2 y\mathrm{d}y=\frac{1}{2}\int_0^{2\pi}\cos^2 t\sin t\cos t\mathrm{d}t\\&=-\frac{1}{2}\cdot\left[\frac{1}{4}\cos^4 t\right]_0^{2\pi}=0.\end{aligned}$$

**例 5**　求 $\oint_L xy^2\mathrm{d}y-x^2 y\mathrm{d}x$，其中 $L$ 为圆周 $x^2+y^2=R^2$，取逆时针方向.

**解**　由题意知，$P=-x^2 y$，$Q=xy^2$，$L$ 为区域边界的正向，故根据格林公式，有

$$\oint_L xy^2\mathrm{d}y-x^2 y\mathrm{d}x=\iint_D(y^2+x^2)\mathrm{d}x\mathrm{d}y=\int_0^{2\pi}\mathrm{d}\theta\int_0^R r^2\cdot r\mathrm{d}r=\frac{\pi R^4}{2}.$$

**例 6**　计算曲线积分 $I=\int_{\widehat{AB}}(e^x\sin 2y-y)\mathrm{d}x+(2e^x\cos 2y-100)\mathrm{d}y$，其中 $\widehat{AB}$ 为单位圆 $x^2+y^2=1$ 上从点 $A(1,\ 0)$ 到点 $B(-1,\ 0)$ 的上半圆周.

**解**　引进辅助直线$\overline{BA}$：$y=0$，$x$ 从$-1$ 变到 1. $D$ 为由 $L=\widehat{AB}+\overline{BA}$所围的平面区域(见图 7-89).

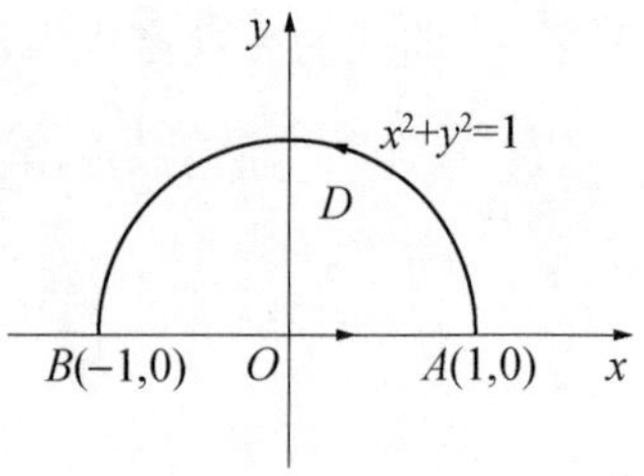

图 7-89

$$I=\int_{\widehat{AB}}(\mathrm{e}^x\sin2y-y)\,\mathrm{d}x+(2\mathrm{e}^x\cos2y-100)\,\mathrm{d}y$$

$$=\oint_L(\mathrm{e}^x\sin2y-y)\,\mathrm{d}x+(2\mathrm{e}^x\cos2y-100)\,\mathrm{d}y-\int_{\overline{BA}}(\mathrm{e}^x\sin2y-y)\,\mathrm{d}x+(2\mathrm{e}^x\cos2y-100)\,\mathrm{d}y$$

$$=\iint_D\left[\frac{\partial}{\partial x}(2\mathrm{e}^x\cos2y-100)-\frac{\partial}{\partial y}(\mathrm{e}^x\sin2y-y)\right]\mathrm{d}x\mathrm{d}y-\int_{-1}^{1}0\mathrm{d}x+0$$

$$=\iint_D(2\mathrm{e}^x\cos2y-2\mathrm{e}^x\cos2y+1)\,\mathrm{d}x\mathrm{d}y+0=\iint_D\mathrm{d}x\mathrm{d}y=\frac{\pi}{2}.$$

**例 7**　计算曲线积分 $I=\oint_L\dfrac{x\mathrm{d}y-y\mathrm{d}x}{x^2+y^2}$，其中 $L$ 分别如下.

(1) $x^2+y^2=a^2$ 的正向边界闭曲线；

(2) 任意不经过原点的正向的简单闭曲线.

**解**　(1) 当 $x^2+y^2\neq0$ 时，$\dfrac{\partial Q}{\partial x}=\dfrac{\partial P}{\partial y}=\dfrac{y^2-x^2}{(x^2+y^2)^2}$；$P$ 和 $Q$ 的一阶偏导数在原点不连续，因此不能用格林公式. 利用曲线积分的计算方法，可得

$$I=\oint_L\frac{x\mathrm{d}y-y\mathrm{d}x}{x^2+y^2}=\frac{1}{a^2}\oint_L x\mathrm{d}y-y\mathrm{d}x$$

$$=\frac{1}{a^2}\int_0^{2\pi}[a^2\cos^2t+a^2\sin^2t]\,\mathrm{d}t=2\pi.$$

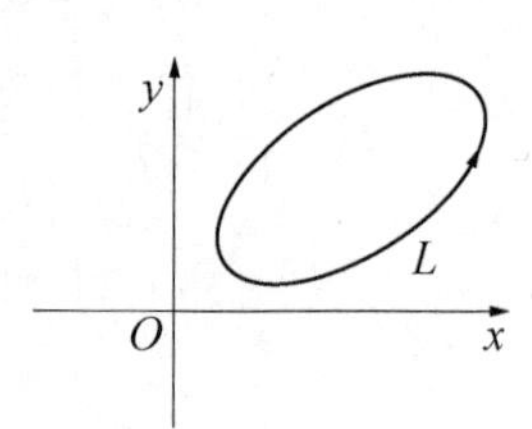

图 7-90

(2) 当 $x^2+y^2\neq0$ 时，$\dfrac{\partial Q}{\partial x}=\dfrac{\partial P}{\partial y}=\dfrac{y^2-x^2}{(x^2+y^2)^2}$.

若 $L$ 所围区域 $D$ 不包含原点(见图 7-90)，则

$$I=\oint_L\frac{x\mathrm{d}y-y\mathrm{d}x}{x^2+y^2}=\iint_D0\mathrm{d}x\mathrm{d}y=0.$$

若 $L$ 所围区域 $D$ 包含原点(见图 7-91)，取 $C_\varepsilon$：$x^2+y^2=\varepsilon^2$ (顺时针)，使 $C_\varepsilon\subset D$，$C_\varepsilon$ 所围区域记为 $D_\varepsilon$，则

$$\oint_{L+C_\varepsilon}\frac{x\mathrm{d}y-y\mathrm{d}x}{x^2+y^2}=\iint_{D-D_\varepsilon}0\mathrm{d}x\mathrm{d}y=0,$$

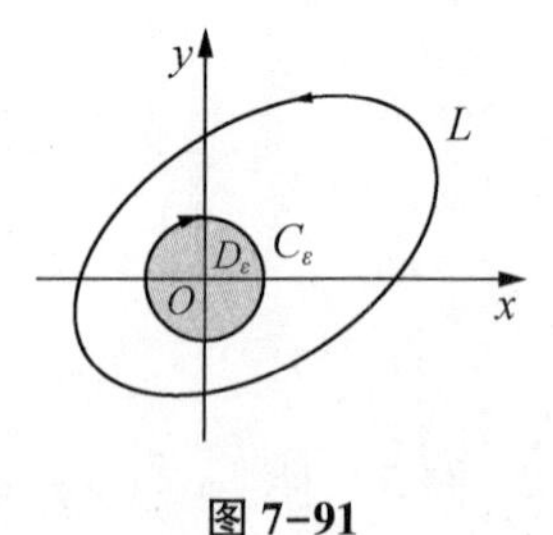

图 7-91

即
$$I=\oint_L\frac{x\mathrm{d}y-y\mathrm{d}x}{x^2+y^2}=\oint_{C_\varepsilon^-}\frac{x\mathrm{d}y-y\mathrm{d}x}{x^2+y^2}.$$

由 $C_\varepsilon^-$：$\begin{cases}x=\varepsilon\cos\theta,\\ y=\varepsilon\sin\theta\end{cases}$ $(\theta：0\to2\pi)$，得

$$I=\oint_L\frac{x\mathrm{d}y-y\mathrm{d}x}{x^2+y^2}=\int_0^{2\pi}\frac{\varepsilon^2\cos^2\theta+\varepsilon^2\sin^2\theta}{\varepsilon^2}\mathrm{d}\theta=\int_0^{2\pi}\mathrm{d}\theta=2\pi.$$

**3. 平面上曲线积分与路径无关的等价条件**

在研究平面力场的问题时，我们要考察场力所做的功是否与路径无关，这在数学上就

是要考察曲线积分是否与路径无关.

设函数 $P(x, y)$ 和 $Q(x, y)$ 在区域 $G$ 内具有一阶连续偏导数，如果对于 $G$ 内以点 $A$ 为起点、以点 $B$ 为终点的任意两条曲线 $L_1$ 和 $L_2$（见图 7-92），等式

$$\int_{L_1} P\mathrm{d}x + Q\mathrm{d}y = \int_{L_2} P\mathrm{d}x + Q\mathrm{d}y$$

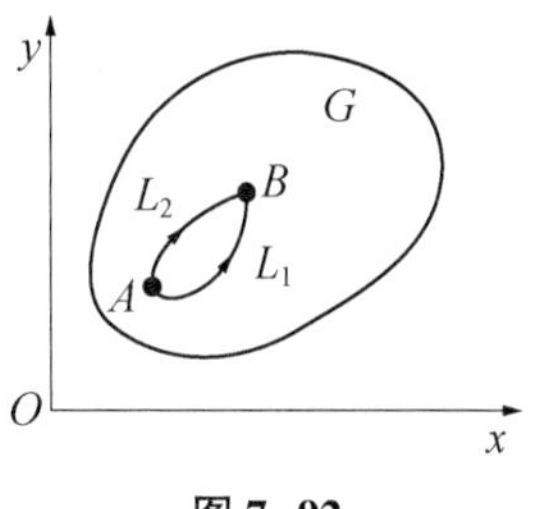


图 7-92

成立，则称曲线积分 $\int_L P\mathrm{d}x + Q\mathrm{d}y$ 在 $G$ 内与路径无关；否则称与路径有关. 如果曲线积分 $\int_L P\mathrm{d}x + Q\mathrm{d}y$ 在区域 $G$ 内与路径无关，而 $L$ 的起点为 $A(x_1, y_1)$，终点为 $B(x_2, y_2)$，那么曲线积分便可以记为 $\int_{(x_1, y_1)}^{(x_2, y_2)} P\mathrm{d}x + Q\mathrm{d}y$.

从以上叙述可以看出，若曲线积分 $\int_L P\mathrm{d}x + Q\mathrm{d}y$ 与路径无关，则有

$$\int_{L_1} P\mathrm{d}x + Q\mathrm{d}y = \int_{L_2} P\mathrm{d}x + Q\mathrm{d}y,$$

即

$$\int_{L_1} P\mathrm{d}x + Q\mathrm{d}y = -\int_{L_2^-} P\mathrm{d}x + Q\mathrm{d}y,$$

或

$$\int_{L_1} P\mathrm{d}x + Q\mathrm{d}y + \int_{L_2^-} P\mathrm{d}x + Q\mathrm{d}y = 0,$$

从而

$$\oint_{L_1+L_2^-} P\mathrm{d}x + Q\mathrm{d}y = 0,$$

这里 $L_1 + L_2^-$ 为有向闭曲线，由点 $A,B$ 及 $L_1,L_2$ 的任意性，推得对 $G$ 内的任一有向封闭曲线，沿该闭曲线的曲线积分为零.

反之，若对 $G$ 内的任一封闭曲线有 $\oint_L P\mathrm{d}x + Q\mathrm{d}y = 0$，也可以推得曲线积分在 $G$ 内与路径无关.

进一步，我们可以得到以下结论.

**定理 2**　设区域 $G$ 为单连通区域，函数 $P(x, y)$ 和 $Q(x, y)$ 在 $G$ 上具有一阶连续偏导数，则下列 3 个条件等价.

(1) 曲线积分 $\int_L P\mathrm{d}x + Q\mathrm{d}y$ 与路径无关，仅与起点及终点有关.

(2) 存在函数 $u = u(x, y)$，使 $\mathrm{d}u = P\mathrm{d}x + Q\mathrm{d}y$，即 $P\mathrm{d}x + Q\mathrm{d}y$ 是某个函数的全微分.

(3) $\dfrac{\partial Q}{\partial x} = \dfrac{\partial P}{\partial y}$ 在 $G$ 内恒成立.

**证**　我们证明(1)⇒(2)⇒(3)⇒(1).

(1)⇒(2). 设点 $M_0(x_0, y_0)$，$M(x, y)$ 是 $G$ 内两点，由于在 $G$ 内曲线积分 $\int_L P\mathrm{d}x + Q\mathrm{d}y$ 与路径无关，从起点 $M_0(x_0, y_0)$ 到终点 $M(x, y)$ 的曲线积分可以写为

$$\int_L P\mathrm{d}x + Q\mathrm{d}y = \int_{(x_0, y_0)}^{(x, y)} P(x, y)\mathrm{d}x + Q(x, y)\mathrm{d}y,$$

当 $M_0$ 固定时，这个积分值取决于终点 $M(x, y)$ [$M(x, y) \in G$]，因此它是 $x$ 和 $y$ 的函数，记为

$$u(x, y)=\int_{(x_0, y_0)}^{(x, y)} P(x, y)\mathrm{d}x+Q(x, y)\mathrm{d}y. \tag{5}$$

现在要证$\frac{\partial u}{\partial x}=P(x, y)$，$\frac{\partial u}{\partial y}=Q(x, y)$. 由式(5)，有

$$u(x+\Delta x, y)=\int_{(x_0, y_0)}^{(x+\Delta x, y)} P(x, y)\mathrm{d}x+Q(x, y)\mathrm{d}y.$$

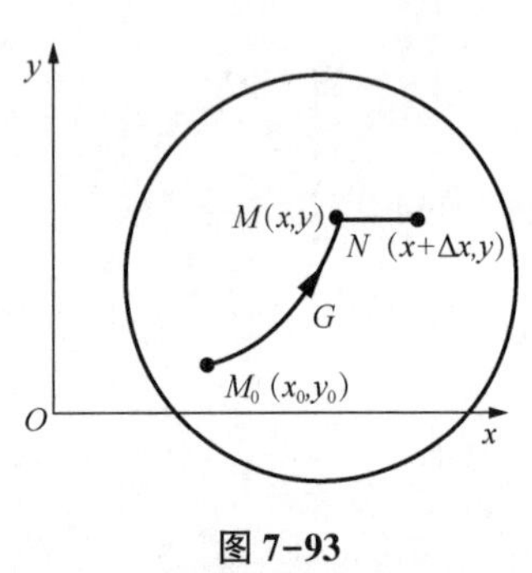

图 7-93

由于曲线积分与路径无关，可取从点 $M_0$ 到点 $M$，然后沿平行于 $x$ 轴的直线段从点 $M$ 到点 $N(x+\Delta x, y)$(见图 7-93)，则

$$u(x+\Delta x, y)=u(x, y)+\int_{(x, y)}^{(x+\Delta x, y)} P(x, y)\mathrm{d}x+Q(x, y)\mathrm{d}y,$$

即

$$u(x+\Delta x, y)-u(x, y)=\int_{(x, y)}^{(x+\Delta x, y)} P(x, y)\mathrm{d}x+Q(x, y)\mathrm{d}y.$$

直线段 $MN$ 的方程为 $y=$ 常数，按对坐标的曲线积分的计算法，有

$$u(x+\Delta x, y)-u(x, y)=\int_{x}^{x+\Delta x} P(x, y)\mathrm{d}x=P(\xi, y)\Delta x,$$

其中 $\xi$ 介于 $x$ 和 $x+\Delta x$ 之间.

因此，
$$\frac{\partial u}{\partial x}=\lim_{\Delta x\to 0}\frac{u(x+\Delta x, y)-u(x, y)}{\Delta x}=\lim_{\Delta x\to 0}P(\xi, y)=P(x, y).$$

同理可证
$$\frac{\partial u}{\partial y}=Q(x, y).$$

(2)⇒(3). 若存在一函数 $u=u(x, y)$，使 $\mathrm{d}u=P(x, y)\mathrm{d}x+Q(x, y)\mathrm{d}y$，则有

$$\frac{\partial u}{\partial x}=P(x, y),\quad \frac{\partial u}{\partial y}=Q(x, y).$$

由于$\frac{\partial^2 u}{\partial x\partial y}=\frac{\partial P}{\partial y}$，$\frac{\partial^2 u}{\partial y\partial x}=\frac{\partial Q}{\partial x}$在 $G$ 内连续，所以$\frac{\partial^2 u}{\partial x\partial y}=\frac{\partial^2 u}{\partial y\partial x}$，即在 $G$ 内$\frac{\partial Q}{\partial x}=\frac{\partial P}{\partial y}$恒成立.

(3)⇒(1). 取 $L$ 为 $G$ 内的任一封闭曲线，由于 $G$ 是单连通区域，所以 $L$ 所围区域 $D\subset G$，从而在闭区域 $D$ 上，函数 $P(x, y)$ 和 $Q(x, y)$ 具有连续偏导数，且$\frac{\partial Q}{\partial x}=\frac{\partial P}{\partial y}$恒成立. 由格林公式，有

$$\oint_L P\mathrm{d}x+Q\mathrm{d}y=\pm\iint_D\left(\frac{\partial Q}{\partial x}-\frac{\partial P}{\partial y}\right)\mathrm{d}x\mathrm{d}y=0,$$

即得命题(1) 成立.

**注**　由此可见，若 $P\mathrm{d}x+Q\mathrm{d}y$ 是某个函数 $u(x, y)$ 的全微分，则可由

$$u(x, y)=\int_{(x_0, y_0)}^{(x, y)} P(x, y)\mathrm{d}x+Q(x, y)\mathrm{d}y$$

得到原函数 $u(x, y)$[其中$(x_0, y_0)$是任意固定的一点]. 进一步，由于此曲线积分与路径无关，因此可选择平行于坐标轴的直线段所连接的折线为积分路径(当然这些折线全属于 $G$). 如图 7-94 所示，若沿 $M_0N_1M$，其中 $N_1(x, y_0)$，则在线段$\overline{M_0N_1}$上，$y=y_0$，$x$：$x_0\to x$，故

$$\int_{\overline{M_0N_1}} P\mathrm{d}x + Q\mathrm{d}y = \int_{x_0}^{x} P(x, y_0)\mathrm{d}x.$$

在线段$\overline{N_1M}$上，$x=x$，$y$：$y_0 \to y$，故

$$\int_{\overline{N_1M}} P\mathrm{d}x + Q\mathrm{d}y = \int_{y_0}^{y} Q(x, y)\mathrm{d}y.$$

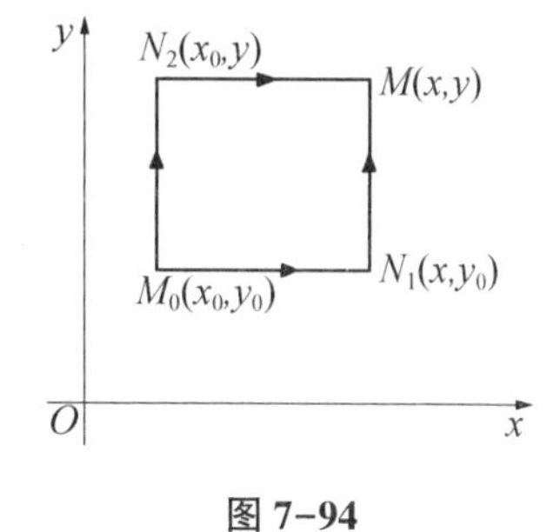


图 7–94

因此，　$u(x, y) = \int_{x_0}^{x} P(x, y_0)\mathrm{d}x + \int_{y_0}^{y} Q(x, y)\mathrm{d}y.$

同理，也可选择折线 $M_0N_2M$，其中 $N_2(x_0, y)$，则有

$$u(x, y) = \int_{x_0}^{x} P(x, y)\mathrm{d}x + \int_{y_0}^{y} Q(x_0, y)\mathrm{d}y.$$

若 $u(x, y)$ 是所求的原函数，则 $u(x, y)+C$ 也是所求的原函数，这表明 $u(x, y)$ 不唯一.

**例 8**　判别下列表达式是否是某个函数 $u(x, y)$ 的全微分，若是，求函数 $u(x, y)$.

(1) $y\cos x\mathrm{d}x + (3y^2 + \sin x)\mathrm{d}y$.

(2) $(1-2xy-y^2)\mathrm{d}x - (x+y)^2\mathrm{d}y$.

**解**　(1) 由于$\frac{\partial Q}{\partial x} = \frac{\partial P}{\partial y} = \cos x$，故在整个平面上，表达式是某个函数的全微分，取 $(x_0, y_0) = (0, 0)$，则

$$\begin{aligned} u(x, y) &= \int_{x_0}^{x} P(x, y_0)\mathrm{d}x + \int_{y_0}^{y} Q(x, y)\mathrm{d}y \\ &= \int_{0}^{x} 0\mathrm{d}x + \int_{0}^{y} (3y^2 + \sin x)\mathrm{d}y \\ &= y^3 + y\sin x + C. \end{aligned}$$

(2) 由$\frac{\partial u}{\partial x} = P(x, y) = 1-2xy-y^2$，得

$$u = x-x^2y-xy^2+C(y).$$

又$\frac{\partial u}{\partial y} = -x^2-2xy+C'(y) = Q(x, y) = -(x+y)^2$，得 $C'(y) = -y^2$，即

$$C(y) = -\frac{1}{3}y^3+C.$$

故　　$u(x, y) = x-x^2y-xy^2+C(y) = x-x^2y-xy^2-\frac{1}{3}y^3+C.$

或者

$$\begin{aligned} \mathrm{d}u &= (1-2xy-y^2)\mathrm{d}x-(x+y)^2\mathrm{d}y \\ &= \mathrm{d}x-2xy\mathrm{d}x-y^2\mathrm{d}x-x^2\mathrm{d}y-2xy\mathrm{d}y-y^2\mathrm{d}y \\ &= \mathrm{d}x-y\mathrm{d}(x^2)-y^2\mathrm{d}x-x^2\mathrm{d}y-x\mathrm{d}(y^2)-\mathrm{d}\left(\frac{1}{3}y^3\right) \\ &= \mathrm{d}\left(x-x^2y-xy^2-\frac{1}{3}y^3\right), \end{aligned}$$

故　　$u(x, y) = x-x^2y-xy^2-\frac{1}{3}y^3+C.$

**例 9**　计算曲线积分 $I = \int_L (6xy^2 - y^3)\mathrm{d}x + (6x^2y - 3xy^2)\mathrm{d}y$，其中 $L = \widehat{AB}$ 为沿曲线

$y=x^2+1$ 从点 $A(0,1)$ 到点 $B(1,2)$ 的一段弧.

**解**　$\frac{\partial Q}{\partial x}=\frac{\partial P}{\partial y}=12xy-3y^2$，故在 $xOy$ 平面上该曲线积分与路径无关. 现取折线 $\overline{AC}$、$\overline{CB}$[点 $C(1,1)$，见图 7-95]，则有

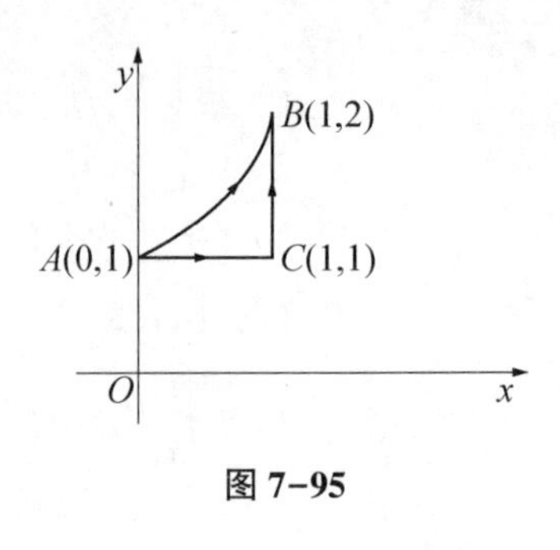


图 7-95

$$
\begin{aligned}
I&=\int_L(6xy^2-y^3)\,\mathrm{d}x+(6x^2y-3xy^2)\,\mathrm{d}y\\
&=\left(\int_{\overline{AC}}+\int_{\overline{CB}}\right)(6xy^2-y^3)\,\mathrm{d}x+(6x^2y-3xy^2)\,\mathrm{d}y\\
&=\int_0^1(6x-1)\,\mathrm{d}x+\int_1^2(6y-3y^2)\,\mathrm{d}y\\
&=[3x^2-x]_0^1+[3y^2-y^3]_1^2=4.
\end{aligned}
$$

## 二、高斯公式、通量与散度

格林公式表达出平面区域上的二重积分与其边界曲线上的曲线积分之间的关系，而高斯公式表达出空间区域上的三重积分与其边界曲面上的曲面积分之间的关系.

**1. 高斯公式及其应用**

**定理 3**　设空间闭区域 $\Omega$ 由分片光滑的曲面 $\Sigma$ 围成，函数 $P(x,y,z)$,$Q(x,y,z)$,$R(x,y,z)$ 在 $\Omega$ 上具有一阶连续偏导数，则

$$
\begin{aligned}
\iiint_{\Omega}\left(\frac{\partial P}{\partial x}+\frac{\partial Q}{\partial y}+\frac{\partial R}{\partial z}\right)\mathrm{d}v&=\oiint_{\Sigma}P\mathrm{d}y\mathrm{d}z+Q\mathrm{d}z\mathrm{d}x+R\mathrm{d}x\mathrm{d}y\\
&=\oiint_{\Sigma}(P\cos\alpha+Q\cos\beta+R\cos\gamma)\,\mathrm{d}S,
\end{aligned}
$$

其中 $\Sigma$ 取外侧，$\cos\alpha,\cos\beta,\cos\gamma$ 为 $\Sigma$ 上点 $(x,y,z)$ 处的法向量 $\boldsymbol{n}$ 的方向余弦.

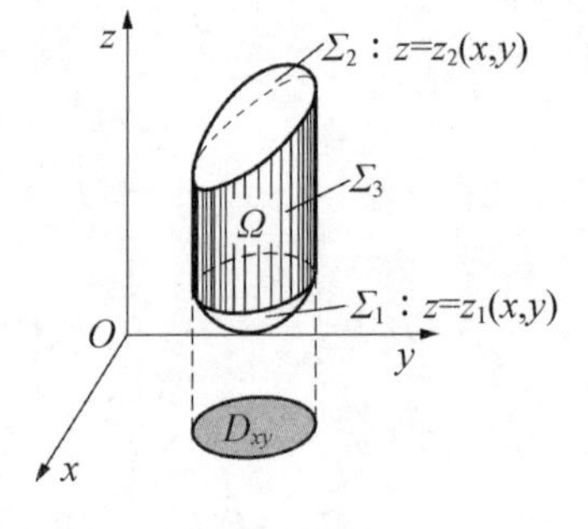


图 7-96

**证**　如图 7-96 所示，设 $\Sigma_1$：$z=z_1(x,y)$，$(x,y)\in D_{xy}$，取下侧；设 $\Sigma_2$：$z=z_2(x,y)$，$(x,y)\in D_{xy}$，取上侧；$\Sigma_3$：以 $D_{xy}$ 的边界曲线为准线而母线平行于 $z$ 轴的柱面的一部分，取外侧.

一方面，由三重积分计算法，有

$$
\iiint_{\Omega}\frac{\partial R}{\partial z}\mathrm{d}v=\iint_{D_{xy}}\mathrm{d}x\mathrm{d}y\int_{z_1(x,y)}^{z_2(x,y)}\frac{\partial R}{\partial z}\mathrm{d}z=\iint_{D_{xy}}\{R[x,y,z_2(x,y)]-R[x,y,z_1(x,y)]\}\,\mathrm{d}x\mathrm{d}y.
$$

另一方面，由第二类曲面积分公式，有

高斯公式

$$
\begin{aligned}
\oiint_{\Sigma}R\mathrm{d}x\mathrm{d}y&=\left(\iint_{\Sigma_1}+\iint_{\Sigma_2}+\iint_{\Sigma_3}\right)R\mathrm{d}x\mathrm{d}y\\
&=-\iint_{D_{xy}}R(x,y,z_1(x,y))\,\mathrm{d}x\mathrm{d}y+\iint_{D_{xy}}R(x,y,z_2(x,y))\,\mathrm{d}x\mathrm{d}y+0\\
&=\iint_{D_{xy}}\{R[x,y,z_2(x,y)]-R[x,y,z_1(x,y)]\}\,\mathrm{d}x\mathrm{d}y.
\end{aligned}
$$

故得到$\iiint\limits_{\Omega}\frac{\partial R}{\partial z}\mathrm{d}v=\oiint\limits_{\Sigma}R\mathrm{d}x\mathrm{d}y$.

同理可得
$$\iiint\limits_{\Omega}\frac{\partial Q}{\partial y}\mathrm{d}v=\oiint\limits_{\Sigma}Q\mathrm{d}z\mathrm{d}x,\ \iiint\limits_{\Omega}\frac{\partial P}{\partial x}\mathrm{d}v=\oiint\limits_{\Sigma}P\mathrm{d}y\mathrm{d}z.$$

因此，
$$\iiint\limits_{\Omega}\left(\frac{\partial P}{\partial x}+\frac{\partial Q}{\partial y}+\frac{\partial R}{\partial z}\right)\mathrm{d}v=\oiint\limits_{\Sigma}P\mathrm{d}y\mathrm{d}z+Q\mathrm{d}z\mathrm{d}x+R\mathrm{d}x\mathrm{d}y.$$

在上面的证明中，我们有这样的条件假设，即穿过$\Omega$内部且平行于坐标轴的直线与$\Omega$的边界曲面$\Sigma$的交点恰好是两点. 如果$\Omega$不满足这样的条件，则可引进若干个辅助曲面，将$\Omega$分成有限个区域，使每个区域满足这样的条件，并注意到沿辅助曲面相反两侧的两个曲面积分的绝对值相等而符号相反，相加时其和为零，就不难证明上述高斯公式仍然正确.

**例 10**　计算曲面积分
$$I=\oiint\limits_{\Sigma}(x-yz)\mathrm{d}y\mathrm{d}z+(y-xz)\mathrm{d}z\mathrm{d}x+(z-xy)\mathrm{d}x\mathrm{d}y,$$
其中$\Sigma$是由 3 个坐标面及平行于坐标面的平面$x=a$，$y=a$，$z=a(a>0)$所围成的正方体的外表面.

**解**　令$P(x,y,z)=x-yz$，$Q(x,y,z)=y-xz$，$R(x,y,z)=z-xy$，$\frac{\partial P}{\partial x}+\frac{\partial Q}{\partial y}+\frac{\partial R}{\partial z}=3$，则由高斯公式，得
$$I=\iiint\limits_{\Omega}3\mathrm{d}v=3\iiint\limits_{\Omega}\mathrm{d}v=3a^3.$$

**例 11**　计算曲面积分$\oiint\limits_{\Sigma}(x-y)\mathrm{d}x\mathrm{d}y+(y-z)x\mathrm{d}y\mathrm{d}z$，其中$\Sigma$为柱面$x^2+y^2=1$和平面$z=0$，$z=3$所围成的空间闭区域$\Omega$的整个边界曲面的外侧(见图 7-97).

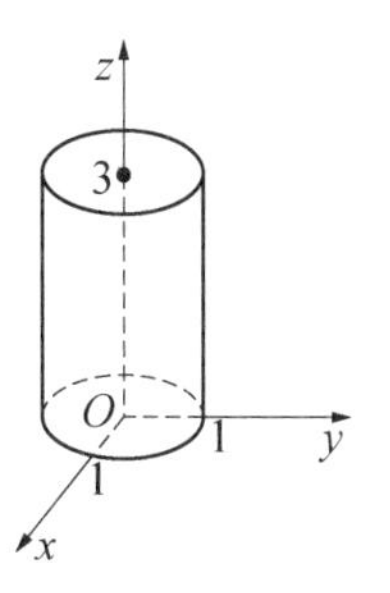


**图 7－97**

**解**　$P=(y-z)x$，$Q=0$，$R=x-y$，$\frac{\partial P}{\partial x}=y-z$，$\frac{\partial Q}{\partial y}=0$，$\frac{\partial R}{\partial z}=0$，

利用高斯公式，得
$$\begin{aligned}\oiint\limits_{\Sigma}(x-y)\mathrm{d}x\mathrm{d}y+(y-z)x\mathrm{d}y\mathrm{d}z&=\iiint\limits_{\Omega}(y-z)\mathrm{d}x\mathrm{d}y\mathrm{d}z\\&=\iiint\limits_{\Omega}(r\sin\theta-z)r\mathrm{d}r\mathrm{d}\theta\mathrm{d}z\\&=\int_0^{2\pi}\mathrm{d}\theta\int_0^1 r\mathrm{d}r\int_0^3(r\sin\theta-z)\mathrm{d}z\\&=-\frac{9\pi}{2}.\end{aligned}$$

**例 12**　求$\iint\limits_{\Sigma}(x^2-2xy)\mathrm{d}y\mathrm{d}z+(y^2-2yz)\mathrm{d}z\mathrm{d}x+(1-2xy)\mathrm{d}x\mathrm{d}y$，$\Sigma$：$z=\sqrt{a^2-x^2-y^2}$，取上侧.

**解**　取$\Sigma_1$：$z=0(x^2+y^2\leqslant a^2)$的下侧，$\Sigma$和$\Sigma_1$所围区域为$\Omega$，$\Omega$在$xOy$面上的投影区

域为 $D_{xy}$：$x^2+y^2\leqslant a^2$，则

$$\iint_{\Sigma}(x^2-2xy)\mathrm{d}y\mathrm{d}z+(y^2-2yz)\mathrm{d}z\mathrm{d}x+(1-2xy)\mathrm{d}x\mathrm{d}y$$

$$=\oiint_{\Sigma+\Sigma_1}(x^2-2xy)\mathrm{d}y\mathrm{d}z+(y^2-2yz)\mathrm{d}z\mathrm{d}x+(1-2xy)\mathrm{d}x\mathrm{d}y-$$

$$\iint_{\Sigma_1}(x^2-2xy)\mathrm{d}y\mathrm{d}z+(y^2-2yz)\mathrm{d}z\mathrm{d}x+(1-2xy)\mathrm{d}x\mathrm{d}y$$

$$=\iiint_{\Omega}2(x-z)\mathrm{d}v-\left[-\iint_{D_{xy}}(1-2xy)\mathrm{d}x\mathrm{d}y\right]=-2\iiint_{\Omega}z\mathrm{d}v+\iint_{D_{xy}}\mathrm{d}x\mathrm{d}y$$

$$=-2\int_0^a z\mathrm{d}z\iint_{D_z}\mathrm{d}x\mathrm{d}y+\pi a^2=-2\int_0^a\pi(a^2-z^2)z\mathrm{d}z+\pi a^2$$

$$=-\frac{\pi}{2}a^4+\pi a^2=\frac{\pi a^2}{2}(2-a^2).$$

**例 13**　计算 $I=\iint_{\Sigma}(x^2\cos\alpha+y^2\cos\beta+z^2\cos\gamma)\mathrm{d}S$，其中 $\Sigma$：$z=\sqrt{x^2+y^2}\,(0\leqslant z\leqslant h)$ 取下侧，$\cos\alpha,\cos\beta,\cos\gamma$ 为 $\Sigma$ 上点 $(x,y,z)$ 处的法向量 $\boldsymbol{n}$ 的方向余弦．

**解**　引入平面 $\Sigma_1$：$z=h(x^2+y^2\leqslant h^2)$，取上侧，$\Sigma$ 和 $\Sigma_1$ 所围区域为 $\Omega$.

$$I=\iint_{\Sigma}(x^2\cos\alpha+y^2\cos\beta+z^2\cos\gamma)\mathrm{d}S$$

$$=\oiint_{\Sigma+\Sigma_1}(x^2\cos\alpha+y^2\cos\beta+z^2\cos\gamma)\mathrm{d}S-\iint_{\Sigma_1}(x^2\cos\alpha+y^2\cos\beta+z^2\cos\gamma)\mathrm{d}S$$

$$=2\iiint_{\Omega}(x+y+z)\mathrm{d}v-\iint_{D_{xy}}h^2\mathrm{d}x\mathrm{d}y=2\iiint_{\Omega}z\mathrm{d}v-h^2\cdot\pi h^2$$

$$=2\int_0^h z\mathrm{d}z\iint_{D_z}\mathrm{d}x\mathrm{d}y-\pi h^4$$

$$=2\int_0^h z\pi z^2\mathrm{d}z-\pi h^4=\frac{\pi h^4}{2}-\pi h^4=-\frac{\pi h^4}{2}.$$

***2. 通量与散度**

设给定一向量场 $\boldsymbol{A}(x,y,z)=P(x,y,z)\boldsymbol{i}+Q(x,y,z)\boldsymbol{j}+R(x,y,z)\boldsymbol{k}$，其中函数 $P(x,y,z),Q(x,y,z),R(x,y,z)$ 具有一阶连续偏导数，则 $\left.\frac{\partial P}{\partial x}+\frac{\partial Q}{\partial y}+\frac{\partial R}{\partial z}\right|_{(x_0,y_0,z_0)}$ 称为向量场 $\boldsymbol{A}$ 在点 $(x_0,y_0,z_0)$ 处的**散度**，记作 $\mathrm{div}\boldsymbol{A}(x_0,y_0,z_0)$.

一般地，$\mathrm{div}\boldsymbol{A}=\frac{\partial P}{\partial x}+\frac{\partial Q}{\partial y}+\frac{\partial R}{\partial z}$ 就表示 $\boldsymbol{A}$ 在场中任一点 $(x,y,z)$ 处的散度.

第二类曲面积分 $\Phi=\iint_{\Sigma}P\mathrm{d}y\mathrm{d}z+Q\mathrm{d}z\mathrm{d}x+R\mathrm{d}x\mathrm{d}y$ 称为向量场 $\boldsymbol{A}$ 向 $\Sigma$ 那一侧穿过曲面 $S$ 的**通量**.

通量的向量形式是 $\Phi=\iint_{\Sigma}\boldsymbol{A}\cdot\boldsymbol{n}\mathrm{d}S=\iint_{\Sigma}A_n\mathrm{d}S$，其中 $\boldsymbol{n}$ 表示 $\Sigma$ 一侧的单位法向量，$A_n$ 表示向量 $\boldsymbol{A}$ 在曲面 $\Sigma$ 的外法线上的投影.

对于向量场 $\boldsymbol{A}$，若我们将这里的 $\Sigma$ 看作高斯公式中区域 $\Omega$ 的边界(闭)曲面，且按高斯

公式，$\Sigma$ 取外侧，则有

$$\iiint_{\Omega}\left(\frac{\partial P}{\partial x}+\frac{\partial Q}{\partial y}+\frac{\partial R}{\partial z}\right)\mathrm{d}v=\oiint_{\Sigma}P\mathrm{d}y\mathrm{d}z+Q\mathrm{d}z\mathrm{d}x+R\mathrm{d}x\mathrm{d}y=\oiint_{\Sigma}\boldsymbol{A}\cdot\boldsymbol{n}\mathrm{d}S,$$

右端表示在单位时间内离开区域 $\Omega$ 的流量. 我们假设流体是稳定流动且不可压缩的，则在流体离开区域 $\Omega$ 的同时，在 $\Omega$ 内部就应该有流体的“源头”产生出同样多的流体来补充，所以高斯公式的左端可解释为分布在 $\Omega$ 内的源头在单位时间内所产生的流量.

设 $\boldsymbol{A}=(P,\ Q,\ R)$，记 $\nabla=\left(\frac{\partial}{\partial x},\ \frac{\partial}{\partial y},\ \frac{\partial}{\partial z}\right)$，散度 $\mathrm{div}\boldsymbol{A}=\nabla\cdot\boldsymbol{A}=\frac{\partial P}{\partial x}+\frac{\partial Q}{\partial y}+\frac{\partial R}{\partial z}$，高斯公式可表示为

$$\iiint_{\Omega}\mathrm{div}\boldsymbol{A}\mathrm{d}v=\oiint_{\Sigma}\boldsymbol{A}\cdot\boldsymbol{n}\mathrm{d}S=\oiint_{\Sigma}A_n\mathrm{d}S.$$

**例 14**　求向量场 $\boldsymbol{r}=x\boldsymbol{i}+y\boldsymbol{j}+z\boldsymbol{k}$ 的通量，其中的曲面分别为

(1) 穿过圆锥 $x^2+y^2\leqslant z^2(0\leqslant z\leqslant h)$ 的底(向上)；

(2) 穿过圆锥 $x^2+y^2\leqslant z^2(0\leqslant z\leqslant h)$ 的侧表面(向外).

**解**　设 $S_1,S_2,S$ 分别为此圆锥的底面、侧面、全表面，则穿过全表面向外的通量为

$$Q=\oiint_{S^+}\boldsymbol{r}\cdot\mathrm{d}\boldsymbol{S}=\iiint_V\mathrm{div}\boldsymbol{r}\mathrm{d}v=3\iiint_V\mathrm{d}v=\pi h^3.$$

(1) 穿过底面向上的通量为

$$Q_1=\iint_{S^+}\boldsymbol{r}\cdot\mathrm{d}\boldsymbol{S}=\iint_{\substack{x^2+y^2\leqslant z^2\\ z=h}}z\mathrm{d}x\mathrm{d}y=\iint_{x^2+y^2\leqslant z^2}h\mathrm{d}x\mathrm{d}y=\pi h^3.$$

(2) 穿过侧表面向外的通量为

$$Q_2=Q-Q_1=0.$$

## *三、斯托克斯公式、环流量与旋度

格林公式给出了平面区域上的二重积分与其边界闭曲线上的曲线积分之间的关系. 高斯公式(类似地)表达了空间区域上的三重积分与其边界闭曲面上的曲面积分之间的关系. 而斯托克斯公式是格林公式的推广：平面区域推广到空间曲面(块)上，平面上的边界闭曲线相应地推广到空间闭曲线. 即斯托克斯公式给出了空间曲面上的曲面积分与沿着边界曲线所得到的空间闭曲线上的曲线积分之间的关系.

由于闭曲线有方向问题，曲面又有侧的问题，因此在讨论斯托克斯公式之前，先对曲面 $\Sigma$ 及其边界曲线 $\Gamma$ 的方向做如下规定：$\Gamma$ 的正向与 $\Sigma$ 的侧符合右手规则，即四指方向指向 $\Gamma$ 的方向，则大拇指的方向代表曲面的法线方向. 法线方向确定了，则曲面的侧也就确定了.

### 1. 斯托克斯公式

**定理 4**　设 $\Gamma$ 是分段光滑的空间有向闭曲线，$\Sigma$ 是以 $\Gamma$ 为边界的分片光滑的有向曲面，$\Gamma$ 的正向与 $\Sigma$ 的侧符合右手规则，函数 $P(x,\ y,\ z),Q(x,\ y,\ z),R(x,\ y,\ z)$ 在包含 $\Sigma$ 在内的一个空间闭区域 $\Omega$ 上具有一阶连续偏导数，则

$$\iint\limits_{\Sigma}\left(\frac{\partial R}{\partial y}-\frac{\partial Q}{\partial z}\right)\mathrm{d}y\mathrm{d}z+\left(\frac{\partial P}{\partial z}-\frac{\partial R}{\partial x}\right)\mathrm{d}z\mathrm{d}x+\left(\frac{\partial Q}{\partial x}-\frac{\partial P}{\partial y}\right)\mathrm{d}x\mathrm{d}y=\oint_{\Gamma}P\mathrm{d}x+Q\mathrm{d}y+R\mathrm{d}z,$$

或记为

$$\iint\limits_{\Sigma}\begin{vmatrix}\mathrm{d}y\mathrm{d}z & \mathrm{d}z\mathrm{d}x & \mathrm{d}x\mathrm{d}y\\ \dfrac{\partial}{\partial x} & \dfrac{\partial}{\partial y} & \dfrac{\partial}{\partial z}\\ P & Q & R\end{vmatrix}=\iint\limits_{\Sigma}\begin{vmatrix}\cos\alpha & \cos\beta & \cos\gamma\\ \dfrac{\partial}{\partial x} & \dfrac{\partial}{\partial y} & \dfrac{\partial}{\partial z}\\ P & Q & R\end{vmatrix}\mathrm{d}S=\oint_{\Gamma}P\mathrm{d}x+Q\mathrm{d}y+R\mathrm{d}z.$$

定理证明从略.

定理证明的基本思想为：将曲面 $\Sigma$ 上的曲面积分化为其在坐标面上的投影区域 $D$ 上的二重积分，将空间曲线 $\Gamma$ 上的曲线积分化为其在坐标面上的投影曲线 $C$ 上的曲线积分（$C$ 也是 $D$ 的边界曲线），利用格林公式建立二重积分与平面曲线积分的联系.

**例 15**　计算曲线积分 $\oint_{\Gamma}z\mathrm{d}x+x\mathrm{d}y+y\mathrm{d}z$，其中 $\Gamma$：$\begin{cases}x^2+y^2+z^2=1,\\ x+y+z=0,\end{cases}$ 若从 $Oz$ 轴的正向朝下看去，取逆时针方向.

**解**　取 $\Sigma$ 为平面 $x+y+z=0$ 上侧，则 $\Sigma$ 的侧与边界曲线 $\Gamma$ 的正向符合右手法则. 由斯托克斯公式，有

$$\begin{aligned}\oint_{\Gamma}z\mathrm{d}x+x\mathrm{d}y+y\mathrm{d}z&=\iint\limits_{\Sigma}(1-0)\mathrm{d}y\mathrm{d}z+(1-0)\mathrm{d}z\mathrm{d}x+(1-0)\mathrm{d}x\mathrm{d}y\\&=\iint\limits_{\Sigma}\mathrm{d}y\mathrm{d}z+\mathrm{d}z\mathrm{d}x+\mathrm{d}x\mathrm{d}y.\end{aligned}$$

又 $\Sigma$：$x+y+z=0$，$\boldsymbol{n}=(1,1,1)$，$\cos\alpha=\cos\beta=\cos\gamma=\dfrac{1}{\sqrt{3}}$，则

$$\oint_{\Gamma}z\mathrm{d}x+x\mathrm{d}y+y\mathrm{d}z=3\iint\limits_{\Sigma}\frac{1}{\sqrt{3}}\mathrm{d}S=\sqrt{3}\pi\cdot 1^2=\sqrt{3}\pi.$$

**例 16**　$I=\oint_{L}(z-y)\mathrm{d}x+(x-z)\mathrm{d}y+(x-y)\mathrm{d}z$，其中 $L$：$\begin{cases}x^2+y^2=1,\\ x-y+z=2,\end{cases}$ 从 $z$ 轴正向往下看，$L$ 为顺时针方向.

**解法一**　取 $\Sigma$ 为平面 $x-y+z=2$ 下侧，$\Sigma$ 在 $xOy$ 面上的投影区域为 $D$：$x^2+y^2\leqslant 1$，则

$$\begin{aligned}I&=\oint_{L}(z-y)\mathrm{d}x+(x-z)\mathrm{d}y+(x-y)\mathrm{d}z\\&=\oint_{L}\begin{vmatrix}\mathrm{d}y\mathrm{d}z & \mathrm{d}z\mathrm{d}x & \mathrm{d}x\mathrm{d}y\\ \dfrac{\partial}{\partial x} & \dfrac{\partial}{\partial y} & \dfrac{\partial}{\partial z}\\ z-y & x-z & x-y\end{vmatrix}\\&=\iint\limits_{\Sigma}2\mathrm{d}x\mathrm{d}y=-2\iint\limits_{D}\mathrm{d}x\mathrm{d}y\\&=-2\pi.\end{aligned}$$

**解法二**　$L$：$\begin{cases} x=\cos\theta, \\ y=\sin\theta, \\ z=2-\cos\theta+\sin\theta, \end{cases}$ $\theta$：$2\pi\to0$，则

$$\begin{aligned} I &= \oint_L (z-y)\mathrm{d}x + (x-z)\mathrm{d}y + (x-y)\mathrm{d}z \\ &= -\int_{2\pi}^{0}[2(\sin\theta+\cos\theta)-2\cos2\theta-1]\mathrm{d}\theta \\ &= -2\pi. \end{aligned}$$

**2. 环流量与旋度**

设有向量场

$$\boldsymbol{A}(x, y, z)=P(x, y, z)\boldsymbol{i}+Q(x, y, z)\boldsymbol{j}+R(x, y, z)\boldsymbol{k},$$

其中 $P(x, y, z)$，$Q(x, y, z)$，$R(x, y, z)$ 具有一阶连续偏导数，则向量

$$\left(\frac{\partial R}{\partial y}-\frac{\partial Q}{\partial z}\right)\boldsymbol{i}+\left(\frac{\partial P}{\partial z}-\frac{\partial R}{\partial x}\right)\boldsymbol{j}+\left(\frac{\partial Q}{\partial x}-\frac{\partial P}{\partial y}\right)\boldsymbol{k}$$

就称为向量场 $\boldsymbol{A}$ 的旋度，记作 $\mathbf{rot}\boldsymbol{A}$，即

$$\mathbf{rot}\boldsymbol{A}=\left(\frac{\partial R}{\partial y}-\frac{\partial Q}{\partial z}\right)\boldsymbol{i}+\left(\frac{\partial P}{\partial z}-\frac{\partial R}{\partial x}\right)\boldsymbol{j}+\left(\frac{\partial Q}{\partial x}-\frac{\partial P}{\partial y}\right)\boldsymbol{k}.$$

若 $\Gamma$ 是 $\boldsymbol{A}$ 的定义域内的一条分段光滑的有向闭曲线，$\boldsymbol{\tau}$ 是 $\Gamma$ 在点 $(x, y, z)$ 处的单位切向量，则曲线积分

$$\oint_\Gamma P\mathrm{d}x + Q\mathrm{d}y + R\mathrm{d}z = \oint_\Gamma \boldsymbol{A}_\tau \mathrm{d}s$$

就称为向量场 $\boldsymbol{A}$ 沿有向闭曲线 $\Gamma$ 的**环流量**.

**例 17**　求向量场 $\boldsymbol{A}=x^2\boldsymbol{i}-2xy\boldsymbol{j}+z^2\boldsymbol{k}$ 在点 $M_0(1, 1, 2)$ 处的散度及旋度.

**解**　$\mathrm{div}\boldsymbol{A}=\frac{\partial P}{\partial x}+\frac{\partial Q}{\partial y}+\frac{\partial R}{\partial z}=2x+(-2x)+2z=2z$，故 $\mathrm{div}\boldsymbol{A}\big|_{M_0}=4$.

$$\begin{aligned} \mathbf{rot}\boldsymbol{A} &= \left(\frac{\partial R}{\partial y}-\frac{\partial Q}{\partial z}\right)\boldsymbol{i}+\left(\frac{\partial P}{\partial z}-\frac{\partial R}{\partial x}\right)\boldsymbol{j}+\left(\frac{\partial Q}{\partial x}-\frac{\partial P}{\partial y}\right)\boldsymbol{k} \\ &= (0-0)\boldsymbol{i}+(0-0)\boldsymbol{j}+(-2y-0)\boldsymbol{k} \\ &= -2y\boldsymbol{k}, \end{aligned}$$

故 $\mathbf{rot}\boldsymbol{A}\big|_{M_0}=-2\boldsymbol{k}$.

**例 18**　求向量场 $\boldsymbol{A}=(-y, x, c)$ 沿圆周 $\begin{cases} x^2+y^2=R^2, \\ z=0 \end{cases}$ 的环流量，其中 $c$ 为常数.

**解**　环流量 $\oint_\Gamma \boldsymbol{A}_\tau \mathrm{d}s = \oint_\Gamma P\mathrm{d}x + Q\mathrm{d}y + R\mathrm{d}z = \oint_\Gamma -y\mathrm{d}x + x\mathrm{d}y + c\mathrm{d}z$.

若取 $\Gamma$：$x=R\cos\theta$，$y=R\sin\theta$，$z=0(0\leqslant\theta\leqslant2\pi)$，则

$$\oint_\Gamma \boldsymbol{A}_\tau \mathrm{d}s = \int_0^{2\pi}(R^2\sin^2\theta + R^2\cos^2\theta + c\cdot0)\mathrm{d}\theta = 2\pi R^2.$$

或者取 $\boldsymbol{\Sigma}$：$z=0(x^2+y^2\leqslant R^2)$，利用斯托克斯公式，有

$$\oint_\Gamma \boldsymbol{A}_\tau \mathrm{d}s = \iint_\Sigma 0\mathrm{d}y\mathrm{d}z + 0\mathrm{d}z\mathrm{d}x + 2\mathrm{d}x\mathrm{d}y = 2\iint_\Sigma \mathrm{d}x\mathrm{d}y = 2\pi R^2.$$

[随堂测]

1. $L$ 为 $|x|+|y|=1$，取逆时针方向，求$\oint_L x\mathrm{d}y-y\mathrm{d}x$.

2. 已知 $L$ 是第一象限从点(0，2) 沿圆周 $x^2+y^2=4$ 到点(2，0)的一段弧，求曲线积分

$$\int_L 3x^2y\mathrm{d}x+(x^3+x-2y)\mathrm{d}y.$$

3. 求$\iint_\Sigma xy^2\mathrm{d}y\mathrm{d}z+yz^2\mathrm{d}z\mathrm{d}x+zx^2\mathrm{d}x\mathrm{d}y$，$\Sigma$：$z=\sqrt{R^2-x^2-y^2}\,(z\geqslant 0)$ 的上侧.

4. $L$ 是柱面 $x^2+y^2=1$ 与平面 $y+z=0$ 的交线，从 $z$ 轴正向往 $z$ 轴负向看去为逆时针方向，求曲线积分$\int_L z\mathrm{d}x+y\mathrm{d}z$.

[知识拓展]

格林公式、高斯公式和斯托克斯公式是联系重积分和曲线、曲面积分的三大桥梁.格林公式探讨的是平面曲线积分和曲线所围平面区域上的积分之间的关系，斯托克斯公式探讨的是空间曲线积分和以曲线为边界的曲面上的积分之间的关系，高斯公式则研究封闭曲面和曲面所围空间区域上积分的关系，它们同时又都是牛顿-莱布尼茨公式在不同空间体系上的推广和应用. 除了在数学上应用于多元函数积分的计算，在其他领域中，尤其是在物理的场论中，它们也大展身手，其中包括应用于 GPS 面积测量仪、确定外部扰动重力场、应用于保守场，以及推证阿基米德定律和高斯定理等.

## 习题 7-5

1. 利用格林公式，计算下列曲线积分.

(1) $I=\oint_L(x^2+y)\mathrm{d}x-(x-y^2)\mathrm{d}y$，其中 $L$ 为椭圆$\dfrac{x^2}{a^2}+\dfrac{y^2}{b^2}=1$(按逆时针方向绕行).

(2) $I=\oint_L 3xy\mathrm{d}x+x^2\mathrm{d}y$，其中 $L$ 为矩形区域 $[-1，3]\times[0，2]$的正向边界.

(3) $I=\oint_L (x+y)^2\mathrm{d}x-(x^2+y^2)\mathrm{d}y$，其中 $L$ 是以点(0，0)，(1，0)，(0，1) 为顶点的三角形区域的正向边界.

(4) $I=\oint_L(1+y^2)\mathrm{d}x+y\mathrm{d}y$，其中 $L$ 为$[0，\pi]$上正弦曲线 $y=\sin x$ 与 $y=2\sin x$ 所围区域的正向边界.

(5) $I=\oint_L(2x-y+4)\mathrm{d}x+(3x+5y-6)\mathrm{d}y$，其中 $L$ 是以点(0，0)，(3，0)，(3，2) 为顶点的三角形区域的正向边界.

(6) $I=\oint_{L}(y+\sin x)\mathrm{d}x+(\cos^{2}y-2x)\mathrm{d}y$，其中$L$为圆周$x^2+y^2=a^2$在第一象限与$x$轴、$y$轴所围区域的正向边界.

(7) $I=\oint_{L}(2xy+3x\mathrm{e}^{x})\mathrm{d}x+(x^{2}-y\cos y)\mathrm{d}y$，其中$L$为椭圆$\frac{x^2}{a^2}+\frac{y^2}{b^2}=1$(按逆时针方向绕行).

(8) $I=\oint_{L}\frac{1}{x}\arctan\frac{y}{x}\mathrm{d}x+\frac{2}{y}\arctan\frac{x}{y}\mathrm{d}y$，其中$L$为圆周$x^2+y^2=1$，$x^2+y^2=4$与直线$y=x$，$y=\sqrt{3}x$在第一象限所围区域的正向边界.

(9) $I=\int_{L}(y+x\mathrm{e}^{2y})\mathrm{d}x+(x^{2}\mathrm{e}^{2y}+1)\mathrm{d}y$，其中$L$是从点$(0,0)$到点$(4,0)$的上半圆周$y=\sqrt{4x-x^2}$.

(10) $I=\int_{L}(1-\cos y)\mathrm{d}x-x(y-\sin y)\mathrm{d}y$，其中$L$是正弦曲线$y=\sin x$从点$(0,0)$到点$(\pi,0)$的一段弧.

(11) $I=\int_{L}(x^{2}-y)\mathrm{d}x-x\mathrm{d}y$，其中$L$是上半圆周$y=\sqrt{2x-x^2}$从点$(0,0)$到点$(1,1)$的一段弧.

(12) $I=\int_{L}\left(y+\frac{\mathrm{e}^{y}}{x}\right)\mathrm{d}x+\mathrm{e}^{y}\ln x\mathrm{d}y$，其中$L$是半圆周$x=1+\sqrt{2y-y^2}$从点$(1,0)$到点$(2,1)$的一段弧.

(13) $I=\int_{L}(1+y\mathrm{e}^{x})\mathrm{d}x+(x+\mathrm{e}^{x})\mathrm{d}y$，其中$L$是上半椭圆弧$\frac{x^2}{a^2}+\frac{y^2}{b^2}=1(y\geqslant 0)$从点$(-a,0)$到点$(a,0)$的一段弧.

(14) $I=\int_{L}(2xy+3x\sin x)\mathrm{d}x+(x^{2}-y\mathrm{e}^{y})\mathrm{d}y$，其中$L$是摆线$x=t-\sin t$，$y=1-\cos t$从点$(0,0)$到点$(\pi,2)$的一段弧.

(15) $I=\int_{L}\left(\ln\frac{y}{x}-1\right)\mathrm{d}x+\left(\frac{x}{y}\right)\mathrm{d}y$，其中$L$是从点$(1,1)$到点$(3,3\mathrm{e})$的不与$x$轴和$y$轴相交的任意一段弧.

(16) $I=\int_{L}(\sin y-y\sin x+2)\mathrm{d}x+(\cos x+x\cos y+x^{2})\mathrm{d}y$，其中$L$是正弦曲线$y=\sin x$从点$(0,0)$到点$\left(\frac{\pi}{2},1\right)$的一段弧.

(17) $I=\int_{L}(1+x\mathrm{e}^{2y})\mathrm{d}x+(x^{2}\mathrm{e}^{2y}-y)\mathrm{d}y$，其中$L$为上半圆周$(x-2)^2+y^2=4$从点$O(0,0)$到点$A(4,0)$的一段弧.

(18) $I=\int_{L}(\mathrm{e}^{x}\sin y-my)\mathrm{d}x+(\mathrm{e}^{x}\cos y-m)\mathrm{d}y(m>0)$，其中$L$为$y=\sqrt{ax-x^2}$从点$O(0,0)$到点$A(a,0)(a>0)$的一段弧.

2. 证明下列曲线积分在整个 $xOy$ 面内与路径无关，并计算积分值.

(1) $\int_{(1,1)}^{(2,3)}(x+y)\mathrm{d}x+(x-y)\mathrm{d}y$.

(2) $\int_{(1,0)}^{(2,1)}(2xy-y^4+3)\mathrm{d}x+(x^2-4xy^3)\mathrm{d}y$.

(3) $\int_{(0,0)}^{(\pi,\pi)}(\mathrm{e}^y+\sin x)\mathrm{d}x+(x\mathrm{e}^y-\cos y)\mathrm{d}y$.

3. 设在 $xOy$ 面内有力 $\boldsymbol{F}(x,y)=(x+y^2)\boldsymbol{i}+(2xy-1)\boldsymbol{j}$ 构成力场. 证明：在此力场中，场力所做的功与路径无关.

4. 验证下列 $P(x,y)\mathrm{d}x+Q(x,y)\mathrm{d}y$ 在整个 $xOy$ 面内是某一个函数 $u(x,y)$ 的全微分，并求这样一个 $u(x,y)$.

(1) $(x+2y)\mathrm{d}x+(2x+y)\mathrm{d}y$.

(2) $(2x+\mathrm{e}^y)\mathrm{d}x+(x\mathrm{e}^y-2y)\mathrm{d}y$.

(3) $(6xy+2y^2)\mathrm{d}x+(3x^2+4xy)\mathrm{d}y$.

(4) $2\sin2x\sin3y\mathrm{d}x-3\cos2x\cos3y\mathrm{d}y$.

(5) $(3x^2y+x\mathrm{e}^x)\mathrm{d}x+(x^3-y\sin y)\mathrm{d}y$.

(6) $(3x^2y^2+8xy^3)\mathrm{d}x+(2x^3y+12x^2y^2+y\mathrm{e}^y)\mathrm{d}y$.

5. 证明：$\dfrac{x\mathrm{d}x+y\mathrm{d}y}{x^2+y^2}$ 在 $xOy$ 面内除去 $y$ 轴的负半轴及原点 $O$ 后的区域 $G$ 内是某个二元函数的全微分，并求出这样的一个二元函数.

6. 计算 $\int_{(1,0)}^{(2,\pi)}(y-\mathrm{e}^x\cos y)\mathrm{d}x+(x+\mathrm{e}^x\sin y)\mathrm{d}y$.

7. 利用高斯公式计算曲面积分.

(1) $\oint\!\!\!\oint_{\Sigma}x^2\mathrm{d}y\mathrm{d}z+y^2\mathrm{d}z\mathrm{d}x+z^2\mathrm{d}x\mathrm{d}y$，其中 $\Sigma$ 是立方体 $\{(x,y,z)\mid 0\leqslant x\leqslant a,0\leqslant y\leqslant a,0\leqslant z\leqslant a\}$ 的表面的外侧.

(2) $\oint\!\!\!\oint_{\Sigma}3xy\mathrm{d}y\mathrm{d}z+y^2\mathrm{d}z\mathrm{d}x-x^2y^4\mathrm{d}x\mathrm{d}y$，其中 $\Sigma$ 是以点 $(0,0,0)$，$(1,0,0)$，$(0,1,0)$，$(0,0,1)$ 为顶点的四面体的表面的外侧.

(3) $\oint\!\!\!\oint_{\Sigma}yz\mathrm{d}y\mathrm{d}z+y^2\mathrm{d}z\mathrm{d}x+x^2y\mathrm{d}x\mathrm{d}y$，其中 $\Sigma$ 为柱面 $x^2+y^2=9$ 与平面 $z=0$，$z=y-3$ 所围成的区域的边界面的外侧.

(4) $\iint_{\Sigma}x\mathrm{d}y\mathrm{d}z+y\mathrm{d}z\mathrm{d}x+z\mathrm{d}x\mathrm{d}y$，其中 $\Sigma$ 是上半球面 $z=\sqrt{a^2-x^2-y^2}$ 的上侧.

(5) $\iint_{\Sigma}x^3\mathrm{d}y\mathrm{d}z+2xz^2\mathrm{d}z\mathrm{d}x+3y^2z\mathrm{d}x\mathrm{d}y$，其中 $\Sigma$ 是抛物面 $z=4-x^2-y^2$ 被平面 $z=0$ 所截下的部分的下侧.

(6) $\iint_{\Sigma}(y^2-x)\mathrm{d}y\mathrm{d}z+(z^2-y)\mathrm{d}z\mathrm{d}x+(x^2-z)\mathrm{d}x\mathrm{d}y$，其中 $\Sigma$ 是上半球面 $z=\sqrt{1-x^2-y^2}$ 的上侧.

8. 求$\oiint\limits_{\Sigma} y^2\mathrm{d}y\mathrm{d}z+x^2\mathrm{d}z\mathrm{d}x+z^2\mathrm{d}x\mathrm{d}y$，其中$\Sigma$为由$z=\sqrt{x^2+y^2}$和$z=2-\sqrt{x^2+y^2}$所围区域$\Omega$的边界曲面的外侧.

9. 求$\iint\limits_{\Sigma} 2(1-x^2)\mathrm{d}y\mathrm{d}z+8xy\mathrm{d}z\mathrm{d}x-4xz\mathrm{d}x\mathrm{d}y$，其中$\Sigma$是曲线$x=\mathrm{e}^y(0\leqslant y\leqslant a)$绕$x$轴旋转而成的旋转曲面的外侧.

10. 设稳定且不可压缩的流体的速度场为$\boldsymbol{v}(x,\ y,\ z)=x^2\boldsymbol{i}+y^2\boldsymbol{j}+z^2\boldsymbol{k}$，$\Sigma$为球面$x^2+y^2+z^2=a^2$的外侧位于第一卦限的部分. 求流体流向$\Sigma$指定一侧的流量$\Phi$.

11. 判别表达式$\dfrac{(3y-x)\mathrm{d}x+(y-3x)\mathrm{d}y}{(x+y)^3}$是否是某个函数$u=(x,\ y)$的全微分，若是，求此函数$u(x,\ y)$.

12. 求下列微分方程的通解.

(1) $(4x^2y-3y^2)\mathrm{d}x+(x^3-3xy)\mathrm{d}y=0$.

(2) $(y-x\sqrt{x^2+y^2})\mathrm{d}x-x\mathrm{d}y=0$.

(3) $(xy+\sqrt{1-x^2y^2})\mathrm{d}x+x^2\mathrm{d}y=0$.

13. 求满足$f(0)=-1$，$f'(0)=1$的具有二阶连续导数的函数$f(x)$，使

$$f(x)y\mathrm{d}x+\left[\frac{3}{2}\sin2x-f'(x)\right]\mathrm{d}y=0$$

成为全微分方程，并求全微分方程的积分曲线中经过点$(\pi,\ 1)$的一条积分曲线.

14. 确定函数$\alpha(x)$和$\beta(x)$，使当

$$P(x,\ y)=[x\alpha(x)+\beta(x)]y^2+3x^2y,\ Q(x,\ y)=y\alpha(x)+\beta(x),$$

其中$\alpha(0)=-1$，$\beta(0)=0$时，曲线积分$\int_L P(x,\ y)\mathrm{d}x+Q(x,\ y)\mathrm{d}y$与路径无关；并求出$u(x,\ y)$，使$\mathrm{d}u=P\mathrm{d}x+Q\mathrm{d}y$.

15. 设$\varphi(x)$具有二阶连续导数，且$\varphi(0)=\varphi'(0)=0$，试求函数$\varphi(x)$的表达式，使微分方程$\varphi(x)y\mathrm{d}x+[\sin x-\varphi'(x)]\mathrm{d}y=0$为全微分方程，并求此方程的通解.

*16. 利用斯托克斯公式计算下列曲线积分.

(1) $\oint_{\Gamma} xy\mathrm{d}x+yz\mathrm{d}y+zx\mathrm{d}z$，其中$\Gamma$是以点$(1,\ 0,\ 0)$，$(0,\ 3,\ 0)$，$(0,\ 0,\ 3)$为顶点的三角形区域的边界(从$z$轴正向往下看，为逆时针方向).

(2) $\oint_{\Gamma} z^2\mathrm{d}x+x^2\mathrm{d}y+y^2\mathrm{d}z$，其中$\Gamma$是球面$x^2+y^2+z^2=4$位于第一卦限那部分的边界线，从$z$轴正向往下看，为逆时针方向.

(3) $\oint_{\Gamma}(y-z)\mathrm{d}x+(z-x)\mathrm{d}y+(x-y)\mathrm{d}z$，其中$\Gamma$为$x^2+y^2=a^2$和$\dfrac{x}{a}+\dfrac{z}{b}=1(a,\ b>0)$的交线，从$z$轴正向往下看，为逆时针方向.

(4) $\oint_{\Gamma} y\mathrm{d}x+z\mathrm{d}y+x\mathrm{d}z$，其中$\Gamma$为以点$A_1(a,\ 0,\ 0)$，$A_2(0,\ a,\ 0)$，$A_3(0,\ 0,\ a)(a>0)$为端点的3段圆弧$\overset{\frown}{A_1A_2}$，$\overset{\frown}{A_2A_3}$，$\overset{\frown}{A_3A_1}$所组成的封闭曲线，方向为$A_1\to A_2\to A_3\to A_1$.

(5) $I=\oint_{\Gamma}(y^2-z^2)\mathrm{d}x+(2z^2-x^2)\mathrm{d}y+(3x^2-y^2)\mathrm{d}z$，其中$\Gamma$为平面$x+y+z-2=0$与柱面$|x|+|y|=1$的交线，从$z$轴正向往下看，$\Gamma$为逆时针方向.

* 17. 求下列向量场$\boldsymbol{A}$穿过曲面$\Sigma$流向指定侧的流量.

(1) $\boldsymbol{A}=x(y-z)\boldsymbol{i}+y(z-x)\boldsymbol{j}+z(x-y)\boldsymbol{k}$，$\Sigma$为椭球面$\frac{x^2}{a^2}+\frac{y^2}{b^2}+\frac{z^2}{c^2}=1$，流向外侧.

(2) $\boldsymbol{A}=x(y-z)\boldsymbol{i}+y(z-x)\boldsymbol{j}+z(x-y)\boldsymbol{k}$，$\Sigma$为球面$x^2+y^2+z^2=a^2$位于第一卦限的那部分，流向凸的一侧.

* 18. 求向量场$\boldsymbol{A}=xy\boldsymbol{i}+\cos(xy)\boldsymbol{j}+\cos(xz)\boldsymbol{k}$的散度.

* 19. 求下列向量场$\boldsymbol{A}$沿定向闭曲线$\Gamma$的环流量.

(1) $\boldsymbol{A}=-y\boldsymbol{i}+x\boldsymbol{j}+c\boldsymbol{k}(c\in\mathbf{R})$，$\Gamma$为圆周$x^2+y^2=1$，$z=0$，从$z$轴正向看去，$\Gamma$取逆时针方向.

(2) $\boldsymbol{A}=3y\boldsymbol{i}-xz\boldsymbol{j}+yz^2\boldsymbol{k}$，$\Gamma$为圆周$x^2+y^2=4$，$z=1$，从$z$轴正向看去，$\Gamma$取逆时针方向.

* 20. 求向量场$\boldsymbol{A}=x^2\sin y\boldsymbol{i}+y^2\sin z\boldsymbol{j}+z^2\sin x\boldsymbol{k}$的旋度.

## 本章小结

| | |
|---|---|
| 二重、三重积分 | 理解 二重积分、三重积分的概念<br>了解 重积分的性质<br>掌握 二重积分的计算方法(直角坐标、极坐标)<br>了解 三重积分的计算方法(直角坐标、柱面坐标) |
| 曲线、曲面积分 | 理解 两类曲线积分的概念<br>了解 两类曲线积分的性质及两类曲线积分的关系<br>会 计算两类曲线积分<br>了解 两类曲面积分的概念<br>会 计算两类曲面积分 |
| 积分联系 | 掌握 格林公式<br>会 使用平面曲线积分与路径无关的条件<br>了解 高斯公式、斯托克斯公式<br>了解 散度、旋度的计算公式 |
| 积分应用 | 会 用重积分、曲线积分及曲面积分求一些几何量与物理量(如体积、曲面面积、弧长、质量、重心、转动惯量、引力、功等) |

## 拓展阅读

### 数学的魅力——苹果 Logo 背后的数学秘密

# 章节测试七

一、选择题.

1. 交换二重积分 $I=\int_0^1 \mathrm{d}x\int_x^1 f(x,\ y)\mathrm{d}y$ 的积分顺序，$I=($　　$)$.

A. $\int_0^y \mathrm{d}x\int_0^1 f(x,\ y)\mathrm{d}y$　　B. $\int_0^1 \mathrm{d}y\int_0^y f(x,\ y)\mathrm{d}x$

C. $\int_0^1 \mathrm{d}y\int_y^1 f(x,\ y)\mathrm{d}x$　　D. $\int_0^1 \mathrm{d}x\int_0^y f(x,\ y)\mathrm{d}y$

2. 设 $L$ 为椭圆 $\dfrac{x^2}{4}+\dfrac{y^2}{3}=1$，并且其周长为 $S$，则 $\oint_L(3x^2+4y^2+12xy)\mathrm{d}s=($　　$)$.

A. $S$　　B. $6S$

C. $12S$　　D. $24S$

3. 设曲线积分 $\int_L(x^4+4xy^p)\mathrm{d}x+(6x^{p-1}y^2-5y^4)\mathrm{d}y$ 与路径无关，则 $p=($　　$)$.

A. 1　　B. 2

C. 3　　D. 4

4. 曲面 $x^2+y^2+z^2=2z$ 之内及曲面 $z=x^2+y^2$ 之外所围成的立体的体积 $V=($　　$)$.

A. $\int_0^{2\pi}\mathrm{d}\theta\int_0^1 r\mathrm{d}r\int_{r^2}^{\sqrt{1-r^2}}\mathrm{d}z$　　B. $\int_0^{2\pi}\mathrm{d}\theta\int_0^r r\mathrm{d}r\int_{r^2}^{1-\sqrt{1-r^2}}\mathrm{d}z$

C. $\int_0^{2\pi}\mathrm{d}\theta\int_0^1 r\mathrm{d}r\int_{r^2}^{1-r}\mathrm{d}z$　　D. $\int_0^{2\pi}\mathrm{d}\theta\int_0^1 r\mathrm{d}r\int_{1-\sqrt{1-r^2}}^{r^2}\mathrm{d}z$

二、设 $D$ 是由 $y=2$，$y=x$，$y=2x$ 所确定的闭区域，求 $\iint\limits_D(x^2+y^2-x)\mathrm{d}x\mathrm{d}y$.

三、设 $D$ 是由圆周 $x^2+y^2=1$ 和坐标轴所围成的在第一象限内的闭区域，求二重积分 $\iint\limits_D \ln(1+x^2+y^2)\mathrm{d}\sigma$.

四、设 $f(x,\ y)$ 连续，且 $f(x,\ y)=xy+\iint\limits_D f(u,\ v)\mathrm{d}u\mathrm{d}v$，其中 $D$ 是由 $y=0$，$y=x^2$，$x=1$ 所围区域，求 $f(x,\ y)$.

五、利用柱面坐标计算三重积分 $I=\iiint\limits_\Omega(x+z)\mathrm{d}V$，其中 $\Omega$ 是由曲面 $z=\sqrt{2-x^2-y^2}$ 和 $z=x^2+y^2$ 所围成的闭区域.

六、计算曲线积分 $\int_L xy\mathrm{d}s$，$L$ 为圆 $x^2+y^2=9$ 在第一象限的一段弧.

七、验证曲线积分 $\int_L(\mathrm{e}^x+2\mathrm{e}^{-2x})y\mathrm{d}x-(\mathrm{e}^{-2x}-\mathrm{e}^x)\mathrm{d}y$ 与路径无关，并求 $\int_{(0,\ 0)}^{(1,\ 1)}(\mathrm{e}^x+2\mathrm{e}^{-2x})y\mathrm{d}x-(\mathrm{e}^{-2x}-\mathrm{e}^x)\mathrm{d}y$ 的值.

八、计算曲面积分$\iint\limits_{\Sigma} z\mathrm{d}S$，其中$\Sigma$为锥面$z=\sqrt{x^2+y^2}$在柱体$x^2+y^2\leqslant 2x$内的部分.

九、计算$I=\iint\limits_{\Sigma}(x^2+y^2)\mathrm{d}x\mathrm{d}y$，其中$\Sigma$是圆锥面$z=\sqrt{x^2+y^2}$，$x\geqslant 0$，$y\geqslant 0$，$0\leqslant z\leqslant 1$的下侧外表面.

十、设曲面$\Sigma$是$z=\sqrt{4-x^2-y^2}$的上侧，求$\iint\limits_{\Sigma} xy\mathrm{d}y\mathrm{d}z+x\mathrm{d}z\mathrm{d}x+x^2\mathrm{d}x\mathrm{d}y$.

# 第八章　无穷级数

## 第一节　常数项级数的概念与性质

［课前导读］

无穷级数是逼近理论中的重要内容之一，也是微积分学的重要组成部分，它是表示函数、研究函数的性质以及进行数值计算的一种极为有用的数学工具.

本章将分别讨论常数项级数和函数项级数，前者是后者的基础. 在函数项级数中，将分别讨论幂级数和傅里叶级数. 这两类级数在科学技术中有着非常广泛的应用.

我们先来计算几个和式.

$1+2=3$，$1+2+3=6$，$1+2+3+4=10$，…，$1+2+3+4+\cdots+n=\dfrac{n(n+1)}{2}$；

$1+\dfrac{1}{2}=\dfrac{3}{2}$，$1+\dfrac{1}{2}+\dfrac{1}{2^2}=\dfrac{7}{4}$，…，$1+\dfrac{1}{2}+\dfrac{1}{2^2}+\cdots+\dfrac{1}{2^n}=\dfrac{1\cdot\left(1-\dfrac{1}{2^n}\right)}{\dfrac{1}{2}}$.

我们很容易得到和式前 $n$ 项求和的结果. 如果“无限项”相加，会是什么样的结果呢?

$$1+2+3+4+\cdots+n+\cdots=?\qquad 1+\frac{1}{2}+\frac{1}{2^2}+\cdots+\frac{1}{2^n}+\cdots=?$$

如果把数列前 $n$ 项和的极限，作为数列“无限项”相加的和，则可以得到

$$1+2+3+4+\cdots+n+\cdots=\lim_{n\to\infty}\frac{n(n+1)}{2}=\infty;$$

$$1+\frac{1}{2}+\frac{1}{2^2}+\cdots+\frac{1}{2^n}+\cdots=\lim_{n\to\infty}\frac{1\cdot\left(1-\dfrac{1}{2^n}\right)}{\dfrac{1}{2}}=2.$$

第一个极限不存在，因此和不存在；第二个极限存在，和为 2.

这就是这一节我们要研究的无限项求和的问题，即级数的收敛问题.

### 一、常数项级数的概念

人们认识事物在数量方面的特性，往往有一个由近似到精确的过程. 在这种认识过程中，会遇到由有限个数量相加到无穷多个数量相加的问题.

我们来看一个例子. 计算半径为 $R$ 的圆面积 $A$，先计算内接正六边形面积 $a_1$，再以这

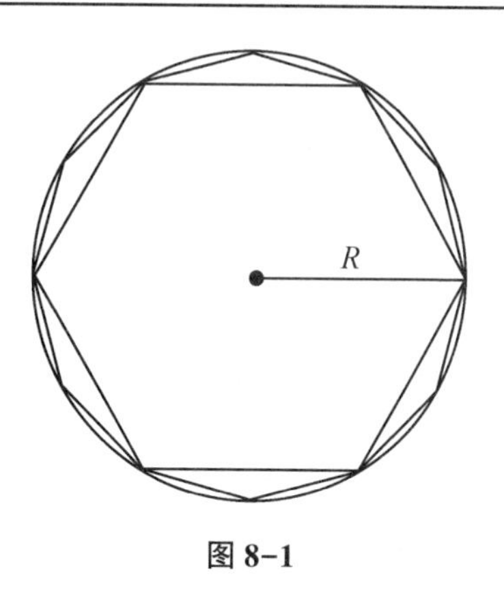

图 8-1

个正六边形的每边为底，分别作一个顶点在圆周上的等腰三角形，算出这 6 个等腰三角形面积之和 $a_2$，则 $a_1+a_2$ 就是正十二边形的面积(见图 8-1)；然后以这正十二边形的边为底，分别作一个顶点在圆周上的等腰三角形，算出这 12 个等腰三角形面积之和 $a_3$，则 $a_1+a_2+a_3$ 就是正二十四边形的面积；以此类推，$a_1$，$a_1+a_2$，$a_1+a_2+a_3$，…，$a_1+a_2+a_3+\cdots+a_n$，所得结果越来越接近圆的面积. $a_1+a_2+a_3+\cdots+a_n(n\to\infty)$的极限就是所求圆面积 $A$. 这时，和式中的项数无限增多，于是出现了无穷多个数量依次相加的数学式子.

**定义 1**　设有数列$\{u_n\}(n=1, 2, \cdots)$，将$\{u_n\}$中的各项用加号连接而构成的表达式

$$u_1+u_2+\cdots+u_n+\cdots$$

称为**(常数项)无穷级数**，简称**(常数项)级数**，记为$\sum\limits_{n=1}^{\infty}u_n$，其中 $\Sigma$ 是求和记号，$n$ 称为下标变量，第 $n$ 项 $u_n$ 称为级数的**一般项**(通项).

需要注意，这里的$\sum\limits_{n=1}^{\infty}u_n$ 仅仅是一个记号，这与有限个数的和是大不相同的. 那么，怎样理解无穷级数中无穷多个数量相加呢？联系上面关于计算圆的面积的例子，我们可以从有限项的和出发，观察它们的变化趋势，由此来理解无穷多个数量相加的含义.

**定义 2**　对数列 $u_1$，$u_2$，$u_3$，…，$u_n$，…，取它的前 $n$ 项的和

$$S_n=u_1+u_2+u_3+\cdots+u_n=\sum_{i=1}^{n}u_i,$$

$S_n$ 称为级数的**部分和**(前 $n$ 项之和).

令 $n=1, 2, 3, \cdots$，可得到由级数部分和所构成的序列(数列)：

$$S_1=u_1,\ S_2=u_1+u_2,\ \cdots,\ S_n=u_1+u_2+u_3+\cdots+u_n,\ \cdots,$$

根据部分和序列有没有极限，引进无穷级数收敛与发散的定义.

**定义 3**　若级数的部分和数列$\{S_n\}$有极限 $S$，即$\lim\limits_{n\to\infty}S_n=S$，则称无穷级数$\sum\limits_{n=1}^{\infty}u_n$ **收敛**. 这时，极限 $S$ 就叫作无穷级数$\sum\limits_{n=1}^{\infty}u_n$ 的**和**，并写成$\sum\limits_{n=1}^{\infty}u_n=S$；若数列$\{S_n\}$没有极限，则称无穷级数$\sum\limits_{n=1}^{\infty}u_n$ **发散**.

由此可见，讨论无穷级数的收敛问题，实际上就是讨论部分和数列的极限是否存在. 一方面，由级数的收敛定义可知，若$\sum\limits_{n=1}^{\infty}u_n$ 的部分和数列$\{S_n\}$有$\lim\limits_{n\to\infty}S_n=S$，则级数$\sum\limits_{n=1}^{\infty}u_n$ 收敛且和为 $S$；另一方面，若给出一个数列$\{S_n\}$，令

$$u_1=S_1,\ u_2=S_2-S_1,\ \cdots,\ u_n=S_n-S_{n-1},\ \cdots,$$

则级数$\sum\limits_{n=1}^{\infty}u_n$ 的部分和数列为$\{S_n\}$，于是，若$\lim\limits_{n\to\infty}S_n=S$，则有$\sum\limits_{n=1}^{\infty}u_n=S_1+\sum\limits_{n=2}^{\infty}(S_n-S_{n-1})$

收敛且和为 $S$.

当级数 $\sum_{n=1}^{\infty} u_n$ 收敛时，部分和 $S_n$ 是级数和 $S$ 的近似值，它们之间的差

$$r_n = S - S_n = u_{n+1} + u_{n+2} + \cdots$$

就叫作级数 $\sum_{n=1}^{\infty} u_n$ 的**余项**，它还是一个无穷级数，且 $\lim_{n\to\infty} r_n = \lim_{n\to\infty}(S - S_n) = 0$. 也即用近似值 $S_n$ 替代 $S$ 的误差为 $r_n$.

**例 1**　讨论等比级数(又称几何级数)

$$\sum_{n=0}^{\infty} aq^n = a + aq + aq^2 + \cdots + aq^{n-1} + \cdots (a \neq 0) \tag{1}$$

的敛散性.

**解**　如果 $q \neq 1$，则部分和

$$S_n = a + aq + aq^2 + \cdots + aq^{n-1} = a \cdot \frac{1-q^n}{1-q}.$$

当 $|q|<1$ 时，由于 $\lim_{n\to\infty} q^n = 0$，于是 $\lim_{n\to\infty} S_n = \frac{a}{1-q}$，这时级数(1)收敛.

当 $|q|>1$ 时，由于 $\lim_{n\to\infty} q^n = \infty$，于是 $\lim_{n\to\infty} S_n = \infty$，这时级数(1)发散.

当 $q=1$ 时，由于 $S_n = na \to \infty$，因此级数(1)发散.

当 $q=-1$ 时，由于 $S_n = \begin{cases} a, & n \text{ 为奇数}, \\ 0, & n \text{ 为偶数}, \end{cases}$ 故部分和数列没有极限，从而级数(1)发散.

综上分析可得，等比级数 $\sum_{n=0}^{\infty} aq^n$ 收敛的充分必要条件是 $|q| < 1$. 当级数收敛时，其和等于 $\frac{a}{1-q}$.

**例 2**　证明级数 $1+2+3+\cdots+n+\cdots$ 是发散的.

**证**　级数的部分和为 $S_n = 1+2+3+\cdots+n = \frac{n(n+1)}{2}$，

显然，$\lim_{n\to\infty} S_n = \infty$，故题设级数发散.

**例 3**　证明级数

$$\frac{1}{1\cdot 2} + \frac{1}{2\cdot 3} + \cdots + \frac{1}{n(n+1)} + \cdots$$

是收敛的.

**证**　由于 $u_n = \frac{1}{n(n+1)} = \frac{1}{n} - \frac{1}{n+1}$，因此

$$S_n = \frac{1}{1\cdot 2} + \frac{1}{2\cdot 3} + \cdots + \frac{1}{n(n+1)} = \left(1 - \frac{1}{2}\right) + \left(\frac{1}{2} - \frac{1}{3}\right) + \cdots + \left(\frac{1}{n} - \frac{1}{n+1}\right)$$

$$= 1 - \frac{1}{n+1},$$

于是

$$\lim_{n\to\infty}S_n=\lim_{n\to\infty}\left(1-\frac{1}{n+1}\right)=1,$$

故所给级数是收敛的且其和为 1.

**例 4**　判定级数 $\sum\limits_{n=1}^{\infty}\ln\left(1+\frac{1}{n}\right)$ 的敛散性.

**解**　$u_n=\ln\left(1+\frac{1}{n}\right)=\ln(n+1)-\ln n$,

$$S_n=\ln2-\ln1+\ln3-\ln2+\cdots+\ln(1+n)-\ln n=\ln(1+n)\to\infty\ (n\to\infty),$$

故 $\sum\limits_{n=1}^{\infty}\ln\left(1+\frac{1}{n}\right)$ 发散.

**例 5**　判定级数 $\sum\limits_{n=1}^{\infty}\frac{1}{n(n+1)(n+2)}$ 的敛散性.

**解**　$u_n=\frac{1}{n(n+1)(n+2)}=\frac{1}{2}\left[\frac{1}{n(n+1)}-\frac{1}{(n+1)(n+2)}\right]$,

$$\begin{aligned}S_n&=\frac{1}{1\cdot2\cdot3}+\frac{1}{2\cdot3\cdot4}+\frac{1}{3\cdot4\cdot5}+\cdots+\frac{1}{n(n+1)(n+2)}\\&=\frac{1}{2}\left[\frac{1}{1\cdot2}-\frac{1}{2\cdot3}+\frac{1}{2\cdot3}-\frac{1}{3\cdot4}+\cdots+\frac{1}{n(n+1)}-\frac{1}{(n+1)(n+2)}\right]\\&=\frac{1}{2}\left[\frac{1}{2}-\frac{1}{(n+1)(n+2)}\right]\to\frac{1}{4}\ (n\to\infty),\end{aligned}$$

故级数 $\sum\limits_{n=1}^{\infty}\frac{1}{n(n+1)(n+2)}$ 收敛.

**例 6**　证明调和级数

$$\sum_{n=1}^{\infty}\frac{1}{n}=1+\frac{1}{2}+\frac{1}{3}+\cdots+\frac{1}{n}+\cdots \tag{2}$$

是发散的.

**证**　级数(2)的前 $2^{m+1}(m\in\mathbf{N})$ 项部分和是

$$S_{2^{m+1}}=\left(1+\frac{1}{2}\right)+\left(\frac{1}{3}+\frac{1}{4}\right)+\left(\frac{1}{5}+\frac{1}{6}+\frac{1}{7}+\frac{1}{8}\right)+\cdots+\left(\frac{1}{2^m+1}+\frac{1}{2^m+2}+\cdots+\frac{1}{2^{m+1}}\right),$$

由于

$$1+\frac{1}{2}>\frac{1}{2},$$

$$\frac{1}{3}+\frac{1}{4}>\frac{1}{4}+\frac{1}{4}=\frac{1}{2},$$

$$\frac{1}{5}+\frac{1}{6}+\frac{1}{7}+\frac{1}{8}>\frac{1}{8}+\frac{1}{8}+\frac{1}{8}+\frac{1}{8}=\frac{1}{2},$$

$$\cdots$$

$$\frac{1}{2^m+1}+\frac{1}{2^m+2}+\cdots+\frac{1}{2^{m+1}}>\underbrace{\frac{1}{2^{m+1}}+\frac{1}{2^{m+1}}+\cdots+\frac{1}{2^{m+1}}}_{2^m\text{个}}=\frac{1}{2},$$

故

$$S_{2^{m+1}}>\frac{1}{2}(m+1)\to+\infty\ (m\to\infty),$$

这说明$\{S_{2^{m+1}}\}$无界，因此部分和数列$\{S_n\}$发散，即调和级数(2)发散.

## 二、收敛级数的基本性质

由于级数的收敛性最终归结为部分和数列的收敛性，所以利用数列极限的运算法则，容易证明级数的下列性质.

**性质 1**　若级数 $\sum\limits_{n=1}^{\infty}u_n$ 收敛，其和为 $S$，则对任何常数 $k$，级数 $\sum\limits_{n=1}^{\infty}ku_n$ 收敛，且其和为 $kS$，即

$$\sum_{n=1}^{\infty}ku_n=k\sum_{n=1}^{\infty}u_n.$$

**证**　设 $\sum\limits_{n=1}^{\infty}u_n$ 的部分和是 $S_n$，则有 $\lim\limits_{n\to\infty}S_n=S$；又设 $\sum\limits_{n=1}^{\infty}ku_n$ 的部分和为 $S'_n$，即

$$\sum_{i=1}^{n}ku_i=S'_n,$$

则

$$S'_n=\sum_{i=1}^{n}ku_i=k\sum_{i=1}^{n}u_i=kS_n.$$

因此，

$$\lim_{n\to\infty}S'_n=\lim_{n\to\infty}kS_n=k\lim_{n\to\infty}S_n=kS,$$

即

$$\sum_{n=1}^{\infty}ku_n=k\sum_{n=1}^{\infty}u_n.$$

**性质 2**　若级数 $\sum\limits_{n=1}^{\infty}u_n$ 和 $\sum\limits_{n=1}^{\infty}v_n$ 分别收敛于 $S$ 和 $T$，即

$$\sum_{n=1}^{\infty}u_n=S,\quad\sum_{n=1}^{\infty}v_n=T,$$

则级数 $\sum\limits_{n=1}^{\infty}(u_n\pm v_n)$ 也收敛，其和为 $S\pm T$，即有

$$\sum_{n=1}^{\infty}(u_n\pm v_n)=\sum_{n=1}^{\infty}u_n\pm\sum_{n=1}^{\infty}v_n.$$

**证**　设级数 $\sum\limits_{n=1}^{\infty}u_n$ 和 $\sum\limits_{n=1}^{\infty}v_n$ 的部分和分别为 $S_n$ 和 $T_n$，则级数 $\sum\limits_{n=1}^{\infty}(u_n\pm v_n)$ 的部分和为

$R_n = S_n \pm T_n$. 由于级数$\sum_{n=1}^{\infty} u_n$和$\sum_{n=1}^{\infty} v_n$均收敛，故由极限的运算性质知

$$\lim_{n\to\infty} R_n = \lim_{n\to\infty}(S_n \pm T_n) = \lim_{n\to\infty} S_n \pm \lim_{n\to\infty} T_n = S \pm T,$$

即有$\sum_{n=1}^{\infty}(u_n \pm v_n) = \sum_{n=1}^{\infty} u_n \pm \sum_{n=1}^{\infty} v_n$.

**例 7**　求级数$\sum_{n=1}^{\infty}\left[\frac{1}{2^n} + \frac{3}{n(n+1)}\right]$的和.

**解**　根据例 1 中对等比级数的讨论，知

$$\sum_{n=1}^{\infty} \frac{1}{2^n} = \frac{\frac{1}{2}}{1-\frac{1}{2}} = 1.$$

而由例 3 知$\sum_{n=1}^{\infty} \frac{1}{n(n+1)} = 1$，所以

$$\sum_{n=1}^{\infty}\left[\frac{1}{2^n} + \frac{3}{n(n+1)}\right] = \sum_{n=1}^{\infty} \frac{1}{2^n} + \sum_{n=1}^{\infty} \frac{3}{n(n+1)} = 4.$$

由性质 1 和性质 2 可直接得出如下推论.

**推论**　(1) 若$k \neq 0$，则级数$\sum_{n=1}^{\infty} a_n$与$\sum_{n=1}^{\infty} ka_n$具有相同的收敛性；

(2) 若级数$\sum_{n=1}^{\infty} a_n$收敛、$\sum_{n=1}^{\infty} b_n$发散，则级数$\sum_{n=1}^{\infty}(a_n \pm b_n)$一定发散.

**例 8**　讨论级数$\sum_{n=1}^{\infty}\left(\frac{2}{n} - \frac{1}{2^n}\right)$的敛散性.

**解**　因为级数$\sum_{n=1}^{\infty} \frac{1}{n}$发散，所以$\sum_{n=1}^{\infty} \frac{2}{n}$发散. 又级数$\sum_{n=1}^{\infty} \frac{1}{2^n}$收敛，故级数$\sum_{n=1}^{\infty}\left(\frac{2}{n} - \frac{1}{2^n}\right)$发散.

**性质 3**(级数收敛的必要条件)　如果级数$\sum_{n=1}^{\infty} u_n$收敛，则

$$\lim_{n\to\infty} u_n = 0.$$

**证**　设级数$\sum_{n=1}^{\infty} u_n$收敛，且$\lim_{n\to\infty} S_n = S$，由于

$$u_n = S_n - S_{n-1},$$

故

$$\lim_{n\to\infty} u_n = \lim_{n\to\infty}(S_n - S_{n-1}) = \lim_{n\to\infty} S_n - \lim_{n\to\infty} S_{n-1} = S - S = 0.$$

由性质 3 可直接得出如下推论.

**推论**　如果当$n\to\infty$时，级数的一般项$u_n$不趋于零，那么级数发散.

例如级数$\sum_{n=1}^{\infty}(-1)^{n-1}\frac{n}{n+1}$，由于

$$|u_n|=\left|(-1)^{n-1}\frac{n}{n+1}\right|=\frac{n}{n+1}\to 1(n\to\infty),$$

即$\lim\limits_{n\to\infty}|u_n|\neq 0$，因此级数发散.

**注**　一般项趋于零不是级数收敛的充分条件. 事实上许多发散的级数的一般项是趋于零的，调和级数 $\sum\limits_{n=1}^{\infty}\frac{1}{n}$ 就是一例.

**性质 4**　改变级数中有限项的值不会改变级数的敛散性.

**证**　设$\sum\limits_{n=1}^{\infty}u_n$ 的部分和为$S_n$，不妨假设在级数$\sum\limits_{n=1}^{\infty}u_n$ 中$u_1$ 改变成了$v_1$，其余不变，记新级数为$\sum\limits_{n=1}^{\infty}v_n$，其中$v_n=u_n(n=2, 3, 4, \cdots)$，并设其部分和为$S'_n$，则有

$$S'_n=S_n-u_1+v_1,$$

因此当$n\to\infty$时，$S'_n$有极限的充要条件为$S_n$有极限，即级数$\sum\limits_{n=1}^{\infty}v_n$ 与$\sum\limits_{n=1}^{\infty}u_n$ 有相同的敛散性.

**推论**　级数中去掉或增加有限多项不改变级数的敛散性.

[随堂测]

判别级数 $\sum\limits_{n=1}^{\infty}(\sqrt{n+2}-2\sqrt{n+1}+\sqrt{n})$ 的敛散性.

[知识拓展]

几何级数是无穷级数中最著名的一个级数. 阿贝尔曾经指出："除了几何级数之外，数学中不存在任何一种它的和已被严格确定的无穷级数". 几何级数在判断无穷级数的敛散性、求无穷级数的和以及将一个函数展开为无穷级数等方面都有广泛而重要的应用.

几何级数的增长速度令人震惊. 有一个关于古波斯国王的传说，他对一种新近发明的象棋游戏留下深刻印象，以至于他要召见那个发明人而且以皇宫的财富相赠. 当这个发明人——一个贫困但却十分精通数学的农民——被国王召见时，他只要求在棋盘的第一个方格里放一粒麦子，第二个方格里放两粒麦子，第三个方格里放 4 粒麦子，如此继续下去，直到整个棋盘都被覆盖上为止. 国王被这种朴素的要求所震惊，他立即命令仆人拿来一袋小麦，仆人们开始耐心地在棋盘上放置麦子，令他们十分吃惊的是，他们很快就发现袋子里的麦子甚至整个王国的麦子也不足以完成这项任务，因为级数$1,2,2^2,2^3,2^4,\cdots$的第 64 项是一个非常大的数：$2^{63}=9223372036854775808$. 如果我们设法把如此多的麦子(假设每粒麦子直径仅 1mm)放在一条直线上，这条线将长约两光年.

# 习题 8-1

1. 选择题.

(1) 若$\lim\limits_{n\to\infty}u_n=0$，则级数$\sum\limits_{n=0}^{\infty}u_n$(    ).

A. 一定收敛 B. 一定发散

C. 一定条件收敛 D. 可能收敛，也可能发散

(2) 若常数项级数$\sum\limits_{n=1}^{\infty}u_n$收敛，$\sum\limits_{n=1}^{\infty}v_n$发散，则$\sum\limits_{n=1}^{\infty}(u_n+v_n)$(    ).

A. 收敛 B. 可能收敛

C. 一定发散 D. 通项的极限必为 0

(3) 若级数$\sum\limits_{n=1}^{\infty}u_n$发散，则$\sum\limits_{n=1}^{\infty}au_n(a\neq 0)$(    ).

A. 一定发散 B. 可能收敛也可能发散

C. $a>0$ 时收敛，$a<0$ 时发散 D. $|a|<1$ 时收敛，$|a|>1$ 时发散

(4) 利用级数收敛时其一般项必趋于 0 的性质，可知下面一定发散的级数是(    ).

A. $\sum\limits_{n=1}^{\infty}\sin\frac{\pi}{3^n}$ B. $\sum\limits_{n=1}^{\infty}\frac{n2^n}{3^n}$

C. $\sum\limits_{n=1}^{\infty}\arctan\frac{1}{n^2}$ D. $1-\frac{3}{2}+\frac{4}{3}-\cdots+(-1)^{n+1}\frac{n+1}{n}+\cdots$

(5) 若级数$\sum\limits_{n=1}^{\infty}u_n$收敛，则下列级数中收敛的是(    ).

A. $\sum\limits_{n=1}^{\infty}(u_n+100)$ B. $\sum\limits_{n=1}^{\infty}(u_n-100)$

C. $\sum\limits_{n=1}^{\infty}100u_n$ D. $\sum\limits_{n=1}^{\infty}\frac{100}{u_{n+1}-u_n}$

2. 写出级数的一般项.

(1) $\frac{1}{2\ln 2}+\frac{1}{3\ln 3}+\frac{1}{4\ln 4}+\cdots$.

(2) $\frac{1+1}{1+2}+\frac{1+2}{1+2^2}+\frac{1+3}{1+2^3}+\cdots$.

(3) $\frac{1}{2}+\frac{2}{5}+\frac{3}{10}+\frac{4}{17}+\cdots$.

(4) $\frac{1}{1}+\frac{1}{5}+\frac{1}{9}+\frac{1}{13}+\cdots$.

(5) $1-\frac{1}{2^2}+\frac{1}{3^2}-\frac{1}{4^2}+\cdots$.

（6）$\frac{1}{1\cdot2\cdot3}+\frac{1}{2\cdot3\cdot4}+\frac{1}{3\cdot4\cdot5}+\cdots$.

（7）$1+\frac{1\cdot3}{1\cdot2}+\frac{1\cdot3\cdot5}{1\cdot2\cdot3}+\frac{1\cdot3\cdot5\cdot7}{1\cdot2\cdot3\cdot4}+\cdots$.

（8）$\frac{1}{2}+\frac{3}{2\cdot4}+\frac{5}{2\cdot4\cdot6}+\frac{7}{2\cdot4\cdot6\cdot8}+\cdots$.

3. 已知级数 $\sum_{n=1}^{\infty}u_n$ 的前 $n$ 项的部分和 $S_n=\frac{8^n-1}{7\times8^{n-1}}$，求这个级数.

4. 判断级数$\frac{1}{2}+\frac{1}{10}+\frac{1}{2^2}+\frac{1}{2\times10}+\cdots+\frac{1}{2^n}+\frac{1}{10n}+\cdots$是否收敛.

5. 判断下列级数的敛散性.

（1）$\sum_{n=2}^{\infty}\frac{1}{(n-1)n}$.　　（2）$\sum_{n=1}^{\infty}\ln\frac{n+1}{n}$.

（3）$\sum_{n=1}^{\infty}\left(\frac{1}{2^n}+\frac{1}{3^n}\right)$.　　（4）$\sum_{n=1}^{\infty}\frac{1}{\sqrt{n+1}+\sqrt{n}}$.

（5）$\sum_{n=1}^{\infty}[a+(n-1)b]\ (a>0,\ b>0)$.　　（6）$\sum_{n=1}^{\infty}(-1)^n\frac{8^n}{9^n}$.

6. 写出下列级数的通项，并判断级数的敛散性.

（1）$\frac{3}{4}-\frac{3^2}{4^2}+\frac{3^3}{4^3}-\frac{3^4}{4^4}+\cdots$.

（2）$\sqrt{\frac{1}{2}}+\sqrt{\frac{2}{3}}+\sqrt{\frac{3}{4}}+\cdots$.

（3）$\left(\frac{1}{3}-\frac{2}{5}\right)+\left(\frac{1}{3^2}-\frac{2}{5^2}\right)+\left(\frac{1}{3^3}-\frac{2}{5^3}\right)+\cdots$.

（4）$\left(\frac{1}{2}+2\right)+\left(\frac{1}{2^2}+2^2\right)+\left(\frac{1}{2^3}+2^3\right)+\cdots$.

（5）$(1-\cos1)+4\left(1-\cos\frac{1}{2}\right)+9\left(1-\cos\frac{1}{3}\right)+16\left(1-\cos\frac{1}{4}\right)+\cdots$.

7. 根据级数收敛与发散的定义，判别下列级数的敛散性，并求出其中收敛级数的和.

（1）$\sum_{n=1}^{\infty}(-1)^{n-1}\frac{e^n}{3^n}$.　　（2）$\sum_{n=2}^{\infty}\frac{1}{(n-1)(n+1)}$.

8. 判别下列级数的敛散性，并求出其中收敛级数的和.

（1）$\sum_{n=1}^{\infty}\frac{1}{5n}$.　　（2）$\sum_{n=1}^{\infty}\sin\frac{n\pi}{3}$.

（3）$\sum_{n=1}^{\infty}\frac{3+(-1)^n}{2^n}$.　　（4）$\sum_{n=2}^{\infty}\frac{1}{\sqrt[n]{n}}$.

（5）$\sum_{n=1}^{\infty}\frac{n}{2n-1}$.　　（6）$\sum_{n=2}^{\infty}\ln\frac{n^2-1}{n^2}$.

9. 就级数 $\sum_{n=1}^{\infty}u_n$ 收敛或发散两种情况，分别讨论下列级数的敛散性.

（1）$\sum_{n=1}^{\infty}(u_n + 10^{-10})$.

（2）$\sum_{n=1}^{\infty}u_{n+1000}$.

（3）$\sum_{n=1}^{\infty}\frac{1}{u_n}(u_n \neq 0)$.

10. 已知级数$\sum_{n=1}^{\infty}u_n$的前$n$项的部分和$S_n=\frac{2n}{n+1}$，$n=1$，2，….

（1）求级数的一般项$u_n$.

（2）判断级数的敛散性.

# 第二节　常数项级数的审敛准则

**[课前导读]**

研究级数时，重要的是讨论其敛散性. 按照定义，级数的敛散性归结为它的部分和数列的敛散性.

对于一个级数$\sum_{n=1}^{\infty}u_n$，我们主要关心以下两个问题.

（1）它是否收敛?

（2）当级数收敛时，如何求它的和?

如果能直接由定义判定级数的敛散性，当然是最理想的. 因为这样不仅判断出级数的敛散性，对于收敛级数，还能求出级数的和. 但是，这在大部分情况下很难做到. 然而我们感兴趣的往往是判断级数是否收敛而不是求出级数的和. 一般情况下，利用定义和性质来判断级数的敛散性是很困难的，能否找到更简单有效的判别方法呢? 我们先从最简单的一类级数找到突破口，那就是正项级数.

## 一、正项级数及其审敛准则

每一项都是常数的级数即为常数项级数，当各项都是大于或等于零的常数时，称为**正项级数**. 正项级数是一类非常重要的级数，在研究其他级数的敛散性时，常常转化为研究正项级数的敛散性.

正项级数

$$\sum_{n=1}^{\infty}u_n = u_1 + u_2 + \cdots + u_n + \cdots$$

的每一项都是非负的，即$u_n \geqslant 0$，故有

$$S_1=u_1\geqslant 0,$$
$$S_2=u_1+u_2\geqslant u_1=S_1,\ \cdots,$$
$$S_{n+1}=u_1+u_2+\cdots+u_n+u_{n+1}\geqslant u_1+u_2+\cdots+u_n=S_n,\ \cdots,$$

从而得到一个单调递增的数列$\{S_n\}$. 若这个数列有上界，即存在$M>0$，使$S_n\leqslant M$，则数列$\{S_n\}$必有极限，故对应的级数$\sum_{n=1}^{\infty}u_n$收敛；反之，若级数$\sum_{n=1}^{\infty}u_n$收敛，则必有$\lim_{n\to\infty}S_n=S$，从而$\{S_n\}$必为有界数列. 由此我们可以得到以下定理.

**定理 1(基本定理)**　正项级数$\sum_{n=1}^{\infty}u_n$收敛的充分必要条件是它的部分和数列$\{S_n\}$有界.

**例 1**　证明正项级数$\sum_{n=1}^{\infty}\frac{1}{n^2}$是收敛的.

**证**　对任意的$0<x\leqslant n$，有$\frac{1}{n^2}\leqslant\frac{1}{x^2}$，则$\int_{n-1}^{n}\frac{1}{n^2}\mathrm{d}x\leqslant\int_{n-1}^{n}\frac{1}{x^2}\mathrm{d}x$，即有$\frac{1}{n^2}\leqslant\int_{n-1}^{n}\frac{1}{x^2}\mathrm{d}x$. 从而该级数的前$n$项和

$$S_n=1+\frac{1}{2^2}+\frac{1}{3^2}+\cdots+\frac{1}{n^2}\leqslant1+\int_{1}^{n}\frac{1}{x^2}\mathrm{d}x=2-\frac{1}{n}<2,$$

即正项级数$\sum_{n=1}^{\infty}\frac{1}{n^2}$的部分和数列$\{S_n\}$有界. 由基本定理知，级数$\sum_{n=1}^{\infty}\frac{1}{n^2}$收敛.

我们可以用同样的方法证明：对任意的$p>1$，正项级数$\sum_{n=1}^{\infty}\frac{1}{n^p}$都是收敛的.

**定理 2(比较审敛定理)**　设$\sum_{n=1}^{\infty}u_n$和$\sum_{n=1}^{\infty}v_n$是两个正项级数，且$u_n\leqslant v_n(n=1,2,\cdots)$.

若级数$\sum_{n=1}^{\infty}v_n$收敛，则级数$\sum_{n=1}^{\infty}u_n$也收敛.

若级数$\sum_{n=1}^{\infty}u_n$发散，则级数$\sum_{n=1}^{\infty}v_n$也发散.

**证**　我们仅证第一个结论.

设级数$\sum_{n=1}^{\infty}u_n$的部分和为$S_n$，级数$\sum_{n=1}^{\infty}v_n$的部分和为$\sigma_n$.

若级数$\sum_{n=1}^{\infty}v_n$收敛，则有$\lim_{n\to\infty}\sigma_n=\sigma$. 又$\{\sigma_n\}$是单调增加函数，故对$n\in\mathbf{Z}^+$，$\sigma_n\leqslant\sigma$. 由于$u_n\leqslant v_n(n=1,2,\cdots)$，则

$$S_n=\sum_{k=1}^{n}u_k\leqslant\sum_{k=1}^{n}v_k=\sigma_k\leqslant\sigma,$$

故数列$\{S_n\}$有上界. 由基本定理知，级数$\sum_{n=1}^{\infty}u_n$收敛.

**注**　比较审敛定理也可写成：若$\sum_{n=1}^{\infty}u_n$和$\sum_{n=1}^{\infty}v_n$为正项级数，且存在正整数$N$，当$n>N$时，$u_n\leqslant Cv_n$，其中$C$为正常数，则当$\sum_{n=1}^{\infty}v_n$收敛时，$\sum_{n=1}^{\infty}u_n$也收敛；当$\sum_{n=1}^{\infty}u_n$发散时，$\sum_{n=1}^{\infty}v_n$也发散.

**例 2**　判定正项级数$\sum_{n=1}^{\infty}\frac{n}{n^3+1}$的敛散性.

**解**　级数$\sum_{n=1}^{\infty}\frac{n}{n^3+1}$的一般项$\frac{n}{n^3+1}\leqslant\frac{1}{n^2}$，

而级数$\sum_{n=1}^{\infty}\frac{1}{n^2}$收敛，故由比较审敛定理可知，级数$\sum_{n=1}^{\infty}\frac{n}{n^3+1}$收敛.

**例 3**　证明正项级数$\sum_{n=1}^{\infty}\frac{1}{n^p}$当$0<p<1$时是发散的.

**证**　已知调和级数$\sum_{n=1}^{\infty}\frac{1}{n}$是发散的，又$0<p<1$时，有

$$\frac{1}{n^p}>\frac{1}{n},$$

由比较审敛定理知，级数$\sum_{n=1}^{\infty}\frac{1}{n^p}$当$0<p<1$时是发散的.

**注**　级数$\sum_{n=1}^{\infty}\frac{1}{n^p}(p>0)$称为$p$级数，特别地，当$p=1$时是调和级数$\sum_{n=1}^{\infty}\frac{1}{n}$.

综合以上的结论可知$p$级数的敛散性：

级数$\sum_{n=1}^{\infty}\frac{1}{n^p}(p>0)$当$p>1$时收敛，当$p\leqslant 1$时发散.

比较审敛定理是判断正项级数敛散性的一个重要方法. 对一给定的正项级数，如果要用比较审敛定理来判别其敛散性，则首先要通过观察，找到另一个已知敛散性的级数与其进行比较，只有知道一些重要级数的敛散性，并加以灵活应用，才能熟练掌握比较审敛定理. 至今为止，我们熟悉的重要的已知级数包括几何级数、调和级数及$p$级数等.

**例 4**　判定下列级数的敛散性.

(1) $\sum_{n=1}^{\infty}\frac{1}{\sqrt{n(n^2+1)}}$.

(2) $\sum_{n=1}^{\infty}\frac{1}{n2^n}$.

**解**　(1) 由于$\frac{1}{\sqrt{n(n^2+1)}}<\frac{1}{n^{\frac{3}{2}}}$，而级数$\sum_{n=1}^{\infty}\frac{1}{n^{\frac{3}{2}}}$收敛，故原级数收敛.

(2) 由于$\frac{1}{n2^n}\leqslant\frac{1}{2^n}$，而级数$\sum_{n=1}^{\infty}\frac{1}{2^n}$收敛，故原级数收敛.

要应用比较审敛定理来判别给定级数的敛散性，就必须建立给定级数的一般项与某一已知级数的一般项之间的不等式. 但有时直接建立这样的不等式相当困难，为应用方便，我们不加证明地给出比较审敛定理的极限形式.

**推论(比较审敛定理的极限形式)**　设$\sum_{n=1}^{\infty} u_n$和$\sum_{n=1}^{\infty} v_n$是两个正项级数，$\lim_{n\to\infty}\frac{u_n}{v_n}=l$.

若$0<l<+\infty$，则$\sum_{n=1}^{\infty} u_n$与$\sum_{n=1}^{\infty} v_n$同敛散；

若$l=0$，且$\sum_{n=1}^{\infty} v_n$收敛，则$\sum_{n=1}^{\infty} u_n$也收敛；

若$l=+\infty$，且$\sum_{n=1}^{\infty} v_n$发散，则$\sum_{n=1}^{\infty} u_n$也发散.

证明从略.

**例 5**　证明级数$\sum_{n=1}^{\infty}\frac{1}{\sqrt{n(n+1)}}$是发散的.

**证**　因为

$$\lim_{n\to\infty}\frac{\frac{1}{\sqrt{n(n+1)}}}{\frac{1}{n}}=\lim_{n\to\infty}\sqrt{\frac{n^2}{n(n+1)}}=1,$$

又已知调和级数$\sum_{n=1}^{\infty}\frac{1}{n}$发散，故由比较审敛定理的极限形式可知，级数$\sum_{n=1}^{\infty}\frac{1}{\sqrt{n(n+1)}}$是发散的.

**例 6**　判定级数$\sum_{n=1}^{\infty}\ln\left(1+\frac{1}{n^2}\right)$的敛散性.

**解**　因为

$$\lim_{n\to\infty}\frac{\ln\left(1+\frac{1}{n^2}\right)}{\frac{1}{n^2}}=1,$$

又已知$\sum_{n=1}^{\infty}\frac{1}{n^2}$收敛，故级数$\sum_{n=1}^{\infty}\ln\left(1+\frac{1}{n^2}\right)$收敛.

**例 7**　判别下列级数的敛散性.

(1) $\sum_{n=1}^{\infty}\left(1-\cos\frac{1}{n}\right)$.　　(2) $\sum_{n=1}^{\infty}\frac{1}{3^n-2^n}$.

**解**　(1) 由于

$$\lim_{n\to\infty}\frac{1-\cos\frac{1}{n}}{\frac{1}{n^2}}=\frac{1}{2},$$

又知级数$\sum_{n=1}^{\infty}\frac{1}{n^2}$收敛，故级数$\sum_{n=1}^{\infty}\left(1-\cos\frac{1}{n}\right)$收敛.

（2）由于

$$\lim_{n\to\infty}\frac{\dfrac{1}{3^n-2^n}}{\dfrac{1}{3^n}}=\lim_{n\to\infty}\frac{1}{1-\left(\dfrac{2}{3}\right)^n}=1,$$

而级数$\sum\limits_{n=1}^{\infty}\dfrac{1}{3^n}$收敛，故级数$\sum\limits_{n=1}^{\infty}\dfrac{1}{3^n-2^n}$收敛.

使用比较审敛定理或其极限形式，需要找到一个已知级数做比较，这多少有些困难.下面介绍的判别法，可以利用级数自身的特点，来判断级数的敛散性.

**定理3(比值审敛定理)**　设$\sum\limits_{n=1}^{\infty}u_n$是正项级数，如果$\lim\limits_{n\to\infty}\dfrac{u_{n+1}}{u_n}=\rho$，那么，当$\rho<1$时级数收敛，$\rho>1\left(或\lim\limits_{n\to\infty}\dfrac{u_{n+1}}{u_n}=\infty\right)$时级数发散，$\rho=1$时无法判定.

*__证__　（1）设$\lim\limits_{n\to\infty}\dfrac{u_{n+1}}{u_n}=\rho<1$，取一个充分小的正数$\varepsilon$，使$\rho+\varepsilon=r<1$.由函数和极限的关系可知，当$n$充分大的时候，即存在正整数$N$，当$n\geqslant N$时，有

$$\frac{u_{n+1}}{u_n}<r<1.$$

于是有

$$u_{N+1}<ru_N,\ u_{N+2}<ru_{N+1}<r^2u_N,\ u_{N+3}<ru_{N+2}<r^3u_N,\ \cdots,$$

即对于任意的$n\geqslant N$，均有

$$u_{n+N}<r^nu_N.$$

又因为$r<1$，等比级数$\sum\limits_{n=1}^{\infty}r^nu_N$收敛，故由比较审敛定理知级数

$$\sum_{n=N+1}^{\infty}u_n=u_{N+1}+u_{N+2}+u_{N+3}+\cdots$$

收敛，从而

$$\sum_{n=1}^{\infty}u_n=u_1+u_2+\cdots+u_N+u_{N+1}+u_{N+2}+\cdots$$

也收敛.

（2）设$\lim\limits_{n\to\infty}\dfrac{u_{n+1}}{u_n}=\rho>1$，取一个充分小的正数$\delta$，使$\rho-\delta>1$，则存在正整数$N$，当$n\geqslant N$时，有$\dfrac{u_{n+1}}{u_n}>\rho-\delta>1$，即

$$u_{n+1}>u_n.$$

所以当$n\geqslant N$时，有

$$u_n<u_{n+1}<u_{n+2}<\cdots,$$

即级数的一般项逐渐增大，从而$\lim\limits_{n\to\infty}u_n\neq0$，故级数$\sum\limits_{n=1}^{\infty}u_n$发散.

（3）若$\lim\limits_{n\to\infty}\dfrac{u_{n+1}}{u_n}=\rho=1$，用比值审敛定理不能判定级数的敛散性.

例如，对于调和级数$\sum\limits_{n=1}^{\infty}\dfrac{1}{n}$，有

$$\lim_{n\to\infty}\frac{u_{n+1}}{u_n}=\lim_{n\to\infty}\frac{\dfrac{1}{n+1}}{\dfrac{1}{n}}=\lim_{n\to\infty}\frac{n}{n+1}=1,$$

级数$\sum\limits_{n=1}^{\infty}\dfrac{1}{n}$发散.

对于$p$级数$\sum\limits_{n=1}^{\infty}\dfrac{1}{n^2}$，有

$$\lim_{n\to\infty}\frac{u_{n+1}}{u_n}=\lim_{n\to\infty}\frac{\dfrac{1}{(n+1)^2}}{\dfrac{1}{n^2}}=\lim_{n\to\infty}\frac{n^2}{(n+1)^2}=1,$$

而级数$\sum\limits_{n=1}^{\infty}\dfrac{1}{n^2}$收敛.

**例 8**　判别下列级数的敛散性.

（1）$\sum\limits_{n=1}^{\infty}\dfrac{1}{n!}$.　　（2）$\sum\limits_{n=1}^{\infty}\dfrac{n!}{10^n}$.　　（3）$\sum\limits_{n=1}^{\infty}\dfrac{1}{(2n-1)\cdot 2n}$.

（4）$\sum\limits_{n=1}^{\infty}\dfrac{n+2}{2^n}$.　　（5）$\sum\limits_{n=1}^{\infty}\dfrac{n!}{n^n}$.　　（6）$\sum\limits_{n=1}^{\infty}n!\left(\dfrac{x}{n}\right)^n(x\geqslant 0)$.

**解**　（1）$\lim\limits_{n\to\infty}\dfrac{u_{n+1}}{u_n}=\lim\limits_{n\to\infty}\dfrac{\dfrac{1}{(n+1)!}}{\dfrac{1}{n!}}=\lim\limits_{n\to\infty}\dfrac{1}{n+1}=0<1$，故级数$\sum\limits_{n=1}^{\infty}\dfrac{1}{n!}$收敛.

（2）$\lim\limits_{n\to\infty}\dfrac{u_{n+1}}{u_n}=\lim\limits_{n\to\infty}\dfrac{(n+1)!}{10^{n+1}}\cdot\dfrac{10^n}{n!}=+\infty$，故级数$\sum\limits_{n=1}^{\infty}\dfrac{n!}{10^n}$发散.

（3）$\lim\limits_{n\to\infty}\dfrac{u_{n+1}}{u_n}=\lim\limits_{n\to\infty}\dfrac{(2n-1)\cdot 2n}{(2n+1)\cdot(2n+2)}=1$，比值审敛定理失效，改用比较审敛定理.

因为$\dfrac{1}{(2n-1)\cdot 2n}<\dfrac{1}{n^2}$，而级数$\sum\limits_{n=1}^{\infty}\dfrac{1}{n^2}$收敛，所以$\sum\limits_{n=1}^{\infty}\dfrac{1}{(2n-1)\cdot 2n}$收敛.

（4）$\lim\limits_{n\to\infty}\dfrac{u_{n+1}}{u_n}=\lim\limits_{n\to\infty}\dfrac{\dfrac{n+3}{2^{n+1}}}{\dfrac{n+2}{2^n}}=\lim\limits_{n\to\infty}\dfrac{1\cdot(n+3)}{2\cdot(n+2)}=\dfrac{1}{2}<1$，因此级数$\sum\limits_{n=1}^{\infty}\dfrac{n+2}{2^n}$收敛.

（5）$\lim\limits_{n\to\infty}\dfrac{u_{n+1}}{u_n}=\lim\limits_{n\to\infty}\dfrac{\dfrac{(n+1)!}{(n+1)^{n+1}}}{\dfrac{n!}{n^n}}=\lim\limits_{n\to\infty}\dfrac{1}{\left(1+\dfrac{1}{n}\right)^n}=\dfrac{1}{\mathrm{e}}<1$，因此级数$\sum\limits_{n=1}^{\infty}\dfrac{n!}{n^n}$收敛.

(6) $\lim\limits_{n\to\infty}\dfrac{u_{n+1}}{u_n}=\lim\limits_{n\to\infty}\dfrac{(n+1)!\left(\dfrac{x}{n+1}\right)^{n+1}}{n!\left(\dfrac{x}{n}\right)^n}=\lim\limits_{n\to\infty}\dfrac{x}{\left(1+\dfrac{1}{n}\right)^n}=\dfrac{x}{\mathrm{e}}$，当$\dfrac{x}{\mathrm{e}}<1$，即$0\leqslant x<\mathrm{e}$时，级数收敛；当$x>\mathrm{e}$时，级数发散；当$x=\mathrm{e}$时，$\dfrac{u_{n+1}}{u_n}=\dfrac{\mathrm{e}}{\left(1+\dfrac{1}{n}\right)^n}>1$，故级数发散.

**例 9**　判别级数$\sum\limits_{n=1}^{\infty}\dfrac{n^2}{\left(2+\dfrac{1}{n}\right)^n}$的敛散性.

**解**　因为$\dfrac{n^2}{\left(2+\dfrac{1}{n}\right)^n}<\dfrac{n^2}{2^n}$，而对于级数$\sum\limits_{n=1}^{\infty}\dfrac{n^2}{2^n}$，由比值审敛定理，有

$$\lim_{n\to\infty}\frac{u_{n+1}}{u_n}=\lim_{n\to\infty}\frac{(n+1)^2}{2^{n+1}}\cdot\frac{2^n}{n^2}=\lim_{n\to\infty}\frac{1}{2}\left(1+\frac{1}{n}\right)^2=\frac{1}{2}<1,$$

所以级数$\sum\limits_{n=1}^{\infty}\dfrac{n^2}{2^n}$收敛，从而原级数亦收敛.

**例 10**　判别级数$\sum\limits_{n=1}^{\infty}\dfrac{n!\,a^n}{n^n}(a>0)$的敛散性.

**解**　采用比值审敛法.

$$\lim_{n\to\infty}\frac{u_{n+1}}{u_n}=\lim_{n\to\infty}\frac{a^{n+1}(n+1)!}{(n+1)^{n+1}}\cdot\frac{n^n}{a^n\cdot n!}=\lim_{n\to\infty}\frac{a}{(1+1/n)^n}=\frac{a}{\mathrm{e}},$$

当$0<a<\mathrm{e}$时，原级数收敛；当$a>\mathrm{e}$时，原级数发散；当$a=\mathrm{e}$时，比值审敛定理失效，但此时注意到$x_n=\left(1+\dfrac{1}{n}\right)^n$严格单调增加，且$\left(1+\dfrac{1}{n}\right)^n<\mathrm{e}$，于是$\dfrac{u_{n+1}}{u_n}=\dfrac{\mathrm{e}}{x_n}>1$，即$u_{n+1}>u_n$，故$u_n>u_1=\mathrm{e}$，由此得到$\lim\limits_{n\to\infty}u_n\neq0$，所以当$a=\mathrm{e}$时原级数发散.

**定理 4（根值审敛定理）**　若$\sum\limits_{n=1}^{\infty}u_n$为正项级数，且$\lim\limits_{n\to\infty}\sqrt[n]{u_n}=l$，则当$0\leqslant l<1$时，$\sum\limits_{n=1}^{\infty}u_n$收敛；当$l>1$时，$\sum\limits_{n=1}^{\infty}u_n$发散；当$l=1$时，无法确定.

**证**　由$\lim\limits_{n\to\infty}\sqrt[n]{u_n}=l$知，$\forall\varepsilon>0$，$\exists N>0$，当$n>N$时，恒有$\left|\sqrt[n]{u_n}-l\right|<\varepsilon$，即$l-\varepsilon<\sqrt[n]{u_n}<l+\varepsilon$. 当$0\leqslant l<1$时，取适当的$\varepsilon>0$，使$l+\varepsilon=q<1$，则得$\sum\limits_{n=1}^{\infty}u_n$收敛；当$l>1$时，取适当的$\varepsilon>0$，使$l-\varepsilon>1$，则得$\sum\limits_{n=1}^{\infty}u_n$发散.

**例 11**　讨论下列正项级数的敛散性.

(1) $\sum\limits_{n=1}^{\infty}\dfrac{\alpha^n}{n^s}(s>0,\ \alpha>0)$.　　(2) $\sum\limits_{n=1}^{\infty}\dfrac{3+(-1)^n}{3^n}$.

**解**　(1) $\lim\limits_{n\to\infty}\sqrt[n]{u_n}=\lim\limits_{n\to\infty}\sqrt[n]{\dfrac{\alpha^n}{n^s}}=\lim\limits_{n\to\infty}\dfrac{\alpha}{(\sqrt[n]{n})^s}=\alpha$，当$0<\alpha<1$时，级数收敛；当$\alpha>1$时，级数发散；当$\alpha=1$时，$\sum\limits_{n=1}^{\infty}\dfrac{1}{n^s}$在$0<s\leqslant 1$时发散，在$s>1$时收敛.

(2) 由于$\dfrac{\sqrt[n]{2}}{3}<\sqrt[n]{\dfrac{3+(-1)^n}{3^n}}<\dfrac{\sqrt[n]{4}}{3}$，$\lim\limits_{n\to\infty}\sqrt[n]{2}=\lim\limits_{n\to\infty}\sqrt[n]{4}=1$，则

$$\lim_{n\to\infty}\sqrt[n]{u_n}=\lim_{n\to\infty}\sqrt[n]{\frac{3+(-1)^n}{3^n}}=\frac{1}{3}<1,$$

故原级数收敛.

为了方便判别正项级数的敛散性，下面再介绍一个审敛方法.

* **定理 5(积分审敛定理)**　若$f(x)\,(x>0)$为非负的不增函数，则$\sum\limits_{n=1}^{\infty}f(n)$与$\int_1^{+\infty}f(x)\,\mathrm{d}x$同敛散.

* **例 12**　讨论下列正项级数的敛散性.

(1) $\sum\limits_{n=2}^{\infty}\dfrac{1}{n\ln^p n}\,(p>0)$.　　(2) $\sum\limits_{n=2}^{\infty}\dfrac{1}{\ln n!}$.

**解**　(1) 由于

$$I=\int_2^{+\infty}\frac{\mathrm{d}x}{x\ln^p x}=\begin{cases}[\ln\ln x]_2^{+\infty}=+\infty, & p=1,\\ \left[\dfrac{1}{1-p}(\ln x)^{1-p}\right]_2^{+\infty}, & p\neq 1,\end{cases}$$

当$p>1$时，$I=\dfrac{1}{p-1}(\ln 2)^{1-p}$，当$0<p<1$时，$I=+\infty$，

因此当$0<p\leqslant 1$时，级数发散；当$p>1$时，级数收敛.

(2) 由于$\ln n!=\ln 1+\ln 2+\ln 3+\cdots+\ln n<n\ln n$，即

$$\frac{1}{\ln n!}>\frac{1}{n\ln n},$$

级数$\sum\limits_{n=2}^{\infty}\dfrac{1}{n\ln n}$发散，故原级数也发散.

## 二、交错级数及其审敛准则

上面我们讨论了关于正项级数敛散性的判别法，本节我们还要进一步讨论关于一般常数项级数敛散性的判别法，这里所谓“一般常数项级数”是指级数的各项可以是正数、负数或零. 先来讨论一种特殊的级数——交错级数，然后再讨论一般常数项级数.

设$u_n>0\,(n=1,2,\cdots)$，级数$\sum\limits_{n=1}^{\infty}(-1)^{n-1}u_n$或$\sum\limits_{n=1}^{\infty}(-1)^n u_n$称为**交错级数**.

所谓交错级数是这样的级数，它的各项是正、负交错的，其具体形式为

$$u_1-u_2+u_3-u_4+\cdots+(-1)^{n-1}u_n+\cdots \tag{1}$$

或

$$-u_1+u_2-u_3+u_4-\cdots+(-1)^{n}u_n+\cdots, \tag{2}$$

其中 $u_1$，$u_2$，$u_3$，$u_4$，…，$u_n$，…均为正数.

由常数项级数的性质可知，式(1)和式(2)的敛散性相同，故我们只需讨论首项为正数的交错级数 $\sum_{n=1}^{\infty}(-1)^{n-1}u_n$ 的性质.

**定理 6(莱布尼茨定理)**　如果交错级数 $\sum_{n=1}^{\infty}(-1)^{n-1}u_n$ 满足条件

(ⅰ) $u_n \geqslant u_{n+1}(n=1, 2, \cdots)$；

(ⅱ) $\lim_{n\to\infty}u_n=0$，

则交错级数收敛，且和 $S\leqslant u_1$.

**证**　先证 $\lim_{n\to\infty}S_{2n}$ 存在.

将式(1)的前 $2n$ 项的部分和 $S_{2n}$ 写成如下两种形式：

$$S_{2n}=(u_1-u_2)+(u_3-u_4)+\cdots+(u_{2n-1}-u_{2n}),$$

$$S_{2n}=u_1-(u_2-u_3)-(u_4-u_5)-\cdots-(u_{2n-2}-u_{2n-1})-u_{2n}.$$

由条件(ⅰ) $u_n\geqslant u_{n+1}(n=1, 2, \cdots)$可知，所有括号内的差均非负，第一个表达式表明，数列 $S_{2n}$ 是单调增加的；而第二个表达式表明，$S_{2n}<u_1$，数列 $S_{2n}$ 有上界.

由单调有界数列必有极限准则，当 $n$ 无限增大时，$S_{2n}$ 趋向于某值 $S$，并且 $S\leqslant u_1$，即

$$\lim_{n\to\infty}S_{2n}=S\leqslant u_1.$$

再证 $\lim_{n\to\infty}S_{2n+1}=S$.

$S_{2n+1}=S_{2n}+u_{2n+1}$，由条件(ⅱ) $\lim_{n\to\infty}u_{2n+1}=0$ 可知

$$\lim_{n\to\infty}S_{2n+1}=\lim_{n\to\infty}S_{2n}+\lim_{n\to\infty}u_{2n+1}=S+0=S.$$

由于级数的偶数项之和与奇数项之和都趋向于同一极限，故级数(1)的部分和当 $n\to\infty$ 时具有极限 $S$. 这就证明了级数(1)收敛于 $S$，且 $S\leqslant u_1$.

**例 13**　试证明交错级数

$$\sum_{n=1}^{\infty}(-1)^{n-1}\frac{1}{n}=1-\frac{1}{2}+\frac{1}{3}-\frac{1}{4}+\cdots+(-1)^{n-1}\frac{1}{n}+\cdots$$

是收敛的.

**证**　$u_n=\frac{1}{n}>\frac{1}{n+1}=u_{n+1}$，且 $\lim_{n\to\infty}u_n=\lim_{n\to\infty}\frac{1}{n}=0$，故此交错级数收敛，并且和 $S<1$.

**例 14**　判定交错级数 $\sum_{n=1}^{\infty}(-1)^{n-1}\frac{1}{n\cdot 4^n}$ 的敛散性.

**解**　$u_n=\frac{1}{n\cdot 4^n}>\frac{1}{(n+1)\cdot 4^{n+1}}=u_{n+1}$，且 $\lim_{n\to\infty}u_n=\lim_{n\to\infty}\frac{1}{n\cdot 4^n}=0$，所以此交错级数收敛.

**例 15**　证明级数 $\sum_{n=2}^{\infty}\frac{(-1)^{n-1}}{\ln n}$ 收敛.

**证**　级数$\sum_{n=2}^{\infty}\frac{(-1)^{n-1}}{\ln n}$是交错级数，并且满足(1) $u_n=\frac{1}{\ln n}>\frac{1}{\ln(n+1)}=u_{n+1}(n=2,3,\cdots)$，(2) $\lim_{n\to\infty}u_n=\lim_{n\to\infty}\frac{1}{\ln n}=0$，因此，级数$\sum_{n=2}^{\infty}\frac{(-1)^{n-1}}{\ln n}$收敛.

## 三、绝对收敛和条件收敛

设有级数$\sum_{n=1}^{\infty}u_n=u_1+u_2+\cdots+u_n+\cdots$，其中$u_n(n=1,2,\cdots)$为任意实数，那么该级数叫作**任意项级数**. 可见，交错级数是任意项级数的一种特殊形式.

对任意项级数，我们给每项加上绝对值符号构造一个正项级数，即

$$\sum_{n=1}^{\infty}|u_n|=|u_1|+|u_2|+\cdots+|u_n|+\cdots$$

任意项级数$\sum_{n=1}^{\infty}u_n$的敛散性和$\sum_{n=1}^{\infty}|u_n|$的敛散性的关系如下.

**定理 7**　若级数$\sum_{n=1}^{\infty}|u_n|$收敛，则级数$\sum_{n=1}^{\infty}u_n$必收敛.

**证**　令$v_n=\frac{1}{2}(u_n+|u_n|)$，则$v_n\geqslant 0$，故$\sum_{n=1}^{\infty}v_n$是正项级数，且满足$v_n\leqslant|u_n|$. 因为正项级数$\sum_{n=1}^{\infty}|u_n|$收敛，由比较审敛定理知$\sum_{n=1}^{\infty}v_n$收敛，从而$\sum_{n=1}^{\infty}2v_n$也收敛.

又$u_n=2v_n-|u_n|(n=1,2,\cdots)$，由级数性质 2 可知，级数$\sum_{n=1}^{\infty}u_n$必收敛.

根据定理 7 这个结果，我们可以将许多一般常数项级数的敛散性判别问题转化为正项级数的敛散性判别问题.

**定义**　若级数$\sum_{n=1}^{\infty}|u_n|$收敛，则称级数$\sum_{n=1}^{\infty}u_n$ **绝对收敛**；若级数$\sum_{n=1}^{\infty}u_n$收敛，而级数$\sum_{n=1}^{\infty}|u_n|$发散，则称级数$\sum_{n=1}^{\infty}u_n$ **条件收敛**.

由定理 7 知，一个绝对收敛的级数必定是收敛的. 由正项级数的比较审敛定理和比值审敛定理，立即得到下列判定任意项级数绝对收敛的判别法.

**定理 8**　设$\sum_{n=1}^{\infty}u_n$是任意项级数，若满足下列条件之一，则级数$\sum_{n=1}^{\infty}u_n$必绝对收敛.

(1) 存在收敛的正项级数$\sum_{n=1}^{\infty}v_n$，满足$|u_n|\leqslant v_n(n=1,2,\cdots)$.

(2) $\lim_{n\to\infty}\left|\frac{u_{n+1}}{u_n}\right|=\rho<1$.

(3) $\lim_{n\to\infty}\sqrt[n]{|u_n|}=\rho<1$.

当级数 $\sum_{n=1}^{\infty}|u_n|$ 发散时，不能确定任意项级数 $\sum_{n=1}^{\infty}u_n$ 的敛散性. 但是若用比值审敛定理判断出 $\sum_{n=1}^{\infty}|u_n|$ 是发散的，如满足条件 $\lim_{n\to\infty}\left|\frac{u_{n+1}}{u_n}\right|=\rho>1$ 或 $\lim_{n\to\infty}\left|\frac{u_{n+1}}{u_n}\right|=+\infty$，则必有 $\lim_{n\to\infty}u_n\neq 0$(由比值审敛定理的证明可知)，因此级数必发散.

**例 16**　判别级数 $\sum_{n=1}^{\infty}\frac{(-1)^{n-1}}{n^p}(p>0)$ 的敛散性.

**解**　由 $\sum_{n=1}^{\infty}\left|\frac{(-1)^{n-1}}{n^p}\right|=\sum_{n=1}^{\infty}\frac{1}{n^p}$，易见当 $p>1$ 时，题设级数绝对收敛.

当 $0<p\leqslant 1$ 时，由莱布尼茨定理知 $\sum_{n=1}^{\infty}\frac{(-1)^{n-1}}{n^p}$ 收敛，但 $\sum_{n=1}^{\infty}\frac{1}{n^p}$ 发散，故题设级数条件收敛.

**例 17**　判别级数 $\sum_{n=1}^{\infty}\frac{\sin n}{n^2}$ 的敛散性.

**解**　$\left|\frac{\sin n}{n^2}\right|\leqslant\frac{1}{n^2}$，而 $\sum_{n=1}^{\infty}\frac{1}{n^2}$ 收敛，所以 $\sum_{n=1}^{\infty}\left|\frac{\sin n}{n^2}\right|$ 收敛. 由定理 8 知原级数 $\sum_{n=1}^{\infty}\frac{\sin n}{n^2}$ 绝对收敛.

**例 18**　判别级数 $\sum_{n=1}^{\infty}(-1)^n\frac{n^{n+1}}{(n+1)!}$ 的敛散性.

**解**　这是一个交错级数，令 $u_n=(-1)^n\frac{n^{n+1}}{(n+1)!}$，则

$$\lim_{n\to\infty}\frac{|u_{n+1}|}{|u_n|}=\lim_{n\to\infty}\frac{(n+1)^{n+2}}{[(n+1)+1]!}\frac{(n+1)!}{n^{n+1}}=\lim_{n\to\infty}\left(\frac{n+1}{n}\right)^n\cdot\frac{(n+1)^2}{n(n+2)}$$

$$=\lim_{n\to\infty}\left(1+\frac{1}{n}\right)^n=\mathrm{e}>1,$$

因此级数 $\sum_{n=1}^{\infty}(-1)^n\frac{n^{n+1}}{(n+1)!}$ 发散.

**例 19**　判别级数 $\sum_{n=1}^{\infty}(-1)^{n-1}\frac{n}{n^2+1}$ 是绝对收敛还是条件收敛.

**解**　首先，$\frac{u_{n+1}}{u_n}=\frac{n+1}{(n+1)^2+1}\cdot\frac{n^2+1}{n}=\frac{n^3+n^2+n+1}{n^3+2n^2+2n}\leqslant 1$，即 $u_{n+1}\leqslant u_n(n=1,2,\cdots)$，且

$$\lim_{n\to\infty}u_n=\lim_{n\to\infty}\frac{n}{n^2+1}=0,$$

由交错级数收敛定理知，级数 $\sum_{n=1}^{\infty}(-1)^{n-1}\frac{n}{n^2+1}$ 收敛.

再判定 $\sum_{n=1}^{\infty}\left|(-1)^{n-1}\frac{n}{n^2+1}\right|=\sum_{n=1}^{\infty}\frac{n}{n^2+1}$ 的敛散性.

由于 $\frac{n}{n^2+1}\geqslant\frac{n}{n^2+n^2}=\frac{1}{2n}$，而 $\sum_{n=1}^{\infty}\frac{1}{2n}$ 发散，故 $\sum_{n=1}^{\infty}\frac{n}{n^2+1}$ 发散.

于是级数$\sum_{n=1}^{\infty}(-1)^{n-1}\frac{n}{n^2+1}$是条件收敛的.

**例 20**　讨论级数$\sum_{n=2}^{\infty}\frac{(-1)^n}{\sqrt{n}+(-1)^n}$的敛散性，若收敛，请指出是绝对收敛还是条件收敛.

**解**　由于$\frac{1}{\sqrt{n}+(-1)^n}\geqslant\frac{1}{2\sqrt{n}}$，而$\sum_{n=2}^{\infty}\frac{1}{2\sqrt{n}}$发散，故

$\sum_{n=2}^{\infty}\left|\frac{(-1)^n}{\sqrt{n}+(-1)^n}\right|=\sum_{n=2}^{\infty}\frac{1}{\sqrt{n}+(-1)^n}$发散.

又$\frac{(-1)^n}{\sqrt{n}+(-1)^n}=\frac{(-1)^n[\sqrt{n}-(-1)^n]}{n-1}=\frac{(-1)^n\sqrt{n}}{n-1}-\frac{1}{n-1}$，

级数$\sum_{n=2}^{\infty}\frac{(-1)^n\sqrt{n}}{n-1}$收敛，$\sum_{n=2}^{\infty}\frac{1}{n-1}$发散，故原级数$\sum_{n=2}^{\infty}\frac{(-1)^n}{\sqrt{n}+(-1)^n}$发散.

[随堂测]

1. 讨论级数$\sum_{n=1}^{\infty}\frac{\sqrt{n+1}-\sqrt{n}}{n^k}$的敛散性.

2. 讨论$\sum_{n=1}^{\infty}\left[\frac{(-1)^n}{n^2}-\frac{1}{\sqrt{n}}\right]$的敛散性.

扫码看答案

[知识拓展]

达朗贝尔(1717—1783)，法国物理学家、数学家. 达朗贝尔少年时被父亲送入一所学校学习，主要学习古典文学、修辞学和数学. 他对数学特别有兴趣，这为他后来成为著名的数理科学家打下了基础. 达朗贝尔没有受过正规的大学教育，靠自学掌握了牛顿和当代著名数理科学家们的研究成果. 1739 年 7 月，他完成第一篇学术论文，之后的两年内又向巴黎科学院提交了 5 篇学术报告，这些报告均由克莱洛院士回复. 达朗贝尔于 1746 年被巴黎科学院提升为数学副院士，1754 年被提升为终身院士.

达朗贝尔的研究工作和论文写作都以快速闻名.

他进入巴黎科学院后，以克莱洛为竞争对手，克莱洛研究的每一个课题，达朗贝尔几乎都要研究，而且尽快发表. 多数情况下，达朗贝尔胜过克莱洛. 这种竞争一直到克莱洛去世(1765 年)为止.

达朗贝尔是多产科学家，他对力学、数学和天文学的大量课题进行了研究；论文和专著很多，还有大量学术通信. 仅 1805 年和 1821 年在巴黎出版的达朗贝尔《文集》就有 23 卷.

达朗贝尔作为数学家，同 18 世纪其他数学家一样，认为求解物理问题是数学的目标. 正如他在《百科全书》序言中所说："科学处于从 17 世纪的数学时代到 18 世纪的力学时代的转变，力学应该是数学家的主要兴趣."他对力学的发展做出了重大贡献，也是数学分析中一些重要分支的开拓者.

# 习题 8-2

1. 选择题.

(1) 下列级数收敛的是(　　).

A. $\sum_{n=1}^{\infty} \frac{(\cos n)^2}{5^n}$　　B. $\sum_{n=1}^{\infty} \frac{5^n}{4^n}$

C. $\sum_{n=1}^{\infty} \frac{n}{1000n+1}$　　D. $\sum_{n=1}^{\infty} \frac{1}{\sqrt{n+1}}$

(2) 下列级数发散的是(　　).

A. $\sum_{n=1}^{\infty} \frac{1}{n}\ln\left(1+\frac{1}{n}\right)$　　B. $\sum_{n=1}^{\infty} \ln\left(1+\frac{1}{n^3}\right)$

C. $\sum_{n=1}^{\infty} \ln\left(1+\frac{1}{\sqrt{n}}\right)$　　D. $\sum_{n=1}^{\infty} \sin\frac{1}{n^2}$

(3) 交错级数 $\sum_{n=1}^{\infty} (-1)^n u_n$ 若满足(　　)，则该交错级数收敛.

A. $u_n \geqslant u_{n+1} (n=1, 2, 3, \cdots)$　　B. $\lim_{n\to\infty} u_n = 0$

C. $\lim_{n\to\infty} \frac{u_{n+1}}{u_n} \leqslant 1$　　D. $u_n \geqslant u_{n+1} (n=1, 2, 3, \cdots)$ 且 $\lim_{n\to\infty} u_n = 0$

(4) 设 $\sum_{n=1}^{\infty} u_n$ 为任意项级数，那么(　　).

A. 如果 $\sum_{n=1}^{\infty} |u_n|$ 收敛，则 $\sum_{n=1}^{\infty} u_n$ 条件收敛

B. 如果 $\sum_{n=1}^{\infty} u_n$ 收敛，则 $\sum_{n=1}^{\infty} |u_n|$ 条件收敛

C. 如果 $\sum_{n=1}^{\infty} |u_n|$ 收敛，则 $\sum_{n=1}^{\infty} u_n$ 收敛

D. 如果 $\sum_{n=1}^{\infty} u_n$ 条件收敛，则 $\sum_{n=1}^{\infty} u_n$ 绝对收敛

(5) 下列级数条件收敛的是(　　).

A. $\sum_{n=1}^{\infty} (-1)^{n+1} \sin\frac{1}{n}$　　B. $\sum_{n=1}^{\infty} (-1)^{n-1} \frac{n}{2^n}$

C. $\sum_{n=1}^{\infty} \frac{(-1)^{n-1} n}{2n+3}$　　D. $\sum_{n=1}^{\infty} \frac{(-1)^{n-1}}{3n^2+1}$

(6) 下列级数中绝对收敛的是(　　).

A. $\sum_{n=1}^{\infty} \frac{(-1)^n}{\sqrt{2n+1}}$　　B. $\sum_{n=1}^{\infty} (-1)^n \left(\frac{3}{2}\right)^n$

C. $\sum_{n=1}^{\infty} \frac{(-1)^n}{\sqrt{n^3}}$　　D. $\sum_{n=1}^{\infty} \frac{(-1)^n(n-1)}{n}$

(7) 级数$\sum_{n=1}^{\infty} \frac{1}{1+a^n}$的敛散情况是(　　).

A. 当$a>0$时收敛

B. 当$a>0$时发散

C. 当$0<|a|\leqslant 1$时发散，当$|a|>1$时收敛

D. 当$0<|a|\leqslant 1$时收敛，当$|a|>1$时发散

2. 用比较审敛定理判别级数的敛散性.

(1) $1+\frac{1}{3}+\frac{1}{5}+\frac{1}{7}+\cdots$.　　(2) $\frac{1}{\ln 2}+\frac{1}{\ln 3}+\frac{1}{\ln 4}+\frac{1}{\ln 5}+\cdots$.

(3) $\frac{1}{1\times 2}+\frac{1}{2\times 3}+\frac{1}{3\times 4}+\frac{1}{4\times 5}+\cdots$.　　(4) $\left(\frac{1}{3}\right)^2+\left(\frac{2}{5}\right)^2+\left(\frac{3}{7}\right)^2+\left(\frac{4}{9}\right)^2+\cdots$.

(5) $\sum_{n=1}^{\infty} \frac{1}{(2n-1)2^{n-1}}$.　　(6) $\sum_{n=1}^{\infty} \sin\frac{\pi}{2^n}$.

(7) $\sum_{n=1}^{\infty} n\left(1-\cos\frac{1}{n^2}\right)$.　　(8) $\sum_{n=1}^{\infty} \frac{\ln n}{n^{\frac{4}{3}}}$.

(9) $\sum_{n=1}^{\infty} \left(e^{\frac{1}{\sqrt{n}}}-1\right)$.　　(10) $\sum_{n=1}^{\infty} \frac{1+n}{1+n^2}$.

(11) $\sum_{n=1}^{\infty} \left(\frac{1+n}{1+n^2}\right)^2$.　　(12) $\sum_{n=2}^{\infty} \frac{1}{\sqrt{n}}\ln\frac{n+1}{n-1}$.

3. 用比值判别法判定下列级数的敛散性.

(1) $\frac{1}{1\times 2}+\frac{3}{2\times 2^2}+\frac{5}{3\times 2^3}+\frac{7}{4\times 2^4}+\cdots$.

(2) $\frac{2}{1\times 3}+\frac{2^2}{2\times 4}+\frac{2^3}{3\times 5}+\frac{2^4}{4\times 6}+\cdots$.

(3) $\frac{1!}{1}+\frac{2!}{2^2}+\frac{3!}{2^3}+\frac{4!}{2^4}+\cdots$.

(4) $\sin\frac{1}{2}+2\sin\frac{1}{2^2}+3\sin\frac{1}{2^3}+4\sin\frac{1}{2^4}+\cdots$.

(5) $\sum_{n=1}^{\infty} \frac{3^n}{n\cdot 2^n}$.　　(6) $\sum_{n=1}^{\infty} n\tan\frac{\pi}{2^{n+1}}$.

(7) $\sum_{n=1}^{\infty} \frac{(2n-1)!!}{3^n\cdot n!}$.　　(8) $\sum_{n=1}^{\infty} 2^{n-1}\tan\frac{\pi}{2n}$.

4. 用根值判别法判定下列级数的敛散性.

(1) $\sum_{n=1}^{\infty} \left(\frac{n}{2n+1}\right)^n$.　　(2) $\sum_{n=1}^{\infty} \frac{1}{[\ln(n+1)]^n}$.

(3) $\sum_{n=1}^{\infty} \left(\frac{n}{3n+1}\right)^{2n}$.　　(4) $\sum_{n=2}^{\infty} \frac{2^n}{\sqrt{n^n}}$.

(5) $\sum_{n=1}^{\infty}\frac{\left(1+\frac{1}{n}\right)^{n^2}}{3^n}$.

(6) $\sum_{n=1}^{\infty}\left(\frac{b}{a_n}\right)^n$，$a_n\to a(n\to\infty)$，$a_n$，$b$，$a\in\mathbf{R}^+$.

5. 判定下列级数的敛散性.

(1) $\sum_{n=1}^{\infty}\frac{n}{(3n+2)(n^2+1)}$.　　(2) $\sum_{n=1}^{\infty}\frac{n}{3n+1}$.

(3) $\sum_{n=1}^{\infty}\frac{n+1}{n(n+2)}$.　　(4) $\sum_{n=1}^{\infty}\sqrt{\frac{n+1}{n}}$.

(5) $\sum_{n=1}^{\infty}\frac{n!}{5^n}$.　　(6) $\sum_{n=2}^{\infty}\ln\frac{n^2-1}{n^2}$.

(7) $\sum_{n=1}^{\infty}\frac{\sin^2\frac{n\pi}{2}}{2^n}$.　　(8) $\sum_{n=1}^{\infty}\frac{1}{n!}$.

(9) $\sum_{n=1}^{\infty}\frac{1}{na+b}(a>0,\ b>0)$.　　(10) $\sum_{n=1}^{\infty}\sin^n\left(\frac{\pi}{4}+\frac{b}{n}\right)$.

(11) $\sum_{n=1}^{\infty}\frac{\ln(n!)}{n!}$.　　(12) $\sum_{n=1}^{\infty}e^{-\frac{n^2+1}{n+1}}$.

6. 判定下列级数的敛散性，若级数收敛，判断是绝对收敛还是条件收敛.

(1) $\sum_{n=1}^{\infty}(-1)^{n-1}\left(\frac{2}{3}\right)^n$.　　(2) $\sum_{n=1}^{\infty}\frac{(-1)^n}{\sqrt{n+1}}$.

(3) $\sum_{n=1}^{\infty}\frac{(-1)^{n-1}n}{3^n}$.　　(4) $\sum_{n=1}^{\infty}\frac{(-1)^n(n-1)}{n}$.

(5) $\sum_{n=1}^{\infty}(-1)^{n+1}\frac{n}{10n+1}$.　　(6) $\sum_{n=1}^{\infty}\frac{(-1)^{n-1}}{\sqrt{2n^3+4}}$.

(7) $\sum_{n=1}^{\infty}(-1)^n\frac{1}{3^n}\sin\frac{\pi}{n}$.　　(8) $\sum_{n=1}^{\infty}(-1)^n\frac{\ln n}{n}$.

(9) $\sum_{n=1}^{\infty}(-1)^n(\sqrt{n+1}-\sqrt{n})$.　　(10) $\sum_{n=1}^{\infty}(-1)^n\left(1-\cos\frac{\pi}{n^2}\right)$.

7. 设 $a_n\leqslant c_n\leqslant b_n(n=1,2,\cdots)$，且 $\sum_{n=1}^{\infty}a_n$ 及 $\sum_{n=1}^{\infty}b_n$ 均收敛，证明级数 $\sum_{n=1}^{\infty}c_n$ 收敛.

8. 如果 $\sum_{n=1}^{\infty}a_n^2$ 及 $\sum_{n=1}^{\infty}b_n^2$ 都收敛，证明：$\sum_{n=1}^{\infty}|a_nb_n|$ 收敛.

9. 设 $\lim_{n\to\infty}\frac{\ln\frac{1}{a_n}}{\ln n}=q(a_n>0)$，证明级数 $\sum_{n=1}^{\infty}a_n$ 当 $q>1$ 时收敛，当 $q<1$ 时发散.

10. 判定下列级数的敛散性.

(1) $\sum_{n=1}^{\infty} \ln\left(1+\frac{1}{n^2}\right)$.　　(2) $\sum_{n=1}^{\infty} \sqrt{n+1}\left(1-\cos\frac{\pi}{n}\right)$.

(3) $\sum_{n=1}^{\infty} \frac{(n+a)^n}{n^{n+a}}$.　　(4) $\sum_{n=1}^{\infty} \left(\frac{\pi}{n}-\sin\frac{\pi}{n}\right)$.

(5) $\sum_{n=2}^{\infty} \frac{1}{(\ln n)^{\ln n}}$.　　(6) $\sum_{n=3}^{\infty} \frac{1}{(\ln\ln n)^{\ln n}}$.

(7) $\sum_{n=1}^{\infty} \frac{\left(1+\frac{1}{n}\right)^n}{e^n}$.　　(8) $\sum_{n=1}^{\infty} \left(1-\frac{\ln n}{n}\right)^n$.

11. 设正项数列$\{a_n\}$单调减少且级数$\sum_{n=1}^{\infty}(-1)^n a_n$发散，试判断级数$\sum_{n=1}^{\infty}\left(\frac{1}{a_n+1}\right)^n$是否收敛，并说明理由 .

12. 设$u_n \neq 0(n=1, 2, \cdots)$且$\lim\limits_{n\to\infty}\frac{n}{u_n}=1$，试判断级数$\sum_{n=1}^{\infty}(-1)^{n+1}\left(\frac{1}{u_n}+\frac{1}{u_{n+1}}\right)$是否收敛.

13. 讨论级数$\sum_{n=2}^{\infty}\sin\left(n\pi+\frac{1}{\ln n}\right)$的敛散性，若收敛，请指出是绝对收敛还是条件收敛.

# 第三节　幂级数的敛散性及函数的展开式

[课前导读]

在前面两节中，我们主要讨论了常数项级数，即级数的各项都是常数. 如果一个级数的各项都是定义在某个区间上的函数，则称该级数为函数项级数. 在这一节里，我们将要讨论一类特殊的函数项级数——幂级数，即级数的各项都是常数乘以幂函数. 幂级数在某区域的敛散性问题，是指幂级数在该区域内任意一点的敛散性问题，而幂级数在某点$x$的敛散性问题，实质上是常数项级数的敛散性问题. 这样，我们仍可利用常数项级数的敛散性判别法来判断幂级数的敛散性.

## 一、函数项级数的概念

设定义在区间$I$上的函数列为$u_1(x)$，$u_2(x)$，…，$u_n(x)$，…，各项用加号连接构成的表达式$u_1(x)+u_2(x)+\cdots+u_n(x)+\cdots=\sum_{n=1}^{\infty}u_n(x)$，称为**函数项无穷级数**，简称**函数项级数**.

对于$I$上的每一个值$x_0$，函数项级数$\sum_{n=1}^{\infty}u_n(x_0)$就是常数项级数. 若$\sum_{n=1}^{\infty}u_n(x_0)$收敛，则称$x_0$是函数项级数$\sum_{n=1}^{\infty}u_n(x)$的**收敛点**，收敛点的全体组成的数集称为$\sum_{n=1}^{\infty}u_n(x)$的**收敛**

**域**；若 $\sum_{n=1}^{\infty} u_n(x_0)$ 发散，则称 $x_0$ 是函数项级数 $\sum_{n=1}^{\infty} u_n(x)$ 的**发散点**，发散点的全体组成的数集称为 $\sum_{n=1}^{\infty} u_n(x)$ 的**发散域**.

对于收敛域中的每一个数 $x$，$\sum_{n=1}^{\infty} u_n(x)$ 成为一收敛的常数项级数，因此有一确定的和 $S$，这样在整个收敛域上，函数项级数的和是 $x$ 的函数，记作 $S(x)$，称 $S(x)$ 为函数项级数的**和函数**. 和函数的定义域就是函数项级数的收敛域. 对于收敛域内的点 $x$，有 $S(x)=\sum_{n=1}^{\infty} u_n(x)$.

$\sum_{n=1}^{\infty} u_n(x)$ 的部分和为 $S_n(x)$，当 $x\in I$ 时，有 $\lim_{n\to\infty} S_n(x)=S(x)$，$r_n(x)=S(x)-S_n(x)$ 为 $\sum_{n=1}^{\infty} u_n(x)$ 的余项，且有 $\lim_{n\to\infty} r_n(x)=0$.

**例 1**　求级数 $\sum_{n=1}^{\infty} \frac{(-1)^n}{n}\left(\frac{1}{1+x}\right)^n$ 的收敛域.

**解**　由比值判别法可知

$$\frac{|u_{n+1}(x)|}{|u_n(x)|}=\frac{n}{n+1}\cdot\frac{1}{|1+x|}\xrightarrow{n\to\infty}\frac{1}{|1+x|}.$$

(1) 当 $\frac{1}{|1+x|}<1$ 时，$|1+x|>1$，即 $x>0$ 或 $x<-2$，此时原级数绝对收敛.

(2) 当 $\frac{1}{|1+x|}>1$ 时，$|1+x|<1$，即 $-2<x<0$，此时原级数发散.

(3) 当 $|1+x|=1$ 时，$x=0$ 或 $x=-2$，

$x=0$ 时，原级数为 $\sum_{n=1}^{\infty} \frac{(-1)^n}{n}$，该级数收敛；

$x=-2$ 时，原级数为 $\sum_{n=1}^{\infty} \frac{1}{n}$，该级数发散.

故原级数的收敛域为 $(-\infty,-2)\cup[0,+\infty)$.

## 二、幂级数及其敛散性

取 $u_0(x)=a_0$，$u_n(x)=a_n(x-x_0)^n$，$n=1,2,\cdots$，其中 $a_n(n=0,1,2,\cdots)$ 为常数，则 $\sum_{n=0}^{\infty} u_n(x)=a_0+\sum_{n=1}^{\infty} a_n(x-x_0)^n$，也可记成 $\sum_{n=0}^{\infty} a_n(x-x_0)^n$，即

$$\sum_{n=0}^{\infty} a_n(x-x_0)^n=a_0+a_1(x-x_0)+a_2(x-x_0)^2+\cdots+a_n(x-x_0)^n+\cdots,$$

称为关于 $x-x_0$ 的**幂级数**. 令 $t=x-x_0$，并将 $t$ 仍记为 $x$，则有 $\sum_{n=0}^{\infty} a_n x^n$，因此不失一般性，我们仅讨论这个形式的幂级数.

显然，当 $x=0$ 时，幂级数 $\sum\limits_{n=0}^{\infty} a_n x^n$ 收敛于 $a_0$．当 $a_n=1(n=0,1,2,\cdots)$ 时，则有 $\sum\limits_{n=0}^{\infty} a_n x^n=\sum\limits_{n=0}^{\infty} x^n$，这是几何级数．令 $x=\frac{1}{2}$，则幂级数 $\sum\limits_{n=0}^{\infty} x^n$ 转化为常数项级数 $\sum\limits_{n=0}^{\infty}\frac{1}{2^n}$，由等比级数的性质知，该级数收敛，且和为2；令 $x=2$，则幂级数转化为 $\sum\limits_{n=0}^{\infty} 2^n$，显然该级数发散．一般地，当 $|x|<1$ 时，幂级数 $\sum\limits_{n=0}^{\infty} x^n$ 收敛，且和为 $\frac{1}{1-x}$；当 $|x|\geqslant 1$ 时，幂级数 $\sum\limits_{n=0}^{\infty} x^n$ 发散．

**1. 幂级数的收敛域**

一般地，对于幂级数 $\sum\limits_{n=0}^{\infty} a_n x^n$，当给 $x$ 以确定的值，如 $x=x_0$，则幂级数为一个常数项级数 $\sum\limits_{n=0}^{\infty} a_n x_0^n$．若这个常数项级数收敛，则称 $x_0$ 为幂级数的收敛点；若这个常数项级数发散，则称 $x_0$ 为幂级数的发散点．幂级数 $\sum\limits_{n=0}^{\infty} a_n x^n$ 的收敛点的全体称为收敛域．对于收敛域上的任一点 $x$，幂级数都称为一个收敛的常数项级数，因而有一个确定的和．因此，收敛域上幂级数 $\sum\limits_{n=0}^{\infty} a_n x^n$ 的和是 $x$ 的函数，记作 $S(x)$，即

$$S(x)=\sum_{n=0}^{\infty} a_n x^n.$$

称 $S(x)$ 为幂级数 $\sum\limits_{n=0}^{\infty} a_n x^n$ 的和函数，和函数的定义域就是幂级数 $\sum\limits_{n=0}^{\infty} a_n x^n$ 的收敛域．

例如，幂级数 $\sum\limits_{n=0}^{\infty} x^n$ 当 $|x|<1$ 时收敛，当 $|x|\geqslant 1$ 时发散，因此，它的收敛域是区间 $(-1,1)$，这是一个以点 $x=0$ 为中心的区间．该幂级数的和函数是 $\frac{1}{1-x}$，其中 $-1<x<1$，也写作

$$1+x+x^2+\cdots+x^n+\cdots=\frac{1}{1-x},\quad -1<x<1.$$

对于一般的幂级数 $\sum\limits_{n=0}^{\infty} a_n x^n$，显然点 $x=0$ 是它的一个收敛点，因为在该点处幂级数只含有一项 $a_0$，其余各项都是0，故在点 $x=0$ 处，幂级数的和 $S$ 等于 $a_0$．除了点 $x=0$ 外，还有哪些点是收敛点呢？我们有下面的定理．

**定理1[阿贝尔(Abel)收敛定理]**　已知幂级数 $\sum\limits_{n=0}^{\infty} a_n x^n$ 满足

$$\lim_{n\to\infty}\left|\frac{a_{n+1}}{a_n}\right|=\rho,$$

则有以下结论成立．

(1) 若 $\rho=0$，则对任一 $x$，幂级数 $\sum\limits_{n=0}^{\infty} a_n x^n$ 都绝对收敛．

(2) 若 $0<\rho<+\infty$，当 $|x|<\dfrac{1}{\rho}$ 时，幂级数 $\sum\limits_{n=0}^{\infty} a_n x^n$ 绝对收敛；当 $|x|>\dfrac{1}{\rho}$ 时，幂级数 $\sum\limits_{n=0}^{\infty} a_n x^n$ 发散.

(3) 若 $\rho=+\infty$，则幂级数在 $x\neq 0$ 时都发散.

**证**　要证幂级数 $\sum\limits_{n=0}^{\infty} a_n x^n$ 绝对收敛，只需验证正项级数 $\sum\limits_{n=0}^{\infty} |a_n x^n|$ 收敛.

取 $u_n=|a_n x^n|$，则有

$$\lim_{n\to\infty}\frac{u_{n+1}}{u_n}=\lim_{n\to\infty}\frac{|a_{n+1}x^{n+1}|}{|a_n x^n|}=\lim_{n\to\infty}\left|\frac{a_{n+1}}{a_n}\right||x|=\rho|x|.$$

(1) 若 $\rho=0$，则对任一 $x$，有

$$\lim_{n\to\infty}\frac{u_{n+1}}{u_n}=\lim_{n\to\infty}\frac{|a_{n+1}x^{n+1}|}{|a_n x^n|}=0<1,$$

由正项级数的比值审敛定理可知，级数 $\sum\limits_{n=0}^{\infty}|a_n x^n|$ 收敛，从而对任一 $x$，幂级数 $\sum\limits_{n=0}^{\infty} a_n x^n$ 都绝对收敛.

(2) 若 $0<\rho<+\infty$，当 $\rho|x|<1$，即 $|x|<\dfrac{1}{\rho}$ 时，$\lim\limits_{n\to\infty}\dfrac{u_{n+1}}{u_n}<1$，幂级数 $\sum\limits_{n=0}^{\infty} a_n x^n$ 绝对收敛；而当 $\rho|x|>1$，即 $|x|>\dfrac{1}{\rho}$ 时，$\lim\limits_{n\to\infty}\dfrac{u_{n+1}}{u_n}>1$，从而幂级数 $\sum\limits_{n=0}^{\infty} a_n x^n$ 发散.

(3) 若 $\rho=+\infty$，则对于 $x\neq 0$，$\lim\limits_{n\to\infty}\dfrac{u_{n+1}}{u_n}=\rho|x|=+\infty$，故级数在 $x\neq 0$ 的所有点都是发散的，即仅在 $x=0$ 一点处收敛.

由这个定理可以看出，当 $0<\rho<+\infty$ 时，幂级数 $\sum\limits_{n=0}^{\infty} a_n x^n$ 在开区间 $\left(-\dfrac{1}{\rho},\ \dfrac{1}{\rho}\right)$ 内绝对收敛，自然是收敛的；在 $\left(-\infty,\ -\dfrac{1}{\rho}\right)\cup\left(\dfrac{1}{\rho},\ +\infty\right)$ 内发散；在 $x=-\dfrac{1}{\rho}$ 和 $x=\dfrac{1}{\rho}$ 两点处，级数可能收敛，也可能发散，这两点是幂级数收敛点和发散点的分界点，这两点到原点的距离都是 $\dfrac{1}{\rho}$. 令 $R=\dfrac{1}{\rho}$，称 $R$ 为幂级数的**收敛半径**(见图 8-2).

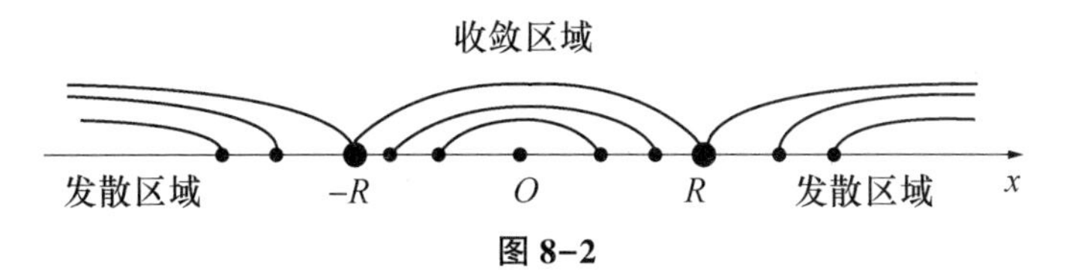


**图 8-2**

$(-R,\ R)$ 称为幂级数的收敛区间，而幂级数的收敛域必为下列区间之一：

$$[-R,\ R],\ [-R,\ R),\ (-R,\ R],\ (-R,\ R).$$

当 $\rho=0$ 时，幂级数处处都收敛，规定收敛半径 $R=+\infty$.

当 $\rho=+\infty$ 时，幂级数仅在原点收敛，规定收敛半径 $R=0$.

**定理 2**　已知幂级数 $\sum\limits_{n=0}^{\infty} a_n x^n$，若

$$\lim_{n\to\infty}\left|\frac{a_{n+1}}{a_n}\right| = \rho,$$

则幂级数 $\sum\limits_{n=0}^{\infty} a_n x^n$ 的收敛半径

$$R=\begin{cases}\dfrac{1}{\rho}, & \rho \neq 0,\\ +\infty, & \rho = 0,\\ 0, & \rho = +\infty.\end{cases}$$

**例 2**　求下列幂级数的收敛域.

(1) $\sum\limits_{n=1}^{\infty}(-1)^n \dfrac{x^n}{n}$.　　(2) $\sum\limits_{n=1}^{\infty}(-nx)^n$.

(3) $\sum\limits_{n=1}^{\infty}\dfrac{x^n}{n!}$.　　(4) $\sum\limits_{n=1}^{\infty}\dfrac{3^n}{\sqrt{n}}x^n$.

(5) $\sum\limits_{n=1}^{\infty}\dfrac{5^n}{n^2}x^n$.　　(6) $\sum\limits_{n=1}^{\infty}(-1)^n\dfrac{2^n}{\sqrt{n}}\left(x-\dfrac{1}{2}\right)^n$.

**解**　(1) $\rho=\lim\limits_{n\to\infty}\left|\dfrac{a_{n+1}}{a_n}\right|=\lim\limits_{n\to\infty}\dfrac{\frac{1}{n+1}}{\frac{1}{n}}=\lim\limits_{n\to\infty}\dfrac{n}{n+1}=1$，所以收敛半径 $R=1$.

当 $x=1$ 时，级数成为 $\sum\limits_{n=1}^{\infty}\dfrac{(-1)^n}{n}=-1+\dfrac{1}{2}-\dfrac{1}{3}+\dfrac{1}{4}-\cdots+(-1)^n\dfrac{1}{n}+\cdots$，该级数是收敛的交错级数.

当 $x=-1$ 时，级数成为 $\sum\limits_{n=1}^{\infty}\dfrac{1}{n}=1+\dfrac{1}{2}+\dfrac{1}{3}+\cdots+\dfrac{1}{n}+\cdots$，该级数是调和级数，发散.

故所求收敛域为 $(-1,1]$.

(2) $\rho=\lim\limits_{n\to\infty}\left|\dfrac{a_{n+1}}{a_n}\right|=\lim\limits_{n\to\infty}\left|\dfrac{(-n-1)^{n+1}}{(-n)^n}\right|=\lim\limits_{n\to\infty}\left(\dfrac{n+1}{n}\right)^n(n+1)=+\infty$，故收敛半径 $R=0$，即题设级数只在 $x=0$ 处收敛.

(3) $\rho=\lim\limits_{n\to\infty}\left|\dfrac{a_{n+1}}{a_n}\right|=\lim\limits_{n\to\infty}\dfrac{\frac{1}{(n+1)!}}{\frac{1}{n!}}=\lim\limits_{n\to\infty}\dfrac{1}{n+1}=0$，故收敛半径 $R=+\infty$，所求收敛域为 $(-\infty,+\infty)$.

(4) $\rho=\lim\limits_{n\to\infty}\left|\dfrac{a_{n+1}}{a_n}\right|=\lim\limits_{n\to\infty}\dfrac{\frac{3^{n+1}}{\sqrt{n+1}}}{\frac{3^n}{\sqrt{n}}}=3$，所以 $R=\dfrac{1}{3}$. 当 $x=-\dfrac{1}{3}$ 时，级数成为 $\sum\limits_{n=1}^{\infty}\dfrac{(-1)^n}{\sqrt{n}}$，该

级数为交错级数，满足莱布尼茨定理条件，故该级数收敛. 当 $x=\frac{1}{3}$ 时，级数成为 $\sum_{n=1}^{\infty}\frac{1}{\sqrt{n}}$，该级数为 $p$ 级数，$p=\frac{1}{2}<1$，故级数发散. 从而所求收敛域为 $\left[-\frac{1}{3},\ \frac{1}{3}\right)$.

(5) $\rho=\lim\limits_{n\to\infty}\left|\frac{a_{n+1}}{a_n}\right|=\lim\limits_{n\to\infty}\frac{\frac{5^{n+1}}{(n+1)^2}}{\frac{5^n}{n^2}}=5$，所以 $R=\frac{1}{5}$.

当 $x=-\frac{1}{5}$ 时，级数成为 $\sum_{n=1}^{\infty}\frac{(-1)^n}{n^2}$，该级数收敛.

当 $x=\frac{1}{5}$ 时，级数成为 $\sum_{n=1}^{\infty}\frac{1}{n^2}$，该级数收敛.

故所求收敛域为 $\left[-\frac{1}{5},\ \frac{1}{5}\right]$.

(6) 令 $t=x-\frac{1}{2}$，题设级数化为 $\sum_{n=1}^{\infty}(-1)^n\frac{2^n}{\sqrt{n}}t^n$，因为 $\rho=\lim\limits_{n\to\infty}\left|\frac{a_{n+1}}{a_n}\right|=\lim\limits_{n\to\infty}\frac{2^{n+1}}{\sqrt{n+1}}\cdot\frac{\sqrt{n}}{2^n}=2$，所以收敛半径 $R=\frac{1}{2}$，故 $|t|<\frac{1}{2}$，即 $0<x<1$.

当 $x=0$ 时，级数成为 $\sum_{n=1}^{\infty}\frac{1}{\sqrt{n}}$，该级数发散；当 $x=1$ 时，级数成为 $\sum_{n=1}^{\infty}\frac{(-1)^n}{\sqrt{n}}$，该级数收敛. 从而所求收敛域为 $(0,\ 1]$.

**例 3**　求下列幂级数的收敛域.

(1) $\sum_{n=1}^{\infty}(-1)^{n-1}2^n x^{2n-1}$.　　　(2) $\sum_{n=1}^{\infty}\frac{3^n+(-2)^n}{n}(x+1)^n$.

**解**　(1) 该级数为缺项级数，不能用定理 2，需直接用比值法(或根值法)判别.

$$\lim_{n\to\infty}\left|\frac{u_{n+1}(x)}{u_n(x)}\right|=\lim_{n\to\infty}\left|\frac{(-1)^n 2^{n+1}x^{2n+1}}{(-1)^{n-1}2^n x^{2n-1}}\right|=2|x|^2,$$

当 $2|x|^2<1$，即 $|x|<\frac{1}{\sqrt{2}}$ 时，级数收敛；

当 $|x|\geqslant\frac{1}{\sqrt{2}}$ 时，$|u_n(x)|=2^n|x|^{2n-1}\geqslant 2^n\left(\frac{1}{\sqrt{2}}\right)^{2n-1}=\sqrt{2}$，即 $\lim\limits_{n\to\infty}|u_n(x)|\neq 0$，也即 $\lim\limits_{n\to\infty}u_n(x)\neq 0$，级数发散.

因此，原级数的收敛域为 $\left(-\frac{1}{\sqrt{2}},\ \frac{1}{\sqrt{2}}\right)$.

(2) $\rho=\lim\limits_{n\to\infty}\left|\frac{a_{n+1}}{a_n}\right|=\lim\limits_{n\to\infty}\frac{\frac{3^{n+1}+(-2)^{n+1}}{n+1}}{\frac{3^n+(-2)^n}{n}}=3$，故 $R=\frac{1}{3}$.

当 $x+1=-\frac{1}{3}$，即 $x=-\frac{4}{3}$时，级数成为

$$\sum_{n=1}^{\infty}\frac{3^n+(-2)^n}{n}\left(-\frac{1}{3}\right)^n=\sum_{n=1}^{\infty}\left[\frac{(-1)^n}{n}+\frac{1}{n}\left(\frac{2}{3}\right)^n\right], \tag{*}$$

由于$\sum\limits_{n=1}^{\infty}\frac{(-1)^n}{n}$与$\sum\limits_{n=1}^{\infty}\frac{1}{n}\left(\frac{2}{3}\right)^n$均收敛，故(＊)收敛.

当 $x+1=\frac{1}{3}$，即 $x=-\frac{2}{3}$时，级数成为

$$\sum_{n=1}^{\infty}\frac{3^n+(-2)^n}{n}\left(\frac{1}{3}\right)^n=\sum_{n=1}^{\infty}\left[\frac{1}{n}+\frac{(-1)^n}{n}\left(\frac{2}{3}\right)^n\right], \tag{**}$$

由于$\sum\limits_{n=1}^{\infty}\frac{1}{n}$发散，$\sum\limits_{n=1}^{\infty}\frac{(-1)^n}{n}\left(\frac{2}{3}\right)^n$收敛，故(＊＊)发散.

因此，原级数的收敛域为$\left[-\frac{4}{3},\ -\frac{2}{3}\right)$.

**2. 幂级数的运算与和函数**

关于幂级数的运算和性质，我们不加证明地给出以下各定理.

**定理 3(代数运算)**　设幂级数

$$a_0+a_1x+a_2x^2+\cdots+a_nx^n+\cdots,$$
$$b_0+b_1x+b_2x^2+\cdots+b_nx^n+\cdots$$

的收敛区间分别为$(-R_1,\ R_1)$和$(-R_2,\ R_2)$，其和函数分别为$f(x)$与$g(x)$，即

$$\sum_{n=0}^{\infty}a_nx^n=f(x),\quad x\in(-R_1,\ R_1),$$
$$\sum_{n=0}^{\infty}b_nx^n=g(x),\quad x\in(-R_2,\ R_2),$$

设 $R=\min\{R_1,\ R_2\}$，则在$(-R,\ R)$上，两个幂级数可以做加法、减法及乘法运算：

$$\sum_{n=0}^{\infty}a_nx^n\pm\sum_{n=0}^{\infty}b_nx^n=\sum_{n=0}^{\infty}(a_n\pm b_n)x^n=f(x)\pm g(x),\ x\in(-R,\ R),$$

$$\left(\sum_{n=0}^{\infty}a_nx^n\right)\left(\sum_{n=0}^{\infty}b_nx^n\right)=a_0b_0+(a_0b_1+a_1b_0)x+(a_0b_2+a_1b_1+a_2b_0)x^2+\cdots+$$
$$(a_0b_n+a_1b_{n-1}+\cdots+a_nb_0)x^n+\cdots,\ x\in(-R,\ R).$$

可以看出，两个幂级数的加减乘运算与两个多项式的相应运算完全相同. 除了代数运算，幂级数在收敛域内还可以进行微分和积分运算.

**定理 4(和函数的连续性)**　设幂级数$\sum\limits_{n=0}^{\infty}a_nx^n$的收敛域为区间 $I$，则它的和函数 $S(x)$在收敛域 $I$ 上是连续的.

例如，幂函数$\sum\limits_{n=0}^{\infty}x^n$的收敛域为$|x|<1$，且和函数$S(x)=\frac{1}{1-x}$，即

$$\frac{1}{1-x}=1+x+x^2+\cdots+x^n+\cdots,\ x\in(-1,\ 1), \tag{1}$$

易知和函数 $S(x)=\frac{1}{1-x}$在收敛域$(-1,\ 1)$上是连续的.

**定理 5(和函数的可导性)** 设幂级数 $\sum_{n=0}^{\infty} a_n x^n$ 的收敛半径为 $R(R>0)$，则其和函数 $S(x)$ 在收敛区间 $(-R, R)$ 内可导，且有逐项求导公式

$$S'(x)=\left(\sum_{n=0}^{\infty} a_n x^n\right)'=\sum_{n=0}^{\infty}(a_n x^n)'=\sum_{n=1}^{\infty} n a_n x^{n-1}, \quad x\in(-R, R).$$

逐项求导后所得到的幂级数的收敛半径仍为 $R$.

把式(1)两端逐项求导，得

$$\frac{1}{(1-x)^2}=1+2x+3x^2+\cdots+nx^{n-1}+\cdots,$$

易知右端级数的收敛半径 $R=1$，在 $x=\pm1$ 处级数发散，故收敛域为 $(-1, 1)$.

**定理 6(和函数的可积性)** 设幂级数 $\sum_{n=0}^{\infty} a_n x^n$ 的收敛半径为 $R(R>0)$，则其和函数 $S(x)$ 在收敛区间 $(-R, R)$ 内可积，且有逐项求积公式

$$\int_0^x S(x)\,\mathrm{d}x=\int_0^x\left(\sum_{n=0}^{\infty} a_n x^n\right)\mathrm{d}x=\sum_{n=0}^{\infty}\int_0^x a_n x^n\,\mathrm{d}x=\sum_{n=0}^{\infty}\frac{a_n}{n+1}x^{n+1}, \quad x\in(-R, R).$$

把式(1) 两端逐项积分，得

$$\int_0^x \frac{1}{1-x}\mathrm{d}x=\int_0^x(1+x+x^2+\cdots+x^n+\cdots)\,\mathrm{d}x,$$

即

$$-\ln(1-x)=x+\frac{x^2}{2}+\frac{x^3}{3}+\cdots+\frac{x^{n+1}}{n+1}+\cdots,$$

从而级数 $\sum_{n=0}^{\infty}\frac{x^{n+1}}{n+1}$ 的和函数为 $-\ln(1-x)$.

**例 4** 求下列幂级数的收敛域及和函数.

(1) $\sum_{n=1}^{\infty}\frac{x^n}{n}$.　　(2) $\sum_{n=1}^{\infty} nx^n$.

(3) $\sum_{n=1}^{\infty}(-1)^{n-1}\frac{x^n}{n}$.　　(4) $\sum_{n=0}^{\infty}\frac{x^n}{n!}$.

(5) $\sum_{n=1}^{\infty}\frac{n}{n+1}x^n$.

**解** (1) $\rho=\lim\limits_{n\to\infty}\left|\frac{a_{n+1}}{a_n}\right|=\lim\limits_{n\to\infty}\frac{\frac{1}{n+1}}{\frac{1}{n}}=\lim\limits_{n\to\infty}\frac{n}{n+1}=1$，所以 $R=1$.

易知在 $x=-1$ 处，级数收敛；在 $x=1$ 处，级数发散，故级数的收敛域为 $[-1, 1)$.

设和函数为 $S(x)$，则

$$\begin{aligned}S(x)&=\sum_{n=1}^{\infty}\frac{x^n}{n}=\sum_{n=1}^{\infty}\int_0^x x^{n-1}\,\mathrm{d}x\\&=\int_0^x\sum_{n=1}^{\infty}x^{n-1}\,\mathrm{d}x=\int_0^x\frac{1}{1-x}\mathrm{d}x=-\ln(1-x), \quad x\in[-1, 1).\end{aligned}$$

(2) $\rho=\lim\limits_{n\to\infty}\left|\dfrac{a_{n+1}}{a_n}\right|=\lim\limits_{n\to\infty}\dfrac{n+1}{n}=1$，所以 $R=1$.

易知在 $x=-1$ 和 $x=1$ 处，级数均发散，故级数的收敛域为 $(-1,\ 1)$.

设和函数为 $S(x)$，则

$$S(x)=\sum_{n=1}^{\infty}nx^n=x\sum_{n=1}^{\infty}nx^{n-1}=x\sum_{n=1}^{\infty}(x^n)'$$
$$=x\left(\sum_{n=1}^{\infty}x^n\right)'=x\left(\frac{x}{1-x}\right)'=\frac{x}{(1-x)^2},\ x\in(-1,\ 1).$$

(3) $\rho=\lim\limits_{n\to\infty}\left|\dfrac{a_{n+1}}{a_n}\right|=\lim\limits_{n\to\infty}\dfrac{n}{n+1}=1$，所以 $R=1$.

易知在 $x=-1$ 处，级数发散；在 $x=1$ 处，级数收敛，故级数的收敛域为 $(-1,\ 1]$.

设和函数为 $S(x)$，即

$$S(x)=x-\frac{x^2}{2}+\frac{x^3}{3}-\frac{x^4}{4}+\cdots+(-1)^{n-1}\frac{x^n}{n}+\cdots,$$

显然 $S(0)=0$，且

$$S'(x)=1-x+x^2-x^3+\cdots+(-1)^{n-1}x^{n-1}+\cdots=\frac{1}{1+x}(-1<x<1),$$

由积分公式 $\int_0^x S'(x)\mathrm{d}x=S(x)-S(0)$，得

$$S(x)=S(0)+\int_0^x S'(x)\mathrm{d}x=\int_0^x\frac{1}{1+x}\mathrm{d}x=\ln(1+x),$$

因题设级数在 $x=1$ 时收敛，所以

$$\sum_{n=1}^{\infty}(-1)^{n-1}\frac{x^n}{n}=\ln(1+x),\ x\in(-1,\ 1].$$

(4) $\rho=\lim\limits_{n\to\infty}\left|\dfrac{a_{n+1}}{a_n}\right|=\lim\limits_{n\to\infty}\dfrac{\frac{1}{(n+1)!}}{\frac{1}{n!}}=\lim\limits_{n\to\infty}\dfrac{1}{n+1}=0$，所以 $R=+\infty$，级数的收敛域为 $(-\infty,\ +\infty)$.

当 $x\in(-\infty,\ +\infty)$ 时，记 $S(x)=\sum\limits_{n=0}^{\infty}\dfrac{x^n}{n!}$，则

$$S'(x)=\left(\sum_{n=0}^{\infty}\frac{x^n}{n!}\right)'=\sum_{n=0}^{\infty}\left(\frac{x^n}{n!}\right)'=\sum_{n=1}^{\infty}\frac{x^{n-1}}{(n-1)!}=\sum_{n=0}^{\infty}\frac{x^n}{n!}=S(x).$$

由 $\int\dfrac{S'(x)}{S(x)}\mathrm{d}x=\int\mathrm{d}x$ 知

$$\ln S(x)=x+C,$$

由 $S(0)=1$ 得 $S(x)=\mathrm{e}^x$，因此

$$\sum_{n=0}^{\infty}\frac{x^n}{n!}=\mathrm{e}^x,\quad x\in(-\infty,\ +\infty).$$

(5) $\rho=\lim\limits_{n\to\infty}\left|\dfrac{a_{n+1}}{a_n}\right|=\lim\limits_{n\to\infty}\dfrac{\frac{n+1}{n+2}}{\frac{n}{n+1}}=1$，所以 $R=1$.

易知在 $x=-1$ 和 $x=1$ 处，级数均发散，故级数的收敛域为 $(-1,\ 1)$.

设和函数为 $S(x)$，则

$$S(x)=\sum_{n=1}^{\infty}\frac{n}{n+1}x^n=x\sum_{n=1}^{\infty}\frac{nx^{n-1}}{n+1}=x\sum_{n=1}^{\infty}\frac{(x^n)'}{n+1}=x\left(\sum_{n=1}^{\infty}\frac{x^n}{n+1}\right)'=x\left(\frac{1}{x}\sum_{n=1}^{\infty}\frac{x^{n+1}}{n+1}\right)'(x\neq 0)$$

$$=x\left(\frac{1}{x}\sum_{n=1}^{\infty}\int_0^x x^n\mathrm{d}x\right)'=x\left(\frac{1}{x}\int_0^x\sum_{n=1}^{\infty}x^n\mathrm{d}x\right)'=x\left(\frac{1}{x}\int_0^x\frac{x}{1-x}\mathrm{d}x\right)'$$

$$=x\left[\frac{1}{x}(-x-\ln(1-x))\right]'=x\left[-1-\frac{\ln(1-x)}{x}\right]'$$

$$=\frac{1}{1-x}+\frac{1}{x}\ln(1-x),\ x\in(-1,\ 0)\cup(0,\ 1),\ S(0)=0.$$

*例 5**　求幂级数 $\sum\limits_{n=1}^{\infty}n2^{\frac{n}{2}}x^{3n-1}$ 的收敛域及和函数.

**解**　该级数为缺项级数，直接用比值法判别.

$$\lim_{n\to\infty}\left|\frac{u_{n+1}(x)}{u_n(x)}\right|=\lim_{n\to\infty}\left|\frac{(n+1)2^{\frac{n+1}{2}}x^{3n+2}}{n2^{\frac{n}{2}}x^{3n-1}}\right|=\sqrt{2}\,|x|^3,$$

当 $\sqrt{2}\,|x|^3<1$，即 $|x|<\frac{1}{\sqrt[6]{2}}$ 时，级数绝对收敛；

当 $|x|\geqslant\frac{1}{\sqrt[6]{2}}$ 时，$\lim\limits_{n\to\infty}|u_n(x)|\neq 0$，级数发散.

当 $x\in\left(-\frac{1}{\sqrt[6]{2}},\ \frac{1}{\sqrt[6]{2}}\right)$ 时，设和函数为 $S(x)$，则

$$S(x)=\sum_{n=1}^{\infty}n2^{\frac{n}{2}}x^{3n-1}=\frac{1}{3}\sum_{n=1}^{\infty}2^{\frac{n}{2}}(3nx^{3n-1})=\frac{1}{3}\sum_{n=1}^{\infty}(\sqrt{2})^n(x^{3n})'$$

$$=\frac{1}{3}\left[\sum_{n=1}^{\infty}(\sqrt{2}x^3)^n\right]'=\frac{1}{3}\left(\frac{\sqrt{2}x^3}{1-\sqrt{2}x^3}\right)'=\frac{\sqrt{2}x^2}{(1-\sqrt{2}x^3)^2}.$$

## 三、函数展开成幂级数

设幂级数 $\sum\limits_{n=0}^{\infty}a_nx^n$ 的收敛半径为 $R$，和函数为 $S(x)$，即

$$S(x)=\sum_{n=0}^{\infty}a_nx^n,\quad x\in(-R,\ R).$$

上式表明：

(1) $S(x)$ 是幂级数 $\sum\limits_{n=0}^{\infty}a_nx^n$ 的和函数；

(2) 函数 $S(x)$ 可以写成幂级数这样一种形式的表达式，从而可以利用这一表达式来研究函数 $S(x)$；

(3) $n$ 次多项式

$$P_n(x)=a_0+a_1x+a_2x^2+\cdots+a_nx^n$$

是该幂级数的前 $n+1$ 项部分和，由级数收敛的概念，应有

$$\lim_{n\to\infty} P_n(x)=S(x),\ x\in(-R,\ R),$$

从而当 $|x|<R$ 时，有

$$S(x)\approx P_n(x).$$

这即是用多项式近似表达函数.

现在给定函数 $f(x)$，要寻求一个幂级数，使它的和函数恰为 $f(x)$，这一问题称为把函数 $f(x)$ 展开成幂级数. 现设存在幂级数 $\sum\limits_{n=0}^{\infty} a_n x^n$ 在 $(-r,\ r)$ 内的和函数 $f(x)$，即

$$f(x)=\sum_{n=0}^{\infty} a_n x^n,\quad x\in(-r,\ r),\tag{2}$$

则称 $f(x)$ 在 $x=0$ 处**可展开成幂级数**，且式(2)右端的幂级数称为函数在点 $x=0$ 处的**幂级数展开式**.

现在我们考察幂级数的系数 $a_n(n=1,\ 2,\ \cdots)$ 的表达式. 根据幂级数的和函数的性质可知，当式(2)成立时，在 $(-r,\ r)$ 内 $f(x)$ 有任意阶导数，且

$$f^{(k)}(x)=\sum_{n=k}^{\infty} n(n-1)\cdots(n-k+1)a_n x^{n-k},$$

于是

$$f(0)=a_0,\ f'(0)=a_1,\ \cdots,\ f^{(k)}(0)=k!\,a_k,\ \cdots,$$

即有

$$a_k=\frac{1}{k!}f^{(k)}(0),\ k=1,\ 2,\ \cdots.$$

由此可知，如果 $f(x)$ 在 $x=0$ 处可展开成幂级数，那么 $f(x)$ 在 $x=0$ 的邻域内必有任意阶的导数，其展开式必是幂级数

$$f(0)+f'(0)x+\frac{1}{2!}f''(0)x^2+\cdots+\frac{1}{n!}f^{(n)}(0)+\cdots.\tag{3}$$

幂级数(3)称为函数 $f(x)$ 的麦克劳林级数.

反之，设 $f(x)$ 在 $x=0$ 的邻域内有任意阶导数，那么总可以做出 $f(x)$ 的麦克劳林级数. 那么麦克劳林级数的和函数和 $f(x)$ 有什么关系？我们不加证明地给出下面的定理.

**定理 7(初等函数的展开定理)**　设 $f(x)$ 是一个初等函数，且在 $x=0$ 的邻域内有任意阶导数，则 $f(x)$ 在点 $x=0$ 处可展开幂级数，且有展开式

$$f(x)=\sum_{n=0}^{\infty}\frac{1}{n!}f^{(n)}(0)x^n,\quad x\in(-r,\ r).\tag{4}$$

在端点 $x=\pm r$ 处，如果级数收敛且 $f(x)$ 也有定义，则展开式(4)在该端点处也成立.

**例 6**　求函数 $f(x)=e^x$ 的麦克劳林展开式.

**解**　$f^{(n)}(x)=e^x$，$f^{(n)}(0)=1$.

因为 $f(x)=e^x$ 为初等函数，所以

$$e^x=1+x+\frac{1}{2!}x^2+\cdots+\frac{1}{n!}x^n+\cdots.\tag{5}$$

再求级数的收敛半径. 由 $\lim\limits_{n\to\infty}\left|\dfrac{a_{n+1}}{a_n}\right|=\lim\limits_{n\to\infty}\dfrac{1}{n+1}=0$，得 $R=+\infty$. 而 $f(x)=e^x$ 在 $(-\infty,\ +\infty)$ 内有任意阶导数，故式(5)在 $(-\infty,\ +\infty)$ 内成立.

**例 7**　把$f(x)=\sin x$展开成$x$的幂级数.

**解**　这也是求初等函数的麦克劳林展开式.

因为
$$f'(x)=\cos x=\sin\left(x+\frac{\pi}{2}\right),$$
所以
$$f^{(n)}(x)=\sin\left(x+\frac{n\pi}{2}\right)(n=1,\ 2,\ \cdots),\ f^{(n)}(0)=\sin\frac{n\pi}{2}.$$
$f^{(n)}(0)$顺序循环地取0，1，0，-1，…($n$=0，1，2，…)，于是$f(x)$的麦克劳林级数为
$$\sin x=x-\frac{1}{3!}x^3+\frac{1}{5!}x^5-\cdots+(-1)^n\frac{x^{2n+1}}{(2n+1)!}+\cdots.$$
该级数的收敛半径为$R=+\infty$，而$\sin x$在$(-\infty,\ +\infty)$内有任意阶导数，因此，上式在$(-\infty,\ +\infty)$内成立.

我们可以利用幂级数的运算性质，由$\sin x$的展开式
$$\sin x=x-\frac{x^3}{3!}+\frac{x^5}{5!}-\cdots+(-1)^n\frac{x^{2n+1}}{(2n+1)!}+\cdots,\ x\in(-\infty,\ +\infty)$$
逐项求导得$\cos x$的幂级数展式：
$$\cos x=1-\frac{x^2}{2!}+\frac{x^4}{4!}-\cdots+(-1)^n\frac{x^{2n}}{(2n)!}+\cdots,\ x\in(-\infty,\ +\infty).$$

这种利用一些已知的函数展开式，通过幂级数的运算(如四则运算、逐项求导、逐项积分)及变量替换，将所给函数展开成幂级数的方法，称为间接展开法. 而根据初等函数的展开定理，直接根据公式$a_n=\dfrac{1}{n!}f^{(n)}(0)$计算幂级数的系数，求初等函数$f(x)$的幂级数展开式的方法，称为直接展开法.

**例 8**　将函数$f(x)$展开成$x$的幂级数.

(1) $f(x)=\dfrac{1}{1+x}$.　　(2) $f(x)=\dfrac{1}{x^2-x-6}$.

(3) $f(x)=\ln(4-3x-x^2)$.　　(4) $f(x)=\arctan x^2$.

**解**　(1) $f(x)=\dfrac{1}{1+x}$，$f'(x)=(-1)(1+x)^{-2}$，$f''(x)=(-1)(-2)(1+x)^{-3}$，…，
$$f^{(n)}(x)=(-1)(-2)(-3)\cdots(-n)(1+x)^{-n-1}.$$
于是
$$f(0)=1,\ f'(0)=-1,\ f''(0)=(-1)(-2),\ \cdots,$$
$$f^{(n)}(0)=(-1)(-2)(-3)\cdots(-n)=(-1)^n n!.$$
因为$f(x)=\dfrac{1}{1+x}$为初等函数，所以
$$\frac{1}{1+x}=1-x+x^2-\cdots+(-1)^n x^n+\cdots,\ x\in(-1,\ 1).\tag{6}$$

在式(6)中如果用$-x$代替$x$，则得到$\dfrac{1}{1-x}$的幂级数展开式：
$$\frac{1}{1-x}=1+x+x^2+\cdots+x^n+\cdots,\ x\in(-1,\ 1).\tag{7}$$
在式(6)两端从0到$x$积分，可得

$$\ln(1+x)=\sum_{n=0}^{\infty}\frac{(-1)^n}{n+1}x^{n+1}=\sum_{n=1}^{\infty}\frac{(-1)^{n-1}}{n}x^n,\quad x\in(-1,\ 1].$$

(2) $f(x)=\dfrac{1}{(x-3)(x+2)}=\dfrac{1}{5}\left(\dfrac{1}{x-3}-\dfrac{1}{x+2}\right)=\dfrac{1}{5}\left[\left(-\dfrac{1}{3}\right)\dfrac{1}{1-\dfrac{x}{3}}-\dfrac{1}{2}\cdot\dfrac{1}{1+\dfrac{x}{2}}\right]$,

利用展开式(6)和展开式(7)，有

$$\frac{1}{1-\dfrac{x}{3}}=\sum_{n=0}^{\infty}\frac{1}{3^n}x^n,\quad x\in(-3,\ 3),$$

$$\frac{1}{1+\dfrac{x}{2}}=\sum_{n=0}^{\infty}\left(-\frac{1}{2}\right)^n x^n,\quad x\in(-2,\ 2),$$

故

$$\begin{aligned}f(x)&=-\frac{1}{5}\left[\frac{1}{3}\sum_{n=0}^{\infty}\frac{1}{3^n}x^n+\frac{1}{2}\sum_{n=0}^{\infty}\frac{(-1)^n}{2^n}x^n\right]\\&=-\frac{1}{5}\sum_{n=0}^{\infty}\left[\frac{1}{3^{n+1}}+\frac{(-1)^n}{2^{n+1}}\right]x^n,\quad x\in(-2,\ 2).\end{aligned}$$

(3) $f(x)=\ln(4-3x-x^2)=\ln(1-x)(4+x)=\ln(1-x)+\ln(4+x)$.

而

$$\ln(1-x)=\ln[1+(-x)]=(-x)-\frac{(-x)^2}{2}+\frac{(-x)^3}{3}-\cdots(-1\leqslant x<1),$$

$$\begin{aligned}\ln(4+x)&=\ln4\left(1+\frac{x}{4}\right)=\ln4+\ln\left(1+\frac{x}{4}\right)\\&=\ln4+\frac{x}{4}-\frac{1}{2}\cdot\left(\frac{x}{4}\right)^2+\frac{1}{3}\cdot\left(\frac{x}{4}\right)^3-\cdots(-4<x\leqslant4),\end{aligned}$$

所以

$$\begin{aligned}\ln(4-3x-x^2)&=\left(-x-\frac{x^2}{2}-\frac{x^3}{3}-\cdots\right)+\ln4+\frac{x}{4}-\frac{x^2}{2\cdot4^2}+\frac{x^3}{3\cdot4^3}-\cdots\\&=\ln4-\frac{3}{4}x-\frac{17}{32}x^2-\frac{63}{192}x^3-\cdots(-1\leqslant x<1).\end{aligned}$$

(4) $f(x)=\arctan x^2=\displaystyle\int_0^{x^2}\frac{1}{1+t^2}\mathrm{d}t=\int_0^{x^2}\sum_{n=0}^{\infty}(-1)^n t^{2n}\mathrm{d}t$

$$=\sum_{n=0}^{\infty}(-1)^n\int_0^{x^2}t^{2n}\mathrm{d}t=\sum_{n=0}^{\infty}(-1)^n\frac{x^{4n+2}}{2n+1},\quad x\in[-1,\ 1].$$

**例9**　将下列函数展开成 $x-x_0$ 的幂级数(即在点 $x_0$ 处的泰勒级数).

(1) $\ln x$，$x_0=1$.

(2) $\sin x$，$x_0=\dfrac{\pi}{4}$.

**解**　(1) $\ln x=\ln[1+(x-1)]=\displaystyle\sum_{n=0}^{\infty}(-1)^n\frac{(x-1)^{n+1}}{n+1}$,

$$-1<x-1\leqslant1,$$

即

$$0<x\leqslant 2.$$

（2）$\sin x=\sin\left[\frac{\pi}{4}+\left(x-\frac{\pi}{4}\right)\right]=\sin\frac{\pi}{4}\cos\left(x-\frac{\pi}{4}\right)+\cos\frac{\pi}{4}\sin\left(x-\frac{\pi}{4}\right)$

$$=\frac{1}{\sqrt{2}}\left[\cos\left(x-\frac{\pi}{4}\right)+\sin\left(x-\frac{\pi}{4}\right)\right],$$

由于

$$\cos\left(x-\frac{\pi}{4}\right)=1-\frac{1}{2!}\left(x-\frac{\pi}{4}\right)^2+\frac{1}{4!}\left(x-\frac{\pi}{4}\right)^4+\cdots,$$

$$\sin\left(x-\frac{\pi}{4}\right)=\left(x-\frac{\pi}{4}\right)-\frac{1}{3!}\left(x-\frac{\pi}{4}\right)^3+\frac{1}{5!}\left(x-\frac{\pi}{4}\right)^5+\cdots,$$

因此 $\sin x=\frac{1}{\sqrt{2}}\left[1+\left(x-\frac{\pi}{4}\right)-\frac{1}{2!}\left(x-\frac{\pi}{4}\right)^2-\frac{1}{3!}\left(x-\frac{\pi}{4}\right)^3+\cdots\right],\ x\in(-\infty,\ +\infty).$

**[随堂测]**

1. 求 $\sum\limits_{n=1}^{\infty}\frac{(-1)^{n-1}x^{2n-1}}{2n-1}$ 的和函数.

2. 将函数 $f(x)=\arctan\frac{1-2x}{1+2x}$ 展开成 $x$ 的幂级数，并求级数 $\sum\limits_{n=0}^{\infty}\frac{(-1)^n}{2n+1}$ 的和.

扫码看答案

**[知识拓展]**

阿贝尔(Abel，1802—1829)，挪威数学家，出身家境贫困，因而未能受到系统的启蒙教育，启蒙教育得自于他的父亲. 1813 年，年仅 13 岁的阿贝尔进入奥斯陆的一所学校学习. 15 岁时，他幸运地遇到一位优秀数学教师，使他对数学产生了兴趣. 他在老师的指导下攻读高等数学，同时还自学了许多数学大师的著作. 1821 年秋，阿贝尔在一些教授的资助下进入了奥斯陆大学学习.

1825 年大学毕业后，他决定申请经费出国，继续深造. 在德国他结识了一位很有影响的工程师克雷尔，在阿贝尔及朋友的赞助下，克雷尔于 1826 年创办了著名的数学刊物《纯粹与应用数学杂志》. 它的第一卷刊登了 7 篇阿贝尔的文章，头 3 卷共发表了阿贝尔的 22 篇包括方程、无穷级数、椭圆函数等方面的开创性论文. 自此，欧洲大陆数学家开始注意到阿贝尔的工作.

1826 年 7 月，阿贝尔从柏林来到巴黎，遇见了勒让德和柯西等著名数学家，他写了一篇题为“关于一类广泛的超越函数的一个一般性质”的文章，于 1826 年 10 月 30 日提交给法国科学院，当时科学院的秘书傅里叶读了文章的引言，然后委托勒让德和柯西对文章做出评价. 由于这篇文章篇幅长、概念多，生涩难懂，直到 1841 年才获得发表.

1830 年 6 月 28 日，他和雅克比共同获得了法国科学院大奖.

# 习题 8-3

1. 选择题.

(1) 级数$\sum_{n=0}^{\infty}\frac{x^n}{2^n n}$的收敛半径 $R=$(　　).

A. 1　　B. 2　　C. $\frac{1}{2}$　　D. $\infty$

(2) 级数$\sum_{n=0}^{\infty}\frac{2^n}{2+n}x^n$的收敛半径 $R=$(　　).

A. 1　　B. 2　　C. $\frac{1}{2}$　　D. $\infty$

(3) 级数$\sum_{n=0}^{\infty}\frac{x^n}{(2n-1)(2n)}$的收敛域为(　　).

A. $[-1,1]$　　B. $(-1,1)$　　C. $[-1,1)$　　D. $(-\infty,+\infty)$

(4) 幂级数$\sum_{n=0}^{\infty}(x-3)^n$的收敛域是(　　).

A. $(-1,1)$　　B. $(2,4)$　　C. $[2,4]$　　D. $(2,4]$

2. 求下列幂级数的收敛半径与收敛域.

(1) $\sum_{n=1}^{\infty}\frac{x^n}{n^n}$.

(2) $\sum_{n=1}^{\infty}\frac{x^{2n-1}}{2^n}$.

(3) $\sum_{n=1}^{\infty}\frac{x^{3n+1}}{(2n-1)2^n}$.

(4) $\sum_{n=1}^{\infty}n4^{n-1}x^{2n}$.

(5) $\sum_{n=1}^{\infty}\frac{\ln n}{n}x^n$.

(6) $\sum_{n=1}^{\infty}\left[\left(\frac{1}{2}\right)^n+4^n\right]x^n$.

(7) $\sum_{n=1}^{\infty}(-1)^n\frac{x^n}{n^2}$.

(8) $\sum_{n=1}^{\infty}\frac{x^n}{(2n)!!}$.

(9) $\sum_{n=1}^{\infty}\frac{2^n}{n^2+1}x^n$.

(10) $\sum_{n=1}^{\infty}\frac{x^n}{n\cdot 3^n}$.

(11) $\sum_{n=1}^{\infty}(-1)^n\frac{x^{2n+1}}{2n+1}$.

(12) $\sum_{n=1}^{\infty}\frac{2n-1}{2^n}x^{2n-2}$.

3. 求下列幂级数的收敛半径与收敛域.

(1) $\sum_{n=1}^{\infty}\frac{1}{n^p}(x-1)^n(p>0)$.

(2) $\sum_{n=1}^{\infty}\frac{2^{2n-1}}{n\sqrt{n}}(x+1)^n$.

(3) $\sum_{n=1}^{\infty}\frac{(x-5)^n}{\sqrt{n}}$.

(4) $\sum_{n=0}^{\infty}2^n(x+a)^{2n}$.

(5) $\sum_{n=0}^{\infty}\frac{(x-a)^{3n}}{(3n)!}$.

(6) $\sum_{n=1}^{\infty}\frac{3^n+(-2)^n}{n}(x+1)^n$.

(7) $\sum_{n=1}^{\infty}\frac{x^n}{a^n+b^n}(a>0,\ b>0)$.　　(8) $\sum_{n=1}^{\infty}\left(\frac{a^n}{n}+\frac{b^n}{n^2}\right)x^n(a>0,\ b>0)$.

4. 求下列幂级数的和函数.

(1) $\sum_{n=0}^{\infty}\frac{x^{4n+1}}{4n+1}$.　　(2) $\sum_{n=1}^{\infty}nx^{n-1}$.

(3) $\sum_{n=1}^{\infty}\frac{x^n}{n\cdot 4^n}$.　　(4) $\sum_{n=2}^{\infty}\frac{x^n}{(n-1)n}$.

(5) $\sum_{n=1}^{\infty}\frac{2n-1}{2^n}x^{2n-2}$.　　(6) $\sum_{n=1}^{\infty}(2n+1)x^n$.

(7) $\sum_{n=1}^{\infty}\frac{n(n+1)}{2}x^{n-1}$.　　(8) $\sum_{n=1}^{\infty}(-1)^{n+1}\frac{x^n}{n(n+1)}$.

5. 写出下列函数的佩皮亚诺型余项的麦克劳林公式.

(1) $f(x)=e^{3x}$.　　(2) $f(x)=2\sin x\cdot\cos x$.

(3) $f(x)=\sqrt{1+x}$.　　(4) $f(x)=\ln(1-x^2)$.

6. 将下列函数展开成关于 $x$ 的幂级数，并指出展开式成立的区间.

(1) $a^x$.　　(2) $e^{-x^2}$.

(3) $\frac{1}{x^2-3x+2}$.　　(4) $\frac{1}{1+x^2}$.

(5) $\ln(1+x)$.　　(6) $\frac{1}{(1-x)^2}$.

(7) $\cos^2 x$.　　(8) $\frac{x^4}{1-x}$.

(9) $\frac{x}{1-x^2}$.　　(10) $\frac{x}{4+x^2}$.

(11) $(x+1)[\ln(1+x)-1]$.　　(12) $\arctan\frac{4+x^2}{4-x^2}$.

(13) $\ln\frac{1+x}{1-x}$.

7. 将下列函数展开成 $x-x_0$ 的幂级数(即在点 $x_0$ 处的泰勒级数)，并指出展开式成立的区间.

(1) $\frac{1}{x^2+4x+3}$，$x_0=1$.　　(2) $\sqrt{x}$，$x_0=1$.

(3) $\frac{1}{x^2}$，$x_0=1$.　　(4) $\ln\frac{x}{1+x}$，$x_0=1$.

(5) $\frac{1}{2-x}$，$x_0=-2$.　　(6) $e^x$，$x_0=-1$.

# 第四节　傅里叶级数

[课前导读]

在自然界和工程技术中，周期现象是很多的，如单摆的摆动、蒸汽机活塞的往复运动、交流电的电流和电压等，这些现象都可用时间 $t$ 的周期函数来描述.

比如，单摆在振幅很小时的摆动(简谐振动)可用正弦函数 $y=A\sin(\omega t+\varphi)$ 来描述，其中 $A$ 为振幅，$\omega$ 为角频率，$t$ 为时间，$\varphi$ 为初相角，它的周期为 $T=\dfrac{2\pi}{\omega}$.

又如，交流电的电流强度 $I$ 随时间变化的关系为 $I=I_0\sin(\omega t+\varphi)$. 还有些非正弦的周期函数，如电学中的矩形波、锯齿形波等.

如何深入研究这些非正弦的周期函数呢?

前一节介绍了将函数展开成幂级数的方法，那么能否将一个周期函数展开成一个三角级数呢? 所谓三角级数，即级数中的每一项皆为三角函数. 而三角函数是周期函数，也就是说，能否将一个较复杂的周期现象(振动)看成(分解成)许多简谐振动的叠加，即

$$f(x) \doteq A_0 + \sum_{n=1}^{\infty} A_n \sin(n\omega t + \varphi_n),$$

其中 $A_0, A_n, \varphi_n (n=1, 2, \cdots)$ 均为常数.

为了以后讨论方便，上面函数项级数的一般项可表示为

$$A_n \sin(n\omega t+\varphi_n)=A_n \sin\varphi_n \cos n\omega t+A_n \cos\varphi_n \sin n\omega t.$$

若记 $\dfrac{a_0}{2}=A_0$，$a_n=A_n\sin\varphi_n$，$b_n=A_n\cos\varphi_n$，$\omega=\dfrac{\pi}{l}$，则上述级数就可表示成

$$\frac{a_0}{2} + \sum_{n=1}^{\infty}\left(a_n \cos\frac{n\pi t}{l} + b_n \sin\frac{n\pi t}{l}\right). \qquad (*)$$

此式就称为三角级数，其中 $a_0, a_n, b_n (n=1, 2, \cdots)$ 称为三角级数的系数.

令 $\dfrac{\pi t}{l}=x$，式(*)就成为

$$\frac{a_0}{2} + \sum_{n=1}^{\infty}(a_n \cos nx + b_n \sin nx),$$

这就将以 $2l$ 为周期的三角级数转换成了以 $2\pi$ 为周期的三角级数.

## 一、周期为 $2\pi$ 的函数的傅里叶级数

### 1. 三角函数系

我们称函数系

$$1,\ \cos x,\ \sin x,\ \cos 2x,\ \sin 2x,\ \cdots,\ \cos nx,\ \sin nx,\ \cdots$$

为三角函数系.

由于$\int_{-\pi}^{\pi}1\cdot\cos nx\mathrm{d}x=\frac{1}{n}[\sin nx]_{-\pi}^{\pi}=0$，$\int_{-\pi}^{\pi}1\cdot\sin nx\mathrm{d}x=-\frac{1}{n}[\cos nx]_{-\pi}^{\pi}=0$，

当 $n\neq m$ 时，$\int_{-\pi}^{\pi}\cos mx\cdot\cos nx\mathrm{d}x=\frac{1}{2}\int_{-\pi}^{\pi}[\cos(m+n)x+\cos(m-n)x]\mathrm{d}x$

$$=\frac{1}{2}\left[\frac{\sin(m+n)x}{m+n}+\frac{\sin(m-n)x}{m-n}\right]_{-\pi}^{\pi}=0,$$

$$\int_{-\pi}^{\pi}\cos mx\cdot\sin nx\mathrm{d}x=\frac{1}{2}\int_{-\pi}^{\pi}[\sin(m+n)x-\sin(m-n)x]\mathrm{d}x=0,$$

$$\int_{-\pi}^{\pi}\sin mx\cdot\sin nx\mathrm{d}x=-\frac{1}{2}\int_{-\pi}^{\pi}[\cos(m+n)x-\cos(m-n)x]\mathrm{d}x=0,$$

即可得该三角函数系中任何不同的两个函数的乘积在$[-\pi,\ \pi]$上的积分等于零.

对于一个函数系$\{\varphi_n(x)\}$，若$\int_a^b\varphi_n(x)\varphi_m(x)\mathrm{d}x=0(n\neq m)$，则称此函数系在$[a,\ b]$上是**正交**的. 因此，上述三角函数系在$[-\pi,\ \pi]$上是**正交函数系**.

**注**　$\int_{-\pi}^{\pi}1^2\mathrm{d}x=2\pi$，$\int_{-\pi}^{\pi}\sin^2nx\mathrm{d}x=\pi$，$\int_{-\pi}^{\pi}\cos^2nx\mathrm{d}x=\pi(n=1,\ 2,\ 3,\ \cdots)$.

下面我们讨论函数展开成三角级数时的系数.

假设$f(x)$是周期为$2\pi$的周期函数，且函数$f(x)$能展开成三角级数，即有

$$f(x)=\frac{a_0}{2}+\sum_{n=1}^{\infty}(a_n\cos nx+b_n\sin nx),\tag{1}$$

其中$a_0,a_n,b_n(n=1,\ 2,\ \cdots)$都是常数，称为三角级数的系数. 这些系数与$f(x)$之间有何种关系？又是如何确定的？为此，我们进一步假设上述三角级数(1)可逐项积分.

在等式(1)两边关于$x$在$[-\pi,\ \pi]$上积分，得

$$\int_{-\pi}^{\pi}f(x)\mathrm{d}x=\int_{-\pi}^{\pi}\frac{a_0}{2}\mathrm{d}x+\sum_{n=1}^{\infty}\int_{-\pi}^{\pi}(a_n\cos nx+b_n\sin nx)\mathrm{d}x=\frac{a_0}{2}\cdot2\pi=a_0\pi,$$

即

$$a_0=\frac{1}{\pi}\int_{-\pi}^{\pi}f(x)\mathrm{d}x.$$

用$\cos mx$乘以等式(1)两端，然后关于$x$在$[-\pi,\ \pi]$上积分，得

$$\int_{-\pi}^{\pi}f(x)\cos mx\mathrm{d}x=\int_{-\pi}^{\pi}\frac{a_0}{2}\cos mx\mathrm{d}x+\sum_{n=1}^{\infty}\int_{-\pi}^{\pi}(a_n\cos nx\cos mx+b_n\sin nx\cos mx)\mathrm{d}x$$

$$=a_m\int_{-\pi}^{\pi}\cos^2mx\mathrm{d}x=a_m\pi,$$

于是$a_m=\frac{1}{\pi}\int_{-\pi}^{\pi}f(x)\cos mx\mathrm{d}x$，即

$$a_n=\frac{1}{\pi}\int_{-\pi}^{\pi}f(x)\cos nx\mathrm{d}x,\quad n=1,\ 2,\ \cdots.$$

同样，用$\sin mx$乘以等式(1)两端，然后关于$x$在$[-\pi,\ \pi]$上积分，得

$$\int_{-\pi}^{\pi}f(x)\sin mx\mathrm{d}x=\int_{-\pi}^{\pi}\frac{a_0}{2}\sin mx\mathrm{d}x+\sum_{n=1}^{\infty}\int_{-\pi}^{\pi}(a_n\cos nx\sin mx+b_n\sin nx\sin mx)\mathrm{d}x$$

$$=b_m\int_{-\pi}^{\pi}\sin^2mx\mathrm{d}x=b_m\pi,$$

于是 $b_m=\frac{1}{\pi}\int_{-\pi}^{\pi}f(x)\sin mx\mathrm{d}x$，即

$$b_n=\frac{1}{\pi}\int_{-\pi}^{\pi}f(x)\sin nx\mathrm{d}x,\ n=1,\ 2,\ \cdots.$$

**2. 函数展开成傅里叶级数**

**定义**　若 $a_0=\frac{1}{\pi}\int_{-\pi}^{\pi}f(x)\mathrm{d}x$,

$$a_n=\frac{1}{\pi}\int_{-\pi}^{\pi}f(x)\cos nx\mathrm{d}x,$$

$$b_n=\frac{1}{\pi}\int_{-\pi}^{\pi}f(x)\sin nx\mathrm{d}x,\ n=1,\ 2,\ \cdots$$

存在，则由它们确定的系数 $a_0, a_n, b_n(n=1,\ 2,\ \cdots)$ 就叫作函数 $f(x)$ 的**傅里叶系数**，而三角级数 $\frac{a_0}{2}+\sum_{n=1}^{\infty}(a_n\cos nx+b_n\sin nx)$ 就叫作函数 $f(x)$ 的**傅里叶级数**.

一个定义在 $(-\infty,\ +\infty)$ 内周期为 $2\pi$ 的函数 $f(x)$，如果它在一个周期上可积，则一定可得到它的傅里叶级数. 我们现在要解决的问题是傅里叶级数

$$\frac{a_0}{2}+\sum_{n=1}^{\infty}(a_n\cos nx+b_n\sin nx)$$

的敛散性. 即傅里叶级数是否收敛？什么样的条件，可保证其收敛？收敛域如何确定？在收敛域内傅里叶级数是否收敛于 $f(x)$？

下面我们不加证明地叙述一个收敛定理，它可以回答上述问题.

**定理 1［收敛定理，狄利克雷(Dirichlet)充分条件］**　设 $f(x)$ 是周期为 $2\pi$ 的周期函数，如果它满足

(1) 在一个周期内连续，或只有有限个第一类间断点；

(2) 在一个周期内至多只有有限个极值点，

则 $f(x)$ 的傅里叶级数收敛，并且当 $x$ 是 $f(x)$ 的连续点时，级数收敛于 $f(x)$，当 $x$ 为 $f(x)$ 的间断点时，级数收敛于 $\frac{1}{2}[f(x^-)+f(x^+)]$.

收敛定理告诉我们：只要函数 $f(x)$ 满足定理条件，则在 $C=\left\{x\mid f(x)=\frac{1}{2}[f(x^-)+f(x^+)]\right\}$ 上就有

$$f(x)=\frac{a_0}{2}+\sum_{n=1}^{\infty}(a_n\cos nx+b_n\sin nx),$$

即在 $C$ 上函数 $f(x)$ 可展开成傅里叶级数.

**注**　显然，将函数展开成傅里叶级数的条件比起将函数展开成幂级数的条件要低得多，因此傅里叶级数的应用要比幂级数广泛得多.

**例 1**　设 $f(x)$ 是周期为 $2\pi$ 的周期函数，它在 $[-\pi,\ \pi)$ 上的表达式为

$$f(x)=\begin{cases}-1, & -\pi\leqslant x<0,\\ 1, & 0\leqslant x<\pi,\end{cases}$$

将 $f(x)$ 展开成傅里叶级数.

**解**　所给函数满足收敛定理的条件，点 $x=0$，$\pm\pi$，$\pm 2\pi$，…是它的第一类间断点，其他点均为连续点. 因此，$f(x)$ 的傅里叶级数在间断点处收敛于

$$\frac{1}{2}[f(x^-)+f(x^+)]=\frac{1}{2}(-1+1)=0,$$

在其余点处收敛于 $f(x)$. 和函数的图形如图 8-3 所示.

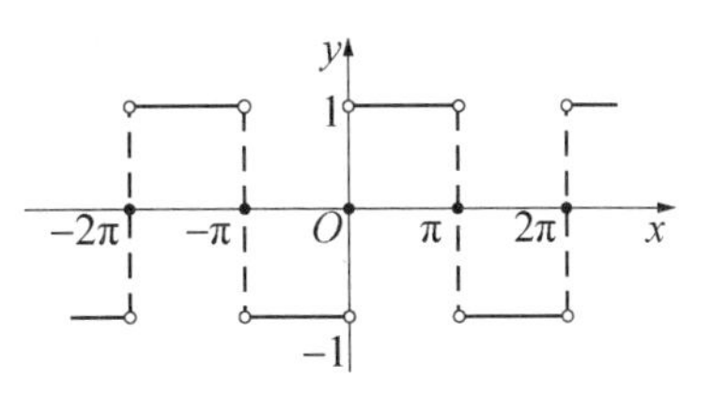


图 8-3

现在计算 $f(x)$ 的傅里叶系数.

$$a_n=\frac{1}{\pi}\int_{-\pi}^{\pi}f(x)\cos nx\mathrm{d}x$$

$$=\frac{1}{\pi}\left(-\int_{-\pi}^{0}\cos nx\mathrm{d}x+\int_{0}^{\pi}\cos nx\mathrm{d}x\right)=0,\ n=0,\ 1,\ 2,\ \cdots.$$

$$b_n=\frac{1}{\pi}\int_{-\pi}^{\pi}f(x)\sin nx\mathrm{d}x=\frac{1}{\pi}\left(-\int_{-\pi}^{0}\sin nx\mathrm{d}x+\int_{0}^{\pi}\sin nx\mathrm{d}x\right)$$

$$=\frac{1}{\pi}\left[\frac{\cos nx}{n}\right]_{-\pi}^{0}+\frac{1}{\pi}\left[-\frac{\cos nx}{n}\right]_{0}^{\pi}$$

$$=\frac{1}{\pi n}(1-\cos n\pi)+\frac{1}{\pi n}(-\cos n\pi+1)$$

$$=\frac{2}{\pi n}(1-\cos n\pi)=\frac{2}{\pi n}[1-(-1)^n]$$

$$=\begin{cases}\dfrac{4}{\pi n}, & n=1,\ 3,\ 5,\ \cdots,\\ 0, & n=2,\ 4,\ 6,\ \cdots.\end{cases}$$

因此，
$$f(x)=\sum_{n=1}^{\infty}\frac{2}{\pi n}[1-(-1)^n]\sin nx$$

$$=\frac{4}{\pi}\sum_{n=1}^{\infty}\frac{1}{2n-1}\sin(2n-1)x\ (-\infty<x<+\infty;\ x\neq 0,\ \pm\pi,\ \pm 2\pi,\ \cdots).$$

**例 2**　设 $f(x)$ 是周期为 $2\pi$ 的周期函数，它在 $[-\pi,\ \pi)$ 上的表达式为

$$f(x)=\begin{cases}x, & -\pi\leqslant x<0,\\ 0, & 0\leqslant x<\pi,\end{cases}$$

将 $f(x)$ 展开成傅里叶级数.

**解**　所给函数满足收敛定理的条件，点 $x=\pm\pi$，$\pm 3\pi$，…是它的第一类间断点，其他点均为连续点. 因此，$f(x)$ 的傅里叶级数在间断点处收敛于

$$\frac{1}{2}[f(x^-)+f(x^+)]=\frac{1}{2}(0-\pi)=-\frac{\pi}{2},$$

在其余点处收敛于 $f(x)$. 和函数的图形如图 8-4 所示.

现在计算 $f(x)$ 的傅里叶系数.

$$a_0=\frac{1}{\pi}\int_{-\pi}^{\pi}f(x)\mathrm{d}x=\frac{1}{\pi}\int_{-\pi}^{0}x\mathrm{d}x=-\frac{\pi}{2};$$

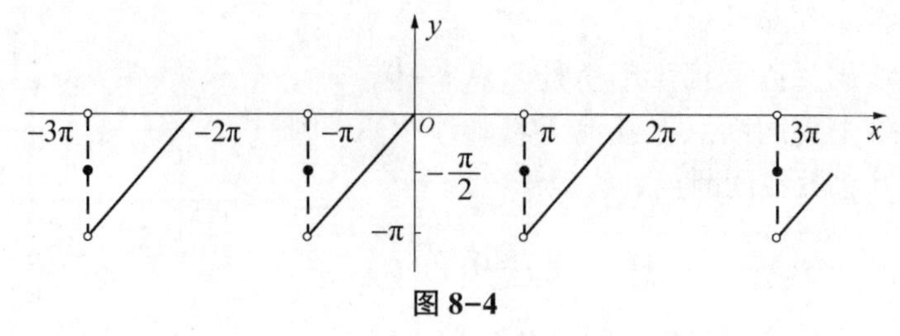


图 8-4

$$a_n=\frac{1}{\pi}\int_{-\pi}^{\pi}f(x)\cos nx\mathrm{d}x=\frac{1}{\pi}\int_{-\pi}^{0}x\cos nx\mathrm{d}x=\frac{1}{\pi n}\left[x\sin nx+\frac{1}{n}\cos nx\right]_{-\pi}^{0}$$

$$=\frac{1}{n^2\pi}(1-\cos n\pi)=\frac{1}{\pi n^2}[1-(-1)^n]=\begin{cases}\frac{2}{\pi n^2}, & n=1,3,5,\cdots,\\ 0, & n=2,4,6,\cdots;\end{cases}$$

$$b_n=\frac{1}{\pi}\int_{-\pi}^{\pi}f(x)\sin nx\mathrm{d}x=\frac{1}{\pi}\int_{-\pi}^{0}x\sin nx\mathrm{d}x=-\frac{1}{n\pi}\left[x\cos nx-\frac{1}{n}\sin nx\right]_{-\pi}^{0}$$

$$=-\frac{1}{n\pi}[-(-\pi)\cos n\pi]=-\frac{\cos n\pi}{n}=\frac{(-1)^{n+1}}{n},\ n=1,2,\cdots.$$

因此，$f(x)=-\frac{\pi}{4}+\sum_{n=1}^{\infty}\left[\frac{1-(-1)^n}{\pi n^2}\cos nx+\frac{(-1)^{n+1}}{n}\sin nx\right]$

$$=-\frac{\pi}{4}+\frac{2}{\pi}\sum_{k=1}^{\infty}\frac{1}{(2k-1)^2}\cos(2k-1)x+\sum_{n=1}^{\infty}\frac{(-1)^{n+1}}{n}\sin nx,$$

$$(-\infty<x<+\infty;\ x\neq\pm\pi,\ \pm3\pi,\ \cdots).$$

若函数$f(x)$仅在$[-\pi,\pi)$上有定义，并且满足收敛定理的条件，我们也可以把$f(x)$展开成傅里叶级数. 一般这样处理：首先可将函数$f(x)$做周期延拓为$F(x)$，即函数$F(x)$为$(-\infty,+\infty)$内周期为$2\pi$的周期函数(见图 8-5，实线为$f(x)$在$[-\pi,\pi)$上的图形，虚线为延拓部分图形)，当$x\in[-\pi,\pi)$时，$F(x)=f(x)$. 然后将函数$F(x)$展开成傅里叶级数，取$x\in[-\pi,\pi)$，则得到$f(x)$的傅里叶级数.

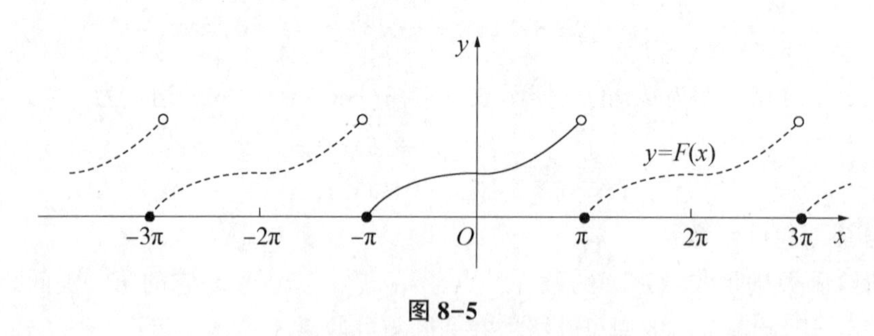


图 8-5

**例 3**　设函数$f(x)=\begin{cases}-x, & -\pi\leqslant x<0,\\ x, & 0\leqslant x<\pi,\end{cases}$将$f(x)$展开成傅里叶级数.

**解**　将函数$f(x)$在$[-\pi,\pi)$外做周期延拓，使其满足收敛定理的条件.

$$a_0=\frac{1}{\pi}\int_{-\pi}^{\pi}f(x)\mathrm{d}x=\frac{1}{\pi}\int_{-\pi}^{0}-x\mathrm{d}x+\frac{1}{\pi}\int_{0}^{\pi}x\mathrm{d}x=\pi,$$

$$a_n=\frac{1}{\pi}\int_{-\pi}^{\pi}f(x)\cos nx\mathrm{d}x=\frac{1}{\pi}\left[-\int_{-\pi}^{0}x\cos nx\mathrm{d}x+\int_{0}^{\pi}x\cos nx\mathrm{d}x\right]$$

$$=-\frac{1}{\pi}\left[\frac{x\sin nx}{n}+\frac{\cos nx}{n^2}\right]_{-\pi}^{0}+\frac{1}{\pi}\left[\frac{x\sin nx}{n}+\frac{\cos nx}{n^2}\right]_{0}^{\pi}=\frac{2}{n^2\pi}[(-1)^n-1],\ n=1,\ 2,\ \cdots,$$

$$b_n=\frac{1}{\pi}\int_{-\pi}^{\pi}f(x)\sin nx\mathrm{d}x=\frac{1}{\pi}\left[-\int_{-\pi}^{0}x\sin nx\mathrm{d}x+\int_{0}^{\pi}x\sin nx\mathrm{d}x\right]$$

$$=-\frac{1}{\pi}\left[-\frac{x\cos nx}{n}+\frac{\sin nx}{n^2}\right]_{-\pi}^{0}+\frac{1}{\pi}\left[-\frac{x\cos nx}{n}+\frac{\sin nx}{n^2}\right]_{0}^{\pi}=0,\ n=1,\ 2,\ \cdots,$$

因此
$$f(x)=\frac{\pi}{2}+\sum_{n=1}^{\infty}\frac{2}{\pi n^2}[(-1)^n-1]\cos nx,\ x\in[-\pi,\ \pi).$$

**3. 正弦级数与余弦级数**

若$f(x)$是奇函数，则

$$a_0=\frac{1}{\pi}\int_{-\pi}^{\pi}f(x)\mathrm{d}x=0,$$

$$a_n=\frac{1}{\pi}\int_{-\pi}^{\pi}f(x)\cos nx\mathrm{d}x=0,$$

$$b_n=\frac{1}{\pi}\int_{-\pi}^{\pi}f(x)\sin nx\mathrm{d}x=\frac{2}{\pi}\int_{0}^{\pi}f(x)\sin nx\mathrm{d}x,\ n=1,\ 2,\ \cdots,$$

傅里叶级数$\sum_{n=1}^{\infty}b_n\sin nx$称为**正弦级数**，即只含有正弦项的傅里叶级数.

若$f(x)$是偶函数，则

$$a_0=\frac{1}{\pi}\int_{-\pi}^{\pi}f(x)\mathrm{d}x=\frac{2}{\pi}\int_{0}^{\pi}f(x)\mathrm{d}x,$$

$$a_n=\frac{1}{\pi}\int_{-\pi}^{\pi}f(x)\cos nx\mathrm{d}x=\frac{2}{\pi}\int_{0}^{\pi}f(x)\cos nx\mathrm{d}x,$$

$$b_n=\frac{1}{\pi}\int_{-\pi}^{\pi}f(x)\sin nx\mathrm{d}x=0,\ n=1,\ 2,\ \cdots,$$

傅里叶级数$\frac{a_0}{2}+\sum_{n=1}^{\infty}a_n\cos nx$称为**余弦级数**，即只含有常数项和余弦项的傅里叶级数.

**例 4**　将函数$f(x)=x$在区间$(-\pi,\ \pi)$内展开成傅里叶级数.

**解**　由于$f(x)=x$在$(-\pi,\ \pi)$内是奇函数，因此

$$a_n=0,\ n=0,\ 1,\ 2,\ \cdots,$$

$$b_n=\frac{2}{\pi}\int_{0}^{\pi}f(x)\sin nx\mathrm{d}x=\frac{2}{\pi}\int_{0}^{\pi}x\sin nx\mathrm{d}x$$

$$=\frac{2}{\pi}\left\{\left[-\frac{x\cos nx}{n}\right]_{0}^{\pi}+\int_{0}^{\pi}\frac{\cos nx}{n}\mathrm{d}x\right\}$$

$$=\frac{2}{\pi}\left\{-\frac{(-1)^n\pi}{n}+\left[\frac{\sin nx}{n^2}\right]_{0}^{\pi}\right\}=\frac{2}{n}(-1)^{n+1},\ n=1,\ 2,\ \cdots,$$

从而
$$f(x)=\sum_{n=1}^{\infty}\frac{2}{n}(-1)^{n+1}\sin nx,\ x\in(-\pi,\ \pi).$$

设函数仅在$[0,\ \pi]$上有定义，且满足收敛定理的条件，我们在$(-\pi,\ 0)$内补充定义，得到$(-\pi,\ \pi]$上的函数$F(x)$，使它在$(-\pi,\ \pi)$上成为奇函数或者偶函数，按这种方式拓广函数定义域的过程称为**奇延拓**或**偶延拓**．事实上，可做

奇延拓　$F(x)=\begin{cases} f(x), & x\in[0,\ \pi], \\ -f(-x), & x\in(-\pi,\ 0); \end{cases}$

偶延拓　$F(x)=\begin{cases} f(x), & x\in[0,\ \pi], \\ f(-x), & x\in(-\pi,\ 0). \end{cases}$

在函数的傅里叶级数展开式中，有时需将仅在$[0,\ \pi]$上有定义的函数展开成正弦级数或余弦级数，则需先将定义在$[0,\ \pi]$上的函数在$(-\pi,\ 0)$内做奇延拓或偶延拓，然后在$(-\pi,\ \pi]$外做周期延拓，得到其正弦级数或余弦级数，最后限制$x\in[0,\ \pi]$，得到$f(x)$的正弦级数或余弦级数.

**例 5**　将函数$f(x)=\begin{cases} 0, & 0<x<\dfrac{\pi}{2}, \\ \dfrac{1}{2}, & x=\dfrac{\pi}{2}, \\ 1, & \dfrac{\pi}{2}<x<\pi \end{cases}$在$(0,\ \pi)$内展开成正弦级数.

**解**　将函数$f(x)$在$(-\pi,\ 0)$内做奇延拓，然后在$(-\pi,\ \pi]$外做周期延拓，使其满足收敛定理条件. 由于

$$a_n=0,\ n=0,\ 1,\ 2,\ \cdots,$$

$$\begin{aligned} b_n &= \frac{2}{\pi}\int_0^{\pi} f(x)\sin nx\mathrm{d}x = \frac{2}{\pi}\int_{\frac{\pi}{2}}^{\pi}\sin nx\mathrm{d}x = \frac{2}{\pi}\left[-\frac{\cos nx}{n}\right]_{\frac{\pi}{2}}^{\pi} \\ &= \frac{2}{\pi n}\left(\cos\frac{n\pi}{2}-\cos n\pi\right),\ n=1,\ 2,\ \cdots, \end{aligned}$$

因此　$$f(x)=\frac{2}{\pi}\sum_{n=1}^{\infty}\frac{1}{n}\left(\cos\frac{n\pi}{2}-\cos n\pi\right)\sin nx,\ x\in\left(0,\ \frac{\pi}{2}\right)\cup\left(\frac{\pi}{2},\ \pi\right).$$

当$x=\dfrac{\pi}{2}$时，$\dfrac{1}{2}\left[f\left(\dfrac{\pi}{2}^-\right)+f\left(\dfrac{\pi}{2}^+\right)\right]=\dfrac{1}{2}(0+1)=\dfrac{1}{2}=f\left(\dfrac{\pi}{2}\right)$.

**例 6**　将函数$f(x)=x$在$(0,\ \pi]$上展开成余弦级数.

**解**　将函数$f(x)$在$(-\pi,\ 0]$上做偶延拓，然后在$(-\pi,\ \pi]$外做周期延拓，使其满足收敛定理条件. 由于

$$b_n=0,\ n=1,\ 2,\ \cdots,$$

$$a_0=\frac{2}{\pi}\int_0^{\pi}f(x)\mathrm{d}x=\frac{2}{\pi}\int_0^{\pi}x\mathrm{d}x=\pi,$$

$$\begin{aligned} a_n &= \frac{2}{\pi}\int_0^{\pi}f(x)\cos nx\mathrm{d}x=\frac{2}{\pi}\int_0^{\pi}x\cos nx\mathrm{d}x=\frac{2}{\pi}\left\{\left[\frac{x\sin nx}{n}\right]_0^{\pi}-\frac{1}{n}\int_0^{\pi}\sin nx\mathrm{d}x\right\} \\ &= \frac{2}{\pi}\left\{0+\left[\frac{1}{n^2}\cos nx\right]_0^{\pi}\right\}=\frac{2}{\pi n^2}(\cos n\pi-1) \\ &= \frac{2}{\pi n^2}[(-1)^n-1] \end{aligned}$$

$$=\begin{cases}\dfrac{-4}{\pi\,(2k-1)^2}, & n=2k-1,\ k=1,\ 2,\ \cdots,\\ 0, & n=2k,\ k=1,\ 2,\ \cdots,\end{cases}$$

因此$f(x)=\dfrac{\pi}{2}+\sum\limits_{k=1}^{\infty}\dfrac{-4}{\pi\,(2k-1)^2}\cos(2k-1)x=\dfrac{\pi}{2}-\dfrac{4}{\pi}\sum\limits_{k=1}^{\infty}\dfrac{\cos(2k-1)x}{(2k-1)^2}$，$x\in(0,\ \pi]$.

## 二、一般周期函数的傅里叶级数

**定理 2**　设周期为 $2l$ 的周期函数 $f(x)$ 满足收敛定理条件，则它的傅里叶级数为

$$f(x)=\frac{a_0}{2}+\sum_{n=1}^{\infty}\left(a_n\cos\frac{n\pi}{l}x+b_n\sin\frac{n\pi}{l}x\right),$$

$$x\in\left\{x\,\middle|\,f(x)=\frac{1}{2}[f(x^-)+f(x^+)]\right\},$$

其中

$$a_0=\frac{1}{l}\int_{-l}^{l}f(x)\,\mathrm{d}x,$$

$$a_n=\frac{1}{l}\int_{-l}^{l}f(x)\cos\frac{n\pi}{l}x\mathrm{d}x,\ n=1,\ 2,\ \cdots,$$

$$b_n=\frac{1}{l}\int_{-l}^{l}f(x)\sin\frac{n\pi}{l}x\mathrm{d}x,\ n=1,\ 2,\ \cdots.$$

定理证明从略.

同样，若 $f(x)$ 是奇函数，则有正弦级数

$$f(x)=\sum_{n=1}^{\infty}b_n\sin\frac{n\pi}{l}x,$$

其中

$$b_n=\frac{2}{l}\int_{0}^{l}f(x)\sin\frac{n\pi}{l}x\mathrm{d}x,\ n=1,\ 2,\ \cdots;$$

若 $f(x)$ 是偶函数，则有余弦级数

$$f(x)=\frac{a_0}{2}+\sum_{n=1}^{\infty}a_n\cos\frac{n\pi}{l}x,$$

其中

$$a_0=\frac{2}{l}\int_{0}^{l}f(x)\,\mathrm{d}x,$$

$$a_n=\frac{2}{l}\int_{0}^{l}f(x)\cos\frac{n\pi}{l}x\mathrm{d}x,\ n=1,\ 2,\ \cdots.$$

若函数$f(x)$仅在$(-l,\ l]$上有定义，且满足收敛定理条件，则将函数$f(x)$在$(-l,\ l]$外做周期延拓为 $F(x)$. 即取 $F(x)$ 为以 $2l$ 为周期的周期函数，且当 $x\in(-l,\ l]$时，$F(x)=f(x)$. 将 $F(x)$展开成傅里叶级数，则当 $x\in(-l,\ l]$时，就得到$f(x)$的傅里叶级数.

若函数$f(x)$仅在$(0,\ l]$上有定义，且满足收敛定理条件，则将函数$f(x)$在$(-l,\ 0]$上做奇(偶)延拓，然后在$(-l,\ l]$外做周期延拓，即取 $F(x)$为以 $2l$ 为周期的奇(偶)函数，且当 $x\in(0,\ l]$时，$F(x)=f(x)$. 将 $F(x)$展开成正(余)弦级数，则当 $x\in(0,\ l]$时，就得到$f(x)$的正(余)弦级数.

**例 7**　将函数$f(x)=\begin{cases}2x, & -3<x\leqslant 0,\\ x, & 0<x\leqslant 3\end{cases}$展开成傅里叶级数.

**解**　将函数$f(x)$在$(-3,3]$外做周期延拓，使其满足收敛定理条件.

$$a_0=\frac{1}{3}\int_{-3}^{3}f(x)\mathrm{d}x=\frac{1}{3}\left(\int_{-3}^{0}2x\mathrm{d}x+\int_{0}^{3}x\mathrm{d}x\right)$$
$$=-\frac{3}{2},$$
$$a_n=\frac{1}{3}\int_{-3}^{3}f(x)\cos\frac{n\pi}{3}x\mathrm{d}x$$
$$=\frac{1}{3}\left(\int_{-3}^{0}2x\cos\frac{n\pi}{3}x\mathrm{d}x+\int_{0}^{3}x\cos\frac{n\pi}{3}x\mathrm{d}x\right)$$
$$=\frac{3}{\pi^2n^2}[1-(-1)^n],\ n=1,2,\cdots,$$
$$b_n=\frac{1}{3}\int_{-3}^{3}f(x)\sin\frac{n\pi}{3}x\mathrm{d}x$$
$$=\frac{1}{3}\left(\int_{-3}^{0}2x\sin\frac{n\pi}{3}x\mathrm{d}x+\int_{0}^{3}x\sin\frac{n\pi}{3}x\mathrm{d}x\right)$$
$$=\frac{9}{n\pi}(-1)^{n+1},\ n=1,2,\cdots,$$

因此，$f(x)=-\frac{3}{4}+\sum_{n=1}^{\infty}\left\{\frac{3}{\pi^2n^2}[1-(-1)^n]\cos\frac{n\pi}{3}x+\frac{9}{\pi n}(-1)^{n+1}\sin\frac{n\pi}{3}x\right\}$，$x\in(-3,3)$.

当$x=\pm3$时，级数收敛于$\frac{1}{2}[f(-3^+)+f(3^-)]=\frac{1}{2}(-6+3)=-\frac{3}{2}$.

**例 8**　将函数$f(x)=\begin{cases}x, & 0\leqslant x\leqslant 1,\\ 1, & 1<x\leqslant 2\end{cases}$展开成正弦级数.

**解**　将函数$f(x)$在$(-2,0]$上做奇延拓，然后在$(-2,2]$外做周期延拓，使其满足收敛定理条件.

$$b_n=\frac{2}{2}\int_{0}^{2}f(x)\sin\frac{n\pi}{2}x\mathrm{d}x=\int_{0}^{1}x\sin\frac{n\pi}{2}x\mathrm{d}x+\int_{1}^{2}\sin\frac{n\pi}{2}x\mathrm{d}x$$
$$=\left[-\frac{2}{n\pi}x\cos\frac{n\pi}{2}x\right]_0^1+\frac{2}{n\pi}\int_{0}^{1}\cos\frac{n\pi}{2}x\mathrm{d}x-\left[\frac{2}{n\pi}\cos\frac{n\pi}{2}x\right]_1^2$$
$$=-\frac{2}{n\pi}\cos\frac{n\pi}{2}+\left[\left(\frac{2}{n\pi}\right)^2\sin\frac{n\pi}{2}x\right]_0^1-\frac{2}{n\pi}\cos n\pi+\frac{2}{n\pi}\cos\frac{n\pi}{2}$$
$$=\left(\frac{2}{\pi n}\right)^2\sin\frac{\pi n}{2}-\frac{2}{\pi n}\cos n\pi,\ n=1,2,\cdots,$$

因此，

$$f(x)=\sum_{n=1}^{\infty}\left[\left(\frac{2}{\pi n}\right)^2\sin\frac{n\pi}{2}-\frac{2}{\pi n}\cos n\pi\right]\sin\frac{n\pi}{2}x,\ x\in[0,2].$$

[随堂测]

1. 设 $f(x)=\begin{cases}-1 & -\pi<x\leqslant 0,\\ 1+x^2 & 0<x\leqslant\pi,\end{cases}$ 则其以 $2\pi$ 为周期的傅里叶级数

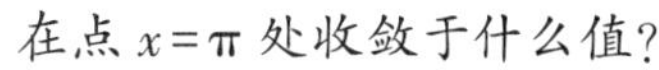
在点 $x=\pi$ 处收敛于什么值?

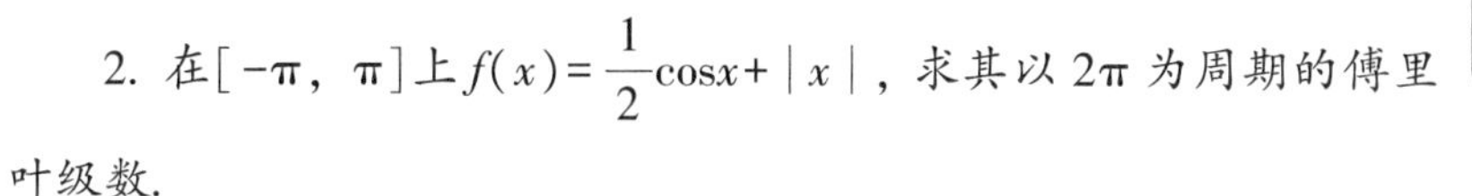
2. 在 $[-\pi,\ \pi]$ 上 $f(x)=\dfrac{1}{2}\cos x+|x|$，求其以 $2\pi$ 为周期的傅里叶级数.

3. 将 $f(x)=2+|x|(-1\leqslant x\leqslant 1)$ 展开成周期为 2 的傅里叶级数，并求 $\sum\limits_{n=1}^{\infty}\dfrac{1}{n^2}$ 的和.

[知识拓展]

狄利克雷(1805—1859)，德国数学家. 狄利克雷生活的时代，德国的数学正经历以高斯为前导、由落后逐渐转为兴旺发达的时期. 狄利克雷以其出色的数学教学才能，以及在数论、分析和数学物理等领域的杰出成果，成为在高斯之后与雅克比齐名的德国数学界的一位核心人物.

狄利克雷少年时即表现出对数学的浓厚兴趣，据说他在 12 岁前就自攒零钱购买数学图书. 1817 年，狄利克雷进入波恩的一所中学学习，除数学外，他对近代史有特殊爱好. 两年后，他遵照父母的意愿转学到科隆的一所学校，在那里曾师从物理学家欧姆，学到了必要的物理学基础知识.

1822 年 5 月，狄利克雷到达巴黎，在法兰西学院和巴黎理学院攻读. 1825 年，狄利克雷向法国科学院提交他的第一篇数学论文，题为“某些 5 次不定方程的不可解”.

1826 年，狄利克雷在为振兴德国自然科学研究而奔走的洪堡的影响下，返回德国，在布雷斯劳大学获讲师资格，后升任编外教授(介于正式教授和讲师之间的职称).

1828 年，狄利克雷经洪堡的帮助来到学术氛围较浓厚的柏林，任教于柏林军事学院. 同年，他又被聘为柏林大学编外教授(后升为正式教授)，开始了他在柏林长达 27 年的教学与研究生涯. 他讲课清晰，思想深邃，为人谦逊，培养了一批优秀数学家，对德国的数学发展产生了巨大影响. 1831 年，狄利克雷成为柏林科学院院士.

## 习题 8-4

1. 下列周期函数 $f(x)$ 的周期为 $2\pi$，试将 $f(x)$ 展开为傅里叶级数.

(1) $f(x)=3x^2+1(-\pi\leqslant x<\pi)$.

(2) $f(x)=e^{2x}(-\pi\leqslant x<\pi)$.

(3) $f(x)=2\sin\dfrac{x}{3}(-\pi\leqslant x<\pi)$.

(4) $f(x)=\begin{cases} e^x, & -\pi\leqslant x<0, \\ 1, & 0\leqslant x\leqslant\pi. \end{cases}$

2. 将下列周期函数(已给出函数在一个周期内的表达式)展开成傅里叶级数.

(1) $f(x)=1-x^2 \quad \left(-\dfrac{1}{2}\leqslant x<\dfrac{1}{2}\right)$.

(2) $f(x)=\begin{cases} 2x+1, & -3\leqslant x<0, \\ 1, & 0\leqslant x<3. \end{cases}$

(3) $f(x)=x\cos x \quad \left(-\dfrac{\pi}{2}\leqslant x\leqslant\dfrac{\pi}{2}\right)$.

(4) $f(x)=\begin{cases} \cos\dfrac{\pi x}{l}, & |x|\leqslant\dfrac{l}{2}, \\ 0, & \dfrac{l}{2}<|x|\leqslant l. \end{cases}$

3. 将函数$f(x)=\sin^4 x$展开成傅里叶级数.

4. 将$f(x)=\pi^2-x^2(-\pi\leqslant x\leqslant\pi)$展开成傅里叶级数.

5. 将$f(x)=x^2$在区间$[0, 2\pi]$上展开成傅里叶级数，并求$\sum\limits_{n=1}^{\infty}\dfrac{1}{n^2}$，$\sum\limits_{n=1}^{\infty}\dfrac{(-1)^{n+1}}{n^2}$.

6. 将函数$f(x)=|\sin x|$在数轴上展开成傅里叶级数.

7. 设在区间$[-\pi, \pi]$上$f(x)$为可积的偶函数，且$f\left(\dfrac{\pi}{2}+x\right)=-f\left(\dfrac{\pi}{2}-x\right)$，证明在$f(x)$的展开式中系数$a_{2n}=0$.

8. 怎样才能将在$\left[0, \dfrac{\pi}{2}\right)$内可积的函数$f(x)$延拓到$[-\pi, \pi)$，使其傅里叶展开式为$\sum\limits_{n=1}^{\infty}a_n\sin(2n-1)x$?

9. 已知$f(x)$是以$2\pi$为周期的函数，$a_n$和$b_n$为其傅里叶系数，试将$F(x)=\dfrac{1}{\pi}\int_{-\pi}^{\pi}f(t)f(x+t)\,dt$展开成傅里叶级数.

# 本章小结

| 级数的概念 | 理解 无穷级数收敛、发散以及和的概念 |
| --- | --- |
| | 了解 无穷级数基本性质及收敛的必要条件 |
| | 掌握 几何级数和 $p$ 级数的敛散性 |
| 常数项级数 | 了解 正项级数的比较审敛法 |
| | 掌握 正项级数的比值审敛法 |
| | 了解 交错级数的莱布尼茨定理 |
| | 会 估计交错级数的截断误差 |
| | 了解 无穷级数绝对收敛与条件收敛的概念以及绝对收敛与收敛的关系 |
| 幂级数 | 了解 函数项级数的收敛域及和函数的概念 |
| | 掌握 比较简单的幂级数收敛区间的求法(区间端点的敛散性可不做要求) |
| | 了解 幂级数在其收敛区间内的一些基本性质 |
| | 了解 函数展开为泰勒级数的充分必要条件 |
| | 会 利用指数函数、幂函数、对数函数、三角函数的麦克劳林展开式将一些简单的函数间接展开成幂级数 |
| | 了解 幂级数在近似计算上的简单应用 |
| 傅里叶级数 | 了解 函数展开为傅里叶级数的狄利克雷条件 |
| | 会 将定义在周期区间上的函数展开为傅里叶级数 |
| | 会 将定义在单边区间上的函数展开为正弦或余弦级数 |

# 拓展阅读

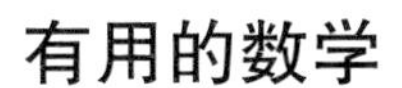

## 有用的数学

# 章节测试八

一、选择题.

1. 级数$1+\left(\frac{1}{2}\right)^2+\left(\frac{1}{3}\right)^2+\cdots+\left(\frac{1}{n}\right)^2+\cdots$是(　　).

A. 等比级数　　B. 等差数列

C. 调和级数　　D. $p$级数

2. 若级数$\sum\limits_{n=1}^{\infty}\frac{1}{n^{p+1}}$发散，则(　　).

A. $p\leqslant 0$　　B. $p>0$　　C. $p\leqslant 1$　　D. $p<1$

3. 正项级数$\sum\limits_{n=1}^{\infty}u_n$收敛是前$n$项部分和数列$\{S_n\}$有界的(　　).

A. 必要条件　　B. 充分条件

C. 充要条件　　D. 无关条件

4. 设正项级数$\sum\limits_{n=1}^{\infty}u_n$收敛，则下列级数中，一定收敛的是(　　).

A. $\sum\limits_{n=1}^{\infty}(u_n+a)(0\leqslant a<1)$　　B. $\sum\limits_{n=1}^{\infty}\sqrt{u_n}$

C. $\sum\limits_{n=1}^{\infty}\frac{1}{u_n}$　　D. $\sum\limits_{n=1}^{\infty}(-1)^n u_n$

5. 设$u_n=(-1)^n\ln\left(1+\frac{1}{\sqrt{n}}\right)$，则(　　).

A. $\sum\limits_{n=1}^{\infty}u_n$与$\sum\limits_{n=1}^{\infty}u_n^2$都收敛　　B. $\sum\limits_{n=1}^{\infty}u_n$与$\sum\limits_{n=1}^{\infty}u_n^2$都发散

C. $\sum\limits_{n=1}^{\infty}u_n$收敛，而$\sum\limits_{n=1}^{\infty}u_n^2$发散　　D. $\sum\limits_{n=1}^{\infty}u_n$发散，$\sum\limits_{n=1}^{\infty}u_n^2$收敛

6. 设函数$f(x)=x^2$，$0\leqslant x<1$，而$S(x)=\sum\limits_{n=1}^{\infty}b_n\sin n\pi x,-\infty<x<+\infty$，其中$b_n=2\int_0^1 f(x)\sin n\pi x\mathrm{d}x(n=1,2,\cdots)$，则$S\left(-\frac{1}{2}\right)$等于(　　).

A. $-\frac{1}{2}$　　B. $-\frac{1}{4}$　　C. $\frac{1}{4}$　　D. $\frac{1}{2}$

二、填空题.

1. 级数$\sum\limits_{n=0}^{\infty}\frac{x^n}{(2n-1)(2n)}$的收敛半径为__________.

2. 幂级数$\sum\limits_{n=1}^{\infty}\frac{(-1)^n}{2^n(n+1)}x^n$的收敛域为________________.

3. $\sum_{n=0}^{\infty} \frac{(-1)^n x^n}{n!}$ 的和函数 $f(x)=$________.

4. $\frac{1}{1-x^2}$ 的麦克劳林展开式为__________.

5. 级数 $\sum_{n=1}^{\infty} \frac{n+1}{3^n}$ 的敛散性是________(填"收敛" 或"发散").

6. 级数 $\sum_{n=1}^{\infty} (-1)^{n+1} \sin \frac{1}{\sqrt{n}}$ 的敛散性是________(填"发散""条件收敛" 或"绝对收敛").

三、解答题.

1. 判断级数 $\sum_{n=1}^{\infty} \frac{4 \cdot 7 \cdot 10 \cdot \cdots \cdot (3n+1)}{2 \cdot 6 \cdot 10 \cdot \cdots \cdot (4n-2)}$ 的敛散性.

2. 判别级数 $\sum_{n=1}^{\infty} \frac{n^2}{\left(2+\frac{1}{n}\right)^n}$ 的敛散性.

3. 判断 $\sum_{n=1}^{\infty} (-1)^{n-1} \frac{\ln n}{n}$ 的敛散性.

4. 求幂级数 $\sum_{n=0}^{\infty} (n+1)^2 x^n$ 的和函数.

5. 把函数 $f(x)=\ln(1+x-2x^2)$ 展开成 $x$ 的幂级数，并求其收敛域.

6. 将函数 $f(x)=\frac{x^2}{2}-\pi^2$ 在$[-\pi, \pi]$上展开成傅里叶级数.

# 习题参考答案

## 第　五　章

**习题 5-1**

1. (1) $\sqrt{5}$；$\sqrt{5}$；$\sqrt{2}$；

(2) 7；$-\frac{2}{7}$；$\frac{6}{7}$；$-\frac{3}{7}$；$\left(-\frac{2}{7}, \frac{6}{7}, -\frac{3}{7}\right)$；

(3) 2；

(4) $-\frac{1}{2}$；

(5) 5；$(-5, 1, -3)$；

(6) $2\sqrt{29}$；

(7) $\frac{7}{3}$；$\frac{7}{\sqrt{26}}$；

(8) $-5$.

2. $\alpha=\beta=\frac{\pi}{2}$，$\gamma=\pi$，或 $\alpha=\beta=\frac{\pi}{4}$，$\gamma=\frac{\pi}{2}$.

3. $A(1, 0, 0)$.

4. $(18, 17, -17)$.

5. $(0, 1, 0)$或$(0, -1, 0)$.

6. $(3, 3\sqrt{2}, 3)$.

7. 略.　8. 略.

9. $\frac{6}{11}\boldsymbol{i}+\frac{7}{11}\boldsymbol{j}-\frac{6}{11}\boldsymbol{k}$ 或 $-\frac{6}{11}\boldsymbol{i}-\frac{7}{11}\boldsymbol{j}+\frac{6}{11}\boldsymbol{k}$.

10. $(2, 2, 2)$.

11. (1) $-9$；(2) $\frac{3\pi}{4}$；(3) $-3$.

12. 2；$\cos\alpha=-\frac{1}{2}$，$\cos\beta=\frac{1}{2}$，$\cos\gamma=-\frac{\sqrt{2}}{2}$；$\alpha=\frac{2\pi}{3}$，$\beta=\frac{\pi}{3}$，$\gamma=\frac{3\pi}{4}$.

13. (1) $-19$；(2) $\sqrt{7}$.

14. (1) $\arccos\frac{7}{\sqrt{58}}$；(2) $\frac{35}{\sqrt{29}}$.

15. $(5, -1, -7)$；$(-5, 1, 7)$.

16. (1) $(0, -1, -1)$；(2) 2；(3) $(2, 1, 21)$；(4) $(0, -8, -24)$.

17. $\pm\left(\frac{2}{\sqrt{5}}\boldsymbol{j}+\frac{1}{\sqrt{5}}\boldsymbol{k}\right)$.

18. $\pm\left(\frac{5}{\sqrt{35}}, \frac{-1}{\sqrt{35}}, \frac{3}{\sqrt{35}}\right)$.

19. $\sqrt{21}$.

20. $\frac{3\sqrt{10}}{2}$.

21. (1) $-2$；(2) 5 或 $-1$.
22. (1) 3；  (2) 11.
23. (1) 略；(2) 36.
24. $\frac{\pi}{3}$.
25. 略.
26. 略.
27. 略.
28. $|\boldsymbol{s}|=\sqrt{14}$；$(\widehat{\boldsymbol{s},\boldsymbol{a}})=\arccos\frac{1}{\sqrt{14}}$，$(\widehat{\boldsymbol{s},\boldsymbol{b}})=\arccos\frac{2}{\sqrt{14}}$，$(\widehat{\boldsymbol{s},\boldsymbol{c}})=\arccos\frac{3}{\sqrt{14}}$ .
29. $\pm(\sqrt{7},\ -7\sqrt{7},\ 2\sqrt{7})$.
30. $\left(\pm 5,\ \frac{5\sqrt{2}}{2},\ -\frac{5\sqrt{2}}{2}\right)$.

**习题 5-2**

1. (1) $3x+y-z=0$；(2) $k=1$；(3) $4x-11y-3z-11=0$.
2. (1) 平行于 $y$ 轴；(2) 过 $x$ 轴；(3) 过原点；
(4) 平行于 $xOz$ 面；(5) $yOz$ 面；(6) 过 $y$ 轴 .
3. (1) $3x-y+2z-4=0$；(2) $x+5y+3z-14=0$；(3) $\frac{x}{2}-\frac{y}{3}-\frac{z}{1}=1$；
(4) $y+2z=0$；(5) $-2x+y+3z=0$；(6) $\frac{x}{3}-\frac{y}{2}+\frac{z}{6}=1$.
4. $-9y+z+2=0$.
5. $4x-5y-z=0$.
6. $x+3y=0$.
7. $3x+2y+6z-12=0$.
8. $x+y+z=2$.
9. $2x+2y-3z=0$.
10. $6x+y+6z=\pm 6$.
11. $k=\pm\frac{\sqrt{70}}{2}$ .
12. $x-2y-z+2=0$.
13. $\arccos\frac{2}{15}$ .
14. $x+3y=0$ 或 $3x-y=0$.
15. $d=\frac{|D_1-D_2|}{\sqrt{A^2+B^2+C^2}}$；$x-2y+z-3=0$ 或 $x-2y+z-5=0$.
16. 略，$x-3y-2z=0$.

**习题 5-3**

1. (1) $\frac{x-2}{3}=\frac{y+1}{-1}=\frac{z-4}{2}$；(2) $\frac{x-2}{9}=\frac{y+3}{-4}=\frac{z-5}{2}$；(3) $\frac{x-3}{0}=\frac{y-4}{-1}=\frac{z+4}{1}$ .
2. $\frac{x-1}{11}=\frac{y-1}{7}=\frac{z-1}{5}$ .
3. $\frac{x}{1}=\frac{y-7}{-3}=\frac{z-8}{-5}$，$\begin{cases}x=t,\\ y=-3t+7,\\ z=-5t+8.\end{cases}$

4. $\dfrac{x-1}{2}=\dfrac{y}{-1}=\dfrac{z+2}{2}$.

5. (1)平行；(2)垂直；(3)直线在平面上.

6. $\varphi=0$.

7. $d=1$.

8. $\begin{cases}17x+31y-37z-117=0,\\4x-y+z-1=0.\end{cases}$

9. $8x-9y-22z-59=0$.

10. $22x-19y-18z-27=0$.

11. $\dfrac{x-2}{2}=\dfrac{y+3}{0}=\dfrac{z-4}{4}$.

12. $\begin{cases}x+2z=8,\\y-3z=-10.\end{cases}$

13. $(-5,2,4)$.

14. $(6,5,8)$.

15. $\dfrac{x-1}{-4}=\dfrac{y}{50}=\dfrac{z+2}{31}$.

16. $11y-8z-8=0$，$11x+10z-78=0$，$4x+5y-32=0$；$\begin{cases}14x-43y+44z-68=0,\\3x+2y+z-10=0.\end{cases}$

17. $\dfrac{x-2}{2}=\dfrac{y+3}{\sqrt{6}}=\dfrac{z+1}{\sqrt{6}}$或$\dfrac{x-2}{2}=\dfrac{y+3}{-\sqrt{6}}=\dfrac{z+1}{-\sqrt{6}}$.

18. $\dfrac{x-2}{2}=\dfrac{y-1}{-1}=\dfrac{z-3}{4}$.

19. 略.

20. $\dfrac{x-1}{-3}=\dfrac{y-2}{2}=\dfrac{z-1}{5}$.

21. $\dfrac{x+3}{1}=\dfrac{y-5}{22}=\dfrac{z+9}{2}$.

*22. 略.

*23. 略.

*24. (1)7；(2)$\begin{cases}16x+27y+17z-90=0,\\58+6y+31z-20=0.\end{cases}$

**习题 5-4**

1. (1)$\left(0,0,\dfrac{1}{4}\right)$，$\dfrac{1}{4}$；(2)$x^2+z^2=8$；(3)$2x^2+2y^2+z=1$；(4)$x^2+y^2=4$.

2. $(x-3)^2+(y+1)^2+(z-1)^2=21$.

3. 球心为$(1,-2,-1)$、半径为$\sqrt{6}$的球面.

4. (1)圆柱面；(2)抛物柱面；(3)双曲柱面；(4)椭圆柱面；(5)平面；(6)椭球面；(7)椭圆抛物面；(8)椭圆抛物面.

5. $z=x^2+y^2+1$.

6. $\pm\sqrt{x^2+z^2}+y=1$.

7. $x^2+y^2-z^2=1$，$y^2-x^2-z^2=1$.

8. (1)椭球面；(2)旋转抛物面，曲线$2z=x^2$绕$z$轴旋转或曲线$2z=y^2$绕$z$轴旋转；(3)圆锥面，直线$z=1-x$绕$z$轴旋转或直线$z=1-y$绕$z$轴旋转；(4)旋转椭圆面；(5)球面；(6)柱面.

9. (1)椭圆；(2)抛物线.

10. $\begin{cases} x=2, \\ y=2+2\cos t, \\ z=-1+2\sin t. \end{cases}$

11. $\begin{cases} \dfrac{x^2}{16}+\dfrac{y^2}{9}=1, \\ 3z=2y. \end{cases}$

12. $\begin{cases} y^2+4x=0, \\ z=0. \end{cases}$ $\begin{cases} z^2-4z-4x=0, \\ y=0. \end{cases}$ $\begin{cases} y^2+z^2-4z=0, \\ x=0. \end{cases}$

13. $\begin{cases} x^2+y^2=2, \\ z=0. \end{cases}$

14. $\begin{cases} x^2+2y^2-2y=0, \\ z=0. \end{cases}$

15. $\begin{cases} \sqrt{4+z^2}-\sqrt{4-y^2}=4, \\ x=0. \end{cases}$

16. $D=\{(x, y) \mid x^2+y^2 \leqslant 1\}$.

17. 略.

**章节测试五**

一、1. (21, 7, −7); (−1, 7, 4); $\dfrac{7}{\sqrt{6}}$; $\dfrac{3}{\sqrt{35}}(5, -1, -3)$; $\sqrt{35}$; 17.

2. (−1, −1, −2); 90°.

3. $\pm\sqrt{y^2+z^2}=\mathrm{e}^x$; $y=\mathrm{e}^{\pm\sqrt{x^2+z^2}}$.

4. $\begin{cases} 2y^2+2yz+z^2-4y-3z+2=0, \\ x=0. \end{cases}$

二、

1. $x+y=0$.

2. $\dfrac{7x}{36}+\dfrac{y}{-3}+\dfrac{z}{2}=1$.

3. $\begin{cases} x=-1, \\ y=2. \end{cases}$

4. $\dfrac{x-2}{1}=\dfrac{y-3}{-1}=\dfrac{z+8}{2}$.

5. $m=-2$, $l=7$.

6. $\begin{cases} x-y+z-2=0, \\ x-z=0. \end{cases}$

三、$\theta=\arccos\dfrac{2}{\sqrt{7}}$.

四、(1, 2, 2); $\arccos\dfrac{5}{6}$.

五、$2x-4y-z-7=0$.

六、$\dfrac{x+1}{16}=\dfrac{y}{19}=\dfrac{z-4}{28}$或$\begin{cases} 3x-4y+z-1=0, \\ 10x-4y-3z+22=0. \end{cases}$

七、$\begin{cases} 7x+2y-10z-41=0, \\ 2x+y-2z-1=0 \end{cases}$或$\dfrac{x+5}{2}=\dfrac{y+7}{-2}=\dfrac{z+9}{1}$.

# 第 六 章

## 习题 6-1

1. (1) 0；(2) $\frac{5}{3}$；$2(x+y)$；(3) $x^2+y^2+3xy$；

(4) $xy$；(5) $\frac{xy}{x^2+y^2}$；(6) $D=\{(x,\ y)\mid 1<x^2+y^2\leqslant 4\}$.

2. (1) $D=\{(x,\ y)\mid xy>0\}$；

(2) $D=\{(x,\ y)\mid -1\leqslant x+y\leqslant 1\}$；

(3) $D=\{(x,\ y)\mid 0\leqslant y\leqslant 2,\ y<x\}$；

(4) $D=\{(x,\ y)\mid x\neq 0,\ y^2\geqslant x\}$；

(5) $D=\{(x,\ y)\mid y\neq 0,\ y<x\}$；

(6) $D=\{(x,\ y)\mid 0<x^2+y^2<1,\ y^2\leqslant 4x\}$；

(7) $D=\{(x,\ y)\mid x>0,\ -1\leqslant y\leqslant 1\}$；

(8) $D=\{(x,\ y)\mid x^2+y^2<1,\ x+y>1\}$.

3. (1) 2；(2) $\frac{1}{2}$；(3) $\frac{1}{2}$；(4) $\ln 2$；(5) 0；(6) 0.

4. 略.

5. (1) 连续；(2) 不连续.

6. (1) $D=\{(x,\ y)\mid x^2+y^2=1\}$；

(2) $D=\{(x,\ y)\mid y^2=2x\}$；

(3) $D=\{(x,\ y)\mid y=2x^2\}$；

(4) $D=\{(x,\ y)\mid x+y=0\}$.

## 习题 6-2

1. (1) D；(2) C；(3) C；(4) B；(5) B.

2. (1) $\frac{y}{1+x^2y^2}$；(2) $\frac{1}{2}$；(3) $\frac{3}{4}$；(4) $\frac{2}{5}$；

(5) $2f(xy)f'(xy)y$；(6) $e^{x+xy}[(1+y)dx+xdy]$；

(7) $\frac{1}{3}(dx+dy)$；(8) $dx-dy$.

3. (1) $\frac{\partial z}{\partial x}=-y^2\sin(xy^2)$，$\frac{\partial z}{\partial y}=-2xy\sin(xy^2)$；

(2) $\frac{\partial z}{\partial x}=\frac{2x}{x^2+y}$，$\frac{\partial z}{\partial y}=\frac{1}{x^2+y}$；

(3) $\frac{\partial z}{\partial x}=e^{x+y}+2xy$，$\frac{\partial z}{\partial y}=e^{x+y}+x^2$；

(4) $\frac{\partial z}{\partial x}=\frac{-y}{x+y^2}$，$\frac{\partial z}{\partial y}=\frac{x}{x+y^2}$；

(5) $\frac{\partial z}{\partial x}=\frac{e^{xy}(ye^x+ye^y-e^x)}{(e^x+e^y)^2}$，$\frac{\partial z}{\partial y}=\frac{e^{xy}(xe^x+xe^y-e^y)}{(e^x+e^y)^2}$；

(6) $\frac{\partial z}{\partial x}=\frac{2}{y}\csc\frac{2x}{y}$，$\frac{\partial z}{\partial y}=-\frac{2x}{y^2}\csc\frac{2x}{y}$.

4. (1) 0；(2) $-\frac{12}{125}$；(3) 1；(4) $2x$.

5. 略.

6. 1.

7. (1) $\frac{\partial u}{\partial x}=yz\cdot x^{yz-1}$， $\frac{\partial u}{\partial y}=z\cdot x^{yz}\ln x$， $\frac{\partial u}{\partial z}=y\cdot x^{yz}\ln x$；

(2) $\frac{\partial u}{\partial x}=\sin\frac{y}{z}\cdot x^{\sin\frac{y}{z}-1}$， $\frac{\partial u}{\partial y}=\frac{1}{z}\cos\frac{y}{z}\cdot x^{\sin\frac{y}{z}}\ln x$， $\frac{\partial u}{\partial z}=-\frac{y}{z^2}\cos\frac{y}{z}\cdot x^{\sin\frac{y}{z}}\ln x$.

8. (1) $\frac{\partial^2 z}{\partial x^2}=4$， $\frac{\partial^2 z}{\partial y^2}=-2$， $\frac{\partial^2 z}{\partial x\partial y}=3$；

(2) $\frac{\partial^2 z}{\partial x^2}=a^2e^{ax}\cos by$， $\frac{\partial^2 u}{\partial y^2}=-b^2e^{ax}\cos by$， $\frac{\partial^2 z}{\partial x\partial y}=-abe^{ax}\sin by$；

(3) $\frac{\partial^2 z}{\partial x^2}=-8\cos(4x+6y)$， $\frac{\partial^2 z}{\partial y^2}=-18\cos(4x+6y)$， $\frac{\partial^2 z}{\partial x\partial y}=-12\cos(4x+6y)$；

(4) $\frac{\partial^2 z}{\partial x^2}=-\frac{1}{(x+y^2)^2}$， $\frac{\partial^2 z}{\partial y^2}=\frac{2(x-y^2)}{(x+y^2)^2}$， $\frac{\partial^2 z}{\partial x\partial y}=-\frac{2y}{(x+y^2)^2}$；

(5) $\frac{\partial^2 z}{\partial x^2}=\frac{xy^3}{(1-x^2y^2)^{\frac{3}{2}}}$， $\frac{\partial^2 z}{\partial y^2}=\frac{x^3y}{(1-x^2y^2)^{\frac{3}{2}}}$， $\frac{\partial^2 z}{\partial x\partial y}=\frac{1}{(1-x^2y^2)^{\frac{3}{2}}}$；

(6) $\frac{\partial^2 z}{\partial x^2}=-x\sin(x+y)+(2-y)\cos(x+y)$，

$\frac{\partial^2 z}{\partial y^2}=-(2+x)\sin(x+y)-y\cos(x+y)$，

$\frac{\partial^2 z}{\partial x\partial y}=-(1+x)\sin(x+y)+(1-y)\cos(x+y)$.

9. $dz|_{(1,2)}=\frac{1}{3}dx+\frac{2}{3}dy$.

10. $\Delta z\approx-0.119$， $dz=-0.125$.

11. (1) $dz=\frac{xdy-ydx}{x^2}$； (2) $dz=\frac{2}{x^2+y^2}(xdx+ydy)$；

(3) $e^ze^{\frac{x}{y}}\left(\frac{1}{y}dx-\frac{x}{y^2}dy+dz\right)$； (4) $2xyzdx+(x^2z-2\sin 2y)dy+x^2ydz$.

12. $\frac{1}{2}(dx-dy)$.

13. $\frac{\partial^3 z}{\partial x^2\partial y}=0$， $\frac{\partial^3 z}{\partial x\partial y^2}=-\frac{1}{y^2}$.

14. 略.

*15. 2.95.

*16. $\approx x+y$.

*17. $-5$cm.

*18. 连续；可导；可微.

*19. $f_{xy}(0,0)=-1$， $f_{yx}(0,0)=1$.

**习题 6-3**

1. (1) $\frac{dz}{dt}=e^{\sin t\cos t}(\cos^2t-\sin^2t)$；

(2) $\frac{dz}{dt}=\frac{3-64t^3}{\sqrt{1-(3t-16t^4)^2}}$；

(3) $\frac{dz}{dt}=\frac{1+t+3t^2}{t+t^3}$；

(4) $\frac{dz}{dt}=\left(2-\frac{4}{t^3}\right)\sec^2\left(2t+\frac{2}{t^2}\right)$.

2. $\dfrac{\partial z}{\partial x}=\dfrac{2y^2}{x^2}\left[-\dfrac{\ln(2x-3y)}{x}+\dfrac{1}{2x-3y}\right]$，$\dfrac{\partial z}{\partial y}=\dfrac{y}{x^2}\left[2\ln(2x-3y)-\dfrac{3y}{2x-3y}\right]$.

3. $\dfrac{\partial z}{\partial x}=\mathrm{e}^{xy}[y\sin(x+y)+\cos(x+y)]$，$\dfrac{\partial z}{\partial y}=\mathrm{e}^{xy}[x\sin(x+y)+\cos(x+y)]$.

4. $\dfrac{\partial z}{\partial r}=3r^2\sin\theta\cos\theta(\cos\theta-\sin\theta)$，$\dfrac{\partial z}{\partial \theta}=r^3(\cos^3\theta-2\cos\theta\sin^2\theta+\sin^3\theta-2\cos^2\theta\sin\theta)$.

5. 略.

6. (1) $\dfrac{\partial z}{\partial x}=3f_1'+4f_2'$，$\dfrac{\partial z}{\partial y}=2f_1'-3f_2'$；

(2) $\dfrac{\partial z}{\partial x}=2xf_1'+y\mathrm{e}^{xy}f_2'$，$\dfrac{\partial z}{\partial y}=-2yf_1'+x\mathrm{e}^{xy}f_2'$；

(3) $\dfrac{\partial z}{\partial x}=\dfrac{y}{x}f_1'+2f_2'$，$\dfrac{\partial z}{\partial y}=\ln x\cdot f_1'+3f_2'$；

(4) $\dfrac{\partial z}{\partial x}=-\dfrac{y}{x^2}f_1'+\dfrac{1}{y}f_2'$，$\dfrac{\partial z}{\partial y}=\dfrac{1}{x}f_1'-\dfrac{x}{y^2}f_2'$；

(5) $\dfrac{\partial z}{\partial x}=f_1'+f_2'+f_3'$，$\dfrac{\partial z}{\partial y}=f_2'-f_3'$；

(6) $\dfrac{\partial u}{\partial x}=f_1'+yf_2'+yzf_3'$，$\dfrac{\partial u}{\partial y}=xf_2'+xzf_3'$，$\dfrac{\partial u}{\partial z}=xyf_3'$.

7. $\dfrac{\partial w}{\partial x}=f'(x+xy+xyz)(1+y+yz)$，$\dfrac{\partial w}{\partial y}=f'(x+xy+xyz)(x+xz)$，$\dfrac{\partial w}{\partial z}=f'(x+xy+xyz)(xy)$.

8. $\dfrac{\partial z}{\partial x}=y\mathrm{e}^{xy}f_1'+2xf_2'$，$\dfrac{\partial^2 z}{\partial x\partial y}=\mathrm{e}^{xy}(1+xy)f_1'+xy\mathrm{e}^{2xy}f_{11}''+2\mathrm{e}^{xy}(x^2-y^2)f_{12}''-4xyf_{22}''$.

9. $\dfrac{\partial w}{\partial x}=f_1+yzf_2'$，$\dfrac{\partial^2 w}{\partial x\partial z}=f_{11}''+y(x+z)f_{12}''+xy^2zf_{22}''+yf_2'$.

10. $\dfrac{\partial^2 z}{\partial x^2}=2f'+4x^2f''$，$\dfrac{\partial^2 z}{\partial y^2}=2f'+4y^2f''$，$\dfrac{\partial^2 z}{\partial x\partial y}=4xyf''$.

11. $\dfrac{\partial^2 z}{\partial x^2}=\mathrm{e}^{2y}f_{11}''+2\mathrm{e}^{y}f_{12}''+f_{22}''$，

$\dfrac{\partial^2 z}{\partial y^2}=x^2\mathrm{e}^{2y}f_{11}''+2x\mathrm{e}^{y}f_{13}''+f_{33}''+x\mathrm{e}^{y}f_1'$，

$\dfrac{\partial^2 z}{\partial x\partial y}=x^2\mathrm{e}^{2y}f_{11}''+x\mathrm{e}^{y}f_{12}''+\mathrm{e}^{y}f_{13}''+f_{23}''+\mathrm{e}^{y}f_1'$.

12. $z_x=\mathrm{e}^{xy}[y\sin(x+y)+\cos(x+y)]$，$z_y=\mathrm{e}^{xy}[x\sin(x+y)+\cos(x+y)]$.

13. $\dfrac{\partial u}{\partial x}=\dfrac{y^2+z^2-x^2}{(x^2+y^2+z^2)^2}$，$\dfrac{\partial u}{\partial y}=\dfrac{-2xy}{(x^2+y^2+z^2)^2}$，$\dfrac{\partial u}{\partial z}=\dfrac{-2xz}{(x^2+y^2+z^2)^2}$.

14. (1) $\dfrac{y^2-\mathrm{e}^x}{\cos y-2xy}$；(2) $\dfrac{x+y}{x-y}$；(3) $\dfrac{\mathrm{e}^y}{1-x\mathrm{e}^y}$；(4) $\dfrac{y(x\ln y-y)}{x(y\ln x-x)}$.

15. (1) $\dfrac{\partial z}{\partial x}=\dfrac{\mathrm{e}^x-yz}{xy}$，$\dfrac{\partial z}{\partial y}=-\dfrac{z}{y}$；

(2) $\dfrac{\partial z}{\partial x}=\dfrac{yz}{z^2-xy}$，$\dfrac{\partial z}{\partial y}=\dfrac{xz}{z^2-xy}$；

(3) $\dfrac{\partial z}{\partial x}=-\dfrac{z}{x}$，$\dfrac{\partial z}{\partial y}=-\dfrac{z}{y(2xz+1)}$；

(4) $\dfrac{\partial z}{\partial x}=\dfrac{1}{3}\cdot\dfrac{1-\cos(x-2y+3z)}{1+\cos(x-2y+3z)}$，$\dfrac{\partial z}{\partial y}=\dfrac{2}{3}$；

(5) $\frac{\partial z}{\partial x}=\frac{2(x+1)}{2y+e^z}$, $\frac{\partial z}{\partial y}=\frac{2(y-z)}{2y+e^z}$;

(6) $\frac{\partial z}{\partial x}=\frac{yz}{z^2-xy}$, $\frac{\partial z}{\partial y}=\frac{xz}{z^2-xy}$.

16. $\frac{\partial^2 z}{\partial x^2}=\frac{(2-z)^2+x^2}{(2-z)^3}$.

17. $\frac{\partial z}{\partial x}=-\frac{2x}{2z-yf'(z)}$,

$\frac{\partial z}{\partial y}=-\frac{2y-f(z)}{2z-yf'(z)}$.

18. (1) $-2$; (2) $-1$.

19. $\frac{\partial^2 z}{\partial x^2}=-\frac{e^z}{(e^z-1)^3}$, $\frac{\partial^2 z}{\partial x\partial y}=-\frac{e^z}{(e^z-1)^3}$, $\frac{\partial^2 z}{\partial y^2}=-\frac{e^z}{(e^z-1)^3}$.

20. $\frac{\partial z}{\partial x}=y+\varphi_x(x, y)$, $\frac{\partial^2 z}{\partial x^2}=\varphi_{xx}(x, y)$, $\frac{\partial^2 z}{\partial x\partial y}=1+\varphi_{xy}(x, y)$.

21. (1) $\frac{dy}{dx}=-\frac{x+6xz}{2y+6yz}$, $\frac{dz}{dx}=\frac{x}{1+3z}$;

(2) $\frac{dx}{dz}=\frac{z+2y}{2(x-y)}$, $\frac{dy}{dz}=-\frac{z+2x}{2(x-y)}$;

(3) $\frac{\partial u}{\partial x}=-\frac{3v^3+x}{9u^2v^2-xy}$, $\frac{\partial v}{\partial x}=\frac{3u^2+yv}{9u^2v^2-xy}$;

(4) $\frac{\partial u}{\partial y}=\frac{x\cos v-\sin u}{x\cos v+y\cos u}$, $\frac{\partial v}{\partial y}=\frac{y\cos u+\sin u}{x\cos v+y\cos u}$.

22. $\frac{\partial u}{\partial x}=2x+y\frac{f_1'}{1-f_2'}$; $\frac{\partial u}{\partial y}=z+y\frac{f_2'}{1-f_2'}$.

23. $\frac{dy}{dx}=\frac{f_x\cdot F_t-f_t\cdot F_x}{F_t+f_t\cdot F_y}$.

24. $\frac{\partial u}{\partial x}=\frac{\partial f}{\partial x}+\frac{\partial f}{\partial y}\left(\frac{\partial\varphi}{\partial x}+\frac{\partial\varphi}{\partial t}\cdot\frac{\partial\psi}{\partial x}\right)$.

25. $-4xyf_{11}''+(2x^{y+1}\ln x-2y^2x^{y-1})f_{12}''+(x^{y-1}+yx^{y-1}\ln x)f_2'+yx^{2y-1}\ln x\cdot f_{22}''$.

26. $f_1'+xyf_{11}''-\frac{1}{y^2}f_2'-\frac{x}{y^3}f_{22}''$.

27. 0.

28. $-\frac{1}{2}$.

29. $\frac{\partial u}{\partial x}=\frac{f'(z)\varphi(z)}{1-x\varphi'(z)}$; $\frac{\partial u}{\partial y}=\frac{f'(z)}{1-x\varphi'(z)}$.

30. 0.

31. $1+2\sqrt{3}$.

32. $\frac{1}{5}$.

33. $\frac{1+\sqrt{3}}{2}$.

34. 5.

35. $\frac{1}{\sqrt{6}}$.

36. $(2,-2,4)$.

37. $\mathbf{grad}u(1,1,2)=5\boldsymbol{i}+2\boldsymbol{j}+12\boldsymbol{k}$；在 $P_0\left(-\frac{3}{2},\frac{1}{2},0\right)$处梯度为 $\mathbf{0}$.

38. $(0,1,2)$，$\sqrt{5}$.

39. $f'(x)\boldsymbol{e}_r$.

40. $\mathrm{d}f|_P=10\mathrm{d}x+15\mathrm{d}y$.

41. $\left(-\frac{1}{9},-\frac{1}{16}\right)$方向.

42. $\frac{2u}{|\boldsymbol{r}|}$，$a^2=b^2=c^2$.

**习题 6-4**

1. (1)1；(2)$-2$，$-2$.

2. (1)$\frac{x-1}{4}=\frac{y-1}{8}=\frac{z-\frac{1}{2}}{1}$，$8x+16y+2z-25=0$；

(2)$\frac{x-\frac{1}{2}}{1}=\frac{y-2}{-4}=\frac{z-1}{8}$，$2x-8y+16z-1=0$；

(3)$\frac{x-1}{1}=\frac{y-0}{-2}=\frac{z-1}{1}$，$x-2y+z-2=0$；

(4)$\frac{x-\left(\frac{\pi}{2}-1\right)}{1}=\frac{y-1}{1}=\frac{z-2\sqrt{2}}{\sqrt{2}}$，$x+y+\sqrt{2}z=\frac{\pi}{2}+4$；

(5)$\frac{x-1}{2}=\frac{y-\frac{3}{2}}{0}=\frac{z-\frac{1}{2}}{-1}$，$4x-2z-3=0$；

(6)$\frac{x}{1}=\frac{y}{0}=\frac{z-1}{3}$，$x+3z-3=0$；

(7)$\frac{x-1}{1}=\frac{y-1}{-1}=\frac{z-1}{-1}$，$x-y-z+1=0$；

(8)$\frac{x-1}{16}=\frac{y-1}{9}=\frac{z-1}{-1}$，$16x+9y-z-24=0$.

3. $\frac{x-1}{1}=\frac{y+1}{-2}=\frac{z-1}{3}$或$\frac{x-\frac{1}{3}}{1}=\frac{y+\frac{1}{9}}{-\frac{2}{3}}=\frac{z-\frac{1}{27}}{\frac{1}{3}}$.

4. (1)$x+2y-4=0$，$\frac{x-2}{1}=\frac{y-1}{2}=\frac{z}{0}$；

(2)$4x+2y-z-5=0$，$\frac{x-2}{4}=\frac{y-1}{2}=\frac{z-5}{-1}$；

(3)$x-y+2z-\frac{\pi}{2}=0$，$\frac{x-1}{-1}=\frac{y-1}{1}=\frac{z-\frac{\pi}{4}}{-2}$；

(4)$x+y-2z=0$，$\frac{x-1}{1}=\frac{y-1}{1}=\frac{z-1}{-2}$.

5. $x-y+2z+\frac{1}{4}=0$.

6. $x-y+2=0$ 及 $x-y-2=0$.

7. $\begin{cases}x-y-z=1,\\3x-2y-3z=4.\end{cases}$

8. $\begin{cases}x+y+2z-6=0,\\2x+2y-z-2=0.\end{cases}$

9. 略.

10. 略.

11. (1)切平面方程为

$af'_1(ax_0-bz_0,\ ay_0-cz_0)\cdot(x-x_0)+af'_2(ax_0-bz_0,\ ay_0-cz_0)\cdot(y-y_0)-$
$[bf'_1(ax_0-bz_0,\ ay_0-cz_0)+cf'_2(ax_0-bz_0,\ ay_0-cz_0)]\cdot(z-z_0)=0$;

(2) $\mathbf{A}=(b,\ c,\ a)$.

12. 略.

13. 略.

14. 略.

15. (1)极大值 $f(0,\ 0)=3$; (2)极大值 $f(1,\ 1)=1$;

(3)极小值 $f\left(\frac{1}{2},\ -1\right)=-\frac{e}{2}$; (4)极大值 $f(3,\ 2)=36$;

(5)极大值 $f(2,\ -2)=8$; (6)极小值 $f\left(\frac{4}{3},\ \frac{9}{2}\right)=18$;

(7)极大值 $f(-4,\ -2)=8e^{-2}$; (8)极小值 $f(2,\ 2)=-8$，极大值 $f(0,\ 0)=0$.

16. 2m，2m，1m.

17. 9.

18. $\frac{\sqrt{3}}{6}$.

19. $\left(\frac{8}{5},\ \frac{16}{5}\right)$.

20. $\frac{a}{3}$，$\frac{a}{3}$，$\frac{a}{3}$.

21. 长、宽、高均为 $\frac{2R}{\sqrt{3}}$ 时，体积最大.

22. $\left(\frac{a}{\sqrt{3}},\ \frac{b}{\sqrt{3}},\ \frac{c}{\sqrt{3}}\right)$.

23. 略.

24. 最大值 4，最小值 −64.

25. 最小值 $f(4,\ 0)=-16$.

26. $\sqrt{2}/2$.

27. 略.

**章节测试六**

一、1. $\frac{\sqrt{2}}{4}$;

2. 必要；无关；必要；

3. $f(x,\ y)=\frac{1}{2}\cdot\frac{x^2-y^2}{x^2+y^2}$;

4. $\frac{dz}{dt}=\frac{2t-1}{t^2-t}+\sec^2 t$;

5. $(x_0, y_0)$为驻点；$AC-B^2>0$，$A<0$；

6. $\frac{x-2}{4}=\frac{y-1}{2}=\frac{z}{1}$；$4x+2y+z-10=0$.

二、1. $\frac{\partial z}{\partial x}=\frac{y}{\sqrt{1-x^2y^2}}$，$\frac{\partial^2 z}{\partial x^2}=\frac{xy^3}{(1-x^2y^2)\sqrt{1-x^2y^2}}$；

2. $-\sqrt{2}$；

3. 51；

4. $\frac{\partial z}{\partial x}=\frac{f_1'(xy, z+y)y-z}{x-f_2'(xy, z+y)}$，$\frac{\partial z}{\partial y}=\frac{\cos y+f_1'(xy, z+y)x+f_2'(xy, z+y)}{x-f_2'(xy, z+y)}$；

5. $\frac{10}{7}$，$(1, -1, 0)$，$2\sqrt{2}$；

6. $\frac{\partial w}{\partial u}=\frac{v-2xy}{y^2-4x^2y}+\frac{2xv-y^2}{4x^2y-y^2}$.

三、$2x+2y-z-3=0$.

四、$\frac{x-1}{1}=\frac{y-2}{-8}=\frac{z-3}{9}$.

五、$\frac{11}{7}$.

六、极小值$\frac{11}{2}$，无极大值.

七、$V=\frac{8abc}{3\sqrt{3}}$.

# 第 七 章

## 习题 7-1

1. (1)8；(2)$2\pi$；(3)$8\pi$.

2. $V=\iint\limits_D c\sqrt{1-\frac{x^2}{a^2}-\frac{y^2}{b^2}}\mathrm{d}\sigma$，$D=\left\{(x, y)\ \middle|\ -a\leqslant x\leqslant a,\ -b\sqrt{1-\frac{x^2}{a^2}}\leqslant y\leqslant b\sqrt{1-\frac{x^2}{a^2}}\right\}$.

3. A.

4. C.

5. $I_1\leqslant I_3\leqslant I_2$.

6. $2\leqslant\iint\limits_D(x+y+1)\mathrm{d}\sigma\leqslant 8$.

7. $4\leqslant I\leqslant 8$.

8. $I_1=4I_2$.

9. $\pi f(0, 0)$.

10. 0.

11. (1) $-\frac{2}{3}$；(2) $\frac{1-3\mathrm{e}^{-2}}{4}$；(3)0；(4)2；(5) $\frac{1}{4}$；(6)16；(7) $\frac{13}{6}$；(8)0；

(9) $\frac{7}{12}$；(10) $\frac{40}{3}$；(11)$1-\sin 1$.

12. (1)$\int_1^3\mathrm{d}x\int_x^{3x}f(x, y)\mathrm{d}y$ 或$\int_1^3\mathrm{d}y\int_1^y f(x, y)\mathrm{d}x+\int_3^9\mathrm{d}y\int_{\frac{y}{3}}^3 f(x, y)\mathrm{d}x$；

(2)$\int_0^1\mathrm{d}x\int_{x-1}^{1-x}f(x, y)\mathrm{d}y$ 或$\int_{-1}^0\mathrm{d}y\int_0^{1+y}f(x, y)\mathrm{d}x+\int_0^1\mathrm{d}y\int_0^{1-y}f(x, y)\mathrm{d}x$.

13. (1)$\int_0^9\mathrm{d}y\int_{\frac{y}{3}}^{\sqrt{y}}f(x, y)\mathrm{d}x$；(2)$\int_0^1\mathrm{d}x\int_x^1 f(x, y)\mathrm{d}y$；

(3) $\int_1^2 dx\int_x^{2x} f(x, y)dy$；(4) $\int_0^1 dy\int_0^{1-y} f(x, y)dx$；

(5) $\int_0^1 dy\int_{1-\sqrt{1-y^2}}^{2-y} f(x, y)dx$；

(6) $\int_0^a dy\int_{\frac{y^2}{2a}}^{a-\sqrt{a^2-y^2}} f(x, y)dx + \int_0^a dy\int_{a+\sqrt{a^2-y^2}}^{2a} f(x, y)dx + \int_a^{2a} dy\int_{\frac{y^2}{2a}}^{2a} f(x, y)dx$.

14. (1) $\frac{9}{8}$；(2) $\frac{9}{4}$；(3) $2\pi$.

15. (1) 略；(2) $\frac{1}{2}(1-\sin 1)$.

16. $\frac{11}{15}$.

17. $\frac{3}{8}e-\frac{1}{2}\sqrt{e}$.

18. (1) $\int_{\frac{3\pi}{2}}^{2\pi} d\theta\int_0^a f(r\cos\theta, r\sin\theta)rdr$；(2) $\int_0^{\frac{\pi}{2}} d\theta\int_0^{2\cos\theta} f(r\cos\theta, r\sin\theta)rdr$；

(3) $\int_{\frac{\pi}{4}}^{\frac{\pi}{3}} d\theta\int_a^b f(r\cos\theta, r\sin\theta)rdr$；(4) $\int_0^{2\pi} d\theta\int_1^2 e^{-r^2}rdr$；(5) $\int_0^{\pi} d\theta\int_0^{2\sin\theta} f(r^2)rdr$.

19. (1) $\frac{14\pi}{3}$；(2) $\frac{1}{3}a^3$；(3) $\pi hR^2$；(4) $\pi(2\ln 2-1)$；(5) $\sqrt{3}\pi$；(6) $\frac{3\pi^2}{32}$.

20. (1) $\frac{3}{2}-\ln 2$；(2) $\frac{1}{12}$；(3) $\frac{\pi}{8}(\pi-2)$；(4) 224；(5) $e-e^{-1}$；(6) $\frac{2}{15}(4\sqrt{2}-1)$；

(7) $\frac{1}{5}(8-\sqrt{2})$；(8) $2\pi-4$；(9) $\frac{\pi}{2}+\frac{8}{3}$；(10) $\frac{53}{2}\pi$.

21. $15\left(\frac{\pi}{4}-\frac{\sqrt{3}}{8}\right)$.

22. $18\pi$.

23. $\frac{\pi}{4}$.

24. $\frac{7}{2}$.

25. $\sqrt{2}\pi$.

26. $\frac{2\sqrt{2}-1}{3}$.

27. (1) $\left(\frac{3}{5}, \frac{3\sqrt{2}}{8}\right)$；(2) $\left(\frac{5}{6}, 0\right)$；(3) $\left(\frac{4a}{3\pi}, 0\right)$.

28. $\frac{1}{2}\pi R^4$.

29. (1, 2).

30. $a^2\left(\sqrt{3}-\frac{\pi}{3}\right)$.

31. $8\pi ab$.

**习题 7-2**

1. (1) $\int_0^1 dx\int_0^{2(1-x)} dy\int_0^{\frac{1}{2}(6-6x-3y)} f(x, y, z)dz$；(2) $\int_{-1}^1 dx\int_{-\sqrt{1-x^2}}^{\sqrt{1-x^2}} dy\int_{x^2+y^2}^1 f(x, y, z)dz$；

(3) $\int_{-1}^{1}\mathrm{d}x\int_{-\sqrt{1-x^2}}^{\sqrt{1-x^2}}\mathrm{d}y\int_{\sqrt{x^2+y^2}}^{\sqrt{2-x^2-y^2}}f(x,\ y,\ z)\mathrm{d}z$；　(4) $\int_{0}^{1}\mathrm{d}x\int_{0}^{1-x}\mathrm{d}y\int_{0}^{xy}f(x,\ y,\ z)\mathrm{d}z$.

2. (1) $\frac{1}{10}$；(2) $\frac{2}{21}$；(3) $\frac{1}{64}$；(4) $\frac{2\pi}{15}$；(5) $\frac{8\pi}{5}$；(6) $\frac{7\pi}{12}$；(7) $\frac{4\pi}{21}$；(8) $\frac{\pi^2}{16}-\frac{1}{2}$.

3. 12cm.

4. $\frac{abc}{24}(a+b+c)$.

5. $\frac{4\pi abc}{15}(a^2+b^2+c^2)$.

6. $336\pi$.

7. $\frac{13}{4}\pi$.

8. 0.

9. $\int_0^1 zf(z)\mathrm{d}z$.

10. $\frac{\pi}{3}$.

11. $\frac{3}{4}\pi a^2$.

12. $\frac{12\sqrt{3}}{5}\pi$.

13. (1) $\frac{28}{3}\rho$；　(2) $\left(0,\ 0,\ \frac{253}{210}\right)$；　(3) $\frac{62}{105}M$.

**习题 7-3**

1. (1) $\frac{\pi}{2}a^{2n+1}$；　(2) $\frac{5\sqrt{5}-1}{12}$；　(3) $3\sqrt{10}\pi$；　(4) $\frac{4}{3}(2\sqrt{2}-1)$；

(5) $\frac{17\sqrt{17}-1}{48}$；　(6) $\sqrt{2}$；　(7) $\frac{1}{12}(5\sqrt{5}+6\sqrt{2}-1)$；　(8) 4；

(9) $R^2$；　(10) $\mathrm{e}^2\left(2+\frac{\pi}{2}\right)-2$；　(11) 24；　(12) $\frac{256}{15}a^3$；

(13) 6；　(14) $\frac{\sqrt{3}}{2}(1-\mathrm{e}^{-2})$；　(15) $\frac{3}{2}\sqrt{14}+18$；　(16) $4\sqrt{2}$；

(17) $\frac{\sqrt{2}}{2}[(1+2a^2)\mathrm{e}^{a^2}-1]$.

2. (1) $-\frac{56}{15}$；(2) $\frac{4}{15}$；(3) $-8$；(4) 0；(5) $2\pi a^3$；(6) $-2\pi$；

(7) $-2$；(8) $\frac{8}{3}$；(9) $\pi a^2$；(10) 13；(11) $\frac{1}{2}$；(12) $-\pi a^2$；(13) $\frac{\pi^6}{2}$.

3. (1) $\frac{5}{3}$；(2) $\frac{8}{3}$；(3) 2.

4. (1) 5；(2) 5；(3) 5.

5. $\frac{ab(a^2+ab+b^2)}{3(a+b)}$.

6. 2.

7. $-1$.

8. $2a^2$.

9. $\left(\frac{4}{5}, \frac{4}{5}\right)$.

10. $mg(y_0-y_1)$.

11. $-\frac{\pi a^3}{4}$.

12. (1) $\int_L \frac{1}{5}[3P(x, y)+4Q(x, y)]ds$; (2) $\int_L \frac{P(x, y)+2xQ(x, y)}{\sqrt{1+4x^2}}ds$;

(3) $\int_L [\sqrt{2x-x^2}P(x, y)+(1-x)Q(x, y)]ds$.

13. $\int_\Gamma \frac{1}{3}[P(x, y, z)-2Q(x, y, z)+2R(x, y, z)]ds$.

**习题 7-4**

1. (1) $4\sqrt{61}$; (2) $\frac{7}{12}\pi$; (3) $3\sqrt{14}$; (4) $\sqrt{2}\pi$; (5) $-\frac{27}{4}$; (6) $\frac{149}{30}\pi$;

(7) $(\sqrt{3}-1)\ln 2+\frac{3-\sqrt{3}}{2}$; (8) $8\pi a^4$; (9) $\frac{64\sqrt{2}}{15}a^4$; (10) $\frac{3\pi a^5}{8}$;

(11) $\frac{125\sqrt{5}-1}{420}$; (12) $2\pi\arctan\frac{H}{R}$.

2. (1) $\frac{2\pi a^7}{105}$; (2) $\frac{5\pi}{4}$; (3) $-\frac{\pi}{2}$; (4) 12; (5) $\frac{3\pi}{2}$; (6) $\frac{29}{15}$;

(7) $\frac{1}{4}-\frac{\pi}{6}$; (8) $3abc$; (9) $\frac{1}{8}$; (10) $\frac{8\pi a^4}{3}$; (11) $8\pi$; (12) $2\pi e^2$;

(13) $\frac{8}{3}\pi(a+b+c)R^3$.

3. $\frac{2\pi}{15}(6\sqrt{3}+1)$.

4. $\left(0, 0, \frac{5+3\sqrt{2}}{70}\right)$.

5. $\frac{3\pi}{8}$.

6. (1) $\iint_\Sigma \left(\frac{3}{5}P+\frac{2}{5}Q+\frac{2\sqrt{3}}{5}R\right)dS$; (2) $\iint_\Sigma \frac{2xP+2yQ-R}{\sqrt{1+4x^2+4y^2}}dS$;

(3) $-\frac{\sqrt{2}}{2}\iint_\Sigma (P+R)dS$; (4) $\iint_\Sigma \frac{4xP-Q+2zR}{\sqrt{1+16x^2+4z^2}}dS$.

7. (1) $\frac{5\pi}{3}$; (2) $\frac{\pi}{32}$.

8. $\frac{1}{2}$.

**习题 7-5**

1. (1) $-2\pi ab$; (2) $-8$; (3) $-1$; (4) $-\frac{3}{2}\pi$; (5) 12; (6) $-\frac{3}{4}\pi a^2$; (7) 0;

(8) $\frac{\pi\ln 2}{12}$; (9) $8+2\pi$; (10) $\frac{\pi}{4}$; (11) $-\frac{2}{3}$; (12) $1+e\ln 2-\frac{\pi}{4}$; (13) $2a-\frac{\pi ab}{2}$;

(14) $2\pi^2+3\pi-e^2-1$; (15) 3; (16) $\frac{\pi\sin 1}{2}+\frac{\pi^2}{4}+\pi-2$; (17) 12; (18) $-\frac{m\pi}{8}a^2$.

2. (1) $\frac{5}{2}$；(2) 5；(3) $\pi e^{\pi}+2$.

3. 略.

4. (1) $\frac{1}{2}x^2+2xy+\frac{1}{2}y^2$；(2) $xe^y+x^2-y^2$；(3) $3x^2y+2xy^2$；

(4) $-\sin 3y\cos 2x$；(5) $x^3y+e^x(x-1)+y\cos y-\sin y$；(6) $x^3y^2+4x^2y^3+(y-1)e^y$.

5. $\frac{1}{2}\ln(x^2+y^2)$.

6. $2\pi+e^2+e$.

7. (1) $3a^4$；(2) $\frac{5}{24}$；(3) $-\frac{81}{2}\pi$；(4) $2\pi a^3$；(5) $-32\pi$；(6) $-\frac{7\pi}{4}$.

8. $\frac{4\pi}{3}$.

9. $2(e^{2a}-1)\pi a^2$.

10. $\frac{3\pi a^4}{8}$.

11. $\frac{x-y}{(x+y)^2}-\frac{1}{a}+C$.

12. (1) $x^4y-\frac{3}{2}x^2y^2=C$；

(2) $-\ln\left[\frac{y}{x}+\sqrt{1+\left(\frac{y}{x}\right)^2}\right]=x+C$；

(3) $\arcsin(xy)+\ln x=C$.

13. $\left(y\cos x+\frac{1}{2}y\sin 2x\right)=-1$.

14. $\alpha(x)=-(x^2+1)$；$\beta(x)=x^3$；$u(x, y)=x^3y-\frac{1}{2}x^2y^2-\frac{1}{2}y^2$.

15. $\varphi(x)=\frac{x}{2}\sin x$；$u(x, y)=\frac{y}{2}(\sin x-x\cos x)+C$.

*16. (1) $-\frac{13}{2}$；(2) 16；(3) $-2\pi a(a+b)$；(4) $-\frac{3}{4}\pi a^2$；(5) $-24$.

*17. (1) 0；(2) 0.

*18. $y-x\sin(xy)-x\sin(xz)$.

*19. (1) $2\pi$；(2) $-16\pi$.

*20. $-y^2\cos z\boldsymbol{i}-z^2\cos x\boldsymbol{j}-x^2\cos y\boldsymbol{k}$.

**章节测试七**

一、1. B；2. C；3. C；4. D.

二、$\frac{13}{6}$.

三、$\frac{\pi}{4}(2\ln 2-1)$.

四、$f(x, y)=xy+\frac{1}{8}$.

五、$\frac{7\pi}{12}$.

六、$\frac{27}{2}$.

七、$e-e^{-2}$.

八、$\frac{32}{9}\sqrt{2}$.

九、$-\frac{\pi}{8}$.

十、$4\pi$.

# 第 八 章

### 习题 8-1

1. (1)D；(2)C；(3)A；(4)D；(5)C.

2. (1)$u_n=\frac{1}{n\ln n}(n\geqslant 2)$；(2)$u_n=\frac{1+n}{1+2^n}$；(3)$u_n=\frac{n}{n^2+1}$；(4)$u_n=\frac{1}{1+4(n-1)}$；

(5)$u_n=(-1)^{n-1}\frac{1}{n^2}$；(6)$u_n=\frac{1}{n(n+1)(n+2)}$；(7)$u_n=\frac{(2n-1)!!}{n!}$；(8)$u_n=\frac{2n-1}{(2n)!!}$.

3. $1+\frac{1}{8}+\left(\frac{1}{8}\right)^2+\cdots+\left(\frac{1}{8}\right)^{n-1}+\cdots$.

4. 发散.

5. (1)收敛；(2)发散；(3)收敛；(4)发散；(5)发散；(6)收敛.

6. (1)$(-1)^{n-1}\left(\frac{3}{4}\right)^n$，收敛；(2)$\sqrt{\frac{n}{n+1}}$，发散；(3)$\frac{1}{3^n}-\frac{2}{5^n}$，收敛；

(4)$u_n=\frac{1}{2^n}+2^n$，发散；(5)$n^2\left(1-\cos\frac{1}{n}\right)$，发散.

7. (1)收敛，和$s=\frac{e}{3+e}$；(2)收敛，和$s=\frac{3}{4}$.

8. (1)发散；(2)发散；(3)收敛，和$s=\frac{8}{3}$；(4)发散；(5)发散；(6)发散.

9. (1)$\sum\limits_{n=1}^{\infty}u_n$收敛时原级数一定发散，$\sum\limits_{n=1}^{\infty}u_n$发散时原级数的敛散性不确定；

(2)具有相同的敛散性.

(3)$\sum\limits_{n=1}^{\infty}u_n$收敛时原级数一定发散，$\sum\limits_{n=1}^{\infty}u_n$发散时原级数的敛散性不确定.

10. (1)$u_n=\frac{2}{n(n+1)}$，$n\geqslant 1$；(2)收敛，且和为2.

### 习题 8-2

1. (1)A；(2)C；(3)D；(4)C；(5)A；(6)C；(7)C.

2. (1)发散；(2)发散；(3)收敛；(4)发散；(5)收敛；(6)收敛；(7)发散；
(8)收敛；(9)发散；(10)发散；(11)收敛；(12)收敛.

3. (1)收敛；(2)发散；(3)发散；(4)收敛；(5)发散；(6)收敛；
(7)收敛；(8)发散.

4. (1)收敛；(2)收敛；(3)收敛；(4)收敛；(5)收敛；
(6)$a>b$收敛；$a<b$发散；$a=b$不确定.

5. (1)收敛；(2)发散；(3)发散；(4)发散；(5)发散；(6)收敛；(7)收敛；
(8)收敛；(9)发散；(10)收敛；(11)收敛；(12)收敛.

6. (1)绝对收敛；(2)条件收敛；(3)绝对收敛；(4)发散；(5)发散；(6)绝对收敛；
(7)绝对收敛；(8)条件收敛；(9)条件收敛；(10)绝对收敛.

7. 略.

8. 略.

9. 略.

10. (1)收敛；(2)收敛；(3)$a>1$ 时，收敛；$a\leqslant 1$ 时，发散；

(4)收敛；(5)收敛；(6)收敛；(7)收敛；(8)发散.

11. 收敛.

12. 条件收敛.

13. 条件收敛.

## 习题 8-3

1. (1)B；(2)C；(3)A；(4)B.

2. (1)$R=+\infty$，$(-\infty, +\infty)$；(2)$R=\sqrt{2}$，$(-\sqrt{2}, \sqrt{2})$；(3)$R=\sqrt[3]{2}$，$(-\sqrt[3]{2}, \sqrt[3]{2})$；

(4)$R=\frac{1}{2}$，$\left(-\frac{1}{2}, \frac{1}{2}\right)$；(5)$R=1$，$[-1, 1)$；(6)$R=\frac{1}{4}$，$\left(-\frac{1}{4}, \frac{1}{4}\right)$；

(7)$R=1$，$[-1, 1]$；(8)$R=+\infty$，$(-\infty, +\infty)$；(9)$R=\frac{1}{2}$，$\left[-\frac{1}{2}, \frac{1}{2}\right]$；

(10)$R=3$，$[-3, 3)$；(11)$R=1$，$[-1, 1]$；(12)$R=\sqrt{2}$，$(-\sqrt{2}, \sqrt{2})$.

3. (1)$R=1$，$\begin{cases}0<p\leqslant 1, & [0, 2),\\ p>1, & [0, 2]\end{cases}$；(2)$R=\frac{1}{4}$，$\left[-\frac{5}{4}, -\frac{3}{4}\right]$；

(3)$R=1$，$[4, 6)$；(4)$R=\frac{1}{\sqrt{2}}$，$\left(-a-\frac{1}{\sqrt{2}}, \frac{1}{\sqrt{2}}-a\right)$；(5)$R=+\infty$，$(-\infty, +\infty)$；

(6)$R=\frac{1}{3}$，$\left[-\frac{4}{3}, -\frac{2}{3}\right)$；(7)$R=\max\{a, b\}$，$(-R, R)$；(8)$\begin{cases}a\geqslant b, \ R=\frac{1}{a}, \ \left[-\frac{1}{a}, \frac{1}{a}\right),\\ a<b, \ R=\frac{1}{b}, \ \left[-\frac{1}{b}, \frac{1}{b}\right].\end{cases}$

4. (1)$S(x)=\frac{1}{4}\ln\frac{1+x}{1-x}+\frac{1}{2}\arctan x(-1<x<1)$；(2)$S(x)=\frac{1}{(1-x)^2}(-1<x<1)$；

(3)$S(x)=\ln\frac{4}{4-x}(-4\leqslant x<4)$；　(4)$S(x)=(1-x)\ln(1-x)+x(-1\leqslant x<1)$，$S(1)=1$；

(5)$S(x)=\frac{2+x^2}{(2-x^2)^2}(-\sqrt{2}<x<\sqrt{2})$；　(6)$S(x)=\frac{3x-x^2}{(1-x)^2}(-1<x<1)$；

(7)$S(x)=\frac{1}{(1-x)^3}(-1<x<1)$；　(8)$S(x)=\ln(1+x)+\frac{\ln(1+x)}{x}-1(-1\leqslant x\leqslant 1)$.

5. (1)$e^{3x}=1+3x+\frac{3^2}{2!}x^2+\cdots+\frac{3^n}{n!}x^n+o(x^n)$；

(2)$2\sin x\cdot\cos x=2x+\frac{-2^3}{3!}x^3+\frac{2^5}{5!}x^5+\cdots+\frac{(-1)^{n-1}2^{2n-1}}{(2n-1)!}x^{2n-1}+o(x^{2n})$；

(3) $\sqrt{1+x}=1+\frac{1}{2}x-\frac{1}{2\cdot 4}x^2+\frac{1\cdot 3}{2\cdot 4\cdot 6}x^3-\frac{1\cdot 3\cdot 5}{2\cdot 4\cdot 6\cdot 8}x^4+\cdots+(-1)^{n-1}\frac{1\cdot 3\cdot 5\cdots(2n-3)}{2\cdot 4\cdot 6\cdots(2n)}x^n+o(x^n)$；

(4)$\ln(1-x^2)=-x^2-\frac{1}{2}x^4-\frac{1}{3}x^6-\cdots-\frac{1}{n}x^{2n}+o(x^{2n+1})$.

6. (1)$\sum_{n=0}^{\infty}\frac{(\ln a)^n}{n!}x^n$，$x\in(-\infty, +\infty)$；　(2)$\sum_{n=0}^{\infty}\frac{(-1)^n}{n!}x^{2n}$，$x\in(-\infty, +\infty)$；

(3)$\sum_{n=0}^{\infty}\left(1-\frac{1}{2^{n+1}}\right)x^n$，$x\in(-1, 1)$；　(4)$\sum_{n=0}^{\infty}(-1)^n x^{2n}$，$x\in(-1, 1)$；

(5)$\sum_{n=0}^{\infty}(-1)^n\frac{x^{n+1}}{n+1}$，$x\in(-1, 1]$；　(6)$\sum_{n=0}^{\infty}nx^{n-1}$，$x\in(-1, 1)$；

(7) $1+\sum\limits_{n=1}^{\infty}\frac{(-1)^n 2^{2n}}{2(2n)!}x^{2n}$, $x\in(-\infty,+\infty)$; (8) $\sum\limits_{n=4}^{\infty}x^n$, $x\in(-1,1)$;

(9) $\sum\limits_{n=0}^{\infty}x^{2n+1}$, $x\in(-1,1)$; (10) $\sum\limits_{n=0}^{\infty}\frac{(-1)^n}{4^{n+1}}x^{2n+1}$, $x\in(-2,2)$;

(11) $-1+\sum\limits_{n=0}^{\infty}(-1)^n\frac{x^{n+2}}{(n+1)(n+2)}$, $x\in(-1,1]$;

(12) $\frac{\pi}{4}+\sum\limits_{n=0}^{\infty}(-1)^n\frac{x^{4n+2}}{2^{4n+1}(4n+2)}$, $x\in(-2,2)$;

(13) $\sum\limits_{n=0}^{\infty}\frac{2x^{2n+1}}{2n+1}$, $x\in(-1,1)$.

7. (1) $\sum\limits_{n=0}^{\infty}(-1)^n\left(\frac{1}{2^{n+2}}-\frac{1}{2^{2n+3}}\right)(x-1)^n$, $x\in(-1,3)$;

(2) $1+\frac{x-1}{2}+\sum\limits_{n=2}^{\infty}\frac{(-1)^{n-1}(2n-3)!!}{(2n)!!}(x-1)^n$, $[0,2]$;

(3) $\sum\limits_{n=0}^{\infty}(-1)^n(n+1)(x-1)^n$, $(0,2)$;

(4) $-\ln 2+\sum\limits_{n=1}^{\infty}(-1)^{n-1}\left(\frac{1}{n}-\frac{1}{2^n\cdot n}\right)(x-1)^n$, $(0,2]$;

(5) $\sum\limits_{n=0}^{\infty}\frac{1}{4^{n+1}}(x+2)^n$, $(-6,-2)$;

(6) $\sum\limits_{n=0}^{\infty}\frac{e^{-1}(x+1)^n}{n!}$, $x\in(-\infty,+\infty)$.

**习题 8-4**

1. (1) $f(x)=\pi^2+1+\sum\limits_{n=1}^{\infty}\frac{12(-1)^n}{n^2}\cos nx$, $x\in(-\infty,+\infty)$;

(2) $f(x)=\frac{e^{2\pi}-e^{-2\pi}}{4\pi}+\sum\limits_{n=1}^{\infty}\frac{e^{2\pi}-e^{-2\pi}}{\pi}\cdot\frac{(-1)^n}{n^2+4}(2\cos nx-n\sin nx)$,

$x\neq(2k+1)\pi$, $k=0,\pm1,\pm2,\cdots$;

(3) $f(x)=\sum\limits_{n=1}^{\infty}\frac{18\sqrt{3}}{\pi}\cdot\frac{(-1)^{n-1}}{9n^2-1}n\sin nx$, $x\neq(2k+1)\pi$, $k=0,\pm1,\pm2,\cdots$;

(4) $f(x)=\frac{1+\pi-e^{-\pi}}{2\pi}+\sum\limits_{n=1}^{\infty}\left\{\frac{1-(-1)^n e^{-\pi}}{\pi(1+n^2)}\cos nx+\left[\frac{-n-(-1)^n ne^{-\pi}}{\pi(1+n^2)}+\frac{1-(-1)^n}{\pi n}\right]\sin nx\right\}$,

$x\in(-\pi,\pi)$.

2. (1) $f(x)=\frac{11}{12}+\sum\limits_{n=1}^{\infty}\frac{1}{\pi^2}\cdot\frac{(-1)^{n+1}}{n^2}\cos 2n\pi x$, $x\in(-\infty,+\infty)$;

(2) $f(x)=-\frac{1}{2}+\sum\limits_{n=1}^{\infty}\left\{\frac{6}{n^2\pi^2}[1-(-1)^n]\cos\frac{n\pi x}{3}+\frac{6}{n\pi}(-1)^{n+1}\sin\frac{n\pi x}{3}\right\}$,

$x\neq3(2k+1)$, $k\in\mathbf{Z}$;

(3) $f(x)=\sum\limits_{n=1}^{\infty}\frac{(-1)^{n-1}}{\pi}\cdot\frac{16n}{(4n^2-1)^2}\sin 2nx$, $x\in(-\infty,+\infty)$;

(4) $f(x)=\frac{1}{\pi}+\frac{1}{2}\cos\frac{\pi x}{l}-\sum\limits_{n=1}^{\infty}\frac{2}{\pi}\cdot\frac{(-1)^n}{4n^2-1}\cos\frac{\pi nx}{l}$, $x\in(-\infty,+\infty)$.

3. $\sin^4 x=\frac{3}{8}-\frac{1}{2}\cos 2x+\frac{1}{8}\cos 4x$, $x\in(-\infty,+\infty)$.

4. $f(x)=\pi^2-x^2=\frac{2\pi^2}{3}+\sum\limits_{n=1}^{\infty}\frac{4\cdot(-1)^{n+1}}{n^2}\cos nx$, $x\in[-\pi,\pi]$.

5. $f(x)=x^2=\frac{4}{3}\pi^2+\sum_{n=1}^{\infty}\left[\frac{4\cos nx}{n^2}-\frac{4\pi\sin nx}{n}\right]$, $x\in(0,2\pi)$;

当 $x=0$ 时，$\sum_{n=1}^{\infty}\frac{1}{n^2}=\frac{\pi^2}{6}$；当 $x=\pi$ 时，$\sum_{n=1}^{\infty}\frac{(-1)^{n+1}}{n^2}=\frac{\pi^2}{12}$.

6. $f(x)=|\sin x|=\frac{2}{\pi}-\sum_{k=1}^{\infty}\frac{4}{\pi}\cdot\frac{\cos 2kx}{4k^2-1}$, $x\in(-\infty,+\infty)$.

7. 略.

8. 当 $f(x)$ 满足 $f(x)=-f(-x)$，$f(x)=(\pi-x)$ 时，就使展开式满足要求，即

$$F(x)=\begin{cases}-f(x-\pi), & -\pi\leqslant x<-\frac{\pi}{2},\\ -f(-x), & -\frac{\pi}{2}\leqslant x<0,\\ f(x), & 0\leqslant x<\frac{\pi}{2},\\ f(\pi-x), & \frac{\pi}{2}\leqslant x<\pi.\end{cases}$$

9. $\frac{a_0^2+b_0^2}{2}+\sum_{n=1}^{\infty}(a_n^2+b_n^2)\cos nx$.

**章节测试八**

一、1. D；2. A；3. C；4. D；5. C；6. B.

二、1. 1；

2. $(-2,2]$；

3. $e^{-x}$；

4. $\sum_{n=0}^{\infty}x^{2n}$；

5. 收敛；

6. 条件收敛.

三、1. 收敛；

2. 收敛；

3. 收敛；

4. $S(x)=\frac{1+x}{(1-x)^3}(|x|<1)$；

5. $f(x)=\sum_{n=1}^{\infty}\frac{[(-1)^{n-1}2^n-1]}{n}x^n$，收敛域为$\left(-\frac{1}{2},\frac{1}{2}\right]$；

6. $f(x)=-\frac{5}{6}\pi^2+\sum_{n=1}^{\infty}\frac{2(-1)^n}{n^2}\cos nx$, $x\in[-\pi,\pi]$.